第一章　制图基本知识

一、字体练习

建筑制图构造基础建筑工程专设计制图核对审核立面体

东西南北平面剖面侧面墙体楼板楼梯门窗屋顶阳台散水

混凝土防腐木建筑小品花架景亭长廊果皮箱假山圆柱体

ABCDEFGHIJKLMNOPQRSTUVWXYZ

abcdefghijklmnopqrstuvwxyz

0 1 2 3 4 5 6 7 8 9

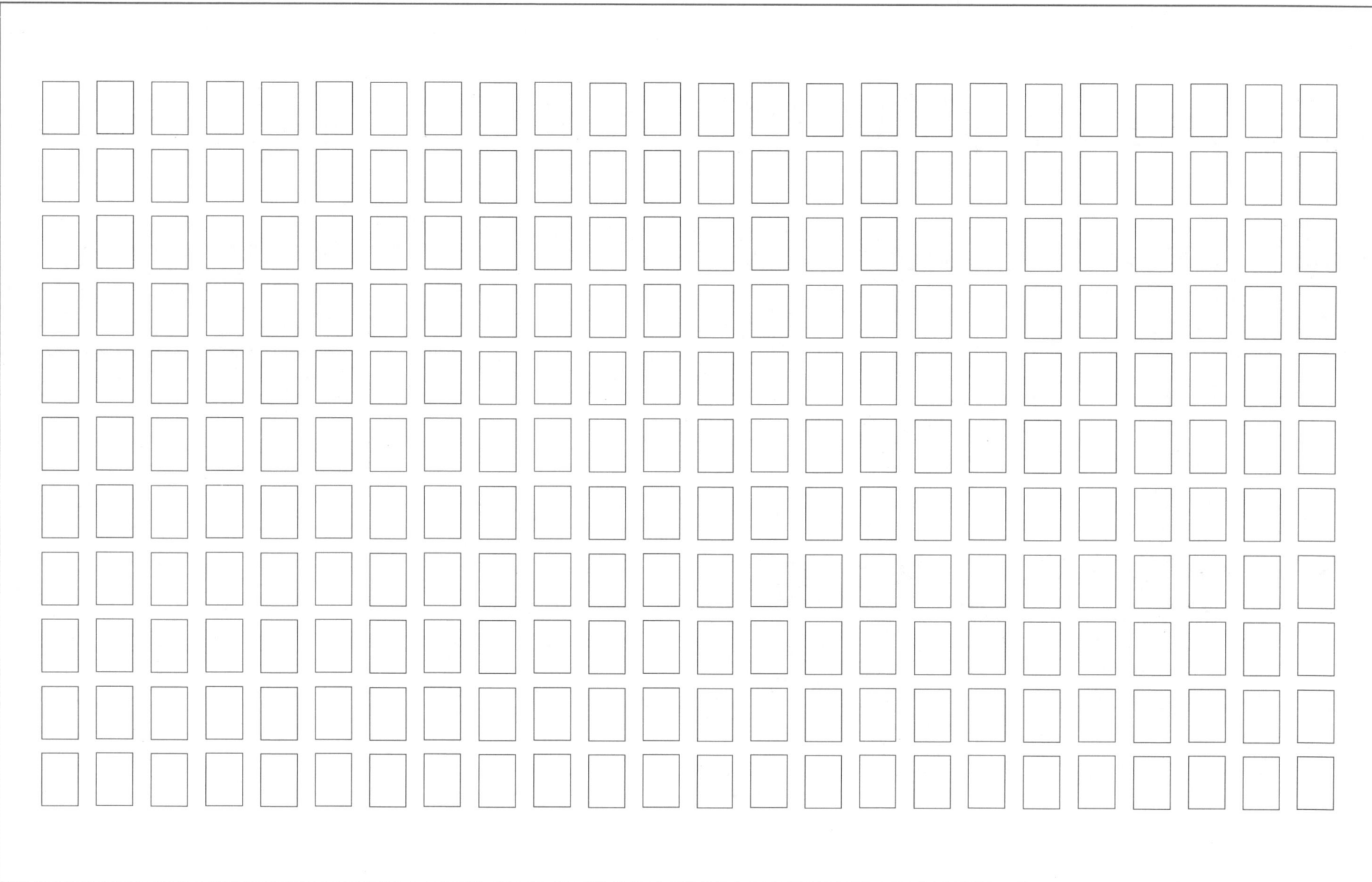

二、图线练习

1.

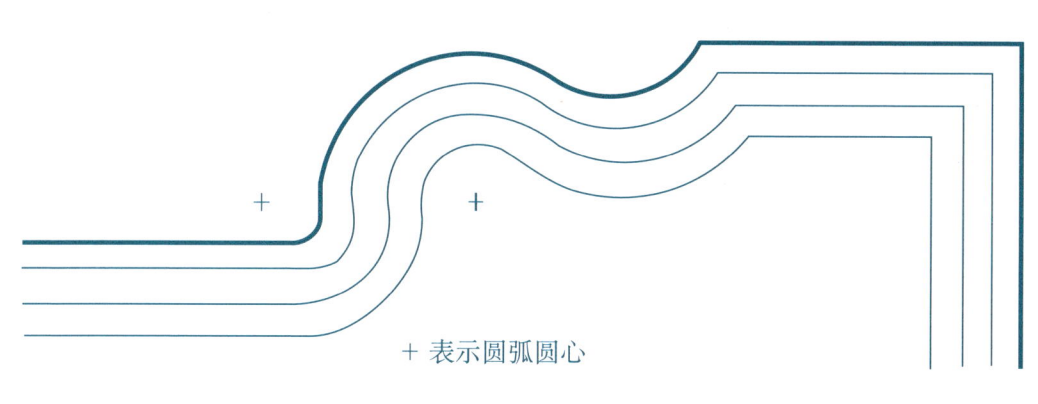

+ 表示圆弧圆心

1. 图名：图线练习。
2. 图幅大小：A3横幅。
3. 目的：熟悉制图标准，尤其是图样的绘制和运用。
4. 内容：根据所给的图样进行绘制。
5. 说明
（1）按照国家制图标准中的规定进行绘制；
（2）注意图线的线宽和线型；
（3）注意图线的布局，以及图纸中的图框、标题栏、会签栏等的绘制。

2. 按制定线型补画各矩形。

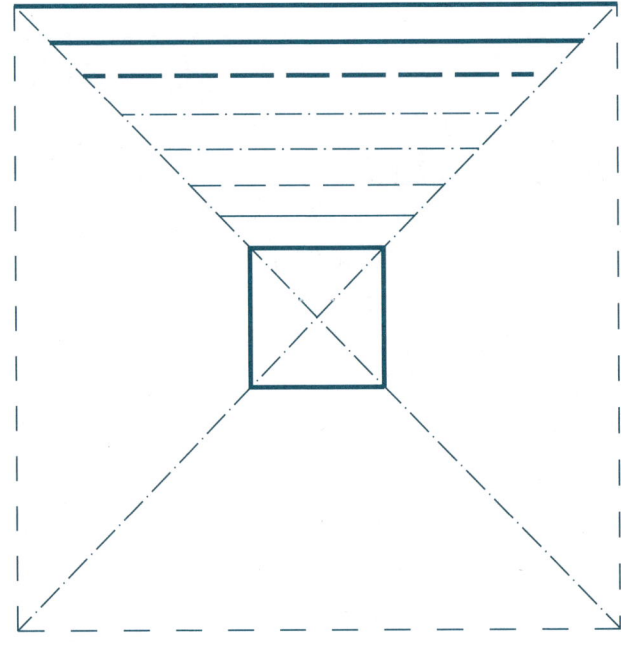

3. 按制定线型补画各圆。

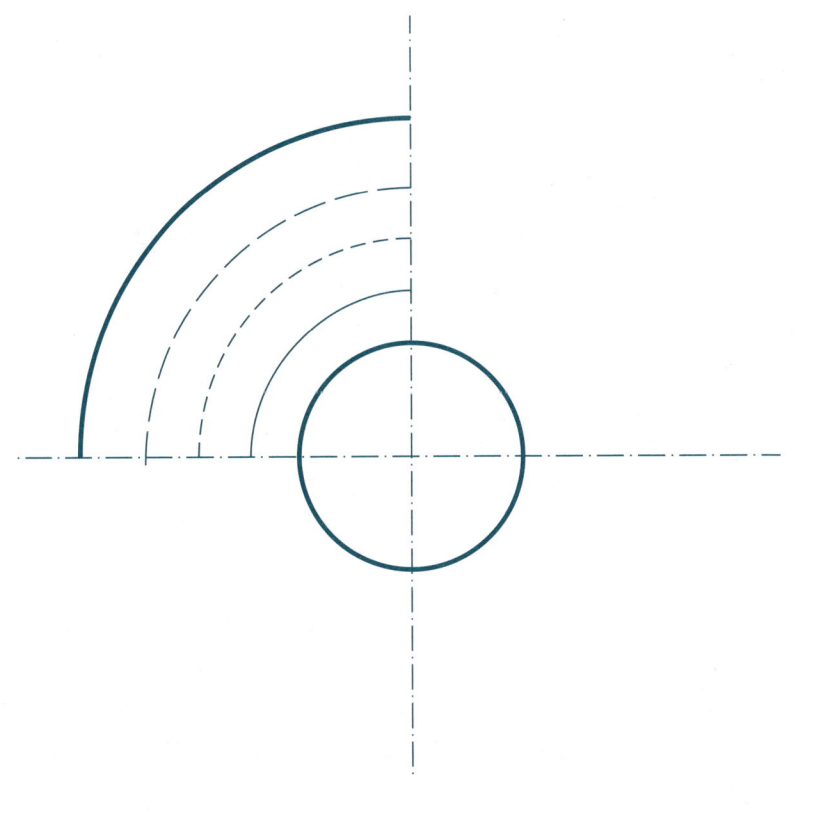

4. 按1:1在图右侧绘制样图，不标注尺寸。

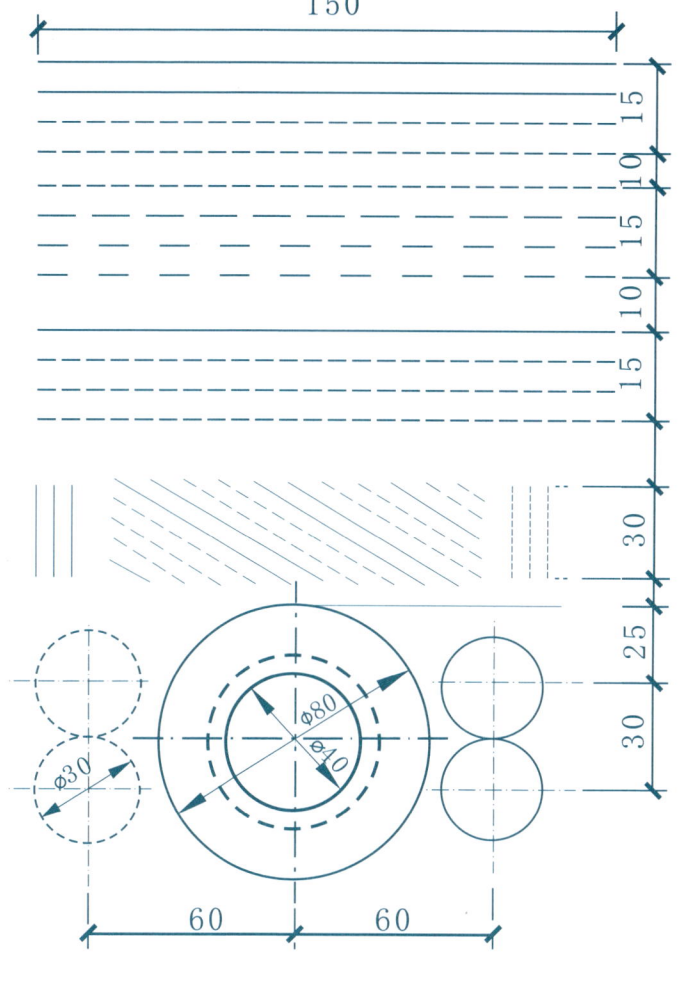

5. 按1∶1在图右侧绘制样图,不标注尺寸。

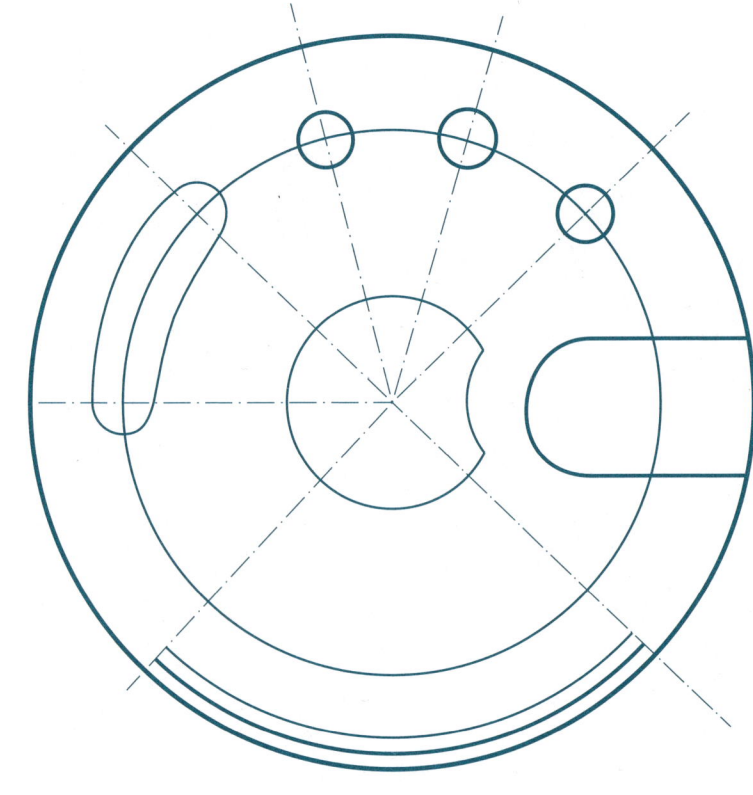

6. 按1∶1在图右侧绘制样图，不标注尺寸。

7. 参照左图所示尺寸，按1:1在右侧位置绘制该图形。

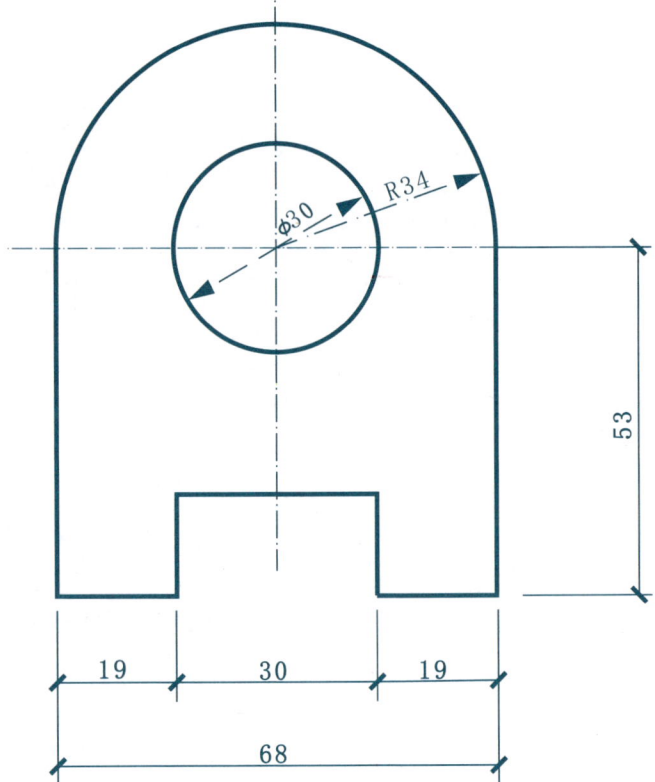

三、尺寸标注练习

1. 注写下列图形的尺寸（尺寸数字直接在图上量取，以毫米为单位取整数）。

2. 注写下列图形的尺寸（尺寸数据直接在图上量取，以毫米为单位取整数）。

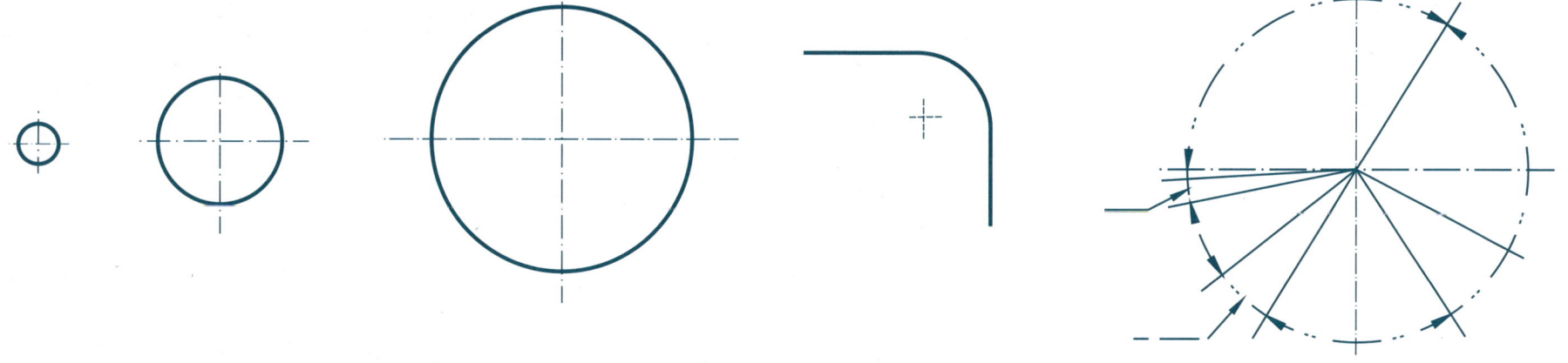

3. 将下列图形按指定比例量取数值,标注尺寸(单位:mm,取整数)。

1:20

1:2

4. 将下列图形按指定比例量取数值,标注尺寸(单位:mm,取整数)。

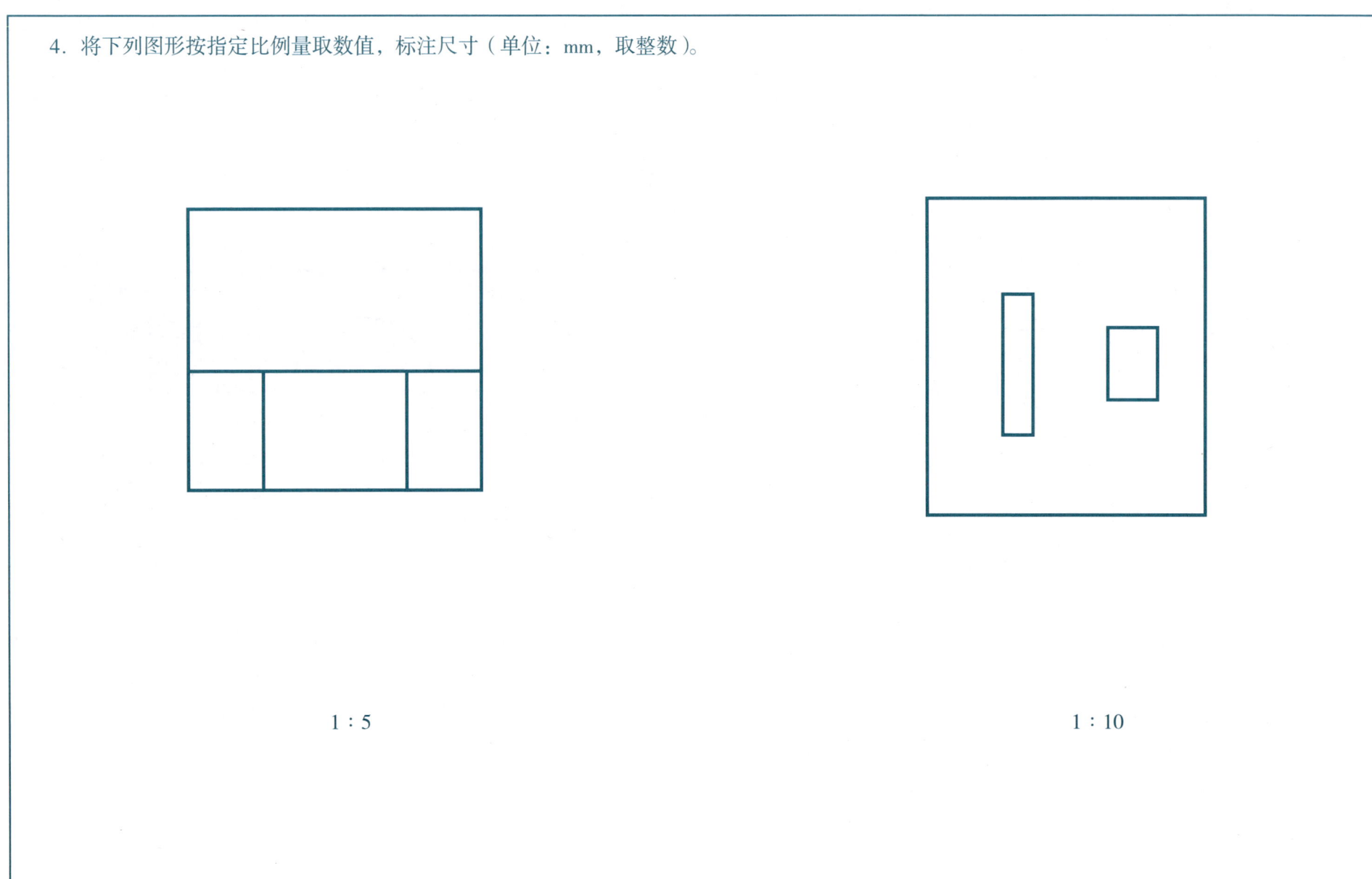

1∶5　　　　　　　　　　　　　　　　　　　　　　1∶10

5. 将下列图形按指定比例量取数值，标注尺寸（单位：mm，取整数）。

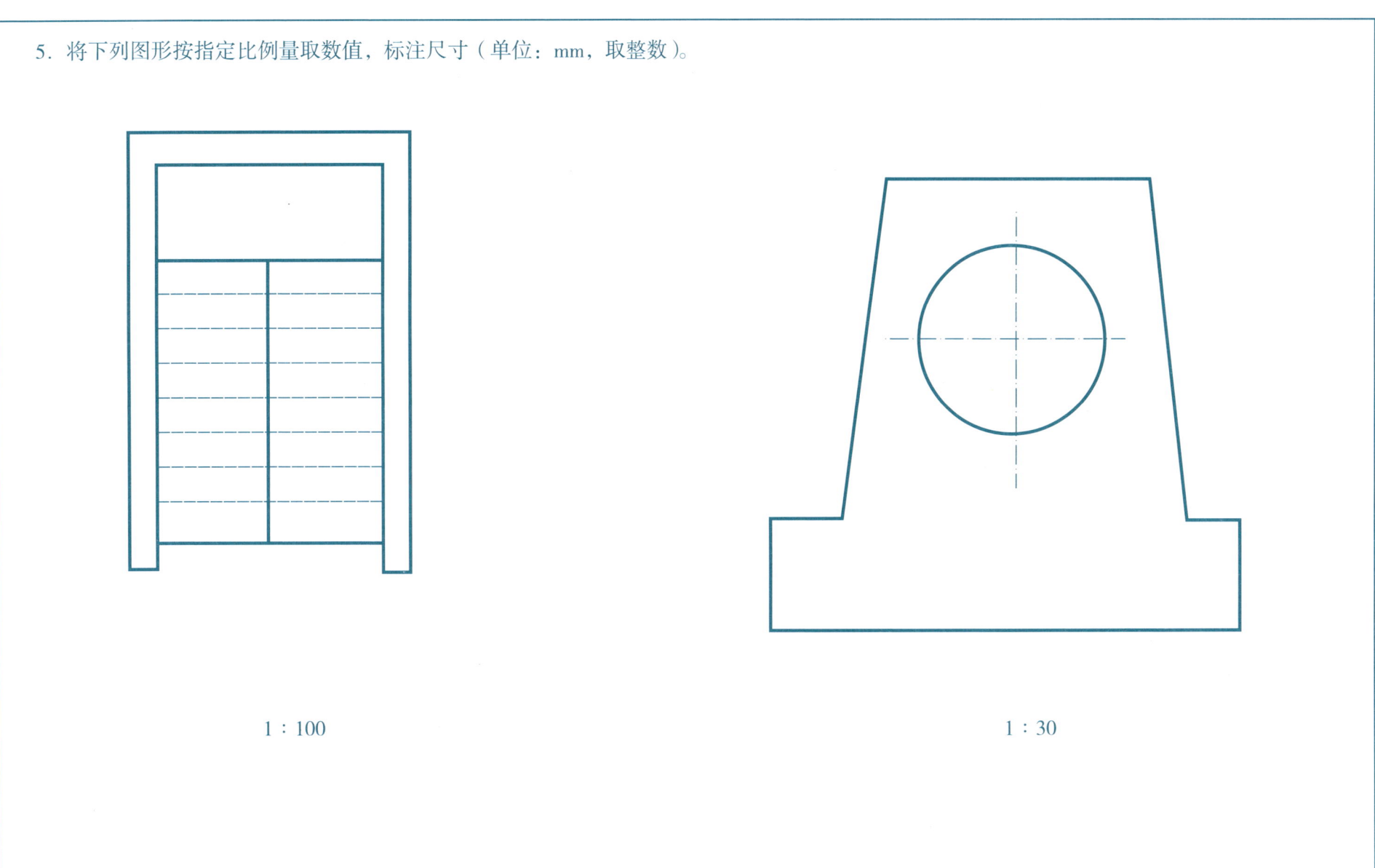

1∶100   1∶30

6. 按照下面所示尺寸及绘图比例，分别在A4图纸上绘制图形并标注尺寸。

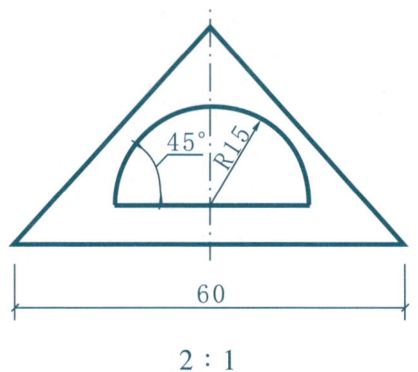

2∶1

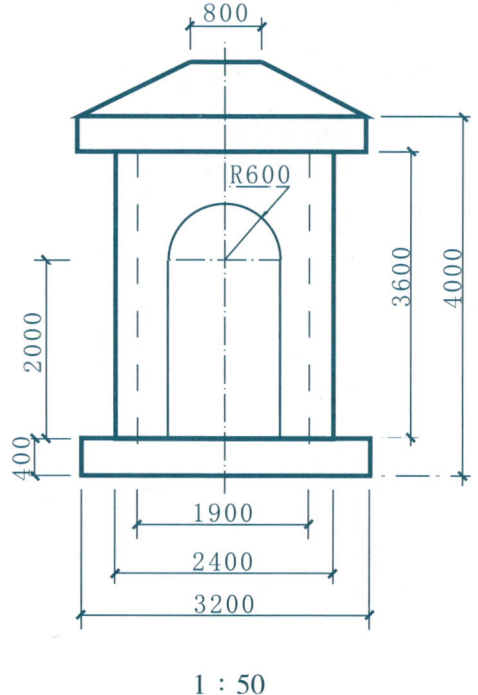

1∶50

7. 按照下面所示尺寸及绘图比例，分别在A4图纸上绘制图形并标注尺寸。

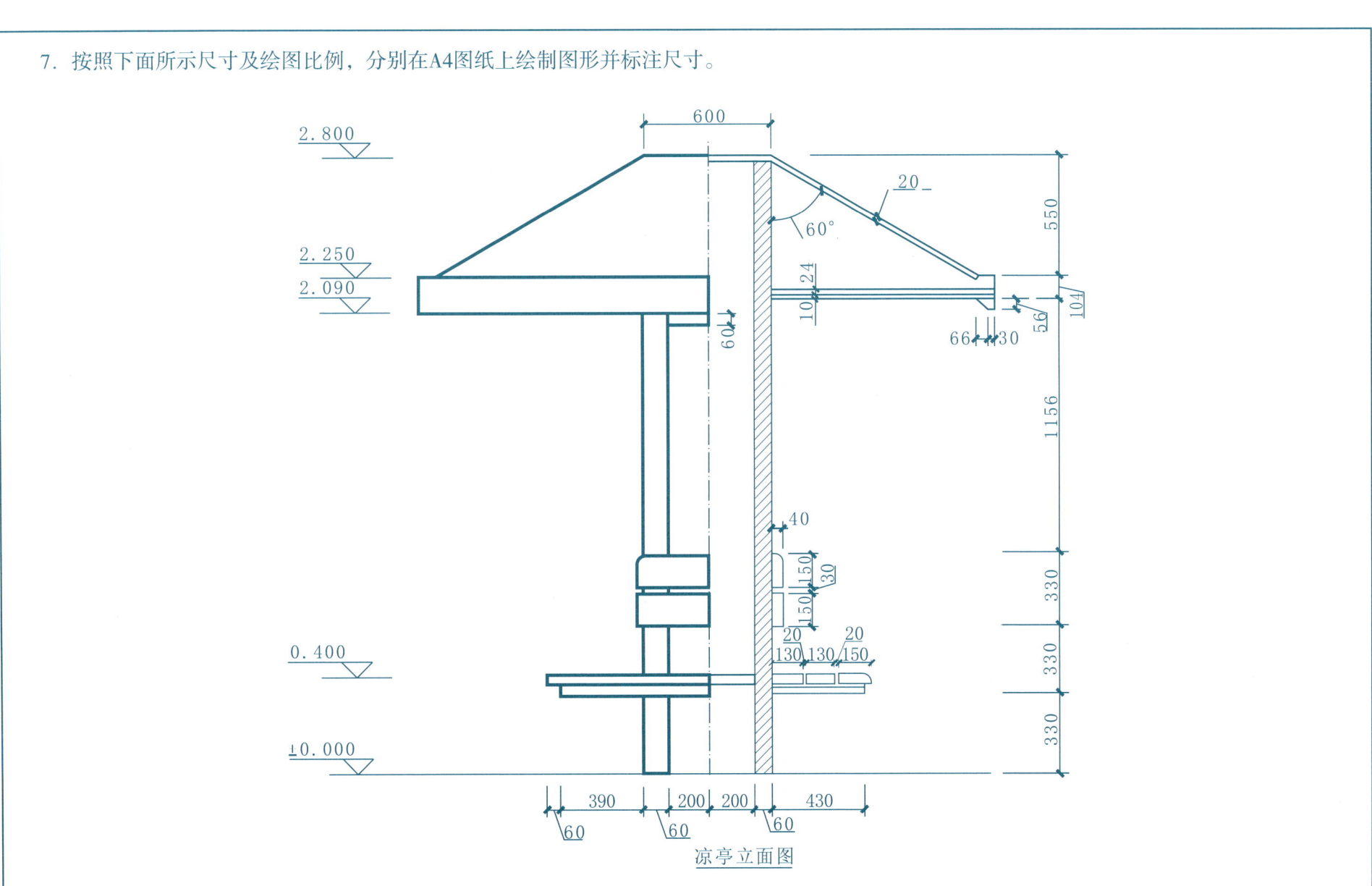

凉亭立面图

第二章 投影的基本原理

一、投影的基本知识

1. 找出立体图的三面投影图，并将对应的立体图号码填在投影图下的圆圈内。

2. 找出与三面投影图对应的立体图，并将其序号填写在对应的括号内。

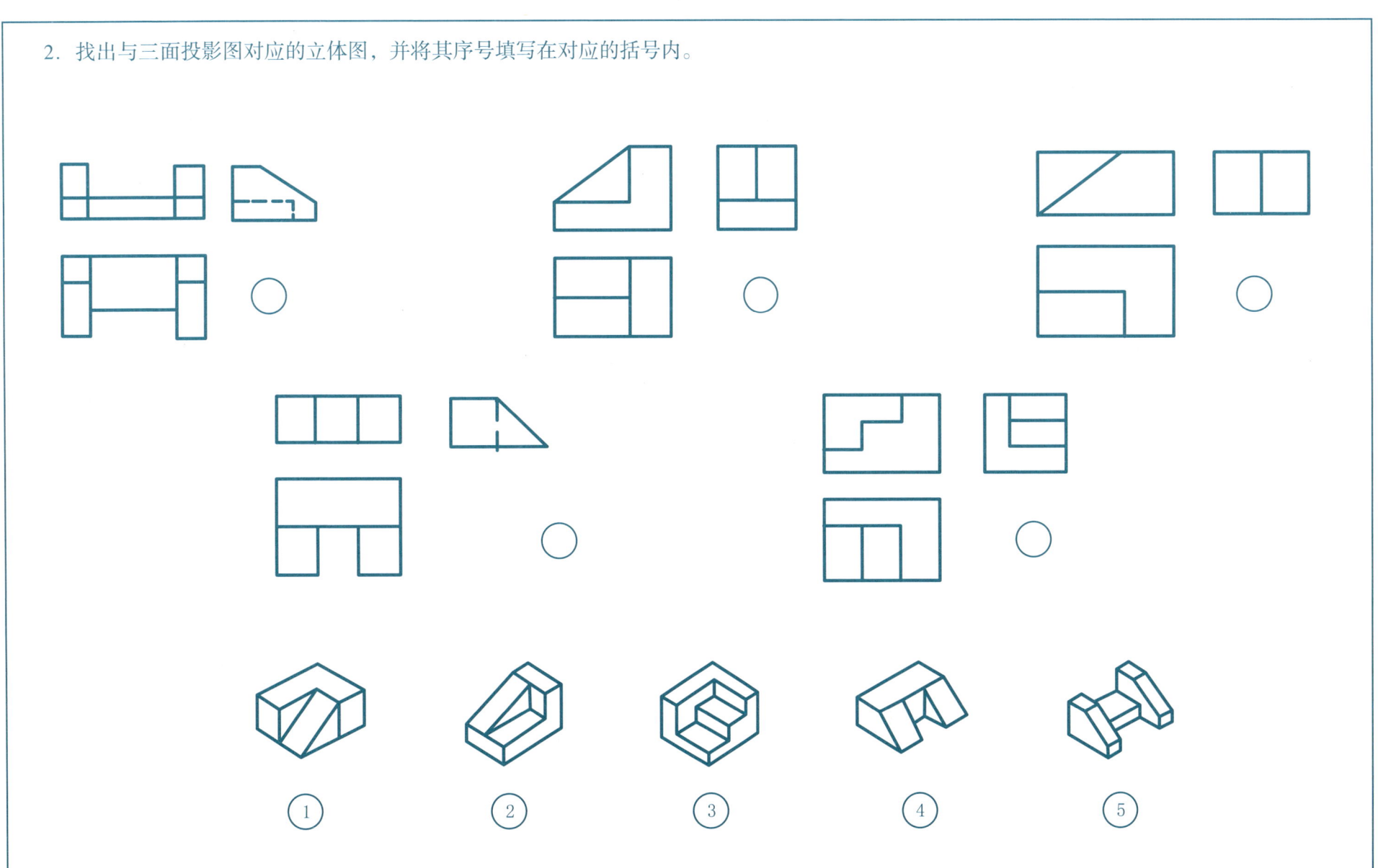

3. 对照投影图，在立体图旁边的圈内填写编号。

4. 根据投影图找出相对应的直观图，并在下列括号内写出直观图的题号。

三、点的投影

1. 已知点A、B、C三点到各投影面的距离,求作它们的三面投影。

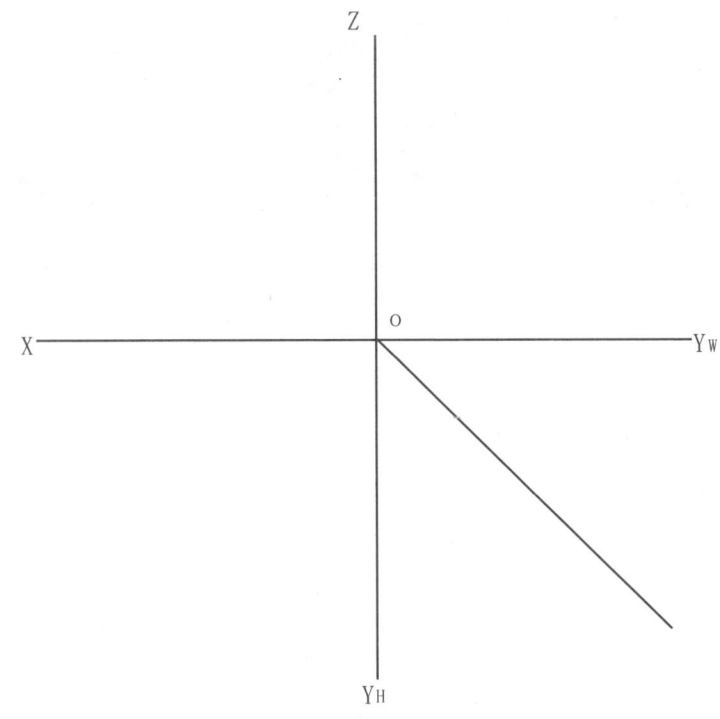

点	距W面	距V面	距H面
A	20	10	25
B	10	20	5
C	5	15	10

2. 已知点的两面投影,求作第三投影。

3. 已知点A（0,0,10）、B（20,0,5）、C（15,15,20）,求作它们的三面投影。

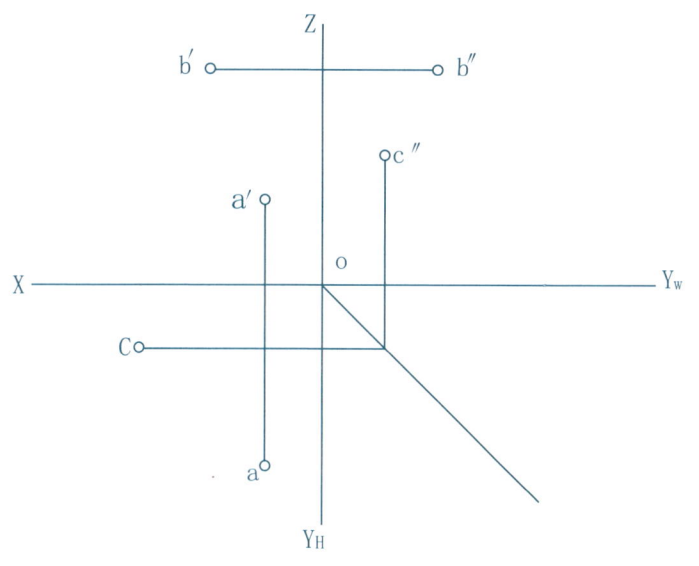

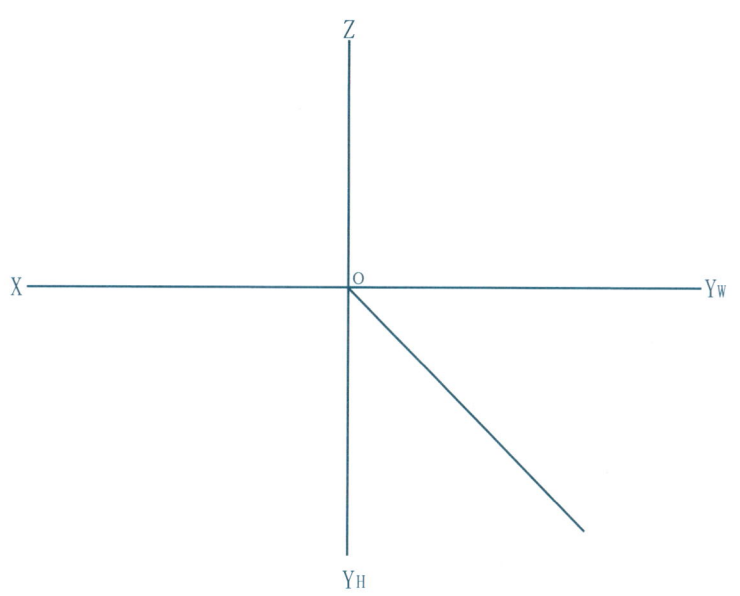

4. 求点A在投影面上的影。

(1)

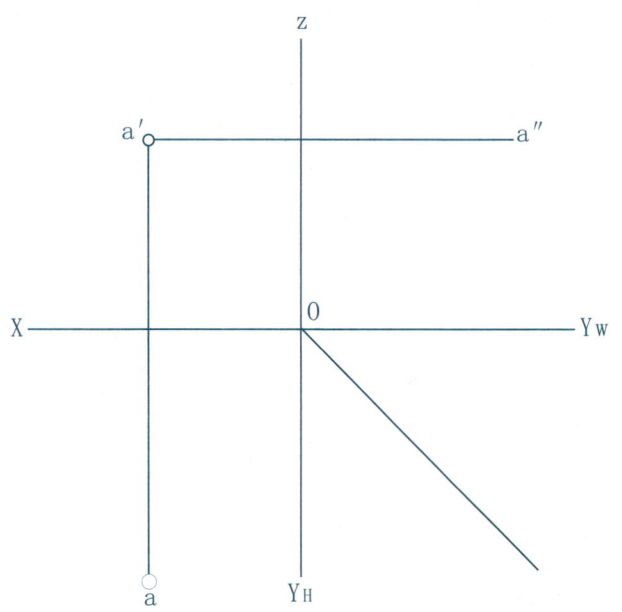

(2)

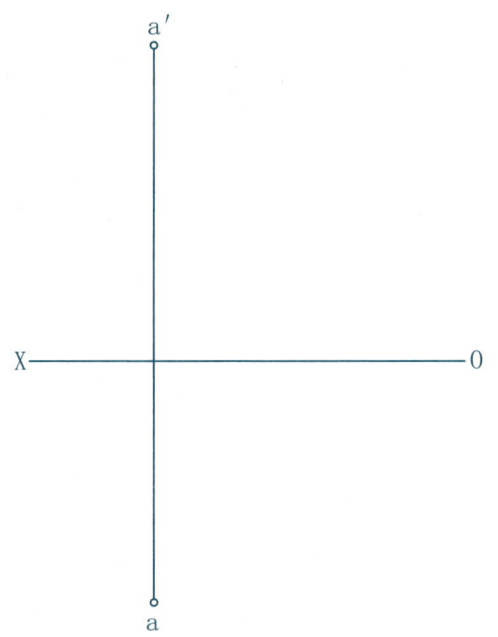

四、直线的投影练习

1. 求下列直线的三面投影，并判断它们的空间位置。

(1) (2) (3)

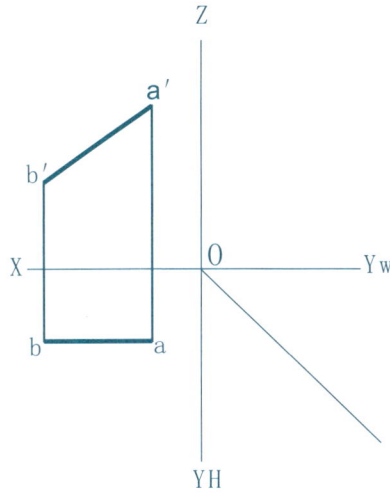

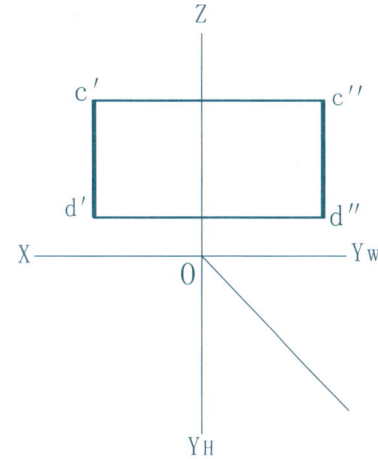

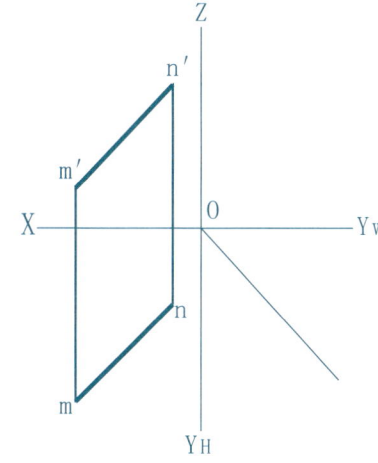

直线AB为____线； 直线CD为____线； 直线MN为____线

2. 判别下列直线的空间位置。

(1)

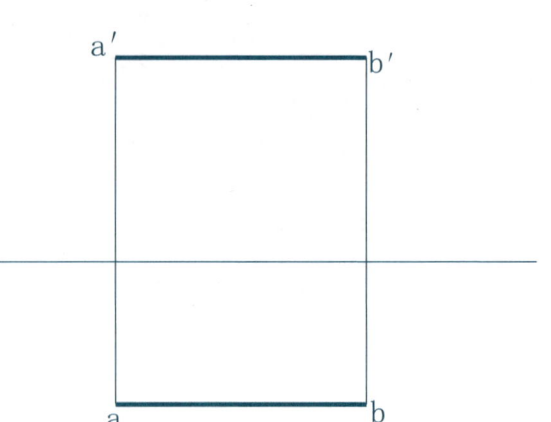

直线AB为____线；

(2)

直线CD为____线；

(3)

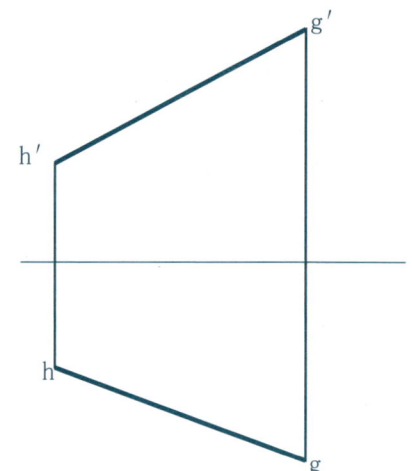

直线GH为____线

3. 补全直线的第三投影，并判断直线的空间位置或类型。

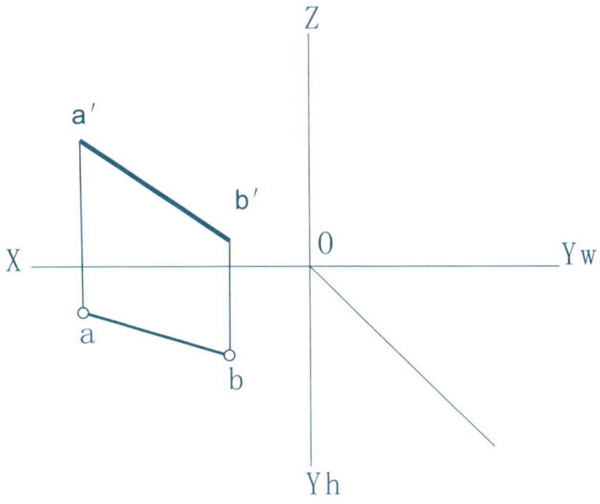

直线AB为____线； 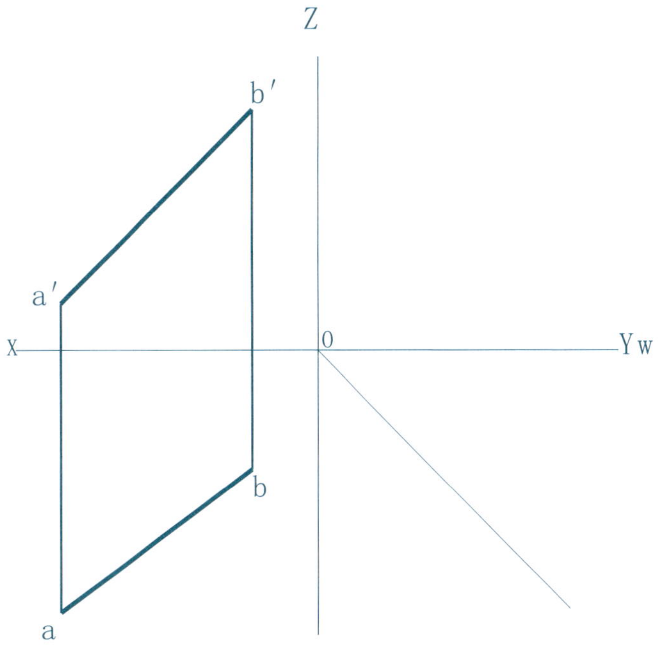   直线AB为____线； 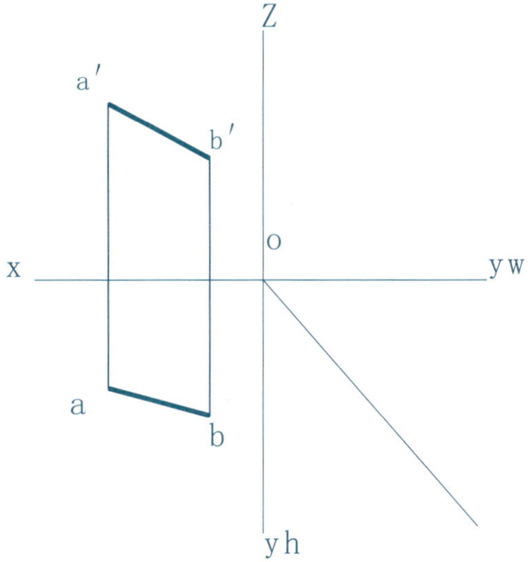   直线AB为____线

4. 过点A求作正平线AB，其实长为25mm，a=30°

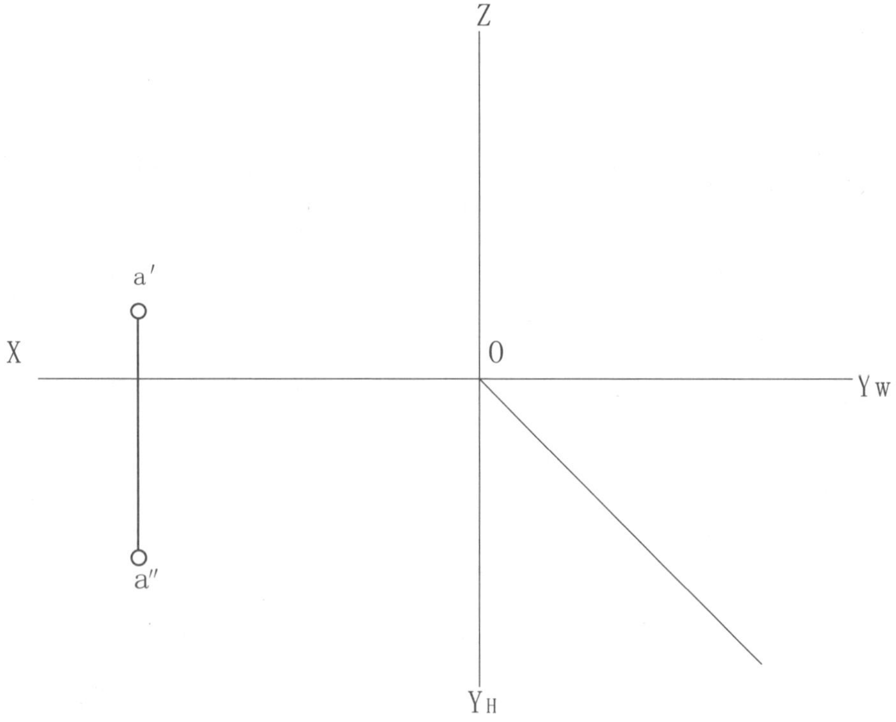

5. 求MN直线的第三面投影，并判断直线MN与投影面的相对位置。

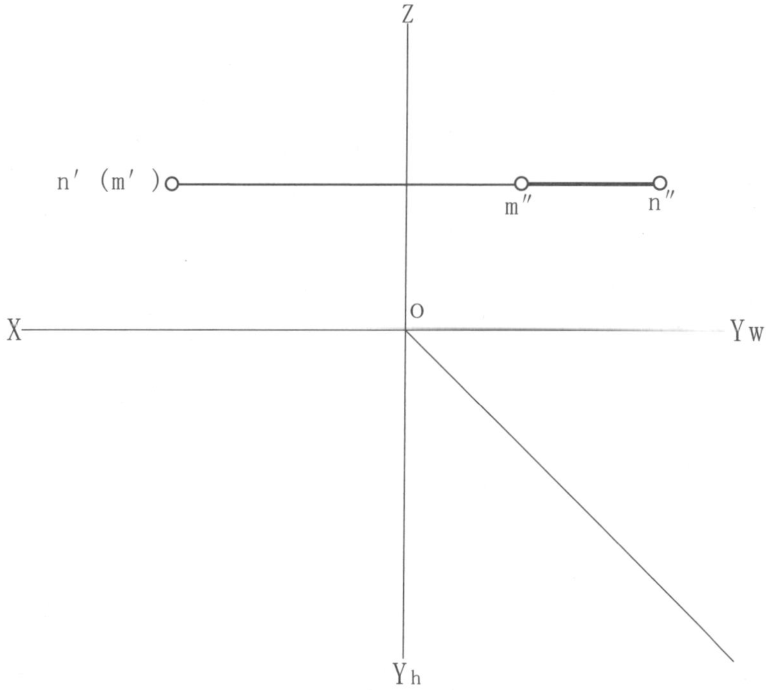

MN是_____

6. 作与直线AB，CD平行且相距为15mm的直线MN，并使MN在V面上的投影为25mm，点M距w面30mm，点N在点M之右（任求一解）。

7. 在线段AB上确定一点C，使AC：CB=3：1；确定点D，使点D到V面和H面等距；确定点E，使其坐标z=2y。

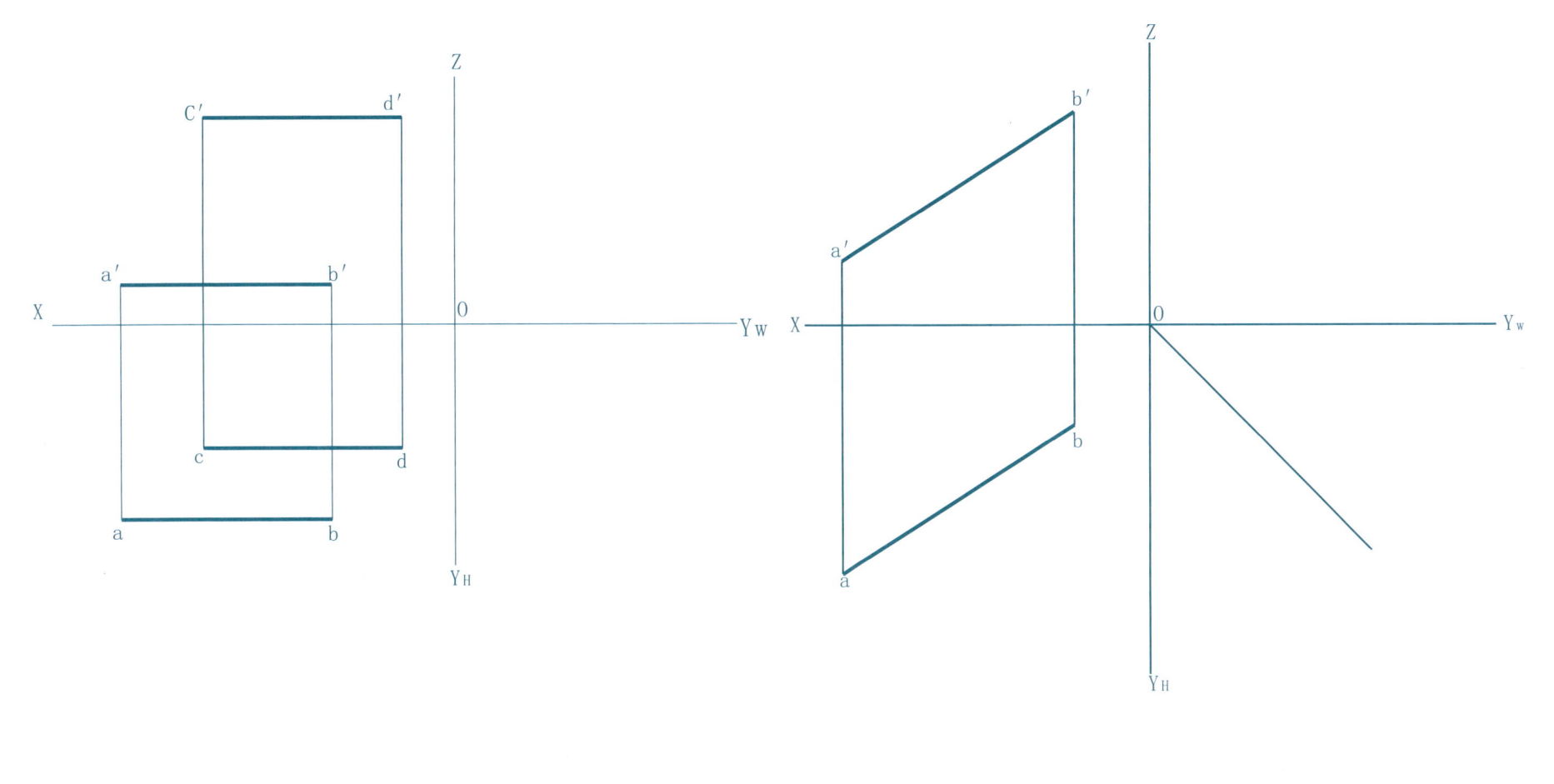

五、平面的投影

1. 判明下列各平面的类型。

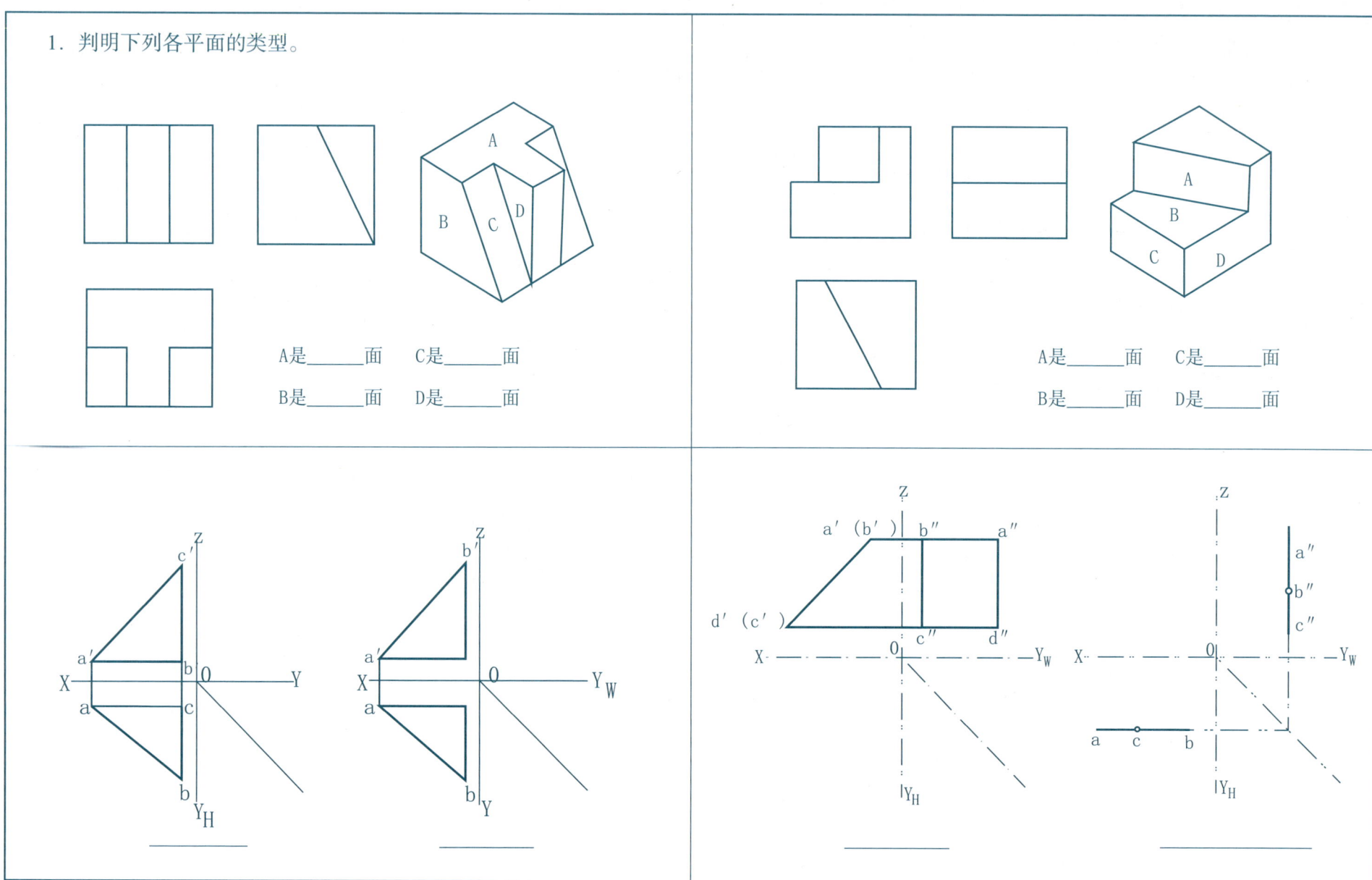

2. 直线AB与△EFG的交点K，并表明直线的可见性。

3. 求平面上点K与点N的另一面投影。

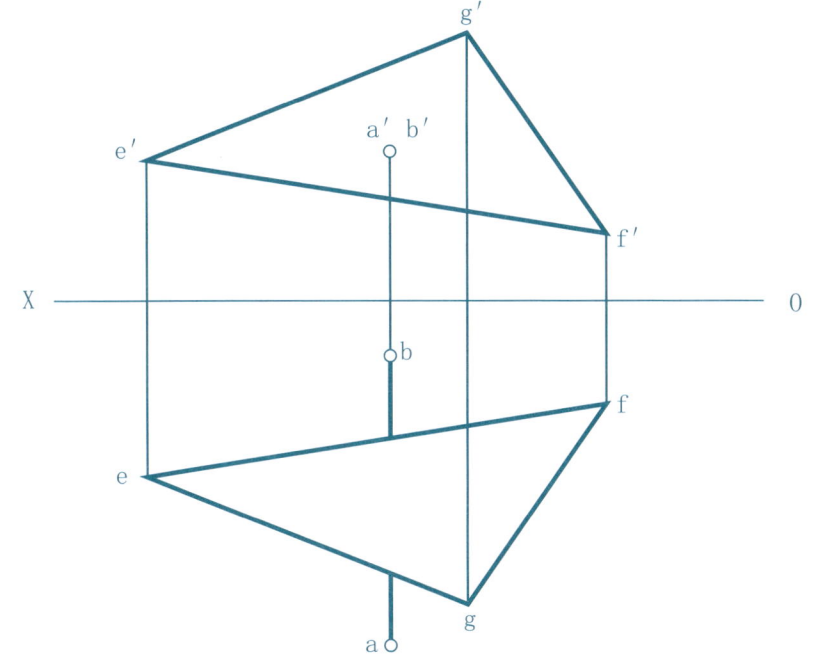

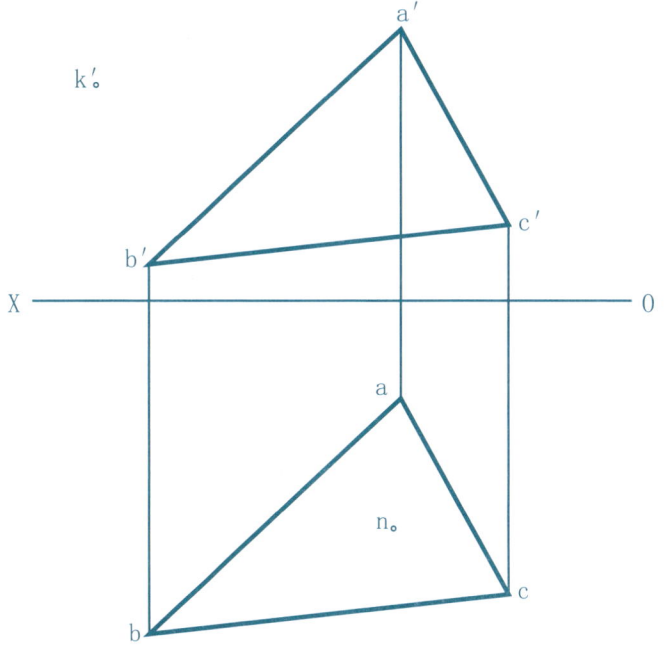

4. 作直线AB与四边形CDEF的交点K，并表明可见性。

5. 直线AB与△CDE平行，完成△CDE的投影。

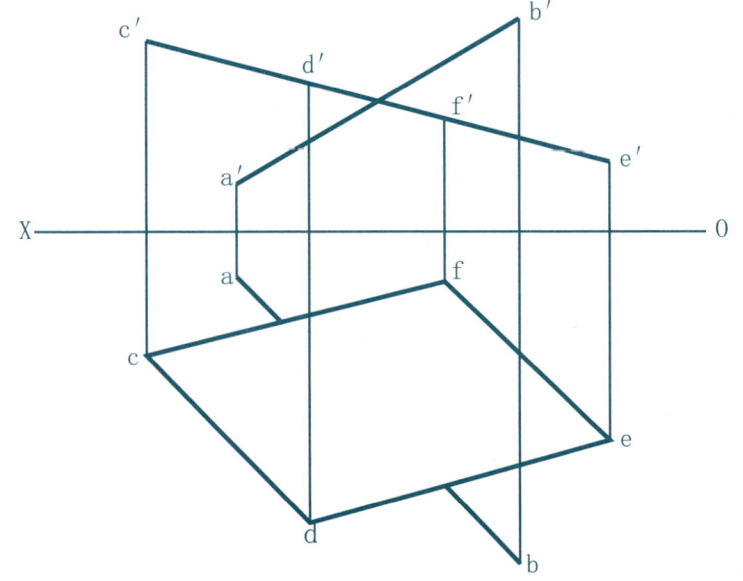
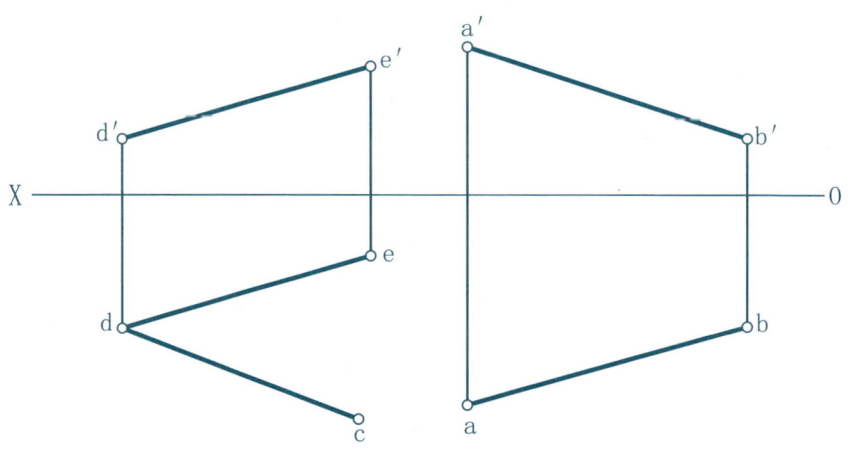

6. 完成平面图形ABCDE的水平投影。

7. 已知平面ABCD的AB边平行于V面，试补全ABCD的H面投影。

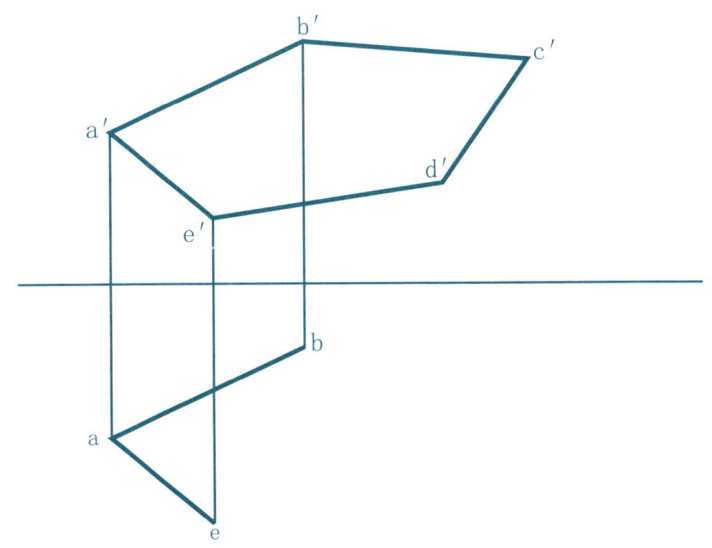

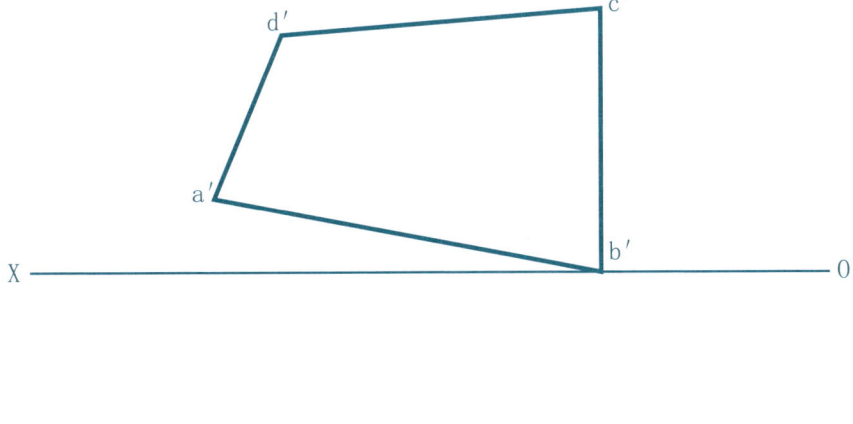

8. 已知平行四边形与△ABC相平行，完成平行四边形的V面投影。

9. 作两个三角形的交线，补全两个三角形的W面投影，并表明可见性。

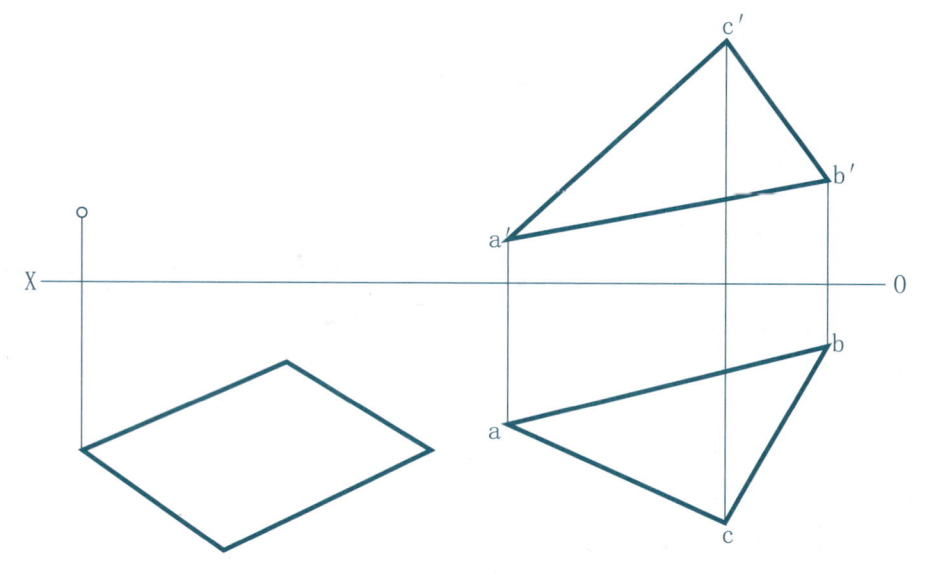
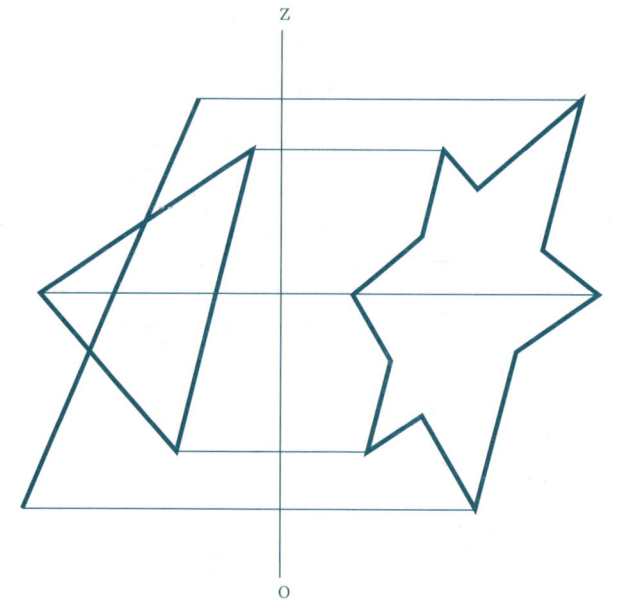

10. 补全平面的第三投影,并判断平面的空间位置。

11. 补全平面的第三投影,并判别各平面的空间位置。

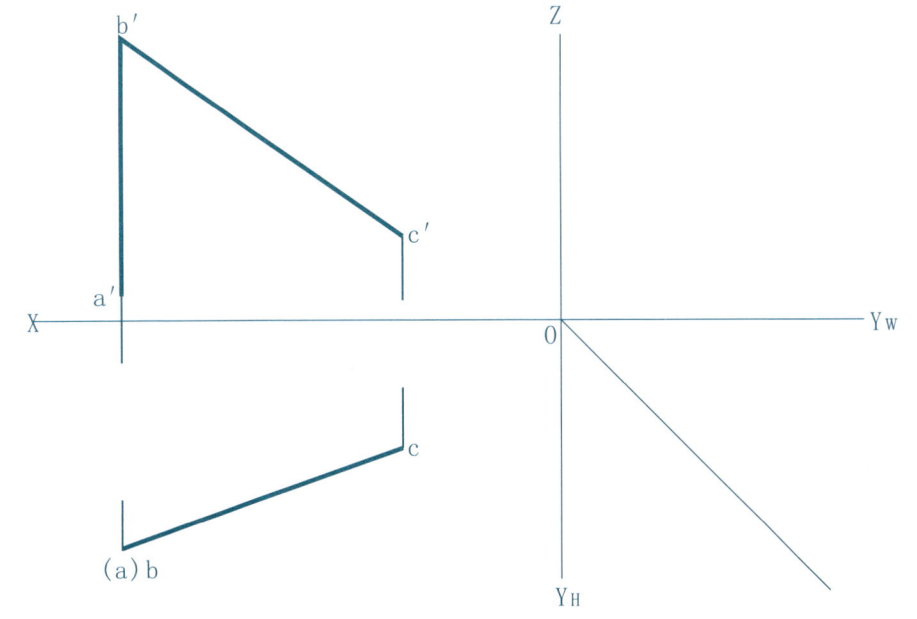

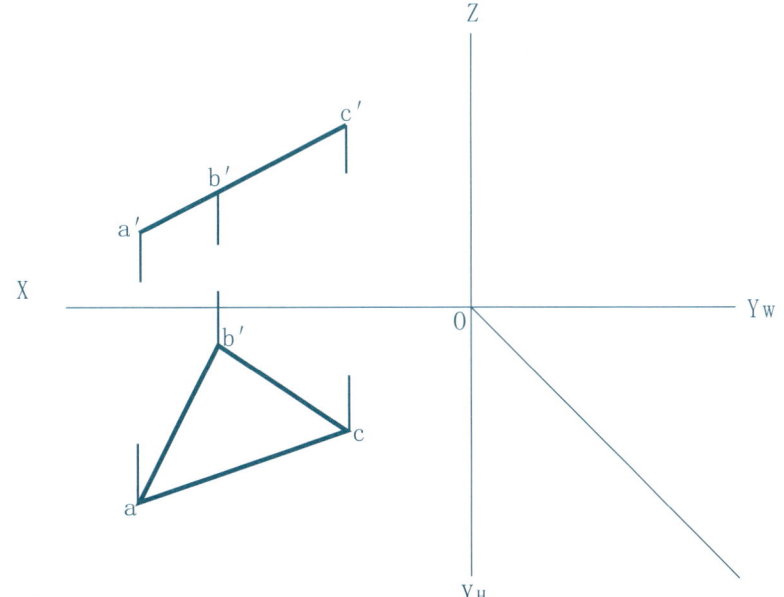

答:＿＿＿＿＿＿＿＿

答:＿＿＿＿＿＿＿＿

12. 已知台阶的H面和V面投影，试作出其W面投影，并在下面的表格内填上指定各表面与投影面的相对位置。

平面	与投影面相对位置
M	
N	
P	
Q	
R	
S	

第三章 立体投影

一、平面几何体的投影

1. 作出棱柱体表面上点和线的另两个投影。

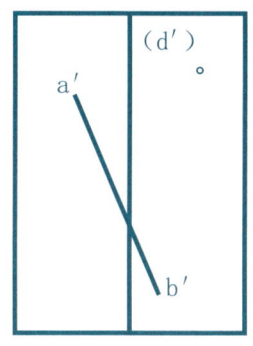

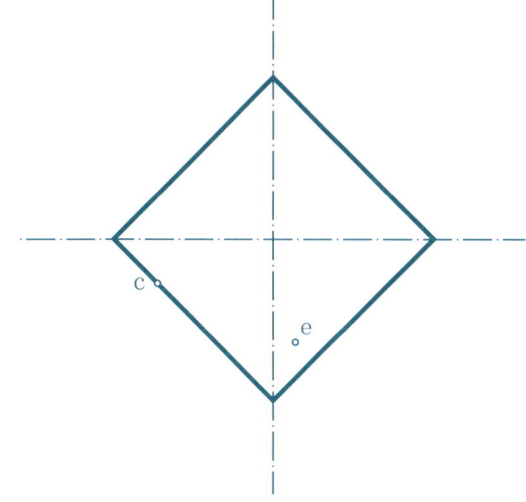

2. 作出棱锥体表面上点和线的另两个投影。

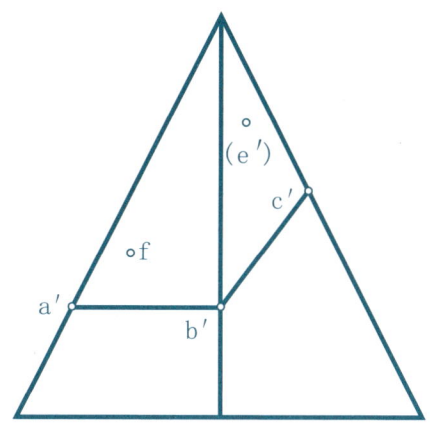

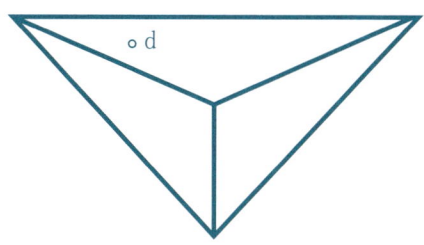

3. 根据两面投影做形体的正等轴测图。

(1)　　　　　　　　　　　　　　　　　　　　(2)

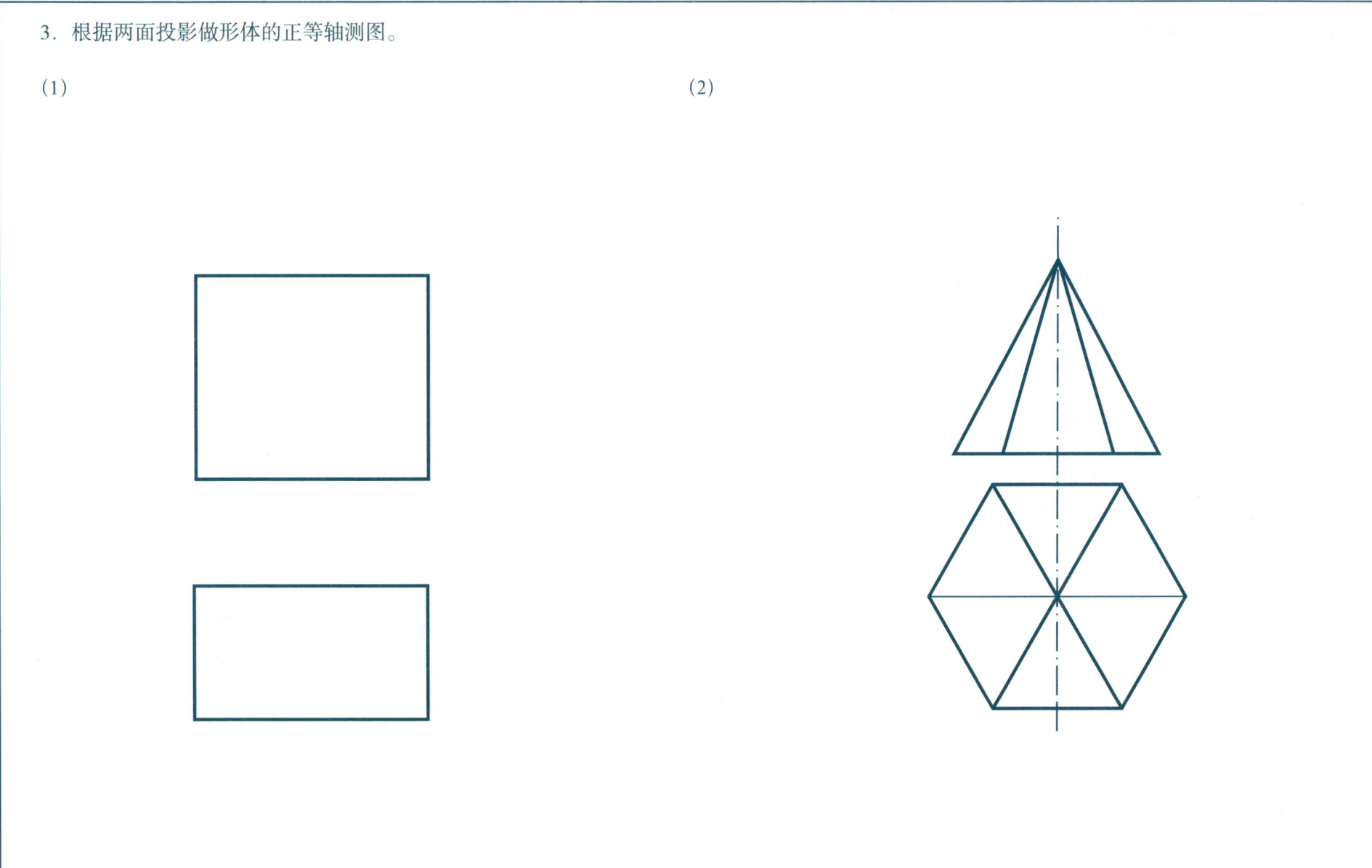

(3) (4)

4. 根据平面体的两面投影，补绘第三投影。

(1)　　　　　　　　　　　　　　　　　　　　(2)

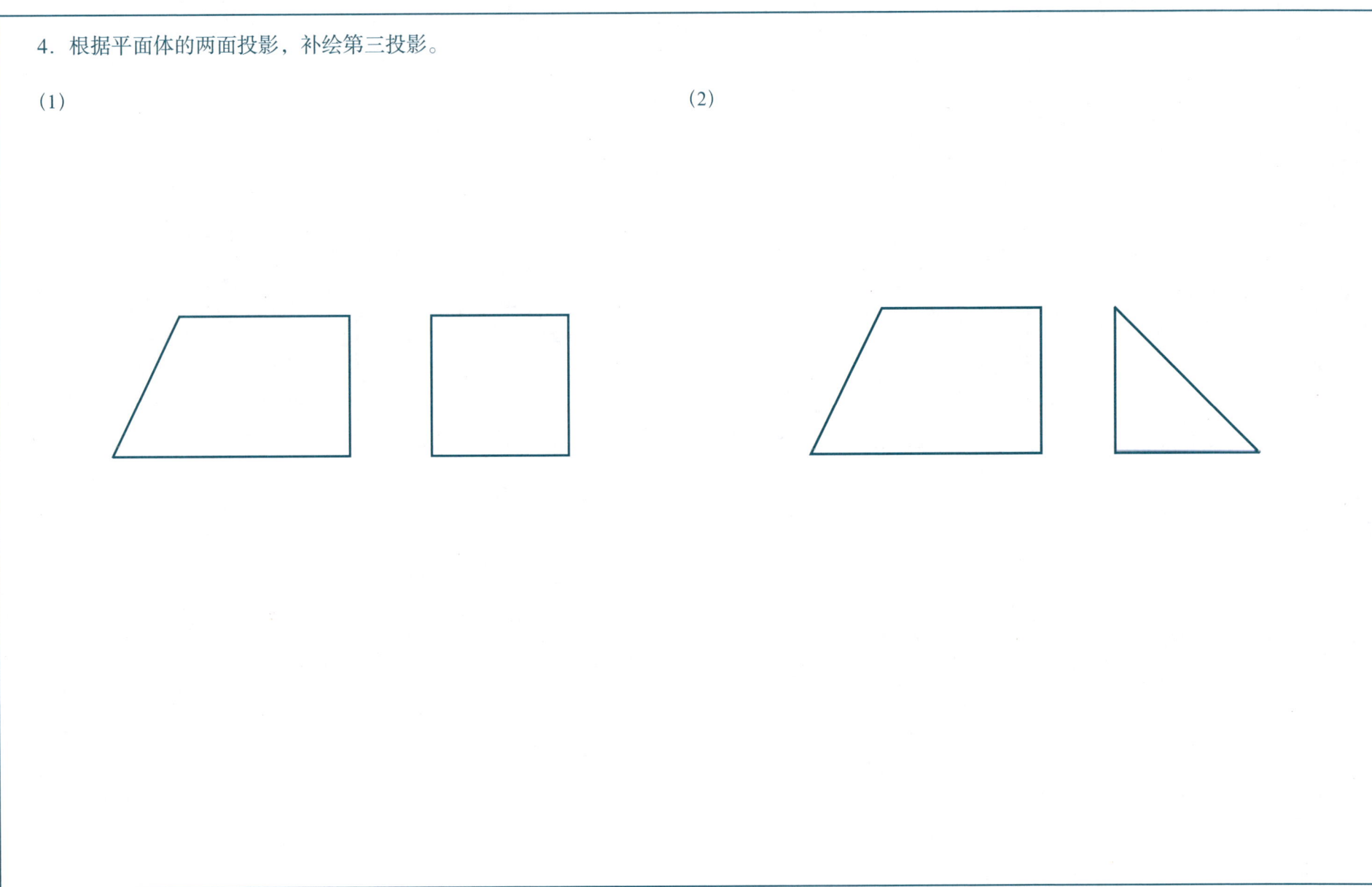

二、曲面几何体的投影

1. 作出圆柱体表面上点和线的另两个投影。

2. 作出圆锥体表面上点和线的另两个投影。

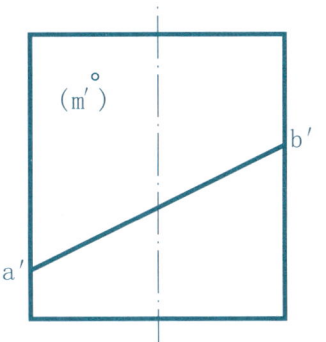
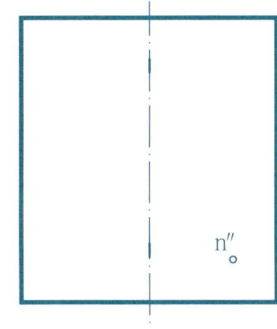
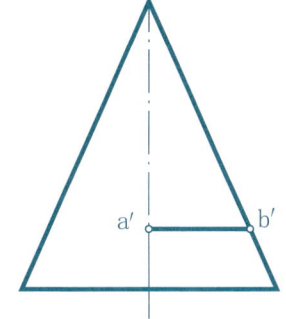
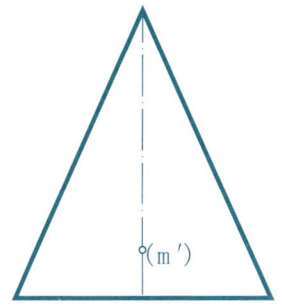
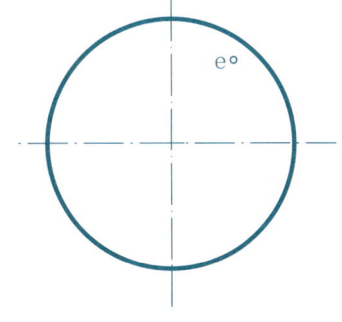
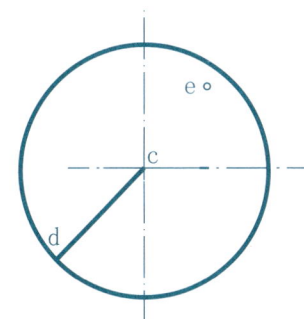

3. 已知圆柱面上线段AB，CD的投影，求作其余两投影。

4. 已知圆柱面上线段AB，CD的投影，求作其余两投影。

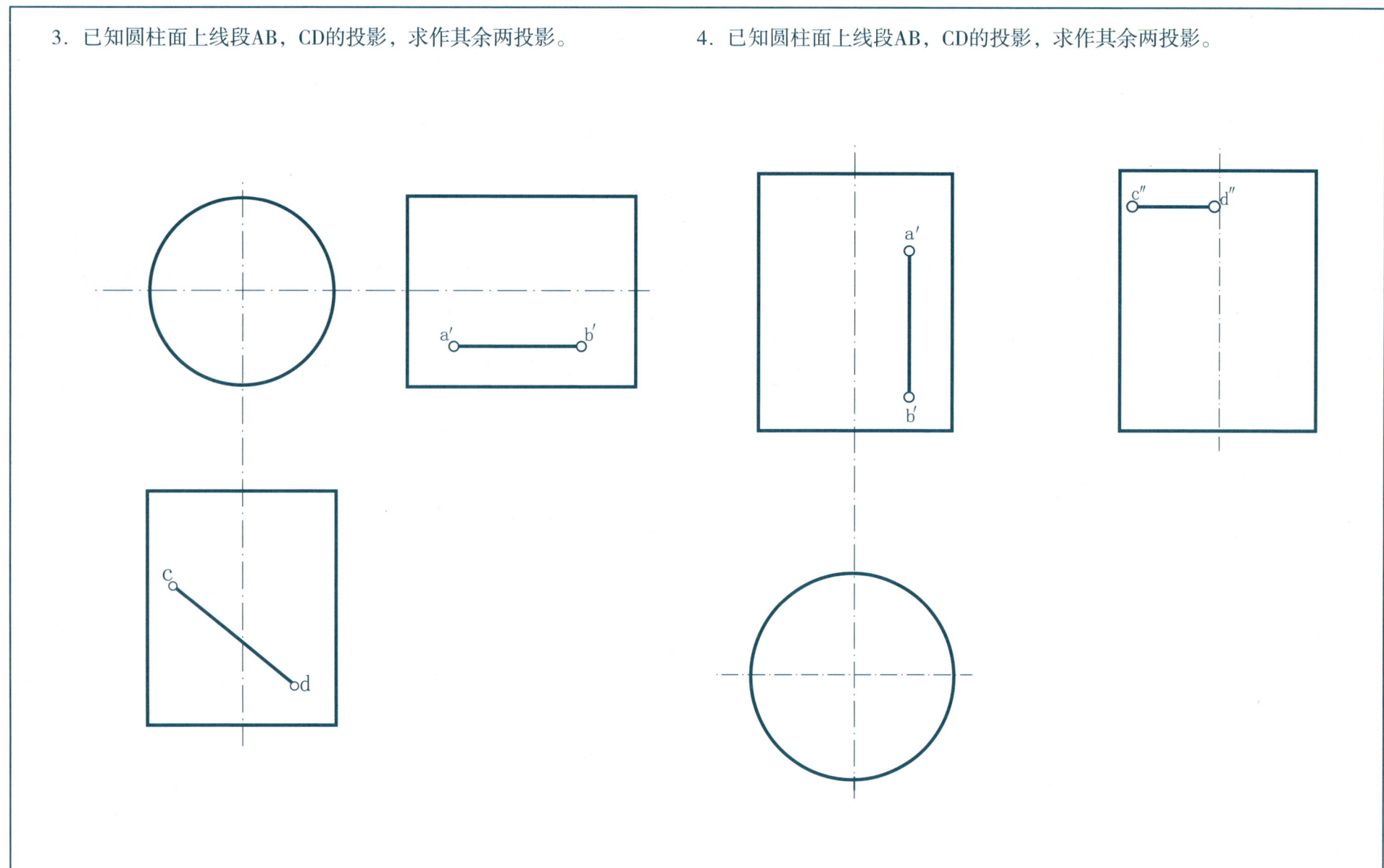

5. 补绘曲面体的第三投影，并作出其表面上点和线的其他两面投影。 6. 已知圆球面上线段AB，CD的一个投影，求作其余两投影。

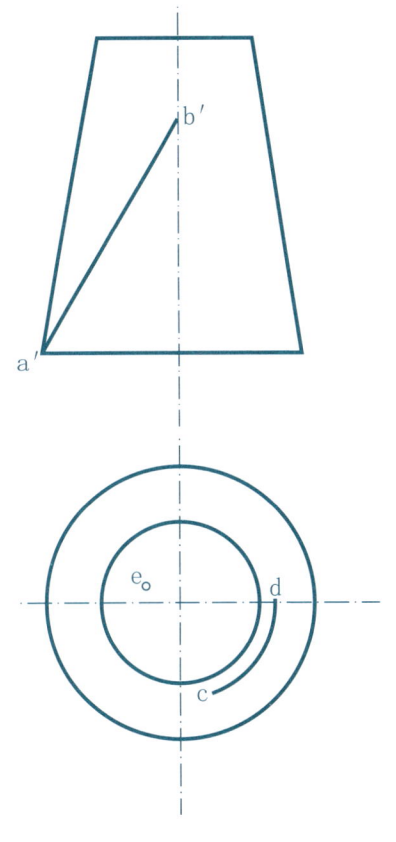
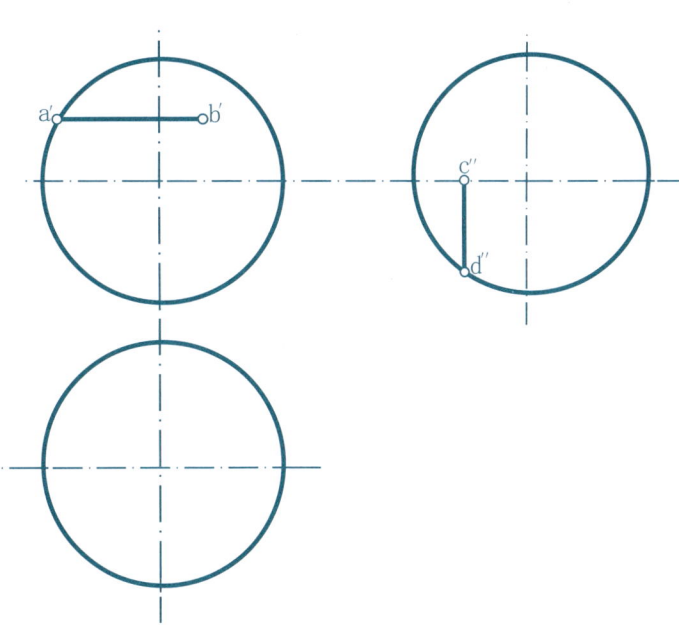

43

7. 一个四棱柱被一个水平面和一个正垂面所截,请补全投影。　　8. 请补全这一形体的投影。

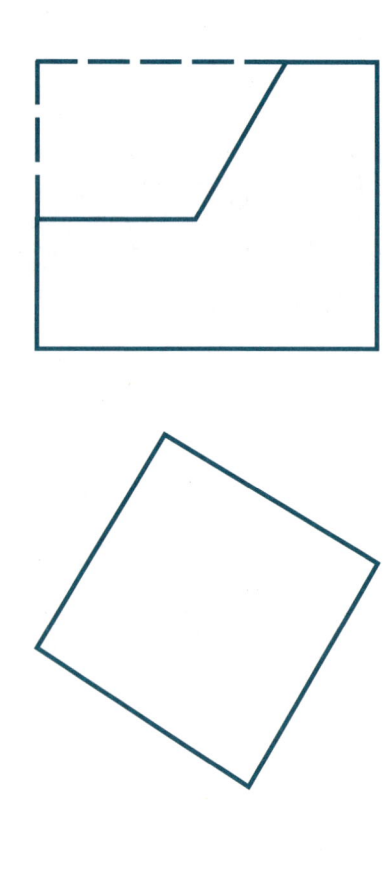
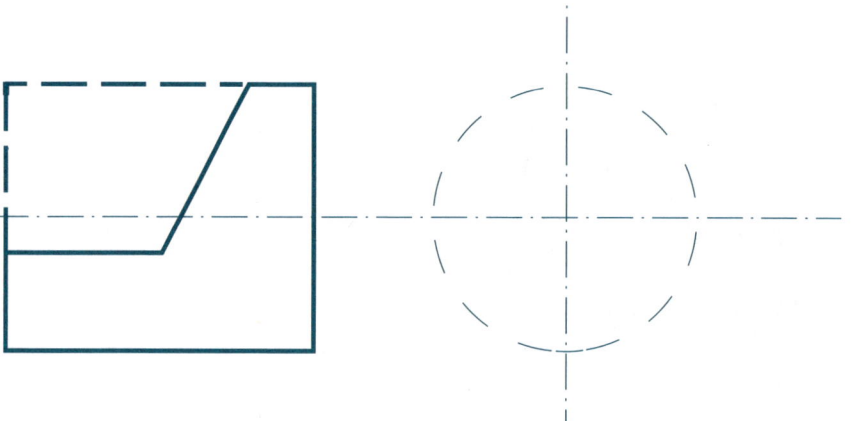

44

三、立体截断

1. 正六棱柱被正垂面Pv截断，补全截断体的H面投影，作出截断体的W面投影。

2. 五棱柱被一正垂面所截，请补全截断体的投影，并作出截断面的实形。

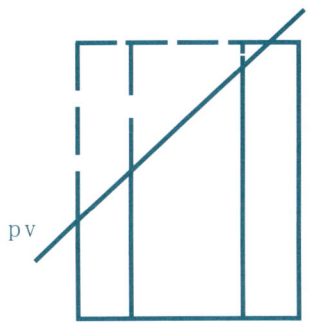
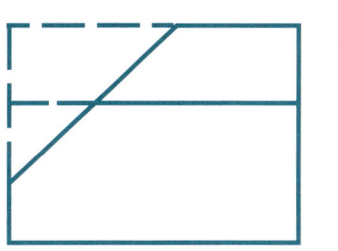
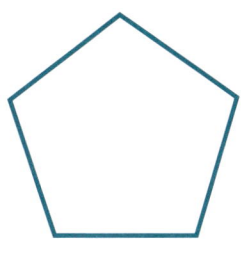
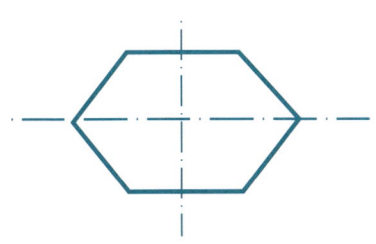

3. 圆柱被铅垂面所截，请补全截断体的投影。

4. 请补全截断体的H面、W面的投影。

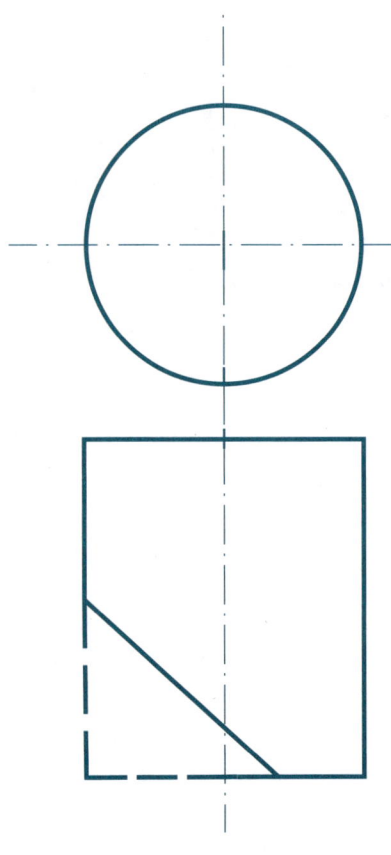

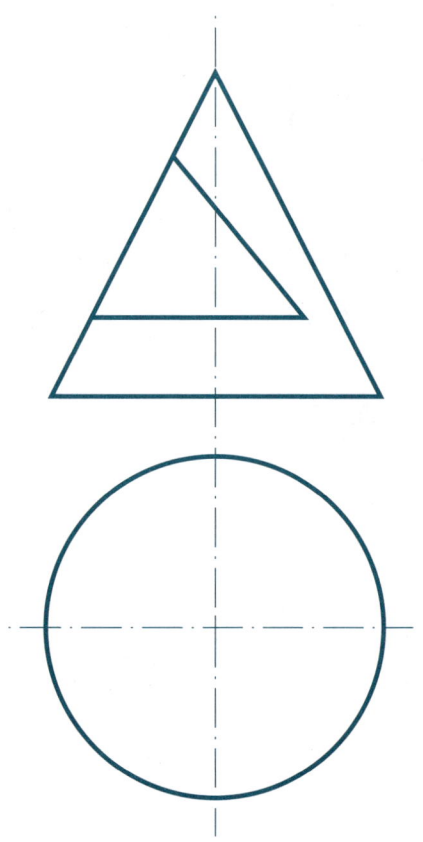

5. 求圆柱榫头的H面和W面投影。

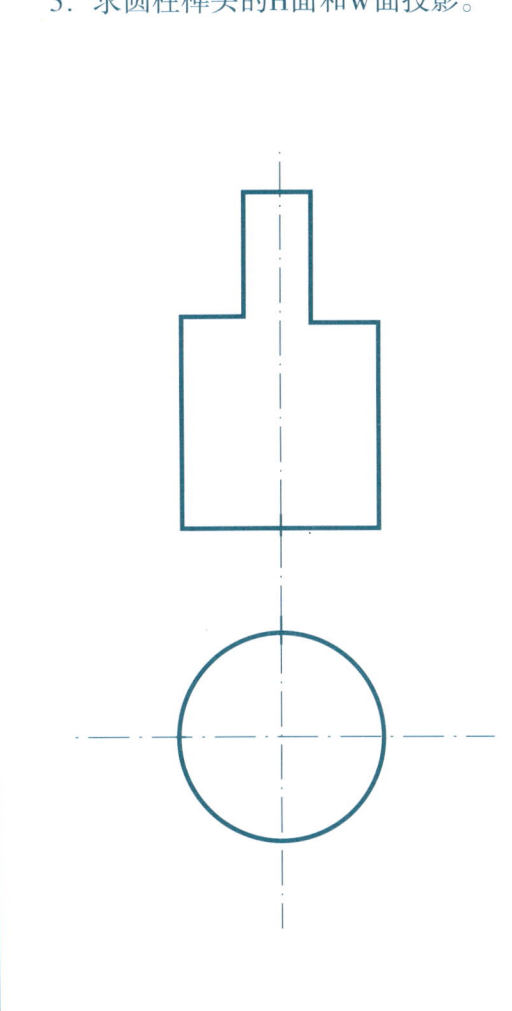

6. 补全有缺口的三棱锥的H面和V面投影。

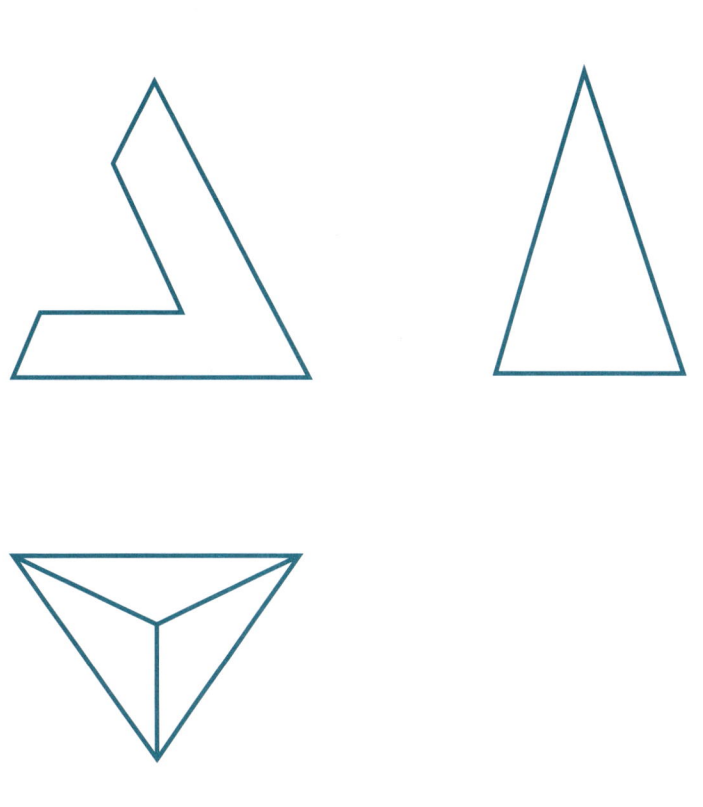

47

7. 补全由缺口的三棱柱的H面和V面投影。

8. 圆锥被截断后,补全截断体的H面和V面投影。

四、直线与立体相交

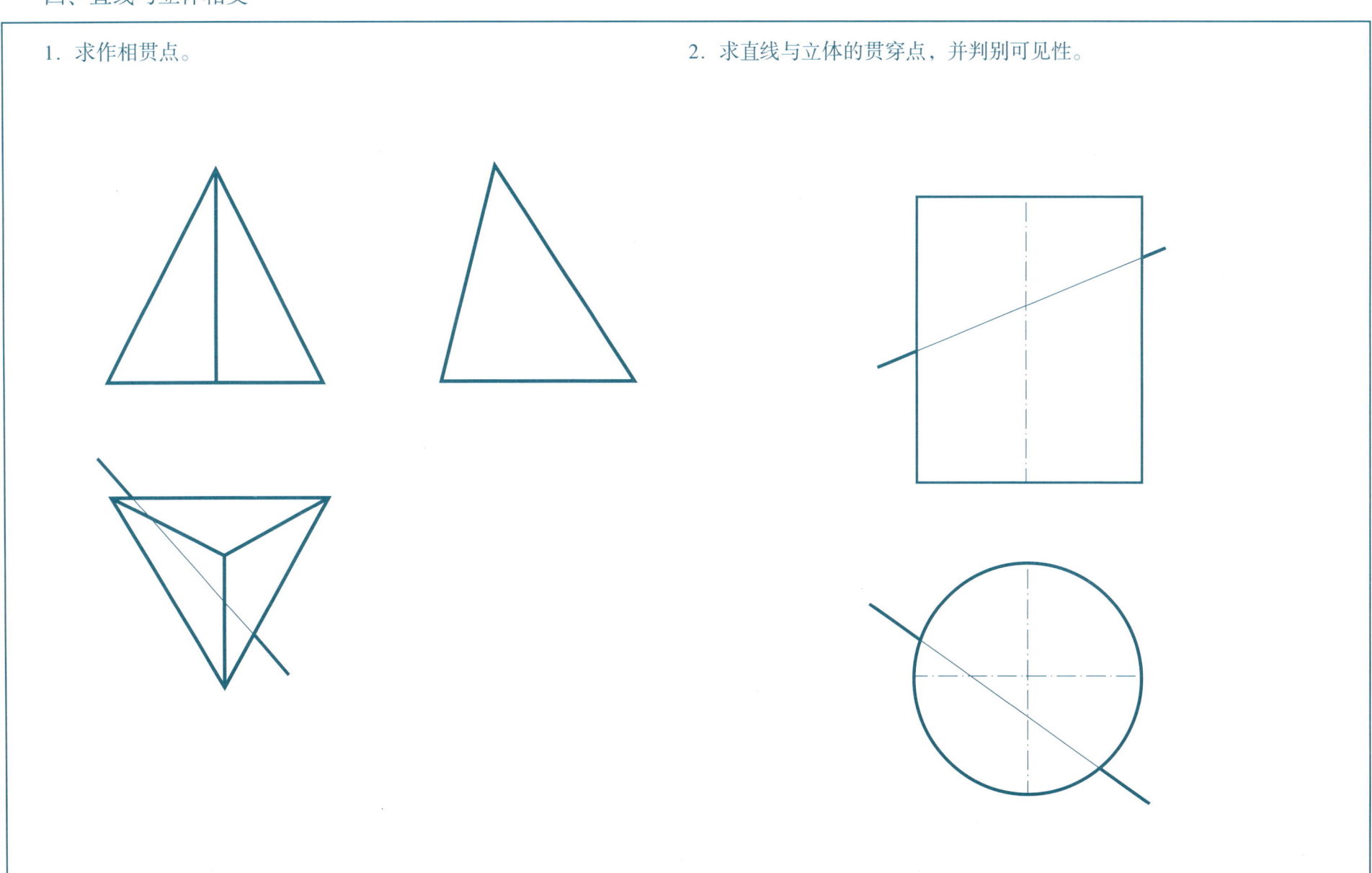

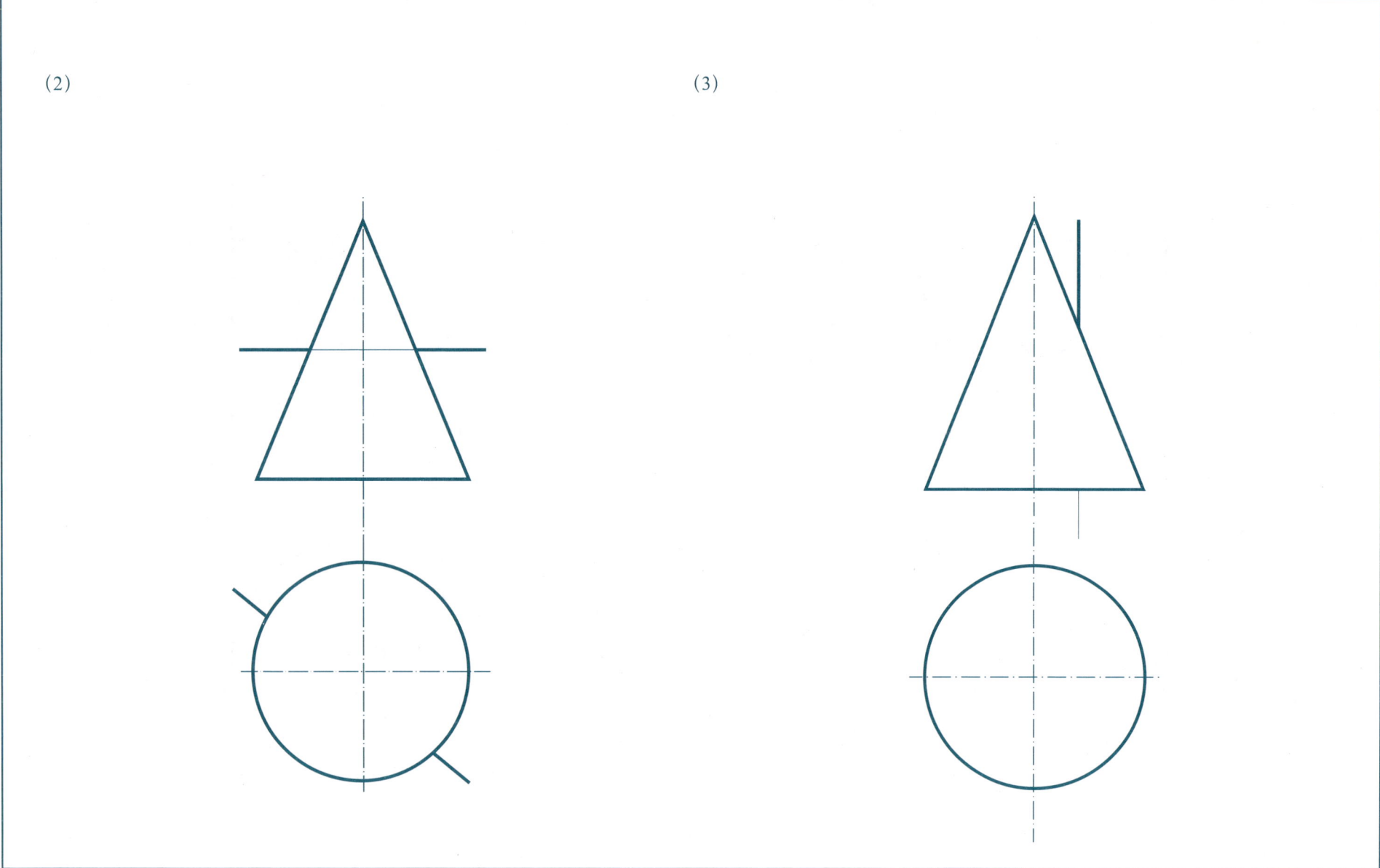

五、两立体相贯

1. 求两个三棱柱的相贯线。

2. 求下面两平面立体的相贯线。

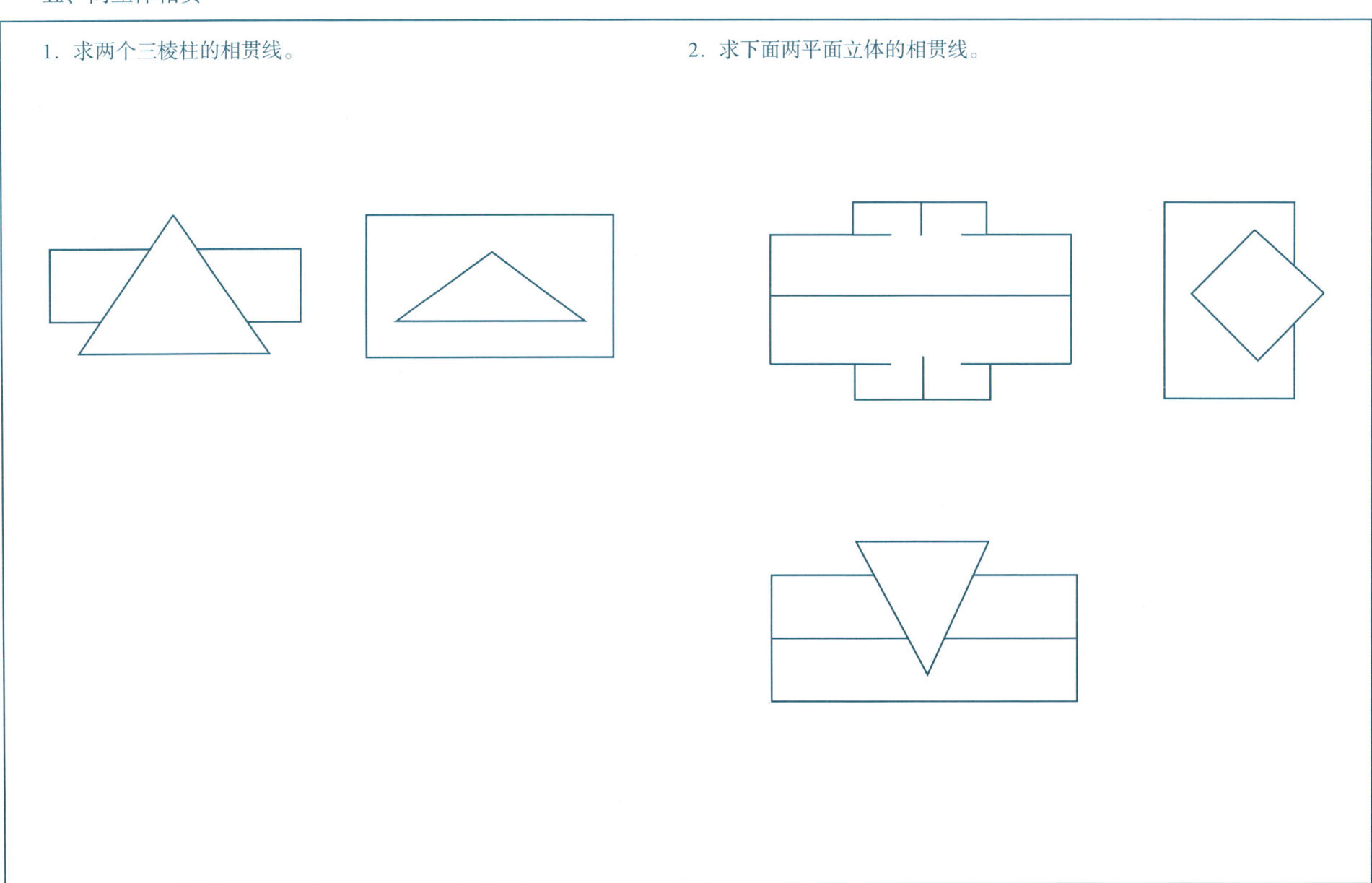

51

3. 正三棱锥被三棱柱完全贯通，V面投影完整，补全H面投影并作出其W面投影。

4. 求两平面立体的相贯线。

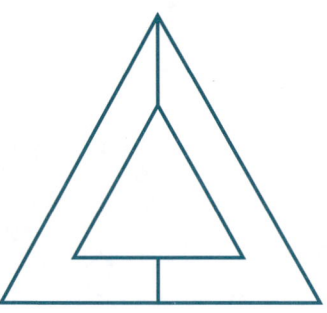
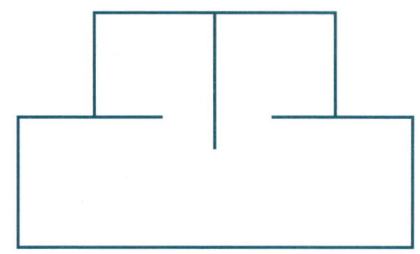
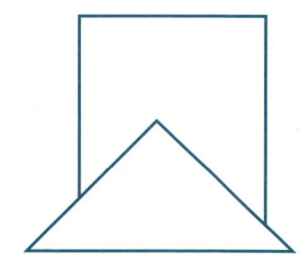
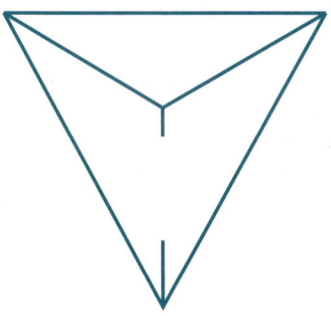
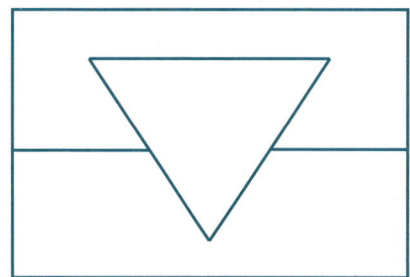

六、组合体的投影

1. 根据平面体的两面投影,补绘形体的第三投影。

(1)   (2)

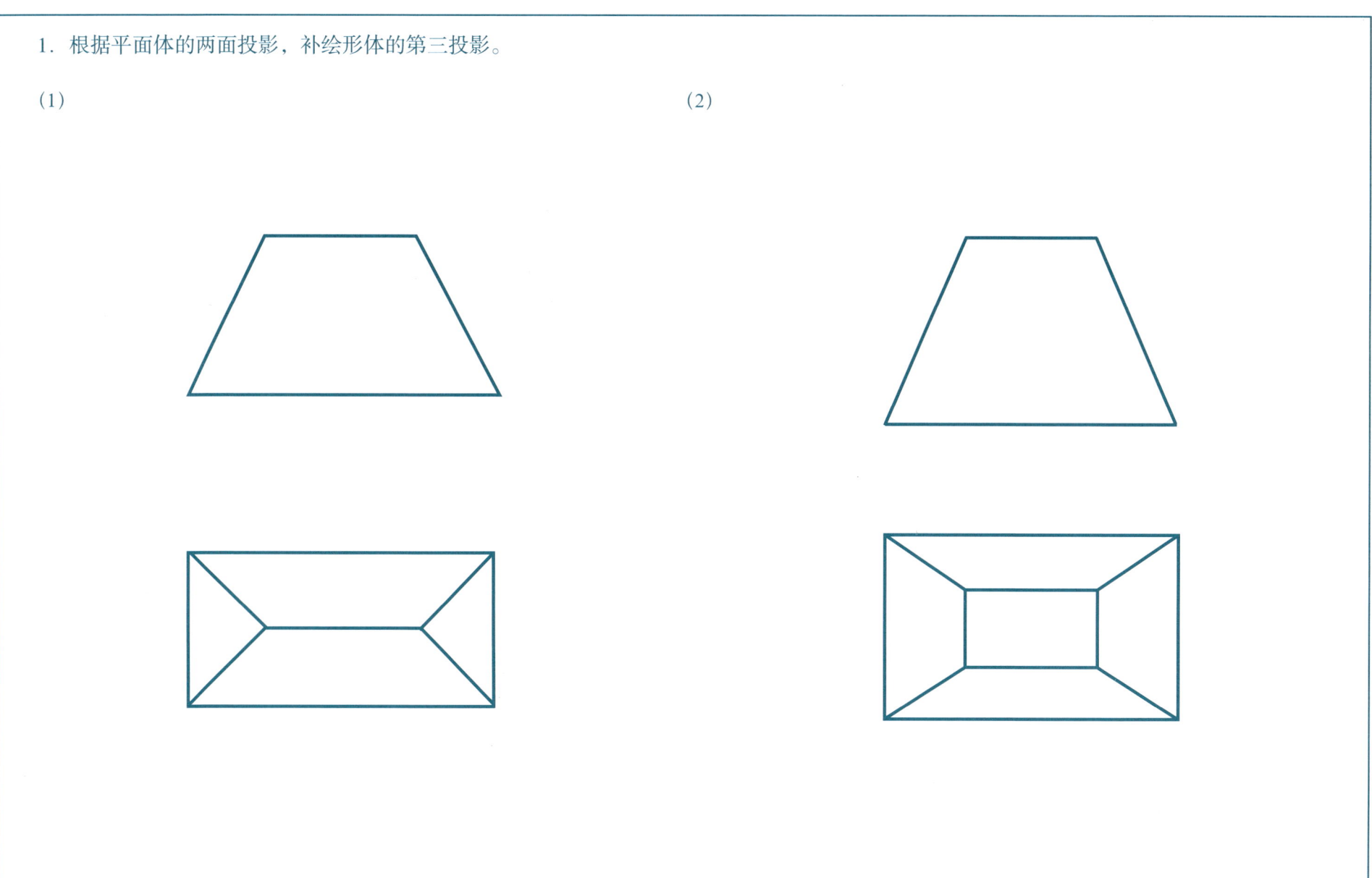

2. 绘制组合形体三视图投影。

(1)

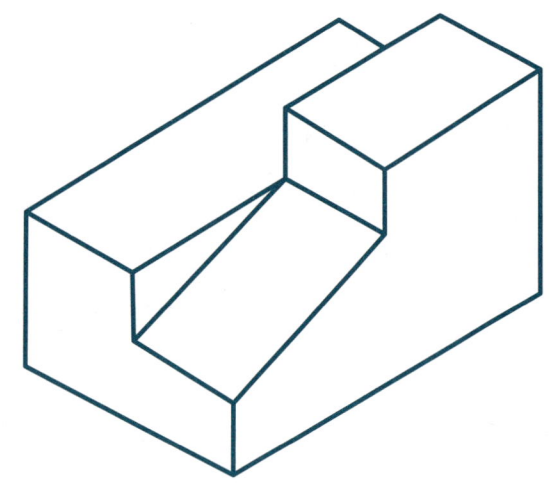

(2)

(3)

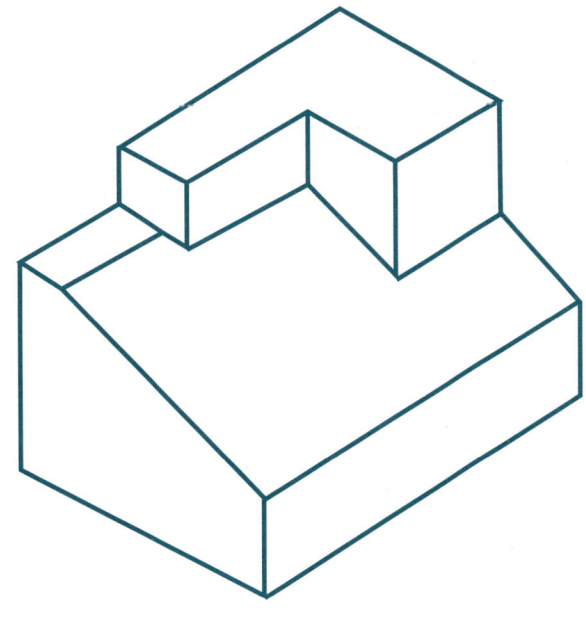

(4)

(5)

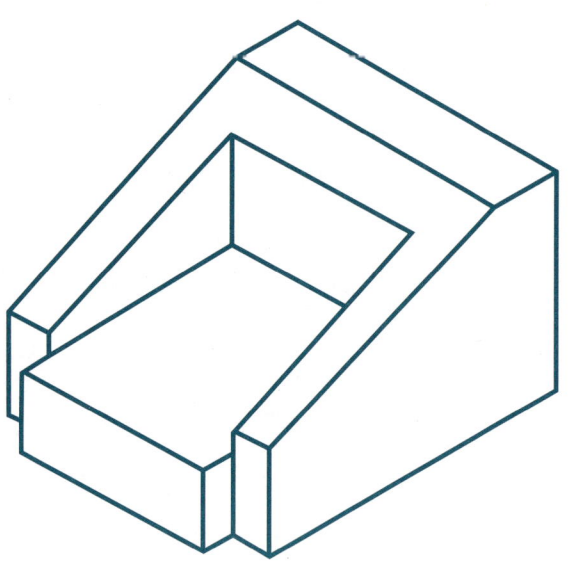

(6)

第四章　其他投影

一、轴侧投影图

1. 抄绘轴测图。（尺寸按照轴测图1∶1的比例量取）

二、正等轴侧图

1. 根据二视图画出形体的正等测图。

(1)　　　　　　　　　　　　　　　　　　　　(2)

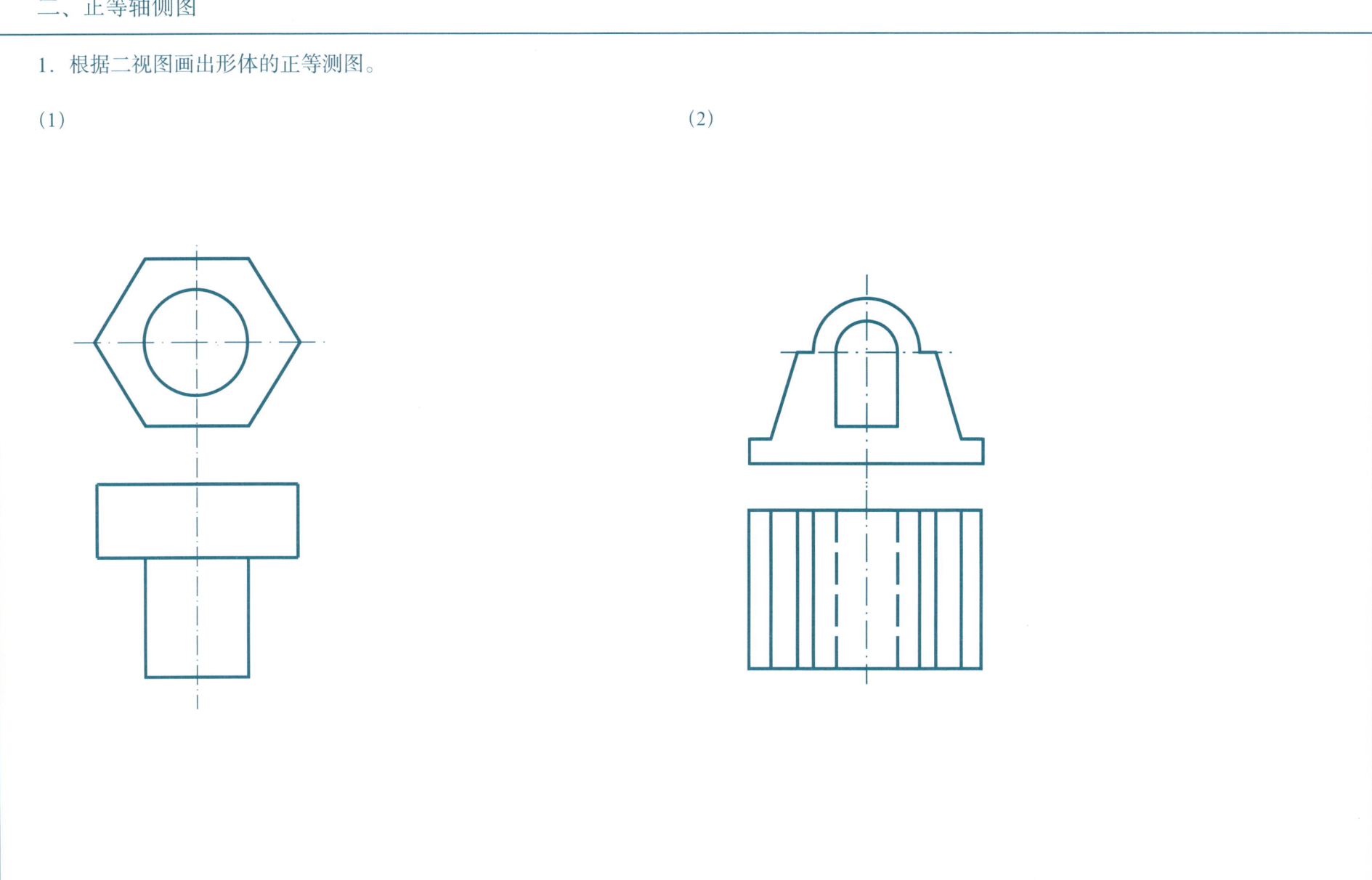

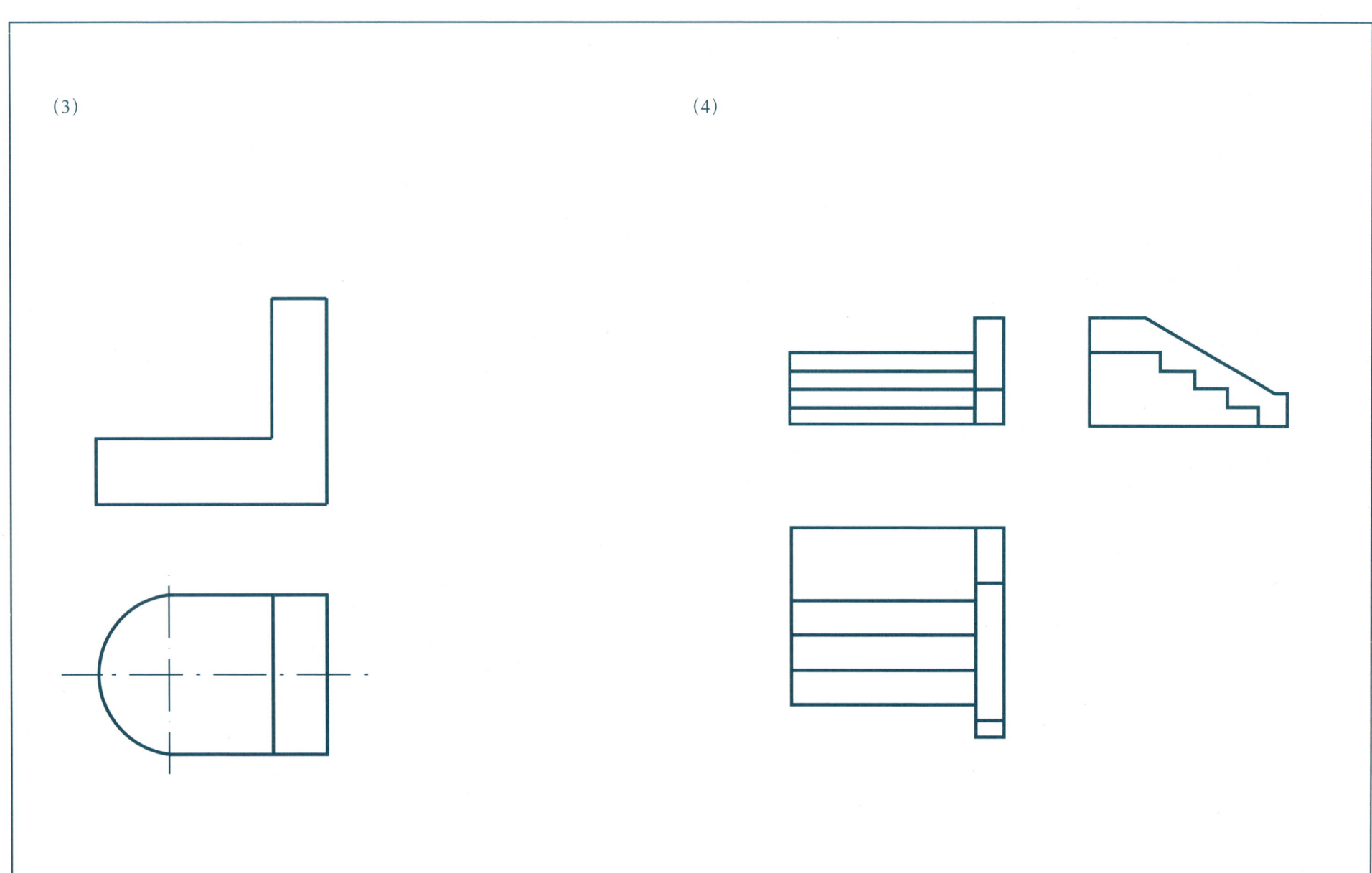

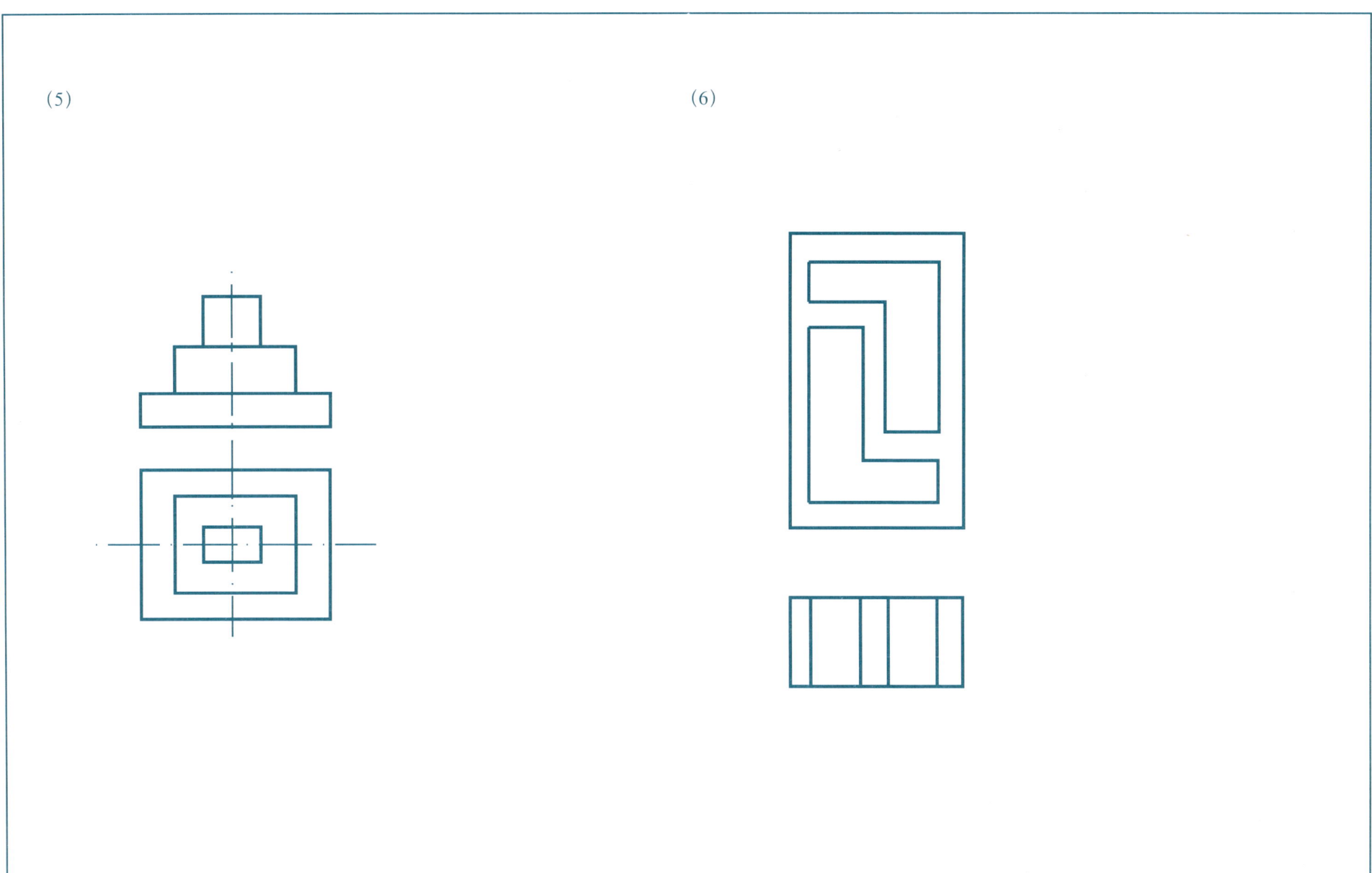

三、斜轴测投影图

1. 根据二视图画出形体的斜二测图。

(1)　　　　　　　　　　　　　　　　　　　　(2)

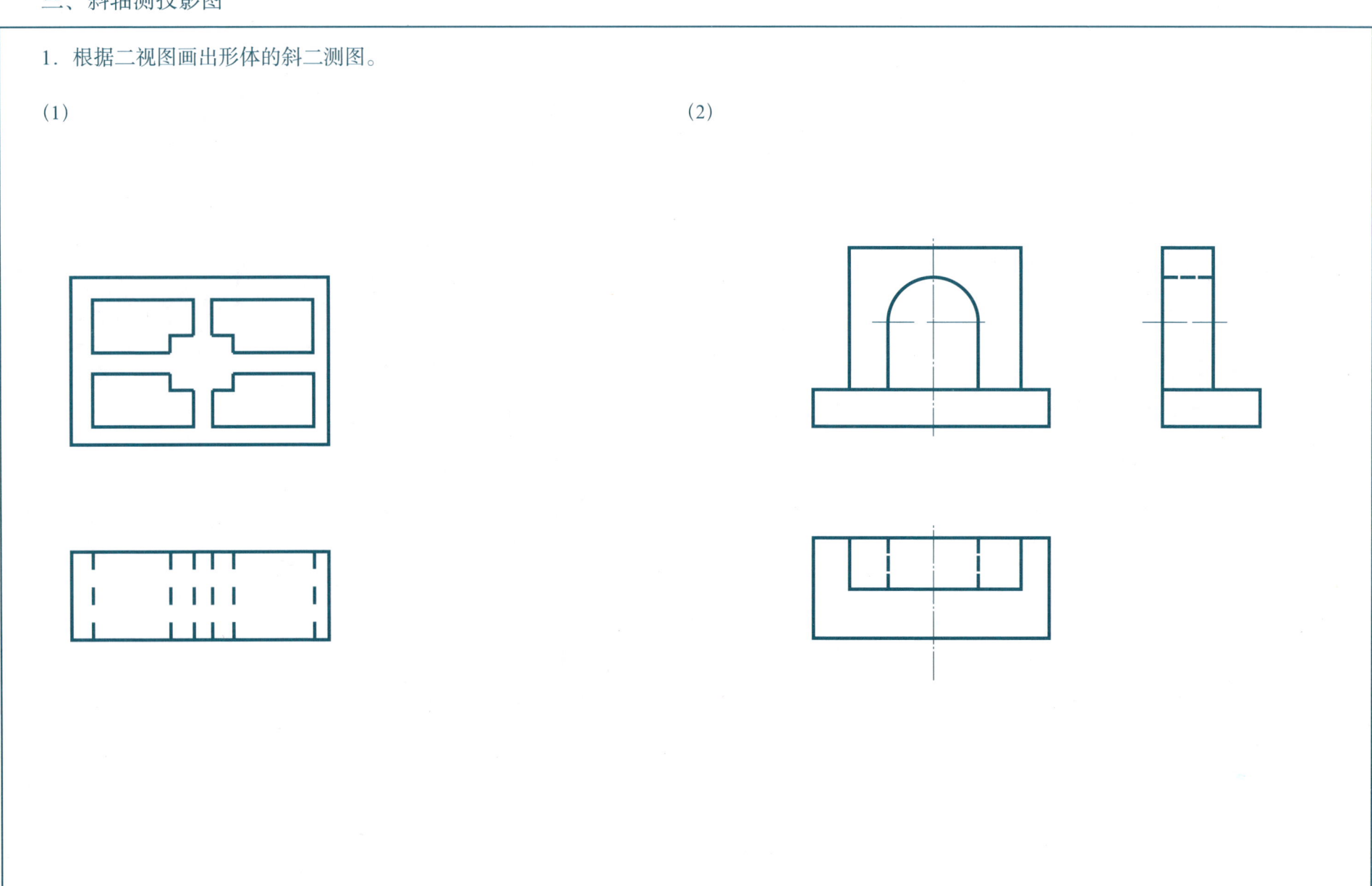

2. 画建筑形体的水平面斜等轴测图。

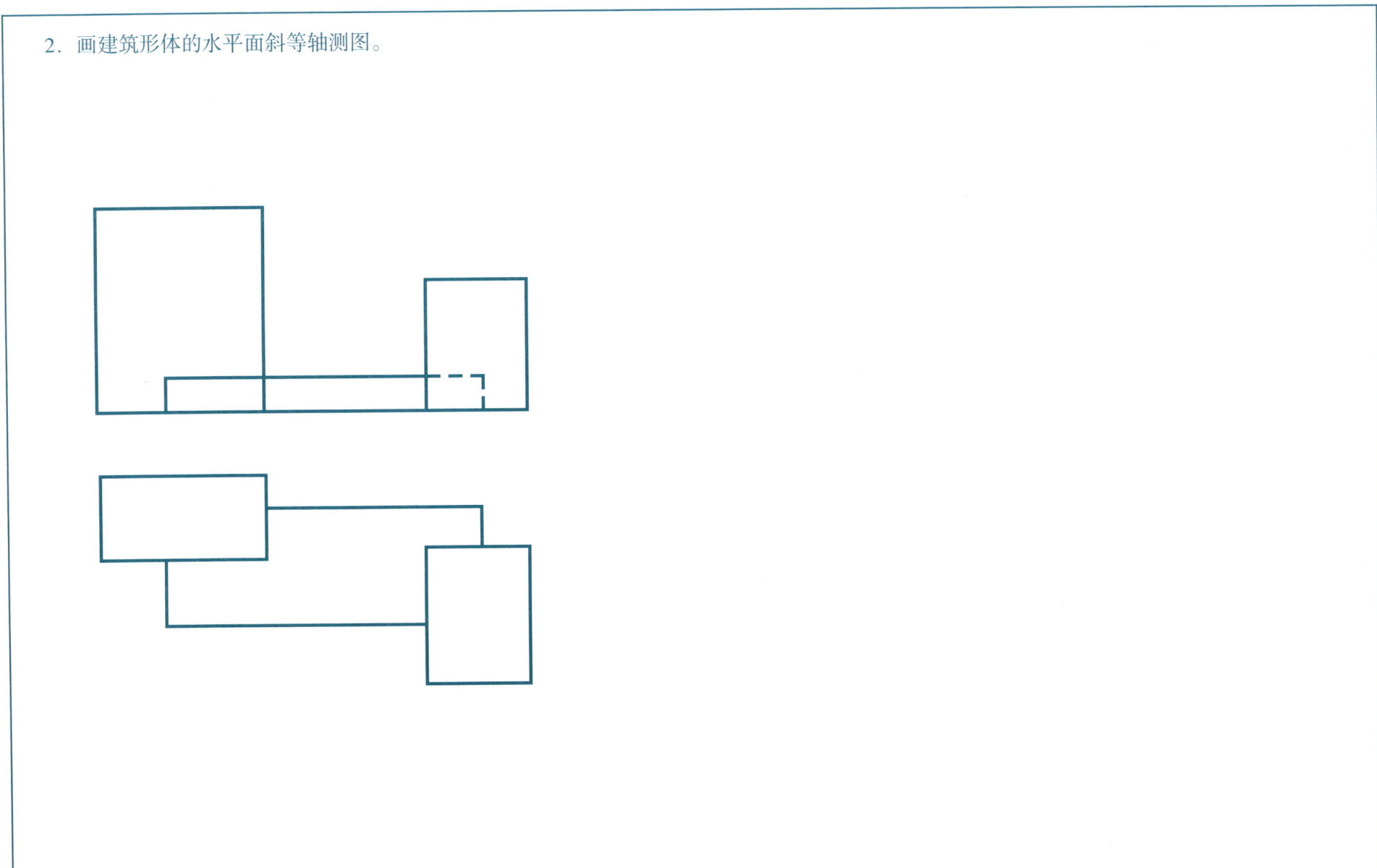

3. 按照某建筑群的总平面图，自行设计其建筑形体的高度，并画出水平斜等测图。

北

五、标高投影

1. 已知一道路中心的标高投影，求作直线AB的实长、倾角a及整数标高点，并计算其坡度和平距。

2. 沿管道AB的位置画地形断面图，并将直线AB的地上部分画为实线，地下部分画为虚线。

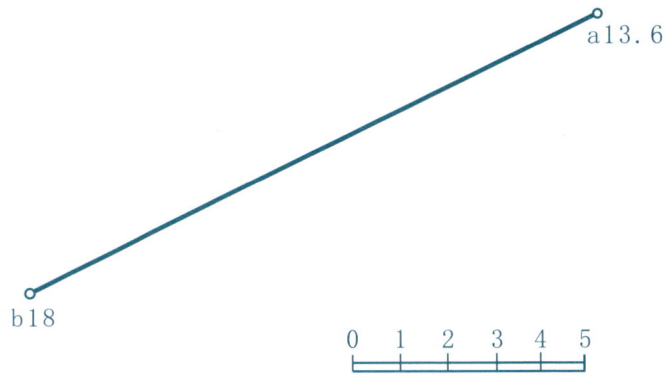

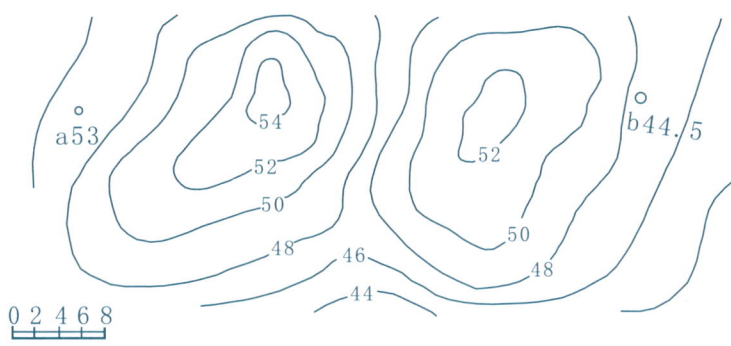

作图提示：
1. 根据高差即可求出直线的实长、倾角。
2. 求出直线的坡度。
3. 采用换面法，求整数点的标高。
4. 根据坡度与标高之间的关系，即可求出整数点的标高。

作图提示：
1. 作包含直线的铅垂剖切面。
2. 做出铅垂面与地形面的交线。
3. 求出直线与截交线的交点。
4. 交线在地面以下部分画成虚线。

3. 某管道穿过一小山丘，试求出管道与该山丘的交线。

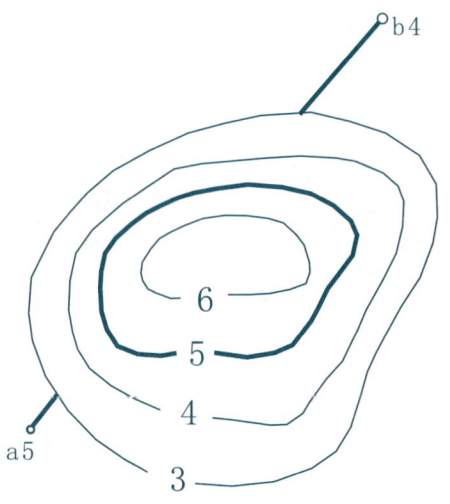

作图提示：
1. 做出铅垂面与地形面的交线。
2. 交线在地面以下部分画成虚线。

4. 在山坡上修筑一水平场地，填方坡度为3∶4，挖方坡度为1∶1，作出填挖方界线。

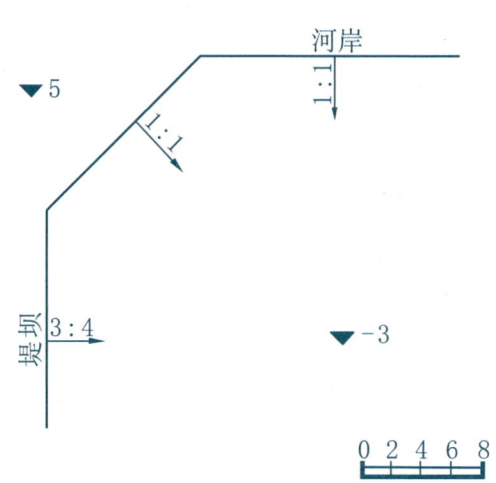

作图提示：
1. 找出各坡面的水平投影。
2. 做坡面交线。

5. 建筑形体中有两坡面的标高投影（见下图），试求两坡面的交线。

6. 在堤坝与河岸的相交处筑有圆锥面护坡，作出坡面交线和坡脚线。

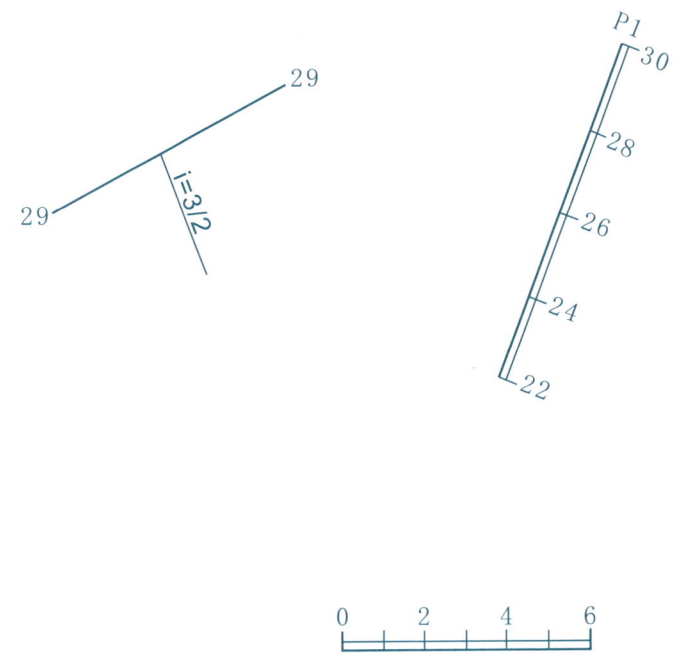

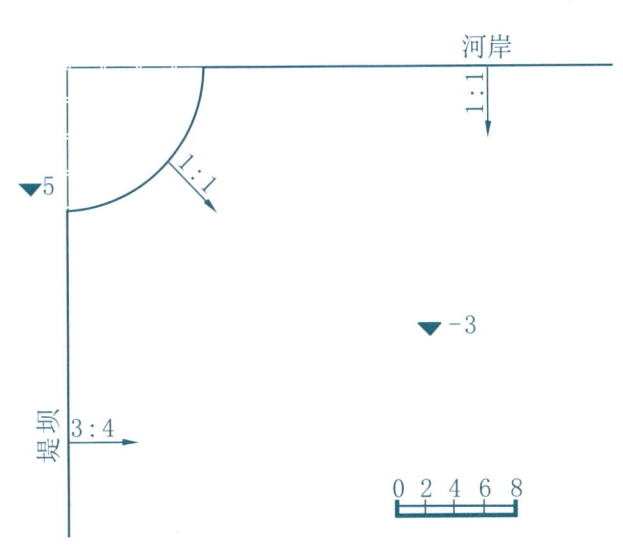

作图提示：
1. 采用辅助面的方法。
2. 辅助面与两平面的交线是两条相同高程的等高线。
3. 找出两条等高线的交线。

作图提示：
1. 根据题意想象护坡的立体图。
2. 作坡脚线。

第五章　图样的规定画法

一、剖面图

1. 将主视图和左视图改为1-1，2-2剖面图。

2. 补画左视图，并将主、左视图改成适当的剖面图。

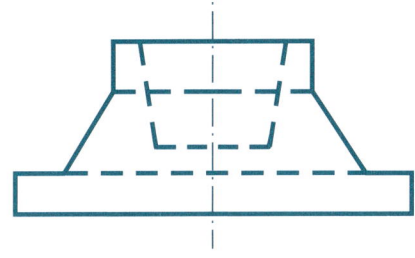

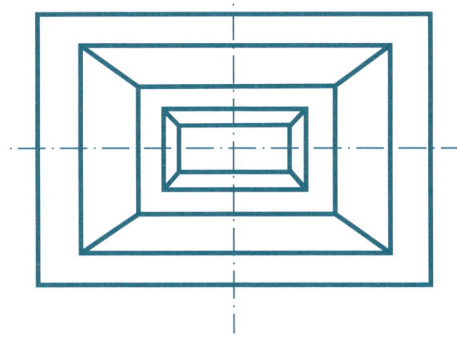

3. 补画左视图，并将主、左视图改成适当的剖面图。

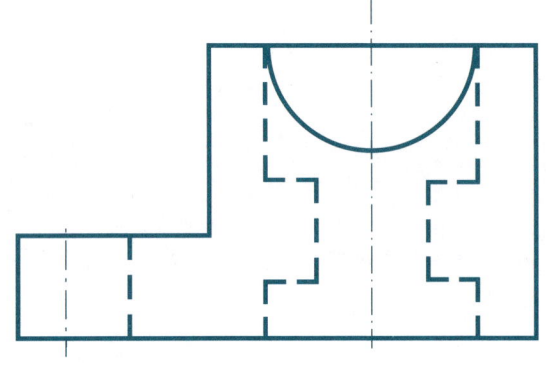

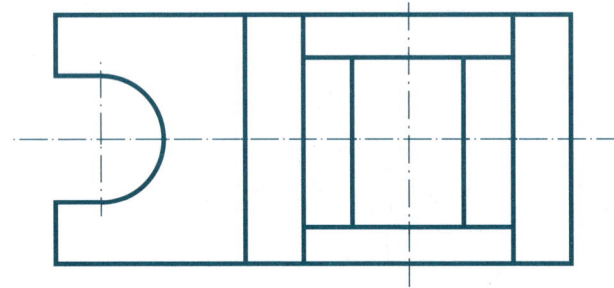

二、断面图

1. 已知T字板的投影，画出重合断面图。

2. 已知梁的投影,在剖切位置延长线上画出移出断面图。

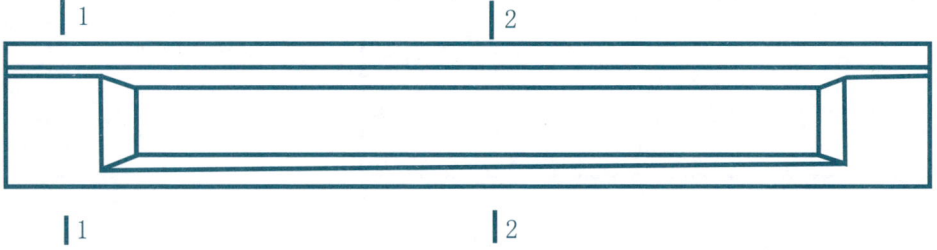

74

3. 绘出立柱的A-A、B-B、C-C断面图。

4. 根据图a所示内容，分别在图b画出中断面图，在图c中画出重合断面。

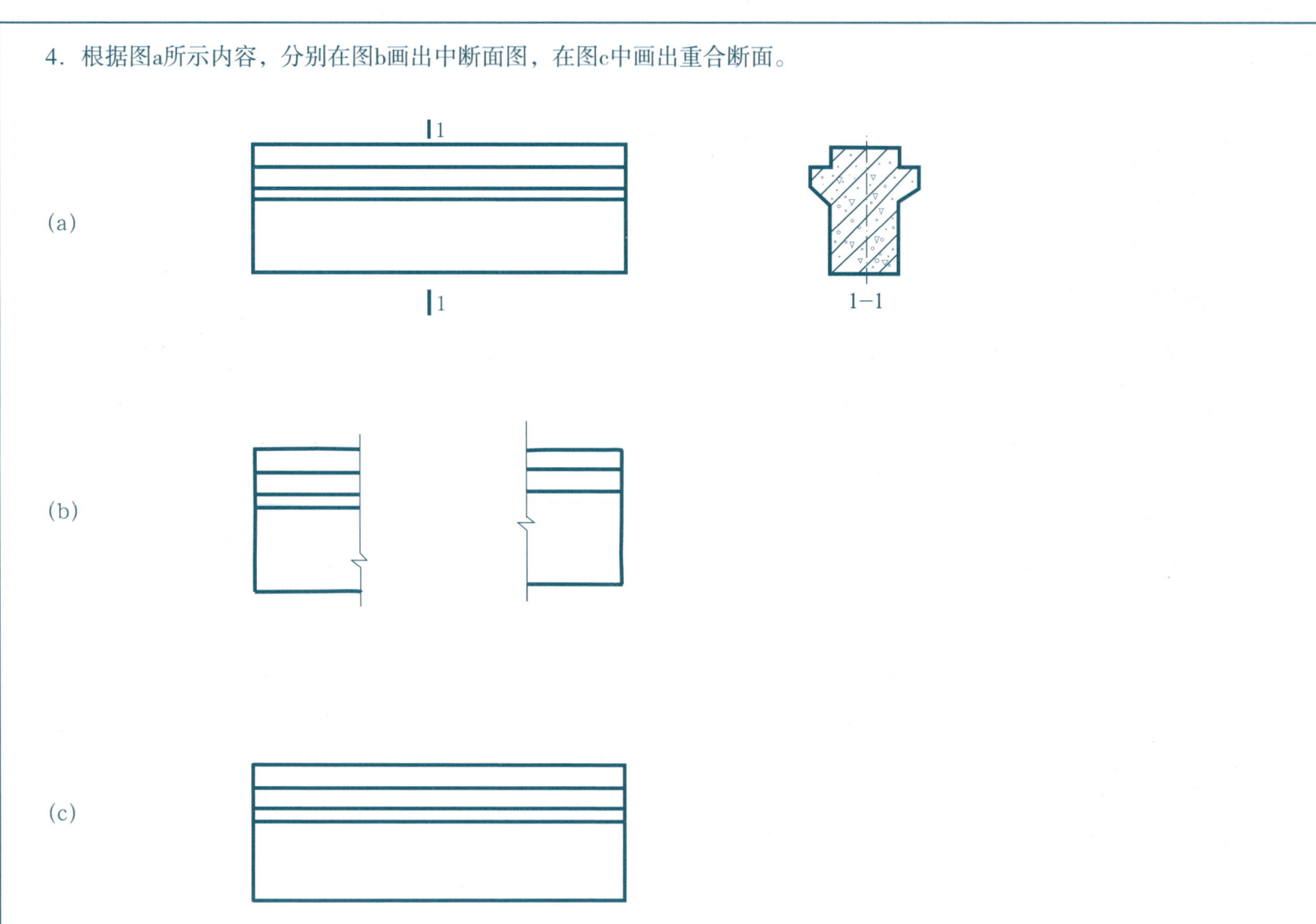

5. 已知钢管的投影，把断面图画在其中断处。

第六章 建筑工程图

一、建筑工程图的基本知识

1．建筑施工图一般包括：_____等。

2．标高数字应以_____为单位。_____标高以青岛附近黄海平均海平面为零点；_____标高以房屋的室内主要地坪高度为零点。_____标高是构件包括粉刷层在内的、装修完成后的标高；_____标高则是构件的不包括粉刷层的毛面标高。

3．定位轴线一般应_____，编号应注写在_____的圆内。圆应用_____线绘制，直径为_____mm。平面上定位轴线的编号，宜标注在图样的_____方与_____侧。横向编号应用_____，从_____至_____顺序编写，竖向编号应用大写_____（除I、O、Z外），从_____至_____顺序编写。

4．定位轴线的识图。

⑤ 表示：_____号定位轴线；（1/E） 表示：_____的轴线；(2/5) 表示：索引出的详图编号为_____，详图画在_____图纸上。

5．详图符号识图。

② 表示：详图编号为_____，详图与索引图在_____张图纸内；(2/7) 表示：详图编号为_____，详图从_____号图从_____号图纸中索引而来。

二、建筑工程施工图

1. 建筑平面图

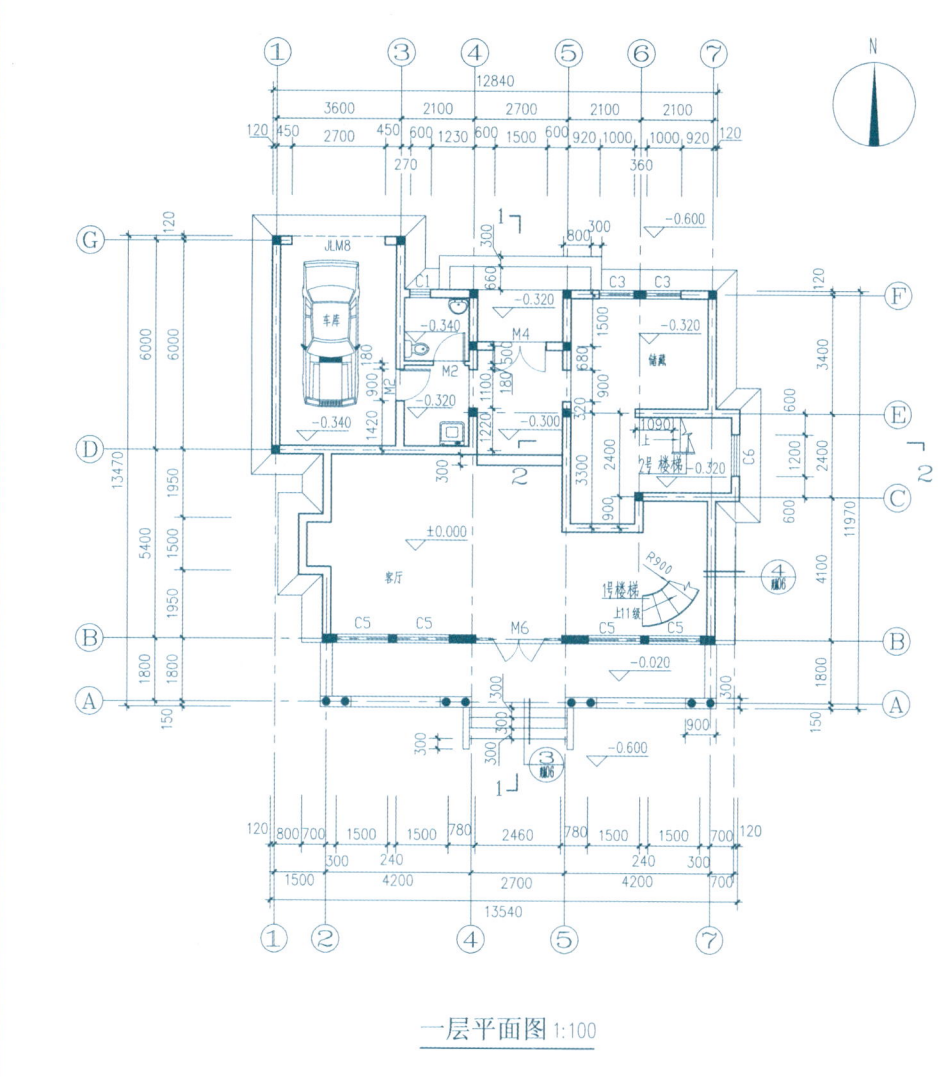

一层平面图 1:100

阅读本页及下页建筑平面图，回答问题：
1．该图的比例为_____．
2．该图表达的是建筑物的_____层平面图。
3．图中右上角的图形称为_____，它表示该房屋的_____朝向。其中卫生间位于客厅的_____方向。
4．该层楼梯的剖切位置编号是_____。
5．该建筑的南北方向总长度为_____，东西方向为_____。

2. 建筑立面图

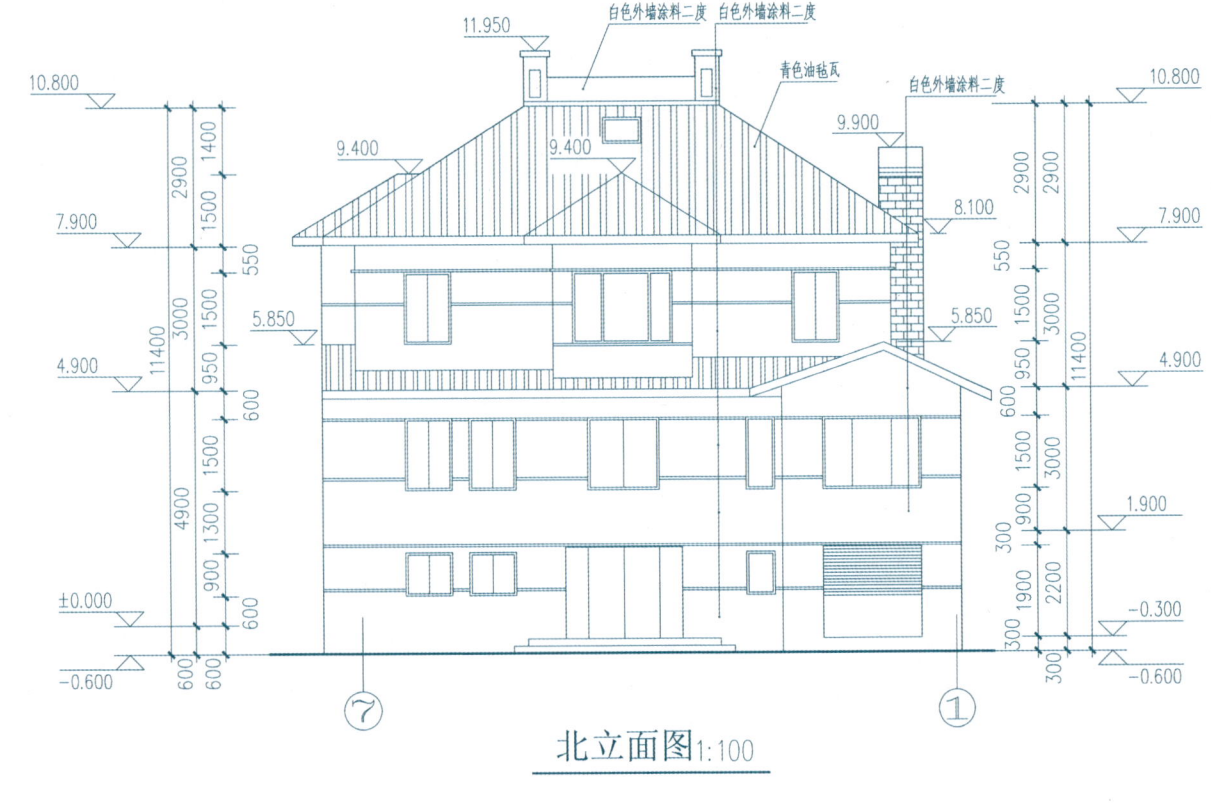

北立面图 1:100

阅读左侧建筑立面图，回答问题：

1．建筑_____面图是平行于建筑各个立面（外墙面）的正投影图。它是表示建筑物的_____和表明外墙面_____要求的图样。

2．立面图的比例一般与平面图的相同，常采用_____的比例绘制。左侧图中比例是_____。

3．该别墅的总高度为_____。

4．在立面图中，一般只标注立面上的一些主要标高。如图中室外地坪的标高为_____；一层窗台面的标高为_____；二层窗台面的标高为_____；屋顶的标高为_____。

3. 建筑剖面图

(1)

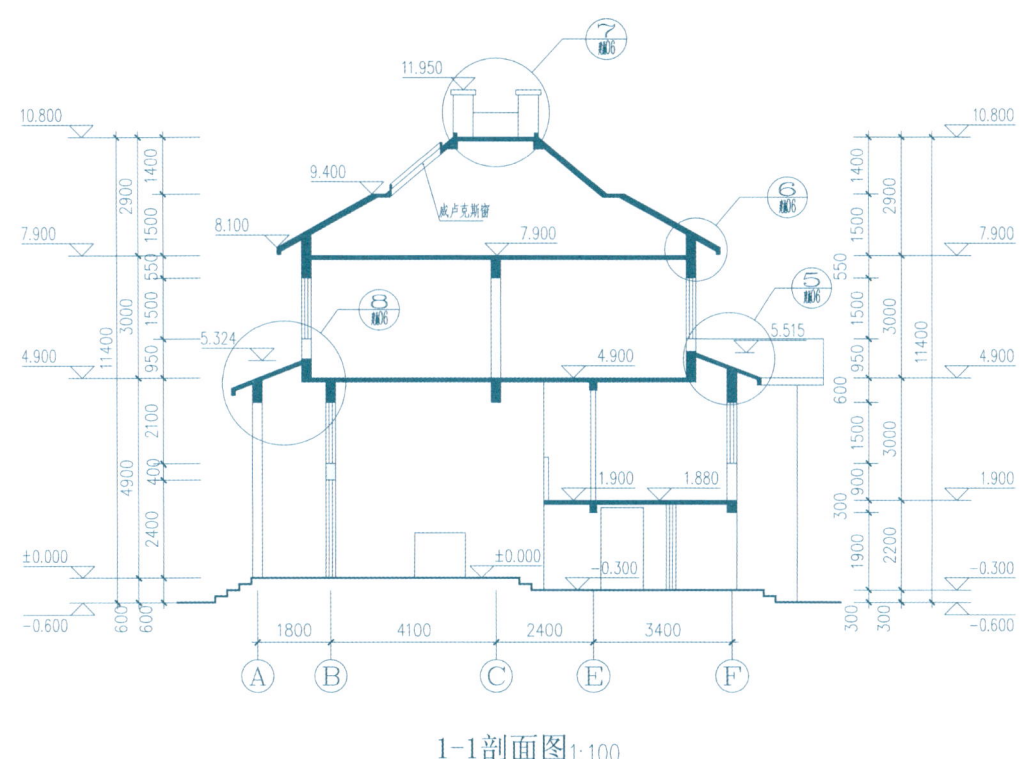

1-1剖面图 1:100

阅读左侧建筑剖面图，回答问题。

1．建筑剖面图是房屋的_____图，即假想用_____剖切平面剖开房屋，移去_____与_____的部分，将_____向投影面作_____所得的图样。

2．建筑剖面图主要用来表示_____等。

3．建筑剖面图的剖切符号，可知该剖面图是通过轴线范围的_____向剖面图。

4．结合建筑平面图中的剖切符号，可知该剖面图是通过_____轴线范围的_____向剖面图。

5．从剖面图也可看出该别墅共_____层，总高为_____。一层、二层、夹层楼面的标高分别为_____、_____、_____。

(2)

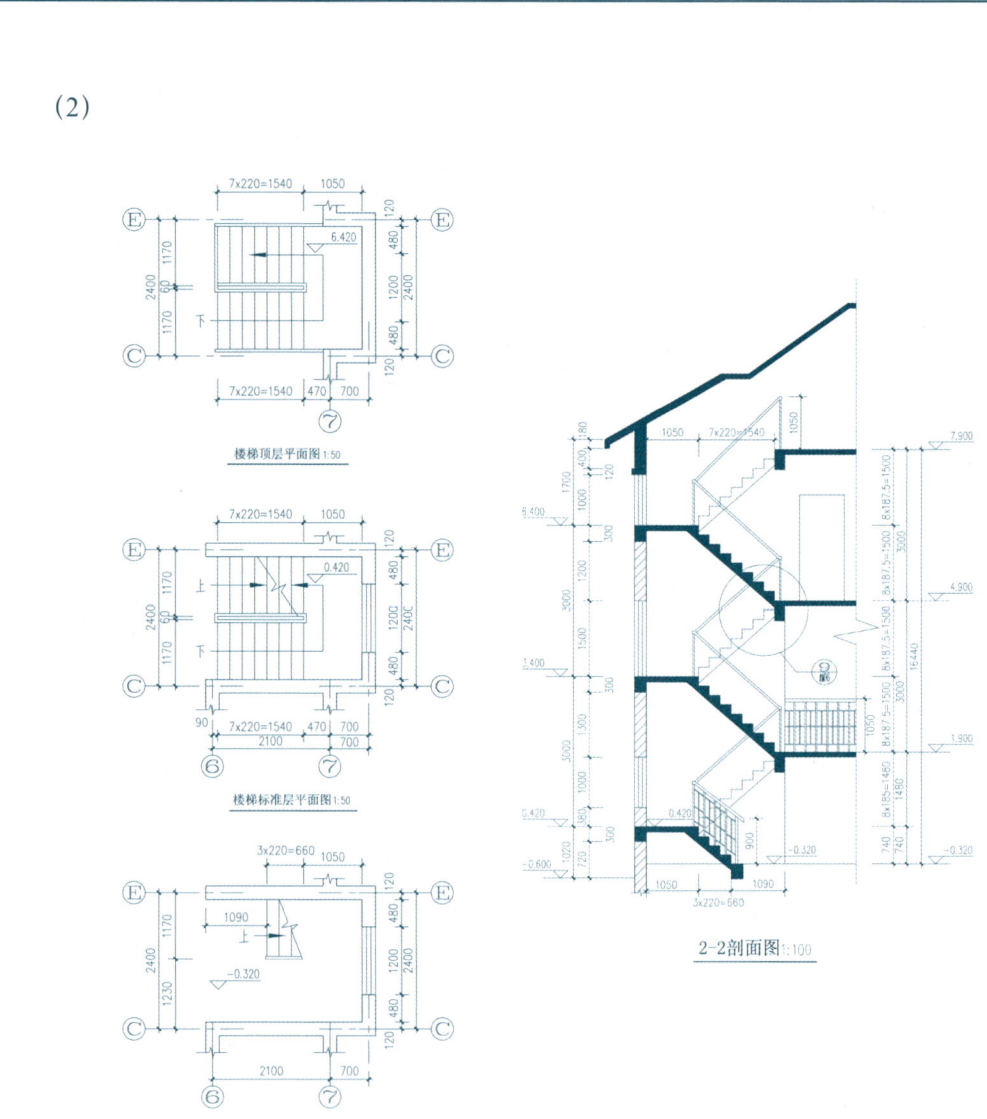

楼梯顶层平面图 1:50

楼梯标准层平面图 1:50

楼梯底层平面图 1:50

2-2剖面图 1:100

阅读左侧建筑施工图，回答问题。

1．图中楼梯梯段宽度是_____；一个踏步的长、高、宽，分别是_____。

2．图中楼梯间的开间是_____，进深是_____。

3．楼梯详图中，楼梯段的上下箭头应以_____为基准点起算。

4．按比例抄绘施工图。

(3) 按1∶1比例抄绘施工图。

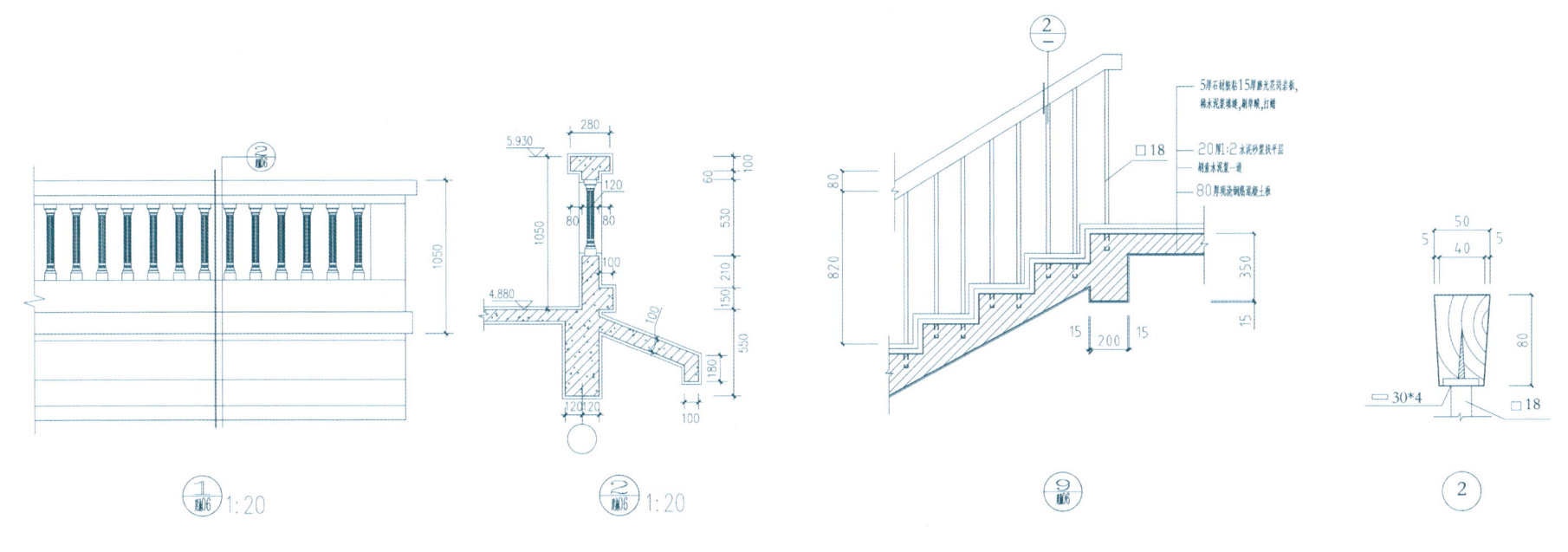

第七章 园林工程图

一、园林施工总平面图

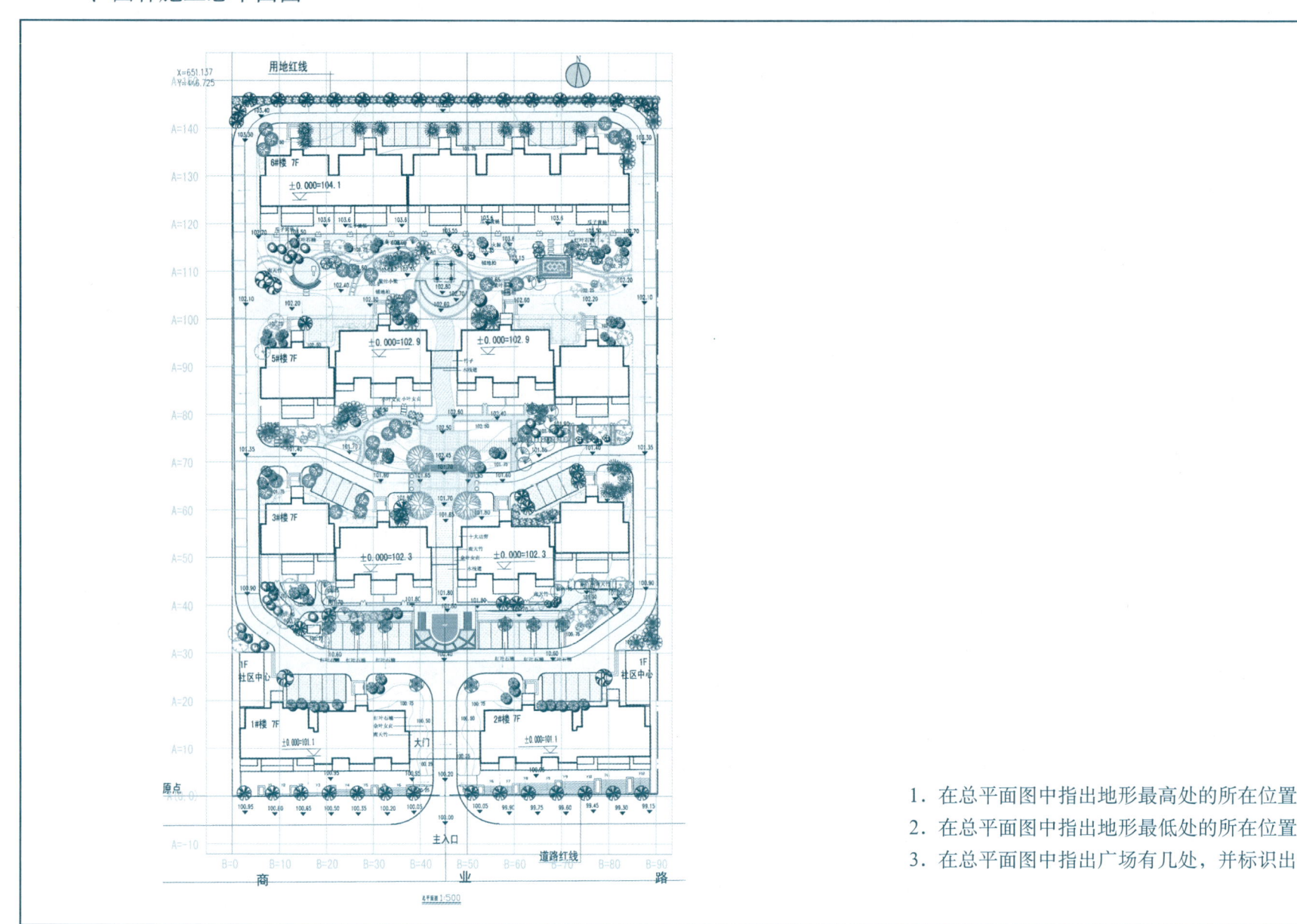

1. 在总平面图中指出地形最高处的所在位置。
2. 在总平面图中指出地形最低处的所在位置。
3. 在总平面图中指出广场有几处，并标识出位置。

二、园路工程施工图

1. 按比例抄绘施工图。

(1)

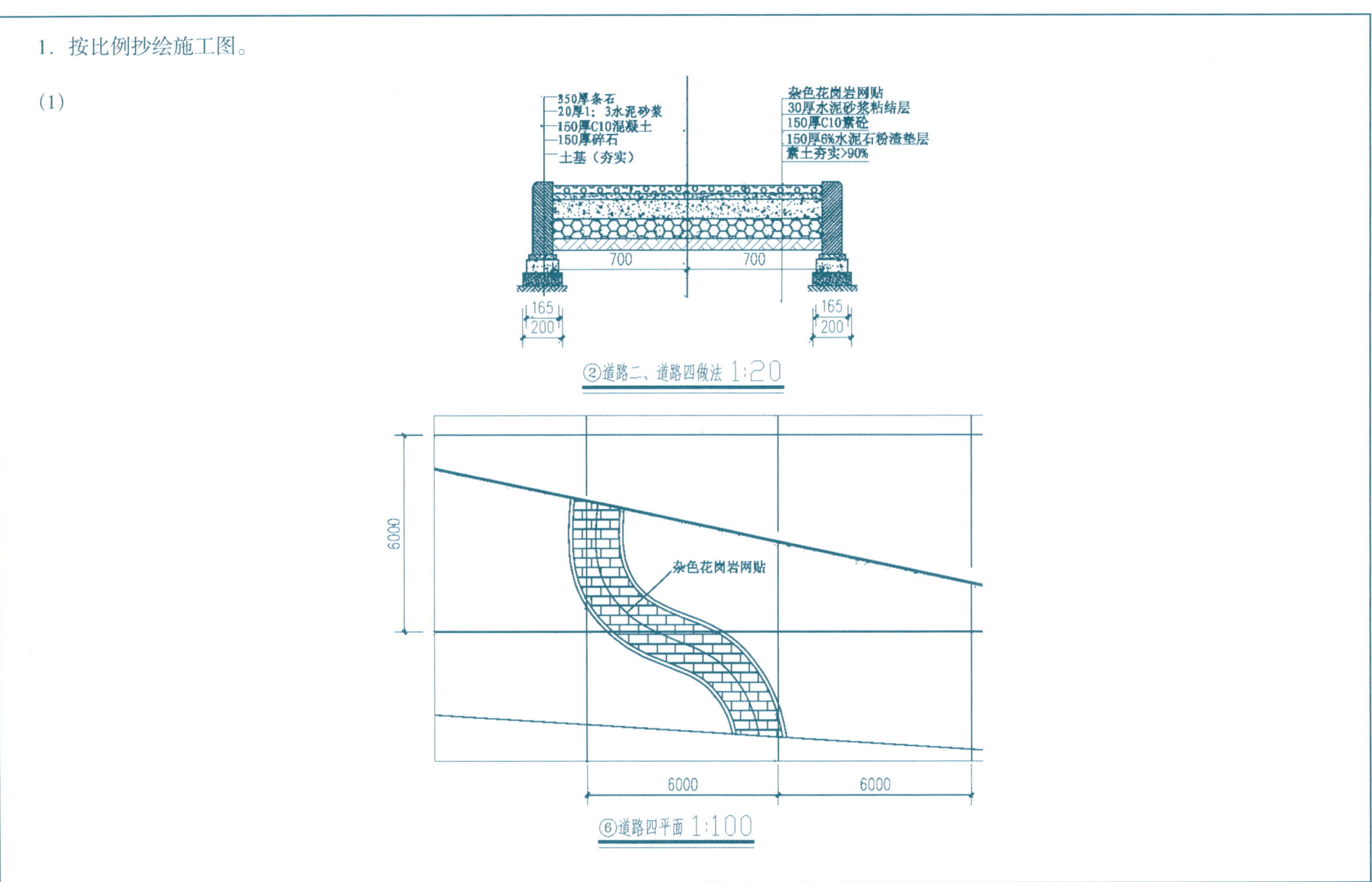

(2)

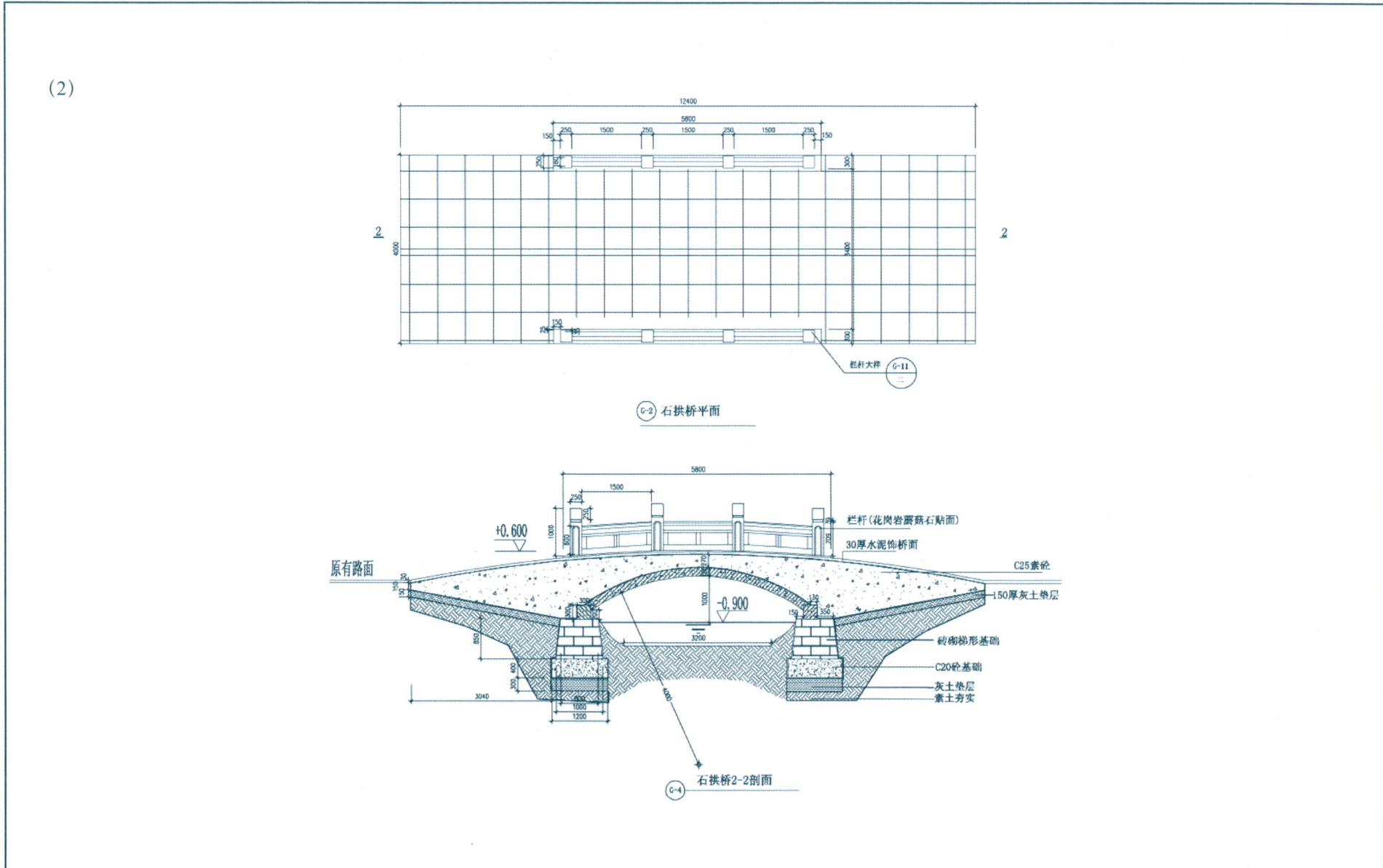

2. 按所给图1:1抄绘。

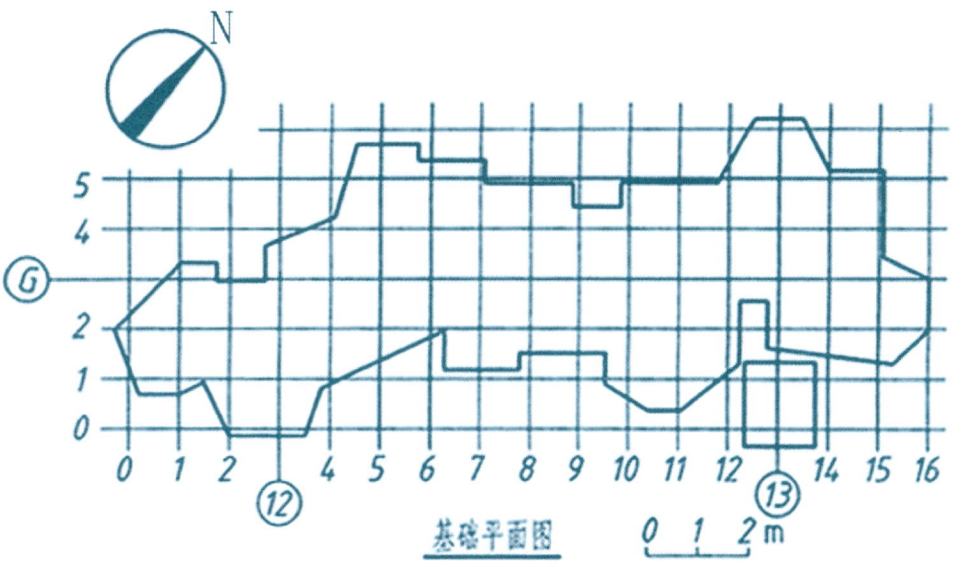

基础平面图

三、园林植物种植设计图

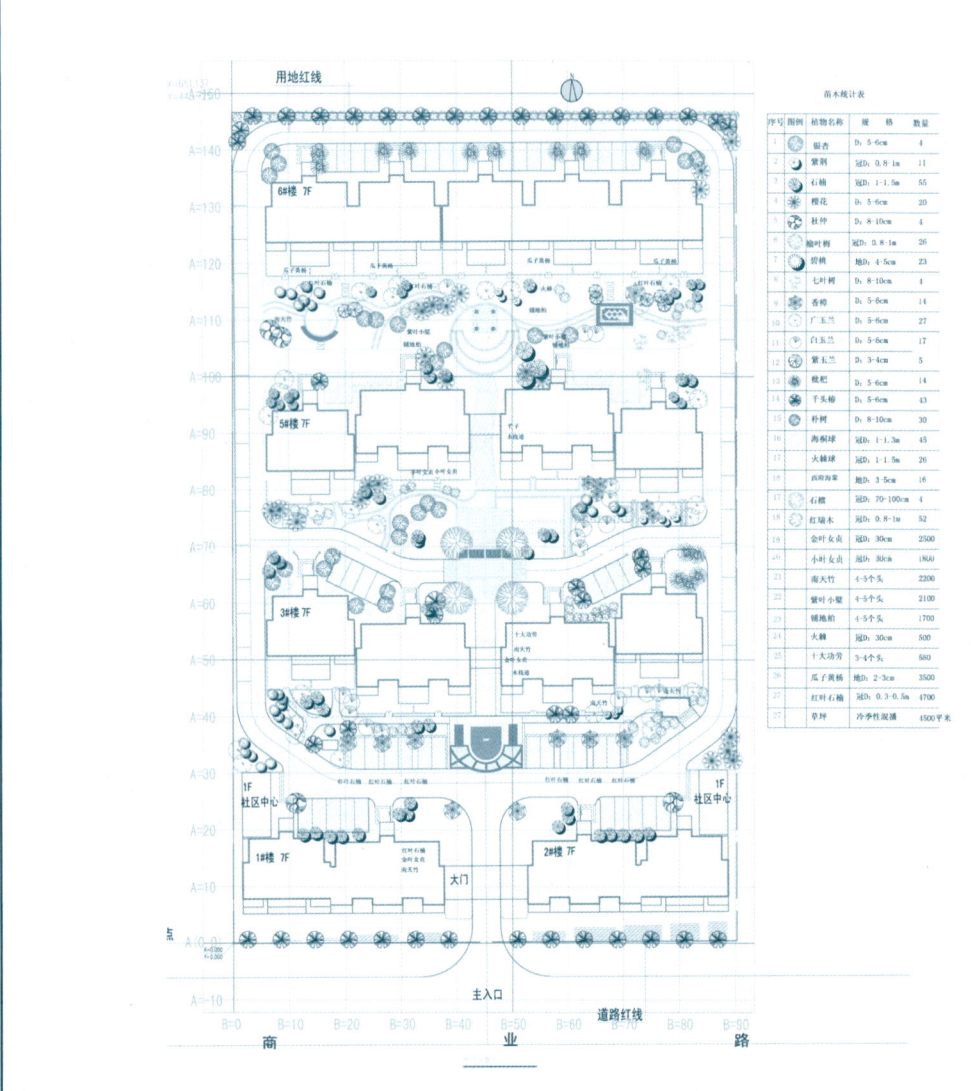

1. 在植物种植设计图中找出常绿乔木的种类以及数量，并在图中相应位置分别标出。
2. 按照植物种植设计图中所给出的图例，绘制5cm大小的图例标识。

高等院校园林专业精品教材

高等职业学校提升专业服务产业发展能力项目
——河南职业技术学院园林工程技术专业建设项目课程建设成果

园林工程制图

YUANLIN GONGCHENG ZHI TU

主　编　陆立颖
参　编　胡继光　李　宁
　　　　王红波　王　增

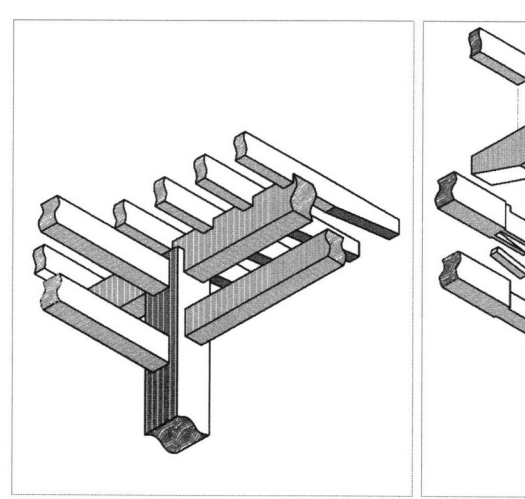
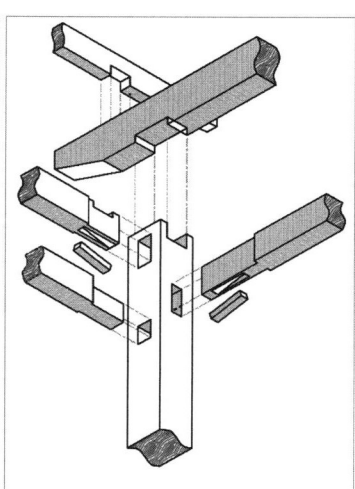

中国轻工业出版社

图书在版编目（CIP）数据

园林工程制图 / 陆立颖主编. —北京：中国轻工业出版社，2022.6
ISBN 978-7-5019-9481-6

Ⅰ. ①园… Ⅱ. ①陆… Ⅲ. ①园林设计—工程制图—高等职业教育—教材 Ⅳ. ①TU986.2

中国版本图书馆CIP数据核字（2013）第243247号

责任编辑：毛旭林　　　　责任终审：张乃东　　整体设计：锋尚设计
策划编辑：李　颖　毛旭林　责任校对：燕　杰　　责任监印：张京华

出版发行：中国轻工业出版社（北京东长安街6号，邮编：100740）
印　　刷：三河市国英印务有限公司
经　　销：各地新华书店
版　　次：2022年6月第1版第5次印刷
开　　本：889×1194　1/16　印张：20
字　　数：355千字
书　　号：ISBN 978-7-5019-9481-6　定价：45.00元
邮购电话：010-65241695
发行电话：010-85119835　传真：85113293
网　　址：http://www.chlip.com.cn
Email：club@chlip.com.cn
如发现图书残缺请与我社邮购联系调换
220636J1C105ZBW

前言

园林工程设计涉及专业甚多，美术和工程专业的融合为园林的又一特色。由于园林工程图既涉及到建筑又涉及到工程等，国家颁布的及现行的相应的制图标准，与现阶段园林工程设计行业的制图标准尚没有相应的园林工程国家标准。为此，在了解国家相关制图规范及现行的园林工程制图惯例的基础上为方便读者进行园林的学习，编写本书，希望本书的园林工程制图教材十分必要。

《园林工程制图》就是根据编著者对现行国家的有关制图标准为依据编写的。为了便于读者学习和掌握，本书的撰写着重于一些园林工程技术方面的基础知识、基本体系和基本方法，又注重加强初学者接受能力的增强性和应用性。更注重学习方法的训练和工程数字的表达，本书共分为重难点概述、国家制图标准和工程实例三大部分组成。按教学能够连续、基础知识分布合理，随测绘教材和新的规范的接轨起编写。国家制图标准，《技术制图》（GB/T17451—1998）、《总图制图标准》（GB/T50103—2010）、《建筑制图统一标准》（GB/T50001—2010）、《房屋建筑制图标准》（GB/T50104—2010）、《建筑结构制图标准》（GB/T50105—2010）和《给排水制图标准》（GB/T50106—2010）的相关规定。工程施工图案例部分为最新施工图和园林工程相关的制图规范为依据。本书选用的工程实例较多，是为了便于读者在掌握实际项目的中的操作规律。书中使用的工程案例均为作者在工程作业的项目中所有中参考的工程实例。

《园林工程制图》由北京立信建任主编，胡建水、李宁、王红波等参与了编写。本书的编写由于时间仓促，书中若有错漏之处敬请谅解，而且编著园林工程技术的内容十分广泛，并且有长期的教学积淀能力。

本书在多年教学的基础上融入了编写团队几年来的教学经验，也是编写团队多年来的教学总结。本书的绪论及第5章由陆立颖编写，第1、第2章由李宁编写，第3章由王增编写，第6章由王红波编写，第4、第7章由胡继光编写。全书由郑州轻工业学院轻工职业学院张焕审定。

《园林工程制图》是中央财政支持高等职业学校提升专业服务产业发展能力建设项目中教材建设成果之一，希望这本教材可以为探索高职院校园林工程制图课程改革提供些许帮助，也希望得到社会各界同仁的支持和指导。特别感谢郑州永续景观设计有限公司和河南黄河园林工程有限公司为本书提供的工程实例，感谢郑州永续景观设计有限公司总工程师汤振兴先生、河南黄河园林工程有限公司总经理肖磊先生为本书的编写提供的诸多建议和支持，感谢河南职业技术学院赵霖、李少博为本书插图的修改提供的大力帮助。

陆立颖

2013年7月30日

目录

绪 论 /001
一、工程图样在园林工程中的地位和作用 /001
1. 工程图样在园林工程中的地位 /001
2. 工程图样在园林工程中的作用 /001

二、园林工程制图课程的性质、任务、内容及学习要求 /002
1. 园林工程制图课程的性质和任务 /002
2. 园林工程制图课程的内容及学习要求 /002

第一章 园林工程制图基本知识 /004
一、图纸幅面规格、标题栏的规定 /004
1. 图纸幅面 /004
2. 标题栏 /006
3. 会签栏 /007

二、图线分类及应用 /008
1. 图线分类 /008
2. 图线应用 /009

三、字体 /010
1. 汉字 /011
2. 拉丁字母及数字 /011
3. 字高 /012

四、比例 /012
五、尺寸标注 /013

1. 尺寸的组成 /013
2. 尺寸标注规则 /016
六、平面图形画法 /020
1. 几何作图 /020
2. 平面图形尺寸分析和画法 /023
七、绘图工具使用方法及使用技巧 /025
1. 绘图工具使用和维护 /025
2. 绘图用品简介 /030

第二章 投影基本知识 /031

一、投影基本概念 /031
1. 投影三要素 /031
2. 投影图 /032
3. 投影法的分类及应用 /032
4. 正投影特性 /034
二、三视图投影图 /036
1. 视图图体系 /036
2. 三视图投影图的形成 /037
3. 三视图投影图展开 /038
三、点的投影 /040
1. 点在三面投影体系中的投影 /040
2. 点的投影特性 /040
3. 重影点 /043
四、直线投影 /043
1. 直线在三面投影体系中的投影 /043
2. 直线上的点 /046
3. 两直线的相对位置 /048
五、平面投影 /052
1. 平面的表示法 /052
2. 平面的投影及其投影特性 /053
3. 平面内的点和直线 /056
六、线面间的关系 /059
1. 直线与平面、平面与平面平行 /059
2. 直线与平面、平面与平面相交 /061

第三章 立体投影 /066

- 一、平面几何体投影 /066
  1. 平面几何体投影 /066
  2. 平面几何体表面上的点和直线 /070
- 二、曲面几何体投影 /072
  1. 曲面几何体投影 /073
  2. 曲面几何体表面上的点和线 /077
- 三、立体截断 /081
  1. 平面立体截断 /082
  2. 曲面立体截断 /084
- 四、直线与立体相交 /087
  1. 直线与平面立体相交 /088
  2. 直线与曲面立体相交 /089
- 五、两立体相贯 /090
  1. 两平面立体相贯 /090
  2. 平面体与曲面体相贯 /094
  3. 两曲面立体相贯 /096
- 六、组合体投影 /099
  1. 组合体的类型 /099
  2. 组合体三视图画法 /099
  3. 组合体投影图识读 /105

第四章 轴测投影及标高投影 /116

- 一、轴测图基本知识 /116
  1. 轴测投影的形成 /117
  2. 轴测投影的分类 /117
  3. 轴测投影的特点 /118
- 二、正等轴测投影 /118
  1. 正等轴测图轴间角和轴向变形系数 /118
  2. 平面立体正等轴测图的画法 /119
  3. 圆周轴测投影的画法 /123
  4. 曲面立体正等轴测投影的画法 /125
  5. 复杂曲线的正等轴测投影的绘制方法 /126

三、斜轴测投影
1. 正面（立面）斜轴测投影 /127
2. 水平斜轴测投影 /129

四、轴测投影的选择和应用
1. 轴测投影的选择 /131
2. 轴测投影的应用 /131

五、标高投影
1. 标高投影的基本知识 /134
2. 标高投影的画法 /135

第五章 图样的规定画法 /136

一、视图
1. 基本视图 /136
2. 方向视图 /139
3. 斜视图 /139
4. 局部视图 /140
5. 镜像视图 /142
6. 展开视图 /142

二、剖面图
1. 剖面图的种类 /143
2. 剖面图的画法 /145
3. 剖面图的标注 /146
4. 剖面图的形成 /151

三、断面图
1. 断面图的形成 /156
2. 断面图的标注 /157
3. 断面图的种类 /157

四、视图的简化画法
1. 对称图形的简化画法 /160
2. 相同要素的省略画法 /162
3. 折断省略画法 /162
4. 同一件的分段画法 /163
5. 两构件局部不同的画法 /163

第六章 建筑工程施工图 /164

一、建筑工程图基本知识 /164
1. 建筑工程施工图内容 /166
2. 建筑工程施工图规定画法 /166

二、建筑工程施工图 /174
1. 首页图和建筑总平面图 /175
2. 建筑平面图 /178
3. 建筑立面图 /185
4. 建筑剖面图 /189
5. 建筑详图 /192

第七章 园林工程施工图 /196

一、园林工程施工图概述 /196
1. 园林工程施工图组成 /196
2. 园林工程施工图的要求 /197

二、园林工程施工图 /200
1. 园林施工总平面图 /200
2. 竖向施工图 /201
3. 给排水施工图 /204
4. 园林植物种植施工图 /207
5. 园林建筑小品施工图 /215
6. 园路工程施工图 /218
7. 假山工程施工图 /219

参考书目 /221

绪 论

一、工程图样在园林工程中的地位和作用

在现代生活中,无论是宏伟的大厦、富丽堂皇的大厅,还是环境幽雅的园林,其建设工程都需要先进行整体方案设计、细化设计和施工设计,然后进行施工,最后验收。在整个工程的施工过程中,设计人员、施工人员和验收人员需要进行交流,而交流的工具就是工程图样,因此"工程图样就是工程师的语言"。工程师用工程图样表达设计思想,施工人员和验收人员通过识读图纸来表达自己对工程的建议和意见,所以工程图样就是工程的语言。

工程图样是一种工程上专用的图解文字。工程图样借助一系列的图形、符号、数字、字母的标注等规定和必要的文字说明表达设计的形状、大小,各部分的相互位置、所需材料、数量以及对工程技术的要求,是园林工程行业技术交流的工具。

1. 工程图样在园林工程中的地位

(1) 工程图样是园林工程施工的依据,是编制施工计划、组织施工材料及编制施工组织必须依据的技术资料;

(2) 工程图样是园林工程招投标的依据,是编制工程项目造价必须依据的技术资料;

(3) 工程图样是园林工程监理、工程验收必须依据的技术资料。

2. 工程图样在园林工程中的作用

(1) 工程图样是园林工程项目设计、施工及验收时进行技术交流的共同语言;

(2) 工程图样是园林工程设计、施工和验收的共同标准;

(3) 工程图样是工程技术人员用于表达设计结构、进行技术交流的工具。

二、园林工程制图课程的性质、任务、内容及学习要求

1. 园林工程制图课程的性质和任务

本课程是园林工程技术专业的一门主干技术基础课,其任务是学习三视图的绘制理论与方法,贯彻国家的相关标准,培养学生的绘图、识图能力和执行国家标准的意识,为后续专业课的学习打下必需的技术基础。

园林工程制图课程的主要任务是:

(1) 学习、贯彻制图国家标准的相关规定;
(2) 学习画法几何的基本理论及技能;
(3) 学习三视图的基本理论及应用;
(4) 培养空间想象能力和空间几何问题的分析、图解能力;
(5) 培养绘制园林施工图样的基本能力;
(6) 培养识读园林施工图的基本能力;
(7) 培养认真细致的工作态度和一丝不苟的工作作风。

2. 园林工程制图课程的内容及学习要求

(1) 园林工程制图课程的内容包括工程制图基础和工程规范两部分。课程主要内容有:园林工程制图的基本知识、投影的基本理论与识及应用、三视图、工程图样的规定画法、建筑工程图和园林工程图。

(2) 园林工程制图课程是园林工程相关专业重要的技术基础课,三视图是将几何形体由具体到抽象的过程,图样识读是将几何形体由抽象到具体的过程。因此贯彻执行国家标准的习惯、掌握三视图的绘制和识读、具备绘制和识读园林工程施工图样的初步能力,掌握房屋建筑施工图的相关国家标准;具备绘制和识读园林施工图的初步能力。

(3) 园林工程制图课程的学习方法

园林工程制图课程是一门既抽象又具体的课程,是一门实践性很强的技术课程,学习时应首先要学会正确使用常用的手工绘图工具,养成贯彻园林工程制图课程的学习要领,学习很被动。为使学习主动有效,学习这门课程时应注意以下几点:

第一,注重空间转换能力的培养。园林工程课程是一门实践性很强的技术课程,学习时首先要将投影与实际能在实际形体中的应用,注重空间与平面之间的转换练习,培养由空间到三视图,由三视图到空间或立体图、加强图、物转换的感性认识,掌握几何形体由具体到繁,由易到难的识图,通过反复由实际立体到平面三视图的转换练习,将几何形体正确地表达为三视图的识图能力。

第二,注重投影制图能力的同时,投影制图过程实际是对实际几何形体进行图解思考的过程,正确地使用图线线型,正确地表达三视图,要按照投影原理规定,不断强化空间正确的绘图能力,特别训练空间转换能力的同时,要多画图、多识图,反复训练,不断加强正确的绘图能力,不断强化空间转换能力。

要掌握形体分析法，学会把复杂形体分解为简单形体的思维方式，从而提高制图能力。

第三，注重建筑标准，园林工程制图和识图能力的培养。目前，园林工程制图能力没有独立的施工图样制图国家标准，园林工程制图涉及的相关内容基本采用城市规划和建筑的相关国家标准，因此，应认真学习国家建筑制图标准的相关规定，熟记各种代号和符号的含义，同时多观察施工图和熟悉建筑物的造型、构造、装饰和园林景观中园路、园桥、园桥、花架等，为建筑施工图和园林工程施工图的制图和识读做好准备。园林工程制图课程的实践性很强，只有理论联系实际，才能较好地掌握各种建筑工程和园林工程的图示内容和图示方法。

第四，注重贯彻执行国家规范意识的培养。因为工程图样是工程界的语言，是工程设计、工程造价、工程施工、工程监理和工程验收的依据，因此工程施工图必须按照国家的相关标准制图，所以在学习过程中始终要有标准意识，图样上的线型、标注、注写、图例等均需遵循国家标准规定。不只是制图，识图时同样要养成贯彻执行国家规范的意识。

第五，注重自学能力的培养。制图基本理论和三视图部分知识衔接性强，需要带着问题学习，课后练习需要独立自行完成，在学习和完成作业的过程中，往往还需要借助一些参考资料对学习内容加深理解，因此在课程的学习中要加强自学能力的培养，以适应现代技术快速发展的需要。

第六，注重培养认真细致的工作态度。由于工程图样是工程施工、工程监理和工程验收的依据，图样上任何一点错误都会给工程带来损失，因此从学习工程制图伊始就要培养认真负责的工作作风，耐心细致的工作习惯。良好的职业道德和工作作风也是工程技术人员必备的职业素养。

第一章 园林工程制图基本知识

工程图样是工程界的技术语言,为使工程图样的绘制统一,图面清晰、简明,符合设计、施工、存档的要求,国家标准对工程制图做了相应的规定,所有工程制图都必须符合相标准的国家统一标准。本章主要介绍建筑工程制图国家标准的相关基本规定,常用手工制图工具的使用和常用几何作图方法等制图基本知识。

一、图纸幅面规格、标题栏的规定

1. 图纸幅面

图纸幅面是指图纸本身的大小规格,简称图幅。为了便于图纸的装订、管理和交流,国家标准对图纸的基本幅面作了规定,具体尺寸见表1-1。

表1-1 基本幅面及图框尺寸 单位:mm

幅面代号		A0	A1	A2	A3	A4
幅面尺寸(宽×长)		841×1189	594×841	420×594	297×420	210×297
周边尺寸	e	20	20	10	10	10
	c	10	10	10	10	10
	a	25	25	25	25	25

由表1-1可以看出,沿上一号幅面图纸的长边对折,即为下一号幅面图纸的大小(图1-1)。

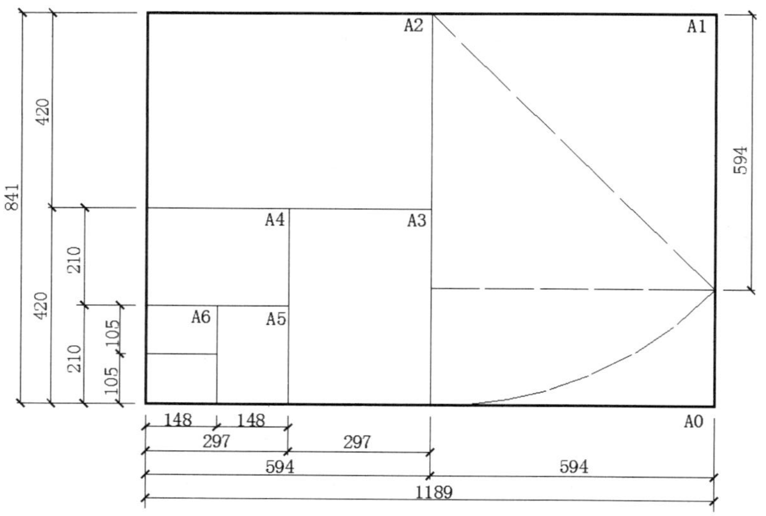

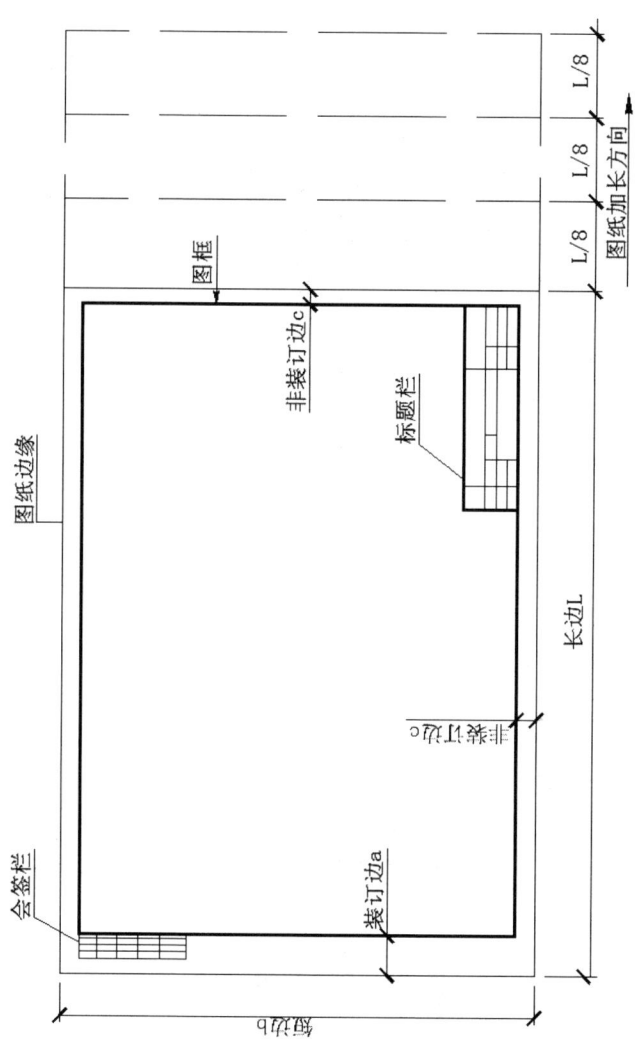

图1-1 图纸幅面标准尺寸（A系列）

图1-2 图幅与图框

关于图幅应注意以下问题。

① 以短边做垂直边的图纸称为横幅，以短边做水平边的图纸称为竖幅。一般A0～A3图宜为横幅，如图1-2，但有时由于图纸布局的需要，也可采用竖幅，如图1-3（a）；A4以下图幅通常采用竖幅，如图1-3（b）。

② 图幅在应用时若面积不够大，根据要求允许在基本幅面的长边成整数倍加长，只有横幅图纸可以加长，而且只能加长长边，短边不可以加长。具体尺寸参照国标（GB/T50001—2010）的规定执行。

③ 一个工程设计中，每个专业所使用的图纸，一般不宜多于两种幅面，目录及表格所采用的A4幅面可不在此限。

2. 标题栏

图纸中的标题栏简称图标，位于图纸的右下角，通常将图标的右下角外翻，使标题栏显现出来，便于查找图纸。标题栏主要介绍图纸相关信息，如：设计单位，工程项目，设计人员以及图名，图号，比例等内容。标题栏外框线为粗实线，内部分格线为细实线，根据工程需要确定其尺寸格式及分区。制图标准（GB/T 10609.1—2008）中有如图1-4（a）、(b)所示的形式。A0、A1图幅可采用如图1-4（a）所示标准标题栏；A2~A4图幅可采用如图1-4（b）所示标题栏。校内作业练习建议采用如图1-4（c）所示的非标准标题栏。

对涉外工程的图标应在内容下方附加外文译文，设计单位名称下面应加"中华人民共和国"中文字样。

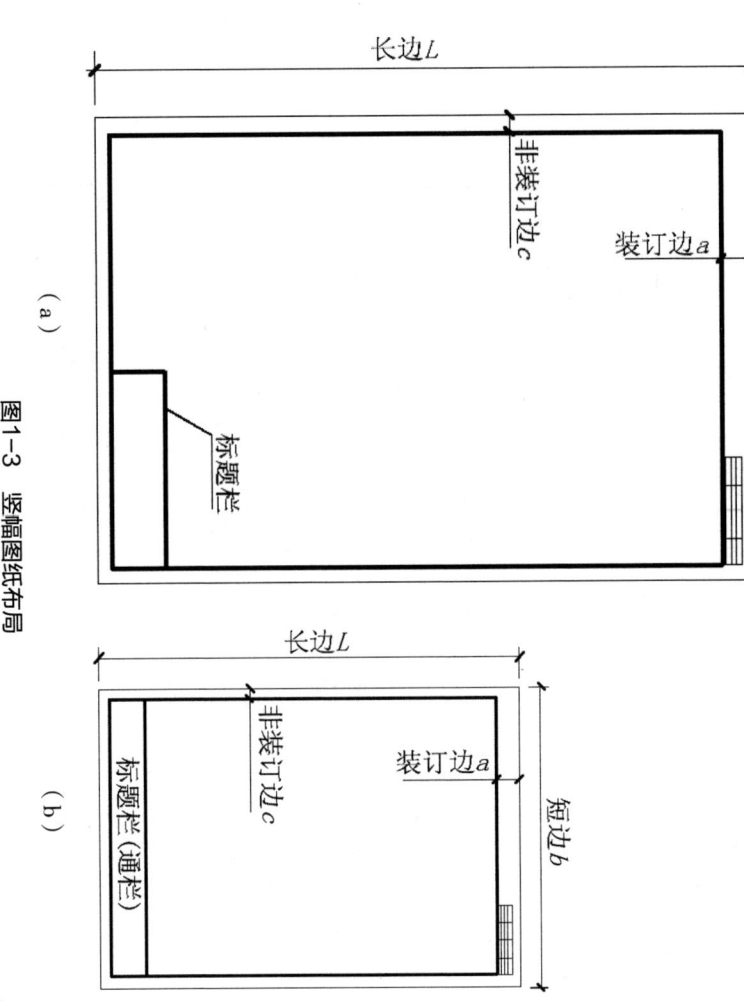

图1-3 竖幅图纸布局

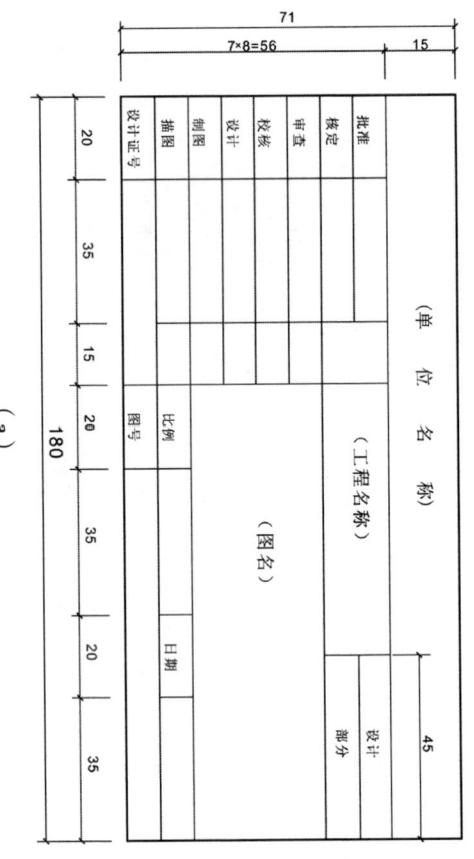

(a)

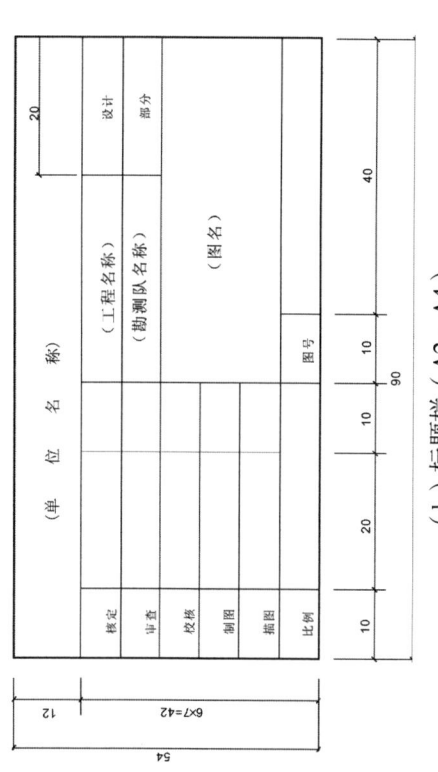

(b) 标题栏（A2～A4）

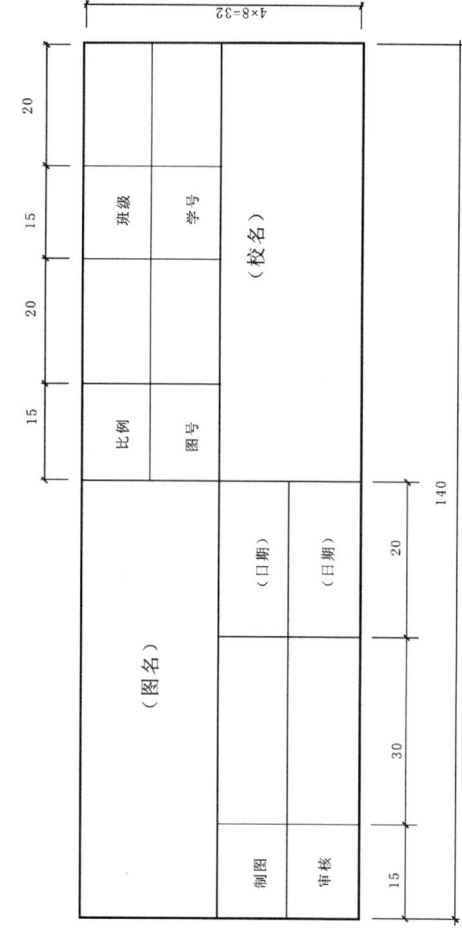

(c) 校内作业标题栏

图1-4 标题栏

3. 会签栏

会签栏是供各工种设计负责人签署单位、姓名和日期的表格。会签栏的内容、格式和尺寸如图1-5所示。会签栏一般宜在横幅图纸的左侧上方的图框线外，对于竖幅图纸会签栏一般在图纸右上方的图框外，如图1-3所示。不需会签的图纸，可不设会签栏。

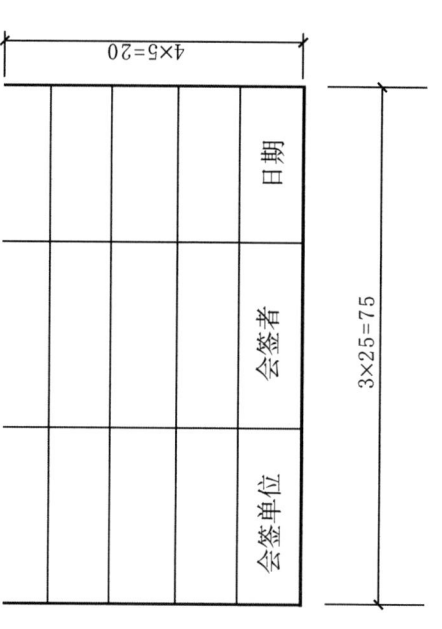

图1-5 会签栏

二、园林工程制图

1. 图线分类

工程图样中的线条统称图线。随用途的不同其形式与粗、细也不一样。在绘图时，为反映园林工程图中的不同内容，分清主次，图线线型、粗细关系及用途具体见表1-2所示。

表达的各种线型的作用和图样的大小、类别，选用不同的线型和不同粗细的图线。

表1-2 图线线型和用途

名称		线型	线宽	用途
实线	粗	——	b	(1) 园林建筑立面图的外轮廓线 (2) 平面图、剖面图中被剖切的主要建筑结构（包括构配件）的轮廓线 (3) 园林景观构造详图中被剖切的主要部分的轮廓线 (4) 构件详图的外轮廓线 (5) 平、立、剖面图的剖切符号 (6) 平面图中水岸线
	中	——	0.5b	(1) 平、剖面图中被剖切的次要建筑结构的轮廓线 (2) 构造详图及构配件详图中的一般轮廓线
	细	——	0.25b	尺寸线，尺寸界线，图例线，索引符号，标高符号，详图材料做法引出线等
虚线	粗	-- -- --	b	(1) 新建物的不可见轮廓线 (2) 结构图上不可见钢筋及螺栓线
	中	- - - -	0.5b	(1) 图例线，小于0.5b的不可见轮廓线 (2) 建筑构造及建筑构配件不可见的轮廓线 (3) 拟扩建的建筑物轮廓线
	细	- - - - -	0.25b	(1) 图例线，小于0.5b的不可见轮廓线 (2) 结构详图中不可见钢筋混凝土构件轮廓线 (3) 总平面图上原有建筑物和道路、桥涵、围墙等设施的不可见轮廓线
单点长画线	中	—·—·—	0.5b	结构图中的支撑线
	细	—·—·—	0.25b	分水线、中水线、对称线、定位轴线

续表

名称		线型	线宽	用途
双点长画线		 ———·· ———	b	（1）总平面图中用地范围，用红色，也称"红线" （2）预应力钢筋线
	细	 — - - - - -	$0.25b$	假想轮廓线，成型前原始轮廓线
折断线		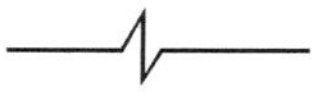 —/—	$0.25b$	不需画全的折断界线
波浪线		 ～～～	$0.25b$	不需画全的断开界线，构造层次的断界线

图线的宽度 b，可以从下列线宽系列中选取：2.0、1.4、1.0、0.7、0.5、0.35、0.25、0.18、0.13。常采用的 b 值为 $0.35 \sim 1.00$。b 值确定代表实表示粗实线宽被确定。而图中的中、细线的宽度，则按表1-3所规定的比例去确定：即粗线、中粗线和细线的宽度比率为 $4:2:1$。由此确定的每一组粗、中、细线的宽度，称为线宽组。绘图时应根据图样的复杂程度和比例大小，先确定粗实线的宽度 b，再选用适当的线宽组。

表1-3

单位：mm

线宽比	线宽组			
b	2.0	1.4	1.0	0.7	0.5
$0.5b$	1.0	0.7	0.5	0.35	0.25
$0.25b$	0.5	0.35	0.25	0.18	—

2. 图线应用

工程图样绘制时，图线应用要注意以下几点：

（1）在同一张图纸内，相同比例的各图样应采用相同的线宽组。

（2）相互平行的图线，其间隙不宜小于其中的粗线宽度，且不宜小于0.7mm。

（3）虚线线段的长度为 $4 \sim 6$mm，间隔1mm；单点长划线或双点长划线段的线段长度为 $15 \sim 20$mm，间隔为 $2 \sim 3$mm，中间的点画成短划。当在较小图形中绘制单点长画线或双点长画线有困难时，可用实线代替。

（4）单点长画线或双点长画线的两端应是线段，点画线与点画线交接或点画线与其他图线交接时，应是线段交接。

（5）虚线与虚线交接或虚线与其他图线交接时，应是线段交接。虚线为实线的延长线时，不得与实线连接。它们的正确画法和错误画法如图1-6所示。

（6）图线不得与文字、数字或符号重叠、混清，不可避免时，应首先保证文字等的清晰。

（7）图纸的图框线和标题栏线可采用表1-4所示的线宽。

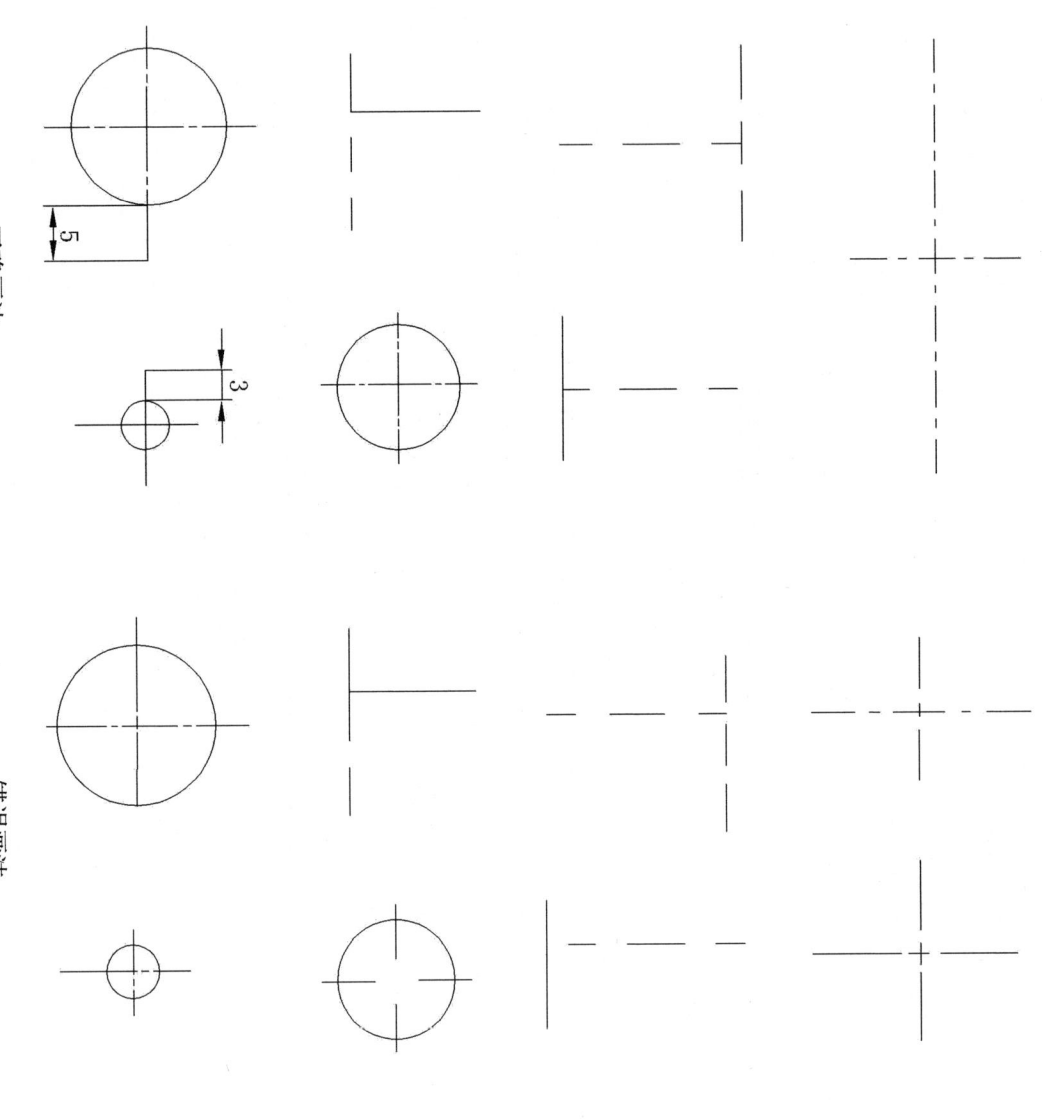

图1-6 图线的交接的画法

表1-4 图框线、标题栏线和会签栏线的宽度

幅面代号	图框线	标题栏外框线	标题栏分割线、会签栏线
A0、A1、A2、A3	1.4	0.7	0.35
A4、A5	1.0	0.7	0.35

三、字体

图样上所需书写的文字、数字、字母或者符号等必须做到字体工整、笔画清楚、间隔均匀、排列整齐。

1. 汉字

汉字应写成长仿宋体字，并应采用中华人民共和国国务院正式推行的《汉字简化方案》中规定的简化字。长仿宋体字的书写要领是：横平竖直，注意起落，结构均匀，填满方格，如图1-7所示。

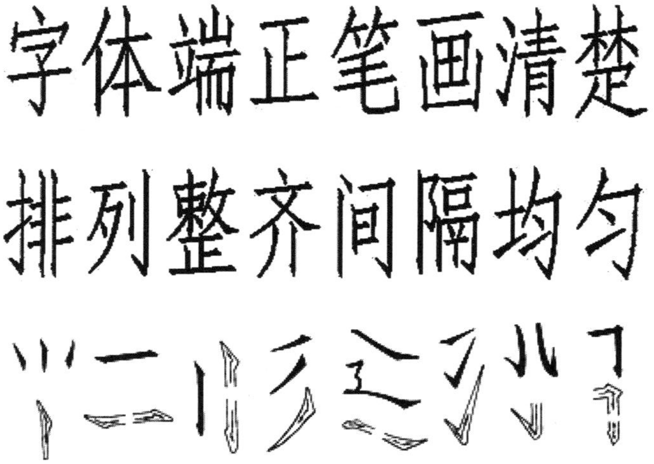

字体端正 笔画清楚
排列整齐 间隔均匀

基本笔画

图1-7 长仿宋体字示例

字体的大小以号数表示，分别为20、14、10、7、5、3.5、2.5、1.8等8级。字体的号数就是字体的高度（单位：mm），字宽约为字高的2/3。且汉字长仿宋体的某字号的宽度，即为小一号字的高度，如表1-5所示。

表1-5　字号及适用范围　　　　　　　　　　　　　　　　　　　　　　单位：mm

字号（字高）	20	14	10	7	5	3.5	2.5
字宽	14	10	7	5	3.5	2.5	1.8
应用	20号、14号大标题或封面标题		10号、7号各种图的标题		7号、5号 (1) 表格的名称 (2) 详图及辅助的标题	5号、3.5号 (1) 详图的数字标题 (2) 标题的比例数字 (3) 剖面代号 (4) 图标中部分文字 (5) 一般文字说明	3.5号、2.5号尺寸、标高及其他数字

2. 拉丁字母及数字

拉丁字母和数字在图纸上分直体和斜体两种，斜体字字头向右倾斜，与水平基准线成75°角。数字和汉字同行书写时，其大小应比汉字小一级，且应用直体字。

拉丁字母、阿拉伯数字与罗马数字字例及符号，如图1-8所示。

阿拉伯数字：

0123456789
ⅠⅡⅢⅣⅤⅥⅦⅧⅨⅩ

图1-8 数字、罗马数字示例

3. 字高

汉字的高度，应不小于3.5mm，字宽一般为$h/\sqrt{2}$；字母和数字的字高应不小于2.5mm，分A型和B型，A型字体的笔画宽度（d）为字高的1/14，B型字体的笔画宽度（d）为字高的1/10。绘图时，一般用B型斜体字。在同一图样上，只允许选用一种字体。

四、比例

工程建筑物的尺寸一般都很大，不可能都按实际尺寸绘制，所以用图样表达形体时，需选用适当的比例将图形体缩小。而有些形体的尺寸很小，图形与实物相对应的线性尺寸之比称为比例。比值为1称原值比例，即图形与实物同样大；比值大于1称放大比例，如2∶1，即图形是实物的两倍大；比值小于1称缩小比例，如1∶2，即图形的大小是实物的一半大。比例的符号为"∶"，比例应以阿拉伯数字表示，如1∶1，1∶100等。

比例的大小是指其比值的大小，如1∶50大于1∶100。

制图标准（GB/T 14690—1993）规定，图样中的比例只反映图形与实物大小的缩放关系，图中标注的尺寸数值为实物的真实大小，与图样的比例无关。如图1-9所示，三个图形比例不同，但是标注的尺寸数值完全相同，即它们表达的是形状和大小完全相同的一个物体。

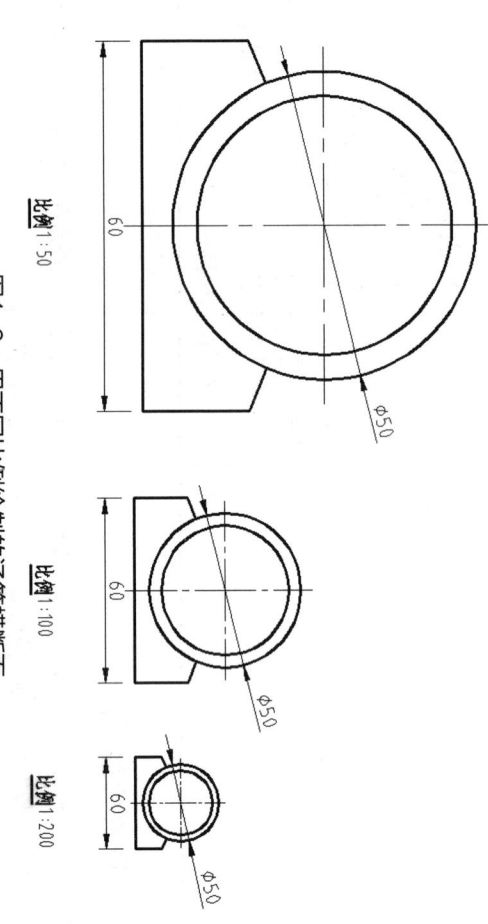

图1-9 用不同比例绘制的涵管横断面

工程图样绘图时所用的比例应根据图样的用途与绘制对象的复杂程度,按照国家制图标准(GB/T 50001—2010)给出的相关规定,从表1-6中选用,并要优先选用表中常用比例。例如:在园林制图中,详图一般选用1:2、1:5、1:10等;道路绿化图和小游园规划图一般选用1:50、1:100、1:150等;公园规划图一般选用1:500、1:1000、1:2000等。一般情况下,一个图样应选用一种比例。

根据专业制图的需要,同一图样可选用两种比例。特殊情况下也可自选比例,这时除应注出绘图比例外,还必须在适当位置绘制出相应的比例尺。

表1-6　　　　　　　　　　　　　　　　绘图所用比例

常用比例	1:1、1:2、1:5、1:10、1:20、1:30、1:50、1:100、1:150、1:200、1:500、1:1000、1:2000
可用比例	1:3、1:4、1:6、1:15、1:25、1:40、1:60、1:80、1:250、1:300、1:400、1:600、1:5000、1:10000、1:20000、1:50000、1:100000、1:200000

当整张图纸中只用一种比例时,应统一注写在标题栏内。否则应分别注写在相应图名的右侧,字的底线与图名取平。比例的字号比图名字号小一号或两号,如图1-10所示。

<u>平面图</u> 1:100　　　⑥ 1:20

图1-10　比例的注写

五、尺寸标注

图样除反映形体的形状外,还需注明形体的实际尺寸,作为工程施工的依据。

尺寸标注是一项十分重要的工作,必须认真仔细,准确无误。如果尺寸有遗漏或错误,都会给施工带来困难和损失。

1. 尺寸的组成

图样上的尺寸包括四个要素:尺寸界线、尺寸线、尺寸起止符号和尺寸数字,如图1-11所示。

(1)尺寸界线

尺寸界线应用细实线绘制,一般应与被注长度垂直,其一端应离开图样的轮廓线不小于2mm,另一端应超出尺寸线2~3mm。必要时可利用图样轮廓线、中心线及轴线作为尺寸界线。

(2)尺寸线

尺寸线应用细实线绘制,并与被注长度平行,与尺寸界线垂直,但不宜超出尺寸界外。

互相平行的尺寸线,应从被注的图样轮廓线由近向远整齐排列,小尺寸应离轮廓线较近,大尺寸离轮廓线较远(如图1-11)。

图样轮廓线以外的尺寸线,距图样最外轮廓之间距离不宜小于10mm,平行排列的尺寸线的间距为7~10mm,并应保持一致。

图样上任何图线都不得用作尺寸线。

（3）尺寸起止符号

尺寸起止符号一般用中粗短斜线绘制，并画在尺寸线与尺寸界线的相交处，其倾斜方向应与尺寸界线成顺时针45°角，长度宜为2～3mm。

在轴测图中标注尺寸时，其起止符号宜用小圆点。

半径、直径、角度与弧长的尺寸起止符号宜用箭头表示。箭头的画法如图1-12。

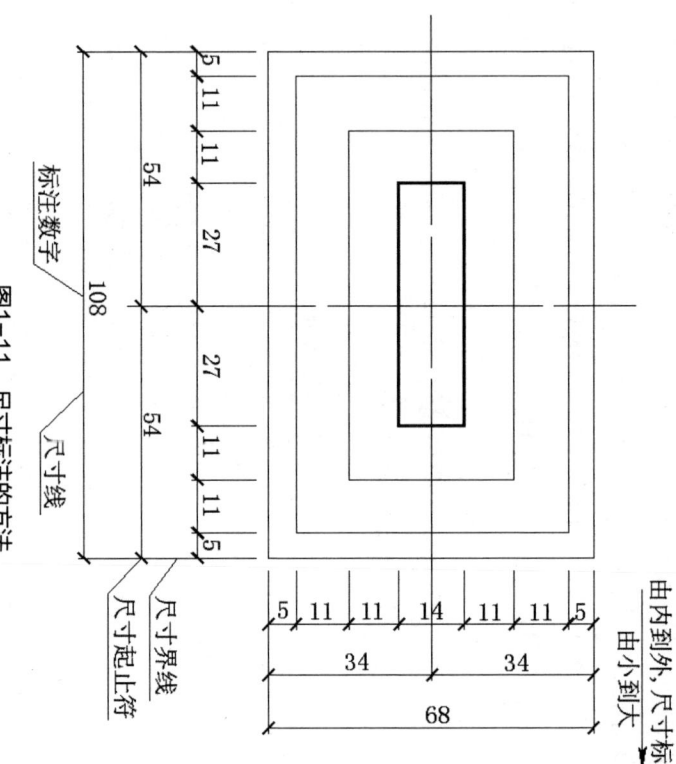

图1-11 尺寸标注的方法

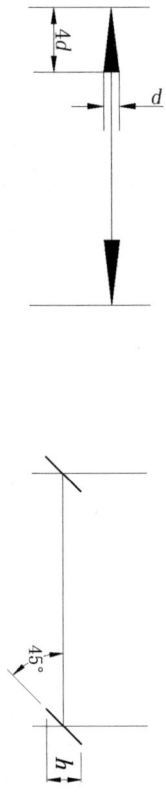

图1-12 尺寸箭头及起止符号的绘制标准

（4）尺寸数字

制图标准（GB/T 50001—2010）规定图样上的尺寸一律用阿拉伯数字注写，尺寸数字是指形体的实际大小，它与工程图样上所用比例无关。形体的大小以尺寸数字为准，尺寸数字不得从图上直接量取。

图样上所标注的尺寸，除标高及总平面图以米（m）为单位外，其余一律以毫米（mm）为单位。

图样上尺寸数字线需注写单位。

尺寸数字一般注写在尺寸线的中部，水平方向的尺寸，尺寸数字要写在尺寸线的上面，字头朝上；竖直方向的尺寸，尺寸数字在尺寸线的左侧，字头朝左；尺寸数字在图中所示30°影线范围围内时可按下图1-13（a）的形式注写；倾斜方向的尺寸，尺寸数字的方向应按图1-13（b）的规定注写。

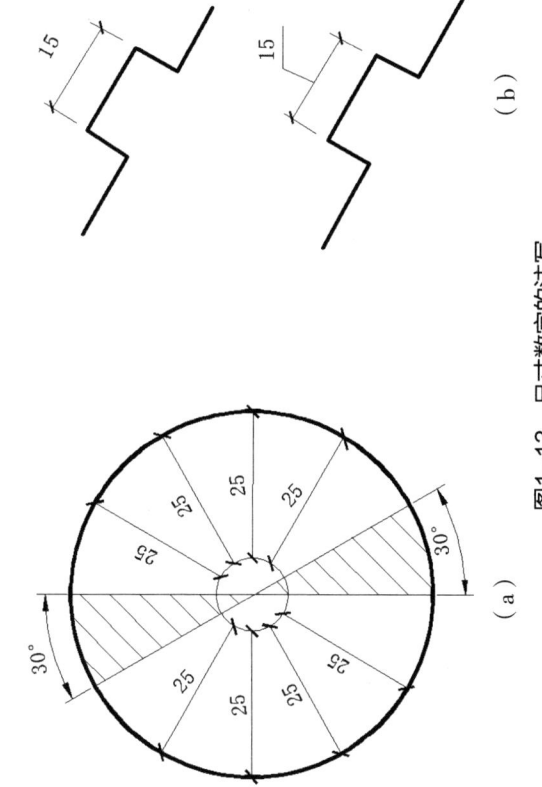

图1-13 尺寸数字的注写

尺寸数字如果没有足够的注写位置时，两边的尺寸可以注写在尺寸界线的外侧，中间相邻的尺寸可以错开注写，如下图1-14（a）所示。

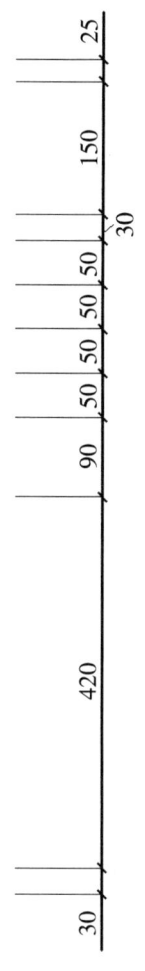

图1-14（a）尺寸数字的注写

尺寸宜标注在图样轮廓之外，不宜与图线、文字及符号等相交，不可避免时，应将尺寸数字处的图线断开，如下图1-14（b）所示。

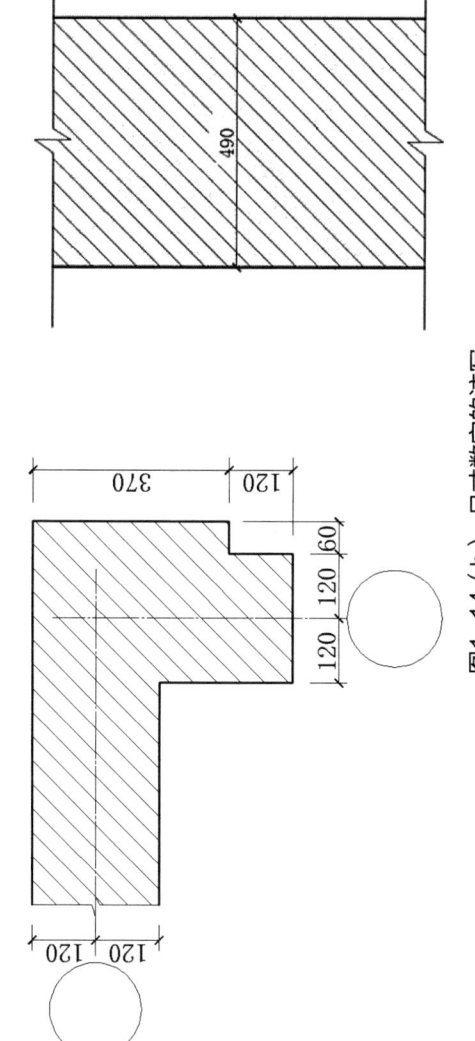

图1-14（b）尺寸数字的注写

2. 尺寸标注规定

（1）直线段的尺寸标注

直线段的尺寸标注如图1-15所示。

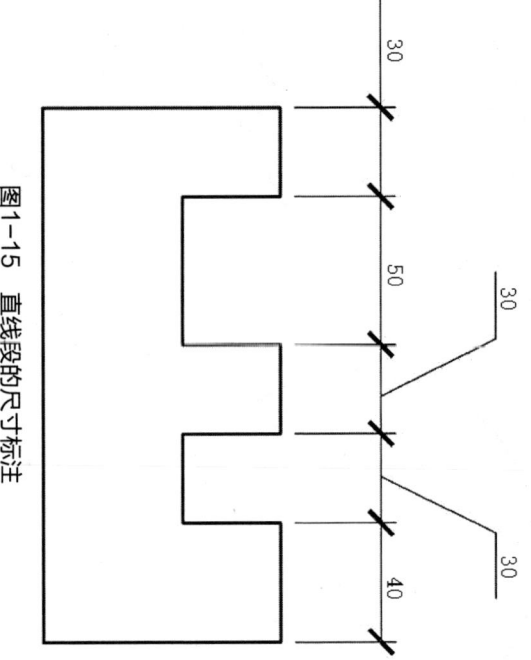

图1-15 直线段的尺寸标注

（2）角度和圆弧的尺寸标注

① 角度的尺寸标注如图1-16所示。角度的尺寸线应使用与标注圆弧同心的圆弧线表示，该圆弧的圆心应是该角的顶点，角的两个边为尺寸界限。角度的起止符号应以箭头表示，如图1-16（a）所示；如没有足够位置画箭头，可用圆点代替，如图1-16（b）所示。角度数字应水平方向注写。

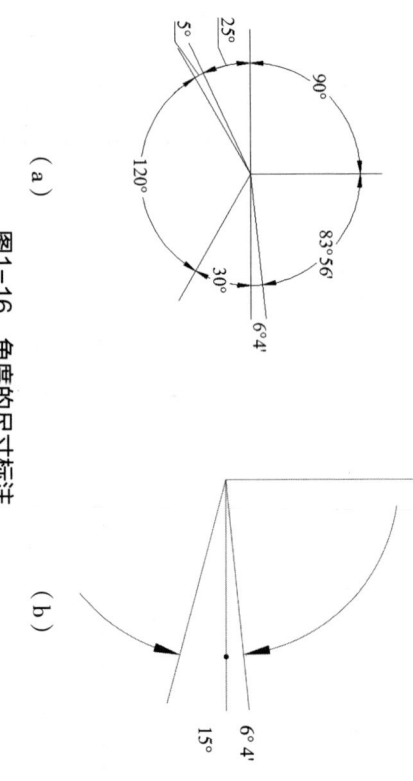

(a)　　　(b)

图1-16 角度的尺寸标注

② 圆弧的尺寸标注。标注圆弧的弧长时，尺寸线应使用与该圆弧同心的圆弧表示，弧长数字上方应加注圆弧符号"⌒"，如图1-17所示；圆弧的直径和圆弧的弦，起止符号用箭头表示，弧长的尺寸界线垂直于该圆弧的弦，如图1-18所示。尺寸界线有时还可以利用弦长的尺度进行度量，弦长的标注方法与线段的标注方法相同如图1-18所示。

（3）半径、直径、球的标注

半径、直径、球的尺寸起止符号宜用箭头表示，如图1-19。

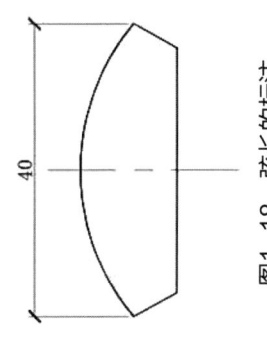

图1-17 弧长的标注

图1-18 弦长的标注

① 半径的标注。一般情况下,对于半圆或小于半圆的圆弧应标注其半径。半径的尺寸线应一端从圆心开始,另一端箭头指向圆弧,半径数字前加注半径符号"R"。如图1-19(a),对于较小圆弧的半径,可按图1-19(b)的形式标注。对于较大圆弧的半径,可按图1-19(c)的形式标注。

② 直径的标注。一般大于半圆的圆弧应标注直径。标注圆的直径时,直径数字前应加注直径符号"Φ"。在圆内标注的尺寸线应通过圆心,两端箭头指向圆弧如图1-19(d),较小圆的直径可标注在圆外如图1-19(e)。

③ 球径的标注。标注球的半径或直径时,需在半(直)径符号前加注球径代号"S",注写方法与圆弧半径和圆周直径的尺寸标注方法相同如图1-19(f)。

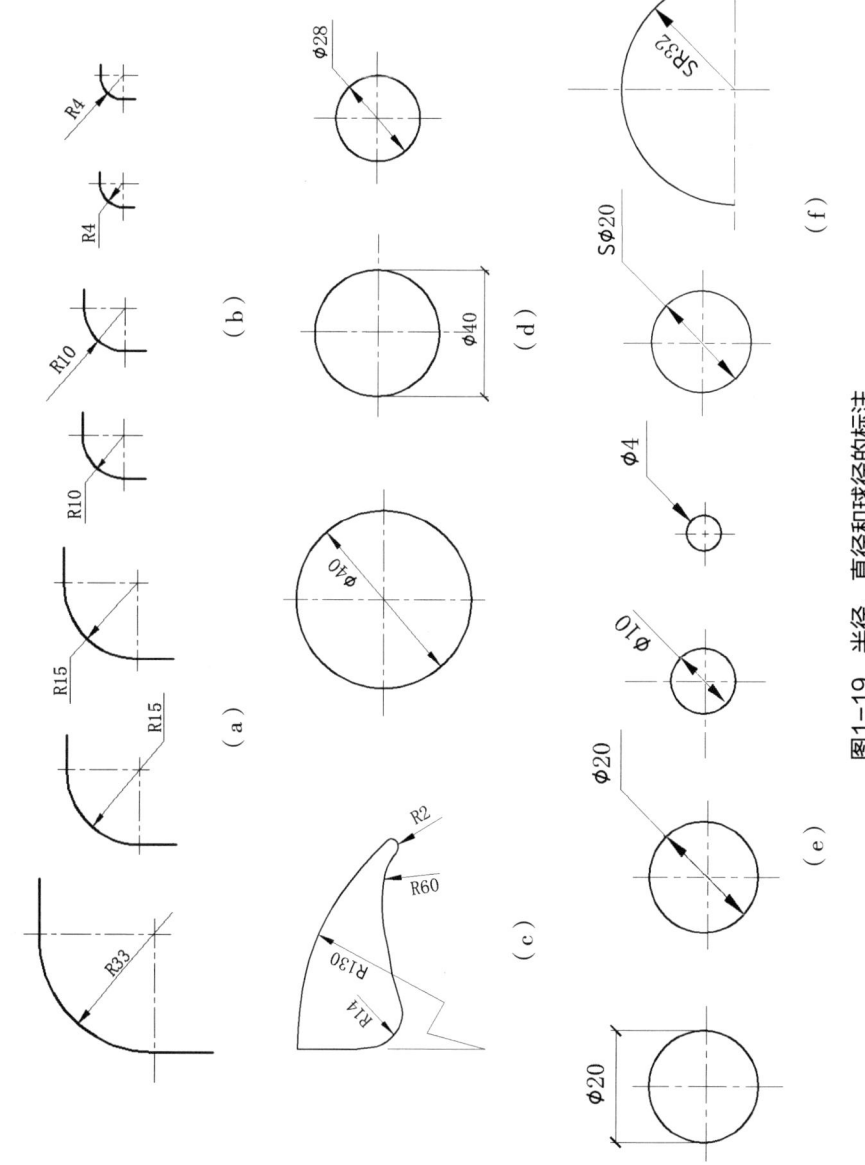

图1-19 半径、直径和球径的标注

(4)坡度标注

在工程图样中,对倾斜部分的倾斜程度规定用坡度(即斜度)表示。

国标GB/T 50001—2010规定标注坡度时,应加注坡度符号"⟋"表示坡向,该符号为单面箭头,箭头应指向下坡方向。坡度也可以用直角三角形式标注。

坡度常用百分数、比例或比值表示。坡度百分数或比例数字应标注在箭头尾的短线上,如图1-20所示。

用比值标注坡度时,常用倒三角形标注符号,铅垂边的数字常定为1,水平边上标注比值数字。

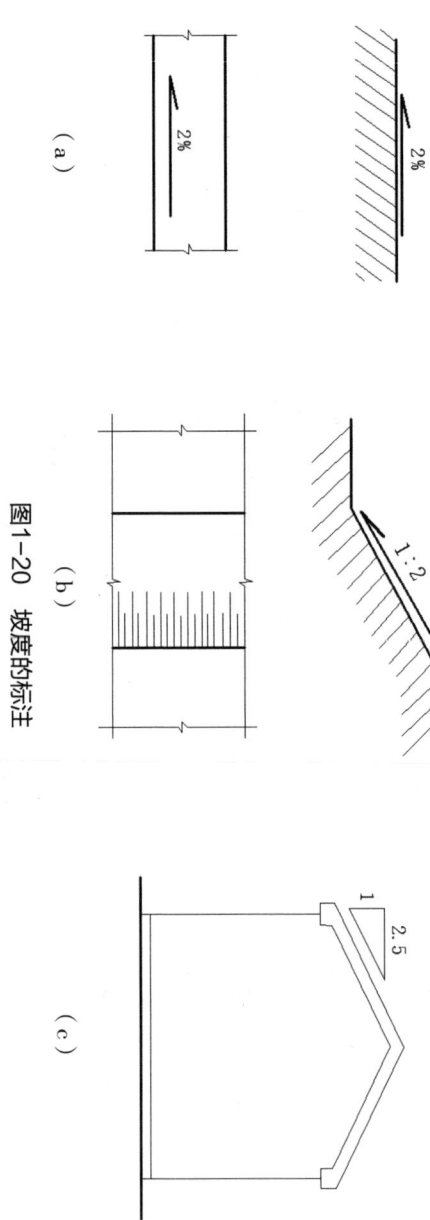

图1-20 坡度的标注

(5)曲线标注

简单的不规则曲线可用截距法(又称坐标法)标注,如图1-21所示,较复杂的曲线可用网格法标注,如图1-22所示。

用截距法标注时,为了便于放样或定位,常选一些特殊方向和位置的直线作为轴线,然后用一系列与之垂直的等距平行线标注曲线。如图1-21所示,等距截距数值为1000。

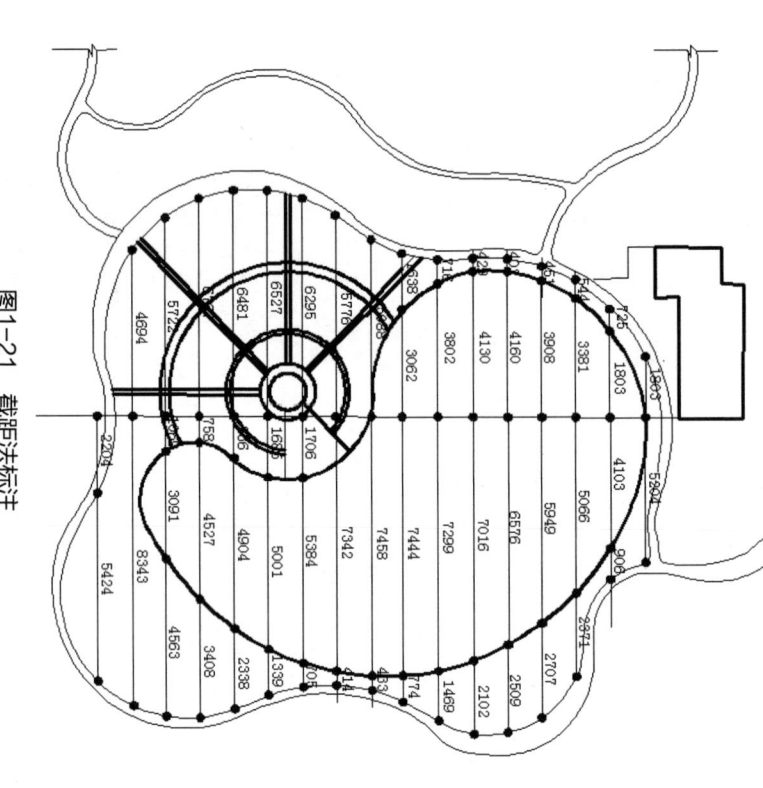

图1-21 截距法标注

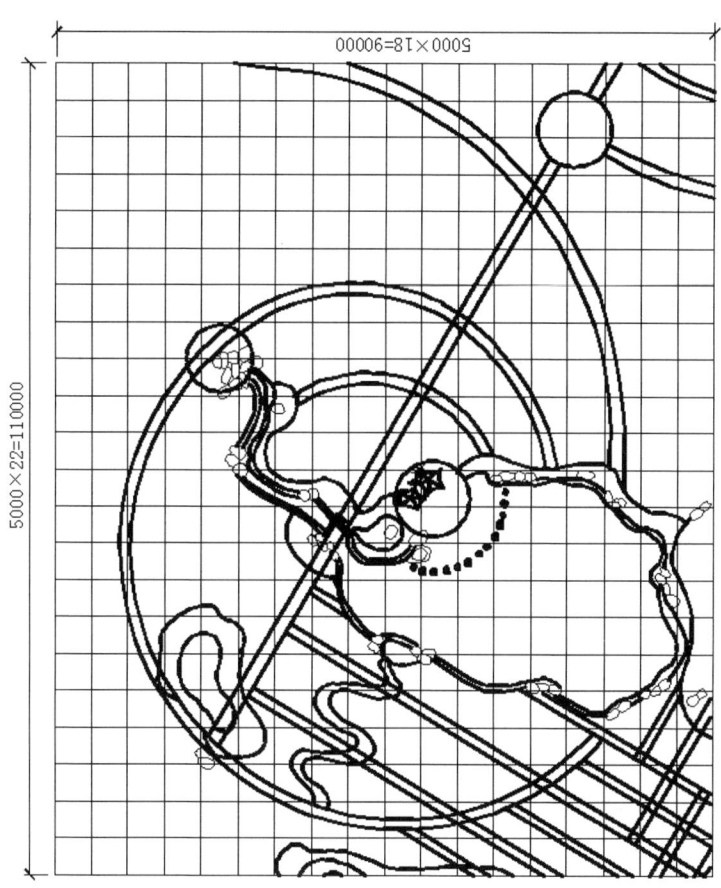

图1-22 网格法标注

用网格法标注较复杂的曲线时，所选用网格的尺寸应能保证曲线或图样的放样精度，精度越高，网格的边长越短。尺寸的标注符号与直线相同，但因短线起止符号的方向有变化，故尺寸起止符号常用小圆点的形式。

（6）尺寸的简化标注

对于形体上有多个形状相同且连续排列及其他特殊情况时的尺寸，国标GB/T 50001—2010规定可以采用简化标注法标注。

① 连续排列的等长尺寸。对于连续排列的等长尺寸，可用"等长尺寸×个数=总长"的形式标注，如图1-23所示。

② 内部构造因素相同的形体尺寸。对于构配件内部构造因素相同（如铺地、构架等）时，可仅标注其中一个要素的尺寸，如图1-24所示。

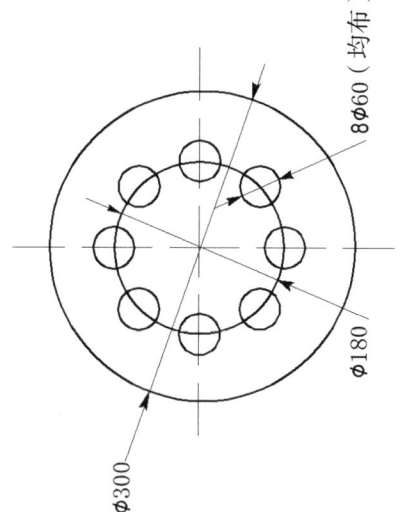

图1-24 相同要素尺寸的标注

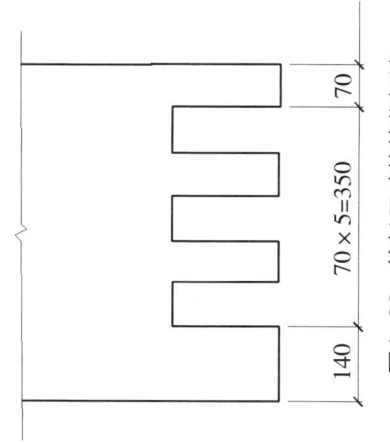

图1-23 等长尺寸的简化标注

③ 对称构件的形体尺寸。对于对称省略画法时,采用对称省略画法的一端画起止符号,尺寸数字应按整体全尺寸注写的置宜与对称符号对齐,如图1-25所示。

④ 相似构件尺寸。两个构件,如个别尺寸不同,可在同一图样中将其中一个构件的尺寸数字注写在括号内,该构件的名称也应注写在相应的括号内,如图1-26所示为相似构件尺寸标注方法。

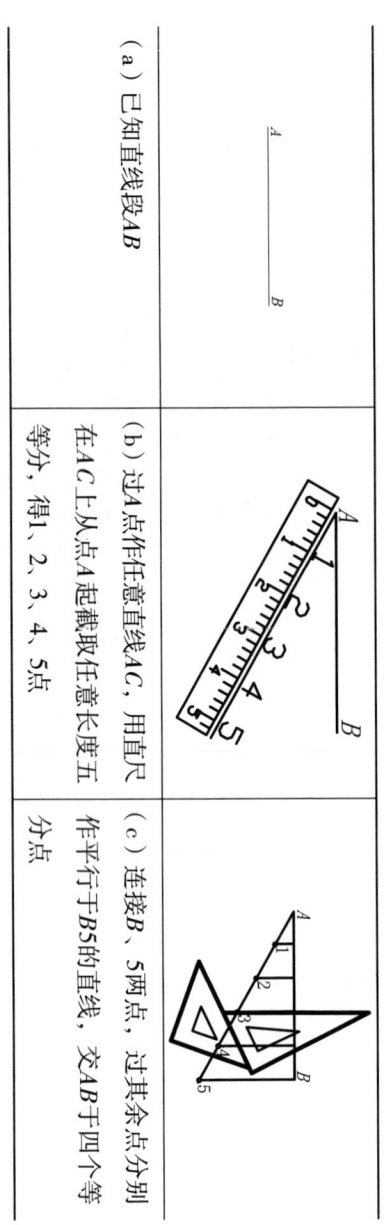

图1-25 对称构件尺寸的标注

图1-26 相似构件尺寸的标注

六、平面图形画法

在园林工程图样中,无论物体的结构和形状怎样复杂,都是由直线、圆弧和其他一些曲线组成的。因此,掌握几何作图的基本技能和方法是绘制园林工程图的基础。

1. 几何作图

(1) 等分作图

① 直线段的任意等分。在工程中常将直线段等分成若干分,如图1-27所示,将直线段五等分。

② 角的二等分。如图1-28所示,将∠AOB分成二等分。

(2) 等分圆周作正多边形

① 正五边形。作圆的内接正五边形,如图1-29所示。

② 正六边形。作圆的内接正六边形,如图1-30所示。

(3) 椭圆的画法。椭圆是工程图样中常见的一种非圆曲线,常采用同心圆法或四心圆法来近似地绘制,作图方法和步骤如图1-31,图1-32所示。

(a) 已知直线段AB

(b) 过A点作任意直线AC,用直尺在AC上从A点起截取任意长度五等分,得1,2,3,4,5点

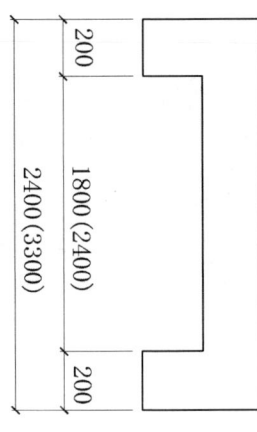

(c) 连接B、5两点,过其余点分别作平行于B5的直线,交AB于四个等分点

图1-27 直线段的五等分

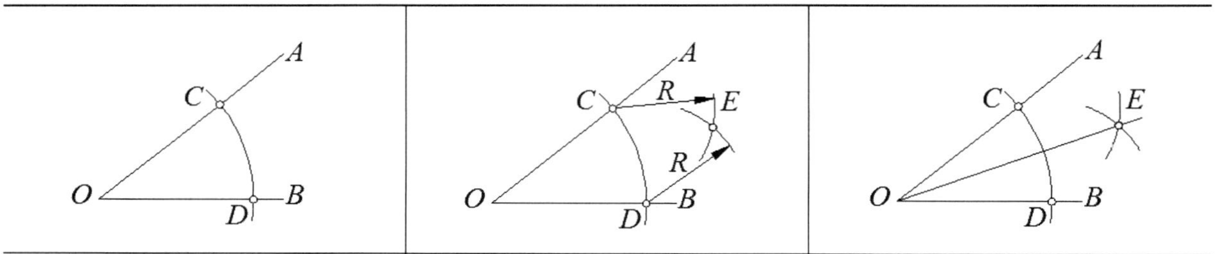

| (a) 以O为圆心，任意长为半径作圆弧，交OA于C，交OB于D | (b) 以C、D为圆心，以相同半径R作圆弧，两圆弧交于E | (c) 连接OE，即为所求角的二等分线 |

图1-28 角的二等分

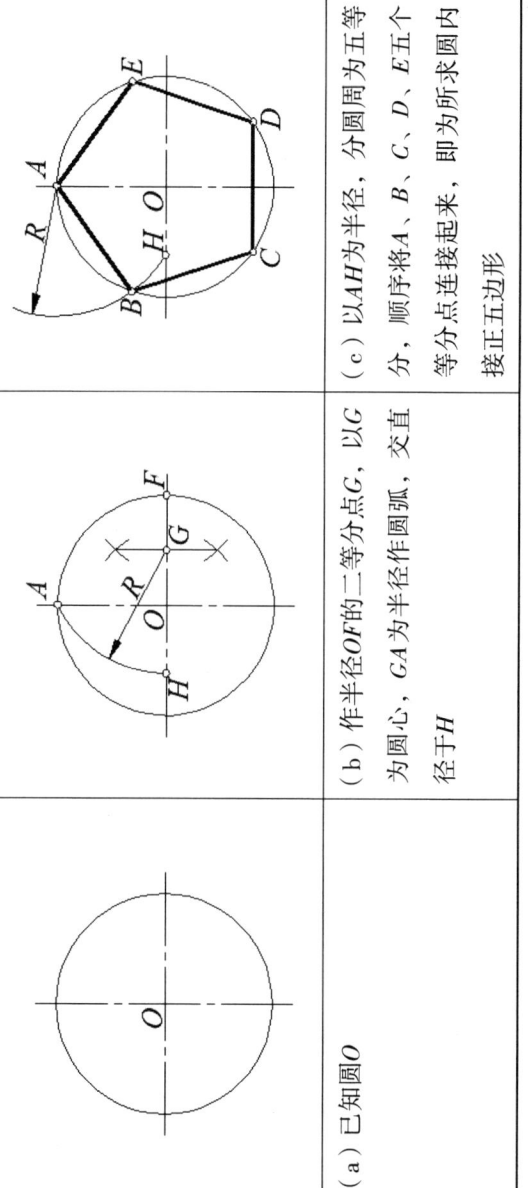

| (a) 已知圆O | (b) 作半径OF的二等分点G，以G为圆心，GA为半径作圆弧，交直径于H | (c) 以AH为半径，分圆周为五等分，顺序将A、B、C、D、E五个等分点连接起来，即为所求圆内接正五边形 |

图1-29 作圆的内接正五边形

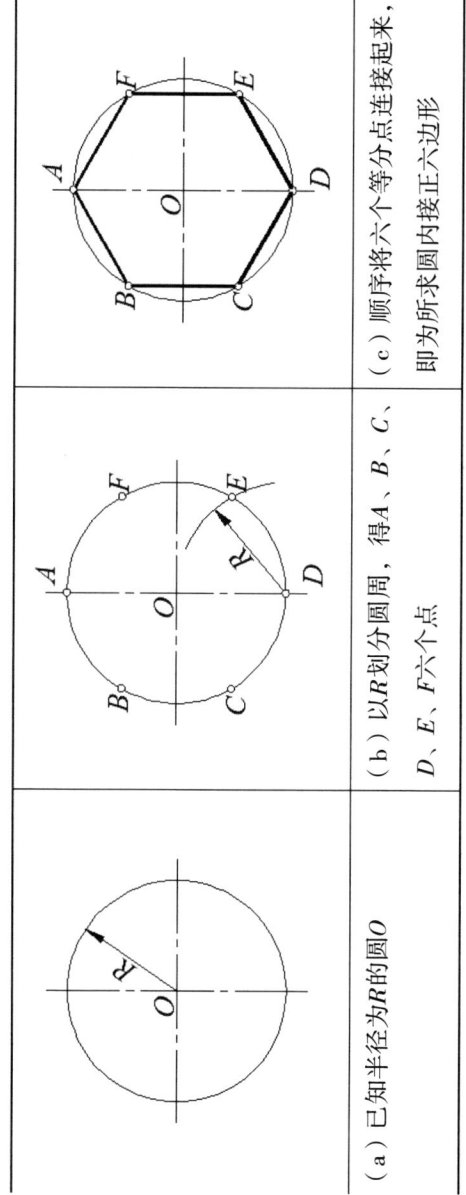

| (a) 已知半径为R的圆O | (b) 以R划分圆周，得A、B、C、D、E、F六个点 | (c) 顺序将六个等分点连接起来，即为所求圆内接正六边形 |

图1-30 作圆的内接正六边形

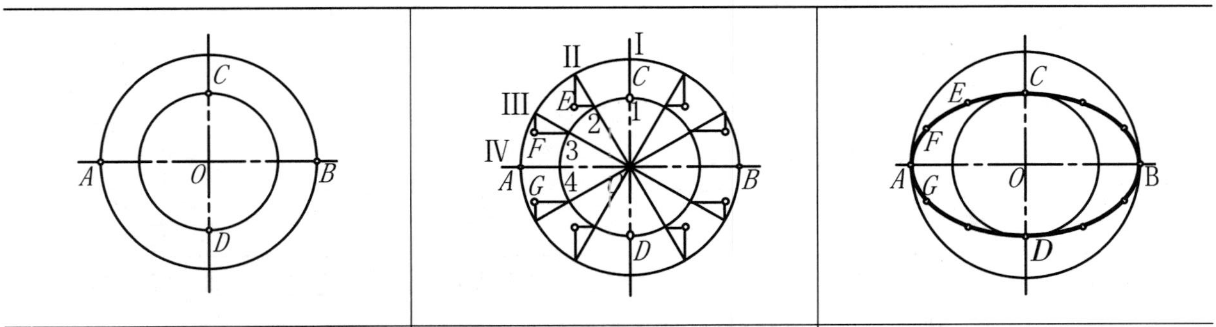

(a) 已知椭圆的长轴AB和短轴CD，以O为圆心，分别以OA、OC为半径画两个同心圆。

(b) 将两同心圆等分（图例为12等分），得各等分点Ⅰ、Ⅱ、Ⅲ、Ⅳ……和1、2、3、4……。过大圆等分点作短轴的平行线，过小圆等分点作长轴的平行线，分别交于点E、F、G……

(c) 用曲线板顺序将点E、F、G……光滑地连接起来，即为所求椭圆。

图1-31 同心圆法作椭圆

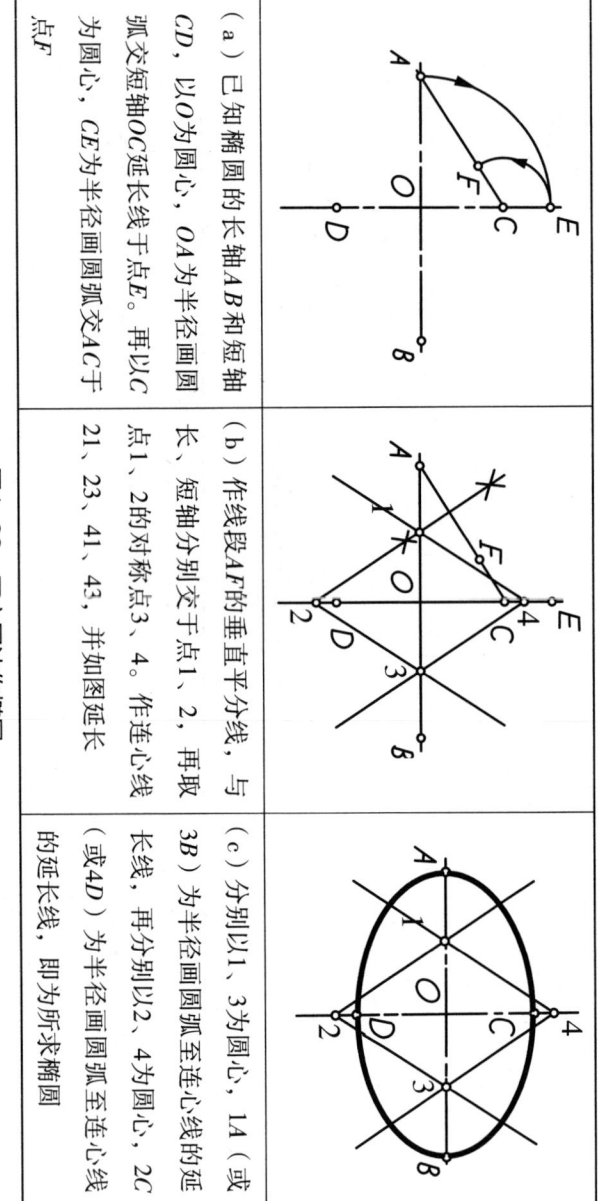

(a) 已知椭圆的长轴AB和短轴CD，以O为圆心，OA为半径画弧交短轴OC延长线于点E。再以C为圆心，CE为半径画圆弧交AC于点F。

(b) 作线段AF的垂直平分线，与短轴分别交于点1、2，再取点1、2的对称点3、4。作连心线21、23、41、43，并如图延长。

(c) 分别以1、3为圆心，1A（或3B）为半径画圆弧至连心线的延长线，再分别以2、4为圆心，2C（或4D）为半径画圆弧至连心线的延长线，即为所求椭圆。

图1-32 四心圆法作椭圆

（4）圆弧连接

圆弧连接是指用一个已知半径但未知圆心位置的圆弧，把已知两条线段光滑地连接起来。所谓光滑连接，即连接作图圆弧要与相邻两个线段相切。

在圆弧连接作图时要解决两个问题：一是求出连接圆弧的圆心的位置；二是找出连接点即切点的位置。圆弧连接的基本形式有三种，其作图方法如图1-33、图1-34和图1-35所示。

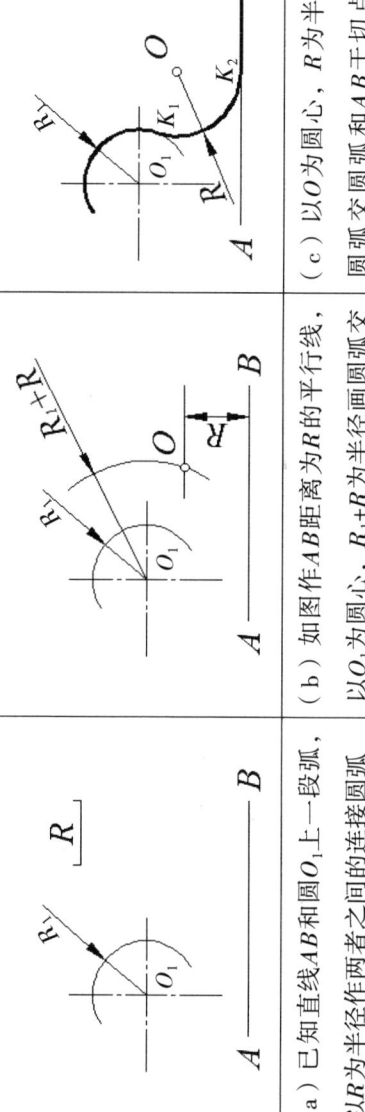 (a) 已知两直线AB和CD，以R为半径作两者之间的连接圆弧	(b) 如图分别作AB和CD距离为R的平行线，交于点O	(c) 以O为圆心，R为半径画圆弧交AB和CD于切点K_1、K_2，即为所求连接圆弧

图1-33 圆弧连接两已知直线

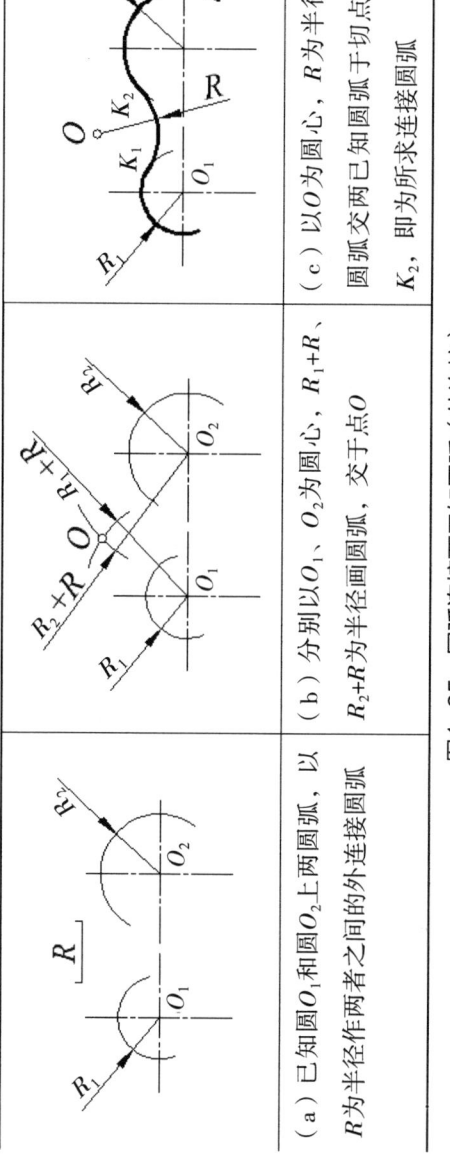 (a) 已知直线AB和圆O_1上一段弧，以R为半径作两者之间的连接圆弧	(b) 如图作AB距离为R的平行线，以O_1为圆心，R_1+R为半径画圆弧交AB的平行线于点O	(c) 以O为圆心，R为半径画圆弧交圆弧和AB于切点K_1、K_2，即为所求连接圆弧

图1-34 圆弧连接一直线和外接一圆弧

(a) 已知圆O_1和圆O_2上两圆弧，以R为半径作两者之间的外连接圆弧	(b) 分别以O_1、O_2为圆心，R_1+R、R_2+R为半径画圆弧，交于点O	(c) 以O为圆心，R为半径画圆弧交两已知圆弧于切点K_1、K_2，即为所求连接圆弧

图1-35 圆弧连接两已知圆弧（外连接）

2. 平面图形的尺寸分析和画法

（1）平面图形的分析

平面图形是由许多基本线段连接而成的。有些线段可以根据所给定的尺寸直接画出；而有些线段则需要利用已知条件和线段连接关系才能间接作出。所以，在画图时应首先对图形进行尺寸分析和线段分析。

① 平面图形的尺寸分析。平面图形中的尺寸，按其在图形中的作用可分为定形尺寸和定位尺寸。

a. 尺寸基准。确定尺寸位置的点、直线或平面，称为尺寸基准。组合体在长、宽、高三个方向上都应该有一个尺寸基准，其中一个为主要基准，其余为辅助基准。尺寸基准常选用物体上圆的中心、对称面、回转体的轴线、底面或端面等较大平面。若是对称图形，一般中心线是尺寸基准。

b. 定形尺寸。定形尺寸是指用于确定平面图形中各组成部分形状和大小的尺寸，如线段的长度、圆的直径或半径、角度的大小等的尺寸。如图1-36中的尺寸18、20、22、R12、R22、R30。

c. 定位尺寸。定位尺寸是指用于确定平面图形中各组成部分相互位置的尺寸。如图1-36中的尺寸24、27、75、112。

定位尺寸应以尺寸基准作为标注尺寸的起点。一个平面图形应有水平和铅垂两个方向的尺寸基准。如图1-36所示的平面图中，左边铅垂线可作为左右方向的尺寸基准，底线水平直线可作为上下方向的尺寸基准。

② 平面图形的线段分析

平面图形中的线段，按其尺寸的完整与否可分为三种：已知线段、中间线段和连接线段。

a. 已知线段。已知线段是指定形尺寸和定位尺寸均为已知的线段。如图1-36中的线段18、20、22、27、75、112、R12等。

b. 中间线段。中间线段是指已知定形尺寸，但缺少其中一个定位尺寸，作图时需根据已知连接条件，才能确定其应位置的线段。如图1-36中的线段R22。

c. 连接线段。连接线段是指只有定形尺寸，没有定位尺寸，作图时需根据与其他已知线段的连接条件，才能确定其应位置的线段。如图1-36中的线段R30和坡度为1:1的坝面线。

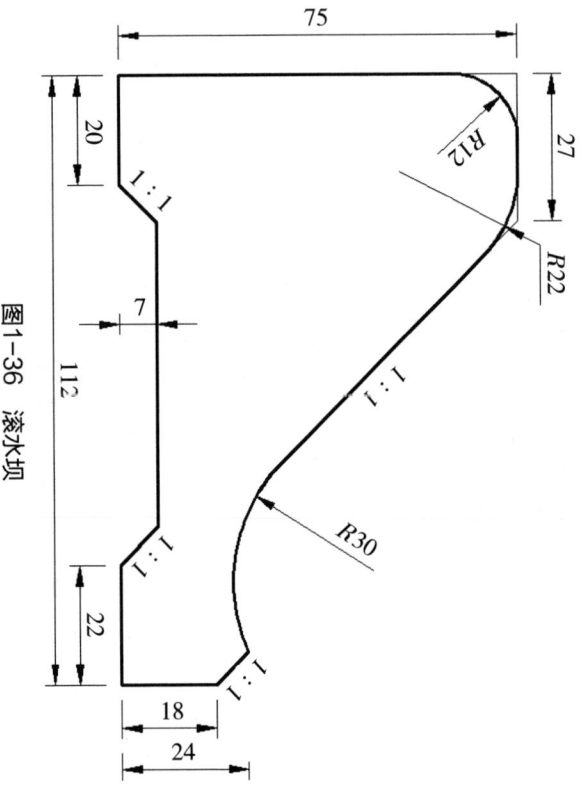

图1-36 溢水坝

（2）平面图形的绘制步骤与方法

平面图形的绘制步骤是：

第一步 首先对平面图形进行尺寸分析和线段分析，找出尺寸基准和圆弧连接的线段，拟定作图顺序；

第二步 确定比例和布局，用H或2H铅笔轻画底稿；

先画图框、标题栏，平面图形的对称线、中心线或基准线，再顺次画出已知线段、中间线段、连接线段；

第三步 标注尺寸，并校核修正底稿，清理图面；

第四步 用HB铅笔加深粗线，用H铅笔加深细线及写字，圆规加深用B铅芯。

一张高质量的图样，应作图准确，图形布局匀称，图线粗细分明，尺寸排列美观易读，数字、字母和汉字书写清晰规范，同字号字体大小一致，图面干净整洁。

七、常用制图工具使用方法和维护

1. 制图工具使用和维护

绘图时不仅需要一套绘图工具和仪器，而且还应正确地使用和维护，这样才能发挥它们的作用，保证绘图质量，提高绘图效率。下面简要介绍几种常用的绘图工具。

（1）图板

图板是绘图时固定图纸的垫板，板面要求整齐光滑，图板四周镶有硬木边框，图板两侧的短边要保持平直，它是丁字尺的导向边。图板有大小不同的规格，使用时应与绘图张纸的尺寸相适应，常用图板规格见表1-7。

表1-7 图板规格

图板规格代号	0	1	2	3
图板尺寸（宽/mm×长/mm）	920×1220	610×920	460×610	305×460

图板放在图桌上绘制图纸时，板身要倾斜放置，规格有640mm，900mm，1200mm等。丁字尺尺头和尺身部分组成，尺头和尺身相互垂直。

在图板上常使用透明胶带将图纸固定图板四角，以方便丁字尺的上下移动以及避免图钉扎孔损坏板面。图板不可受潮、暴晒，以免变形，影响绘图。

（2）丁字尺

丁字尺的组成是木材或者有机玻璃制成，板身要倾斜放置，倾斜角度为水平方向，向上倾斜20°左右。丁字尺由尺头和尺身组成，尺头和尺身相互垂直。

丁字尺主要用于画水平线。丁字尺尺头内边缘和尺身带有刻度的上边缘为工作边。使用时应将尺头内侧紧靠图板左边框，左手握丁字尺，右手推动尺身上下滑动到需要画线的位置，沿尺身工作边从左向右画水平线，如图1-37所示。为保证绘图的准确性，不可用尺身的下边缘绘线，也不能将丁字尺的尺头紧靠图板的右侧边、下侧边或上侧边绘线。不要使用工作边进行纸张裁剪，防止裁纸刀损坏工作边。丁字尺不用时应挂起来，以免尺身翘起变形。

(3) 三角板

一幅三角板由30°×60°×90°和45°×45°×90°两块组成,主要用于画铅垂线和倾斜线。画铅垂线时与丁字尺配合,三角板一直角边紧靠丁字尺身,手持铅笔沿另一直角边自下而上画线,如图1-38(a)、(b)。画15°倍角的特殊斜线时,需两块三角板与丁字尺配合使用,如图1-38(c)所示。

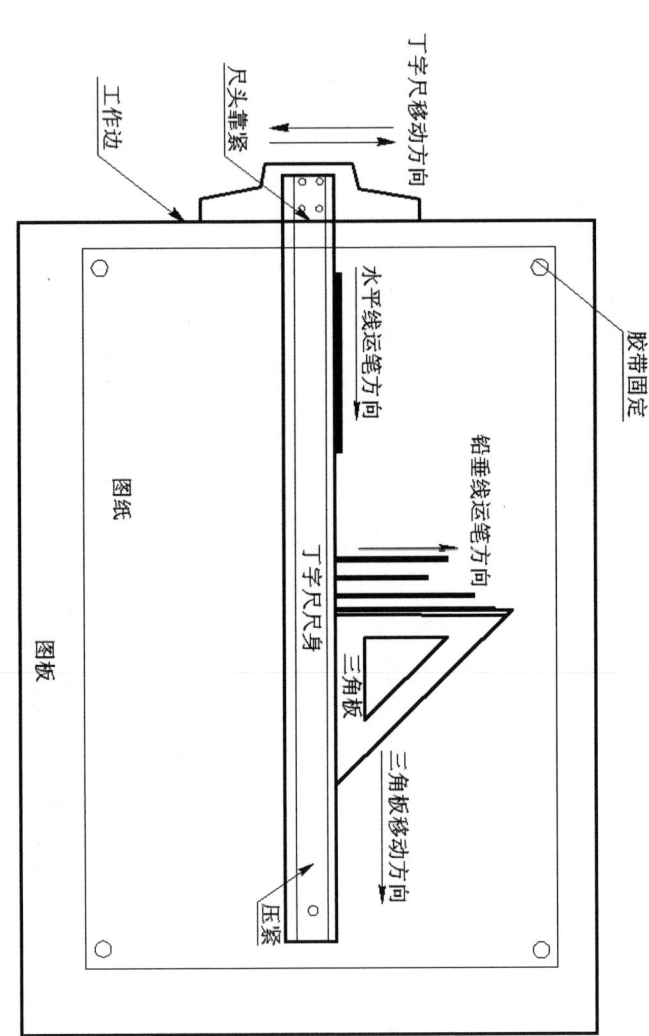

图1-37 图板、丁字尺、三角板的使用方法

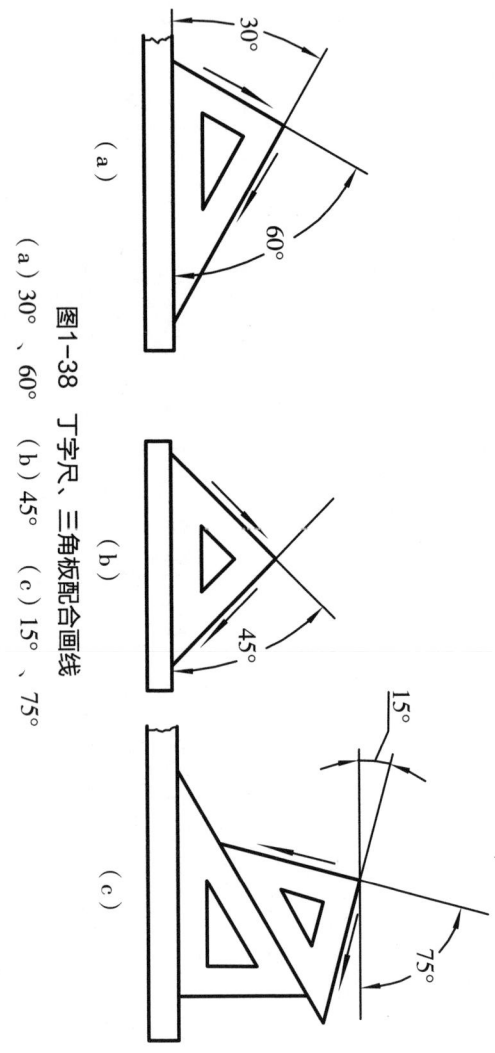

图1-38 丁字尺、三角板配合画线
(a) 30°、60° (b) 45° (c) 15°、75°

(4) 比例尺

人们将常用的比例用刻度表现出来,用来缩放图纸或者量取实际长度,这样的量度工具称为比例尺。常用的比例尺有两种:一种是三棱尺如图1-39(a),外形呈三棱柱,三个面上有六种不同比例的刻度;另一种是比例直尺如图1-39(b),外形像普通的直尺,上面刻有三种不同的比例。比例尺上的数字以米(m)为单位,画图时可按所需比例,比例尺上标注的刻度直接量取而不需要换算。例如按1:1000比例,画长度为200m的图线,可在1:100的刻度一边,量取20即可。同理在比例

1:200的刻度上，也可读出1:2、1:20、1:2000等比例的尺寸。只需要将得到的数字按照比例缩放即可，例如图上距离为2cm，以上比例对应的实际距离分别为0.02m、0.2m、20m，其他比例的使用方法与此相同。

比例尺只用来量取尺寸，不可用来画线，尺的棱边应保持平直，以免影响使用。

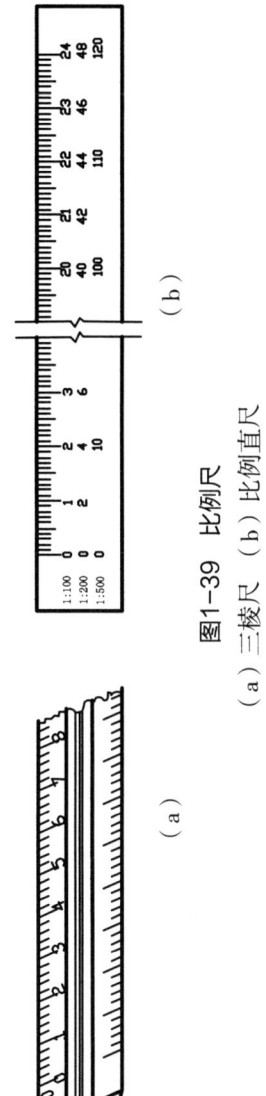

图1-39 比例尺
(a) 三棱尺 (b) 比例直尺

(5) 圆规

圆规为画圆圆及画圆圆弧线的工具，其形状不一，通常有大、小两类。圆规中一侧是固定针脚，另一侧是可以装铅笔及直线笔的活动脚。另外，有画较小半径圆的弹簧圆规及小圈圆规（或称点圆规）。弹簧圆规的规脚间有控制规脚宽度的调节螺丝，以便于量取半径，使其所能画圆的大小受到限制；小圈圆规是专门用来作半径很小的圆及圆弧的工具。

正确使用圆规是保证绘图质量的条件之一，因此，使用圆规时应注意以下几点：

① 在画圆时，应使针尖固定在圆心上，尽量不使圆心扩大，以保证作图的准确度；

② 在画圆时，应依顺时针方向旋转，圆规略向前倾；

③ 画大圆时，针尖与铅笔尖要垂直于纸面；

④ 画过大的圆时，需另加圆规套杆进行作图，以保证作图的准确性；

⑤ 画同心圆时，应遵循先画小圆再画大圆的次序；

⑥ 如遇直线与圆弧相连时，应遵循先画圆圆弧后画直线的次序；

⑦ 圆及圆弧线应一次画完，切勿任复旋转。

圆及圆弧线的使用如图1-40所示。

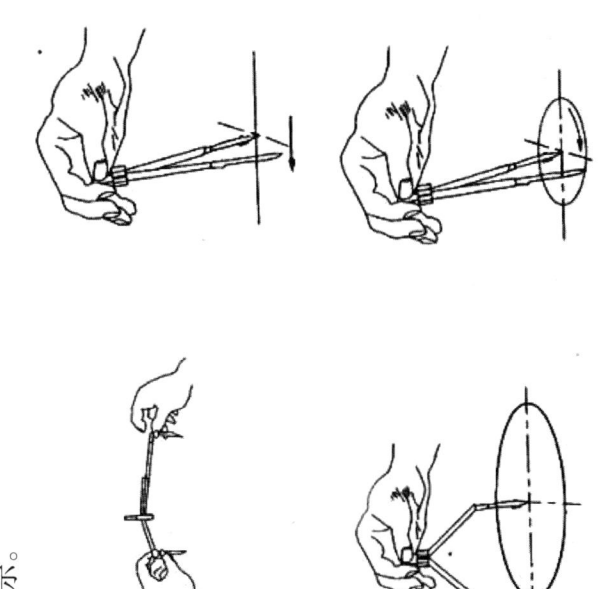

图1-40 圆规的使用

（6）分规

分规是用于量取线段和等分线段的工具，其形状与圆规相似，但两腿都为钢针。常用的有大分规和弹簧分规两种，使用时两个针必须齐平。

绘图时可用分规针尖从尺子上把尺寸量取到图上，或将一处图形中的尺寸量取到另一处图形中去。等分线段时，先通过目测等分的每一小段大体尺寸，然后注意不能把针扎入尺面，用分规针尖在图上扎一小孔，这样移开分规或橡皮擦图后仍能看清着尺寸位置，如图1-41所示，将试分不完的余量再分到各小段中，直至等分完全为止。

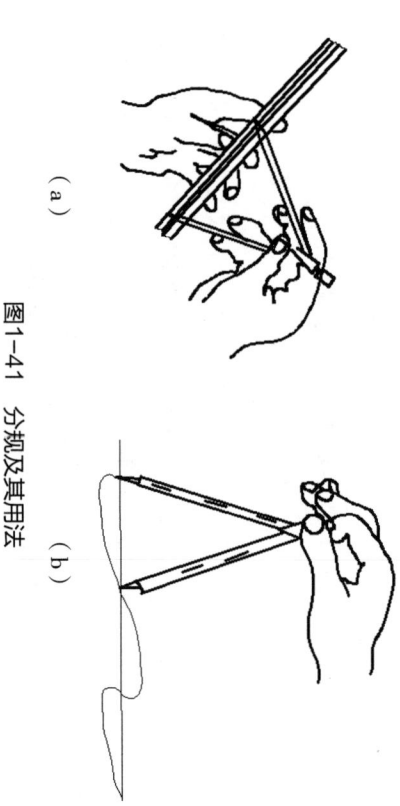

图1-41 分规及其用法

（7）曲线板

曲线板用于绘制不规则的非圆曲线。

首先求得曲线上的若干点，再把已求出的各点徒手轻轻勾描出曲线。然后选用曲线板适当位置（如图1-42所示），让其与所描绘曲线上至少4个点相吻合，再沿着曲线板的边缘自第一点起绘至第三、第四点的中间。继续移动曲线板，使它与曲线上自第三点起至第六点吻合，再按前段绘到第五、第六点中间，如此延续直到绘完整段曲线。

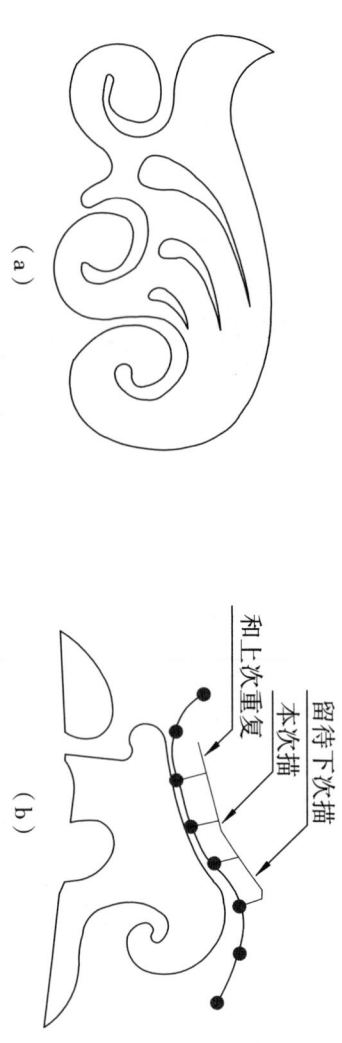

图1-42 曲线板的用法

（8）圆板和椭圆板

在园林设计图样上通常有很多圆形，如种植池、树木、广场的平面图例等，如果都借助圆规绘制工作量大而繁琐，可以借助圆板（如图1-43所示）提高效率。使用时，根据需要按照圆板上的标注找到适合直径的圆，利用标识符号对准圆心，沿镂空内沿绘制即可。椭圆板与圆板相似，上面有不同弧度和大小的椭圆形和圆形的孔，使用方法与圆板相同。

第一章 园林工程制图基本知识

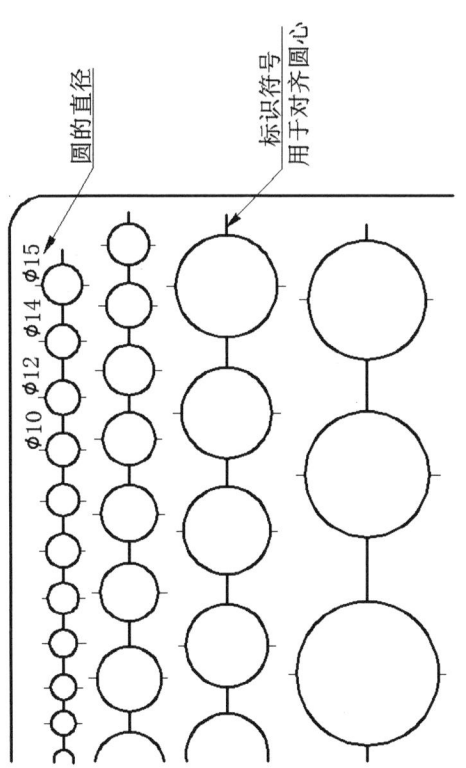

图1-43 圆板的用法

(9) 绘图笔

① 铅笔。铅笔的铅芯有软硬之分，在铅笔上用字母B和H标示。B、2B等数字越大，表示铅芯越软，颜色越浓越黑；H、2H等数字越大，表示铅芯越硬，颜色越浅淡；HB介于软硬之间。绘图时，常用H和2H的铅笔画底稿，用HB或B的铅笔加深，用H铅笔写字，因此削铅笔时应保留标号，以便识别铅笔的软硬度。

绘图用的铅笔，铅芯露出的长度为8mm左右；写字或画底稿时，铅芯一般削成圆锥形，加深图线时，铅芯应磨成扁平形，如图1-44（a）所示。

画图时，应使铅笔笔身前后方向垂直纸面，向铅笔运动方向倾斜60°，用力得当，匀速前进，如图1-44（b）所示。圆锥状铅芯画长线时，要一边画一边转铅笔，使线条粗细保持一致。

图1-44 铅笔削法及其用法

② 鸭嘴笔。鸭嘴笔是画墨线的工具，笔头如鸭嘴，有两扇金属叶片组成，又称直线笔或墨线笔。使用前，应先拧紧调节螺钉使两钢片的尖端的距离约等于所要求的墨线宽度，然后在两钢片之间添加墨汁。加墨高度，一般以4~6mm为宜。鸭嘴笔加墨后应在相同质量的描图纸试画调整画线时，鸭嘴笔应位于紧贴尺边的垂直平面内，使两个钢片的端部同时接触纸面，笔杆略向前进方向倾斜。画线速度要均匀。鸭嘴笔用完后，要及时擦净，以免墨汁干积，影响顺利画线。

③ 针管笔。针管笔又称绘图墨水笔，是专门用于绘制墨线线条图的工具，针管笔针管径的大小决定所绘线条的宽窄。有相同宽度的线条。针管笔的针管径的针管径有从0.1~1.2mm的各种不同规格，在制图时至少应备有细、中、粗三种不同粗细的针管笔，其针管笔有不同粗细，粗三种不同粗细的针管笔。

使用针管笔时绘图时应注意以下几点。

a. 绘制线条时，针管笔身应尽量保持与纸面垂直，以保证画出粗细均匀一致的线条；

b. 针管笔作图顺序应依照先上后下、先左后右、先曲后直、先细后粗的原则，运笔速度及用力应均匀、平稳；

c. 用较粗的针管笔作图时，落笔及收笔均不应有停顿；

d. 针管笔除用来作直线段外，还可以借助圆规的附件和圆规连接起来作圆周弧线或圆弧线时根据需要加以选择。

e. 平时应正确使用和保养针管笔，以保证针管笔有良好的工作状态及较长的使用寿命；针管笔在不使用时应随时套上笔帽，以免针尖墨水干结，并应定时清洗针管笔，以保持用笔流畅。

2. 制图用品简介

（1）图纸

制图图纸种类比较多，比如：草图纸、硫酸纸、制图纸，各种图纸有着各自的特点和优势，使用时根据需要加以选择。

① 草图纸。价格低廉，纸薄，透明，一般用来临摹，打草稿，记录设计构想。

② 硫酸纸。透明且光滑，纸薄日脆，不易保存，但由于用硫酸纸绘制的图纸可以通过晒图机晒成蓝图，进行保存，所以硫酸纸广泛应用于设计的各个阶段，尤其是需要备份图纸的数较多的施工图阶段。

③ 制图纸。纸质厚重，不透明，一整张为标准A0大小（1189mm×840mm），制图时根据需要进行裁剪。

此外，还有牛皮纸和绘图膜等制图用纸。

（2）其他用品

① 橡皮。清洁刷、擦线板。橡皮最好选用专用的制图橡皮，清洁柔软即可。为防止擦掉有用线条，清洁刷可以根据需要进行选择，擦线板可采用碳素墨水或者专用的制图墨水。

② 墨水。针管笔要采用碳素墨水或者专用的制图墨水。

除此之外还需准备裁纸刀、刀片、胶带纸等制图用品。

第二章 投影基本知识

在生活的空间中,人们所接触的一切形体都有长度、宽度和高度,用投影的方法可以把空间的三维形体转换为二维的平面图形,用投影图的形式表示空间形体,一是交流方便,而且可以准确全面地表达形状的形状和大小。

本章主要介绍投影的基本知识及三面投影的相关知识。

一、投影基本概念

1. 投影三要素

在日常生活中,物体在太阳光或灯光照射时,会在地面或墙壁上出现物体的影子,这是一种自然的投影现象。

自然投影是将日常生活中物体转换成了反映物体轮廓特征的影子,这种影子的内部一片黑,只能反映物体的外形轮廓,不能反映物体的表面结构和内部结构。

对自然界的投影现象加以抽象和概括,把光线抽象为投影线,把墙壁抽象为投影面,把物体概括为形体,同时假设投影射线可以穿透形体,能将形体表面上的所有点、线全部投影到投影面上,由此得到的"影子"称为投影,如图2-1所示。

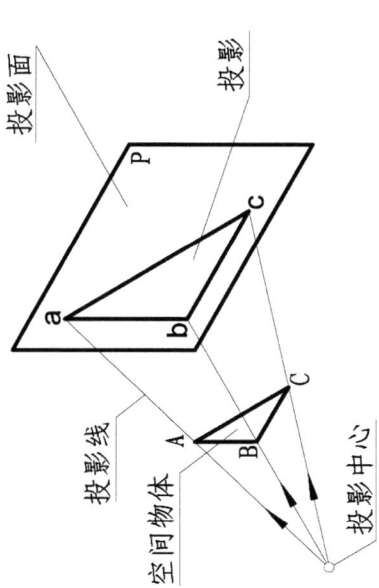

图2-1 投影的产生

这种把空间形体转换为平面图形的方法称为投影法。

要产生投影，必须具备：投影线、几何形体和投影面，这就是投影图的三要素。

2. 投影图

投射线透过形体将形体上的点、线投射到投影面上的图形称为投影图。

需要指出的是，自然投影的影子和经过概括的投影图是有区别的：自然投影的影子只反映物体的外部轮廓，不能反映物体的表面结构和经过概括的投影图是有区别的：自然投影的影子只反映物体的外部轮廓，不能反映物体的表面结构及内部结构；投影图不仅反映形体的外部轮廓，同时还能反映形体外部结构和内部结构，如图2-2所示。

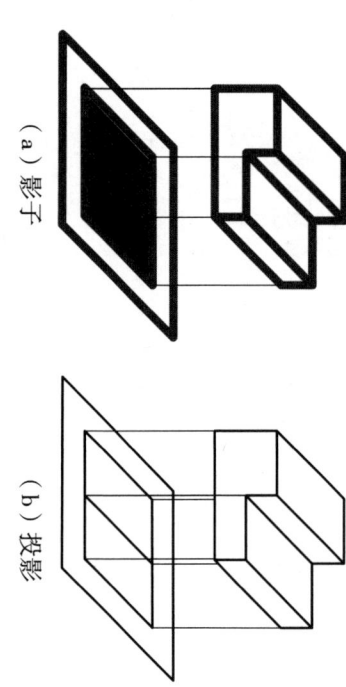

(a) 影子　　(b) 投影

图2-2 投影与影子的区别

3. 投影法的分类及应用

（1）投影法的分类

根据投影线与投影面的相对位置的不同，投影法分为两种。

① 中心投影法

投影线从一点出发，经过空间物体，在投影面上得到投影的方法称为中心投影法，这种方法的投影中心位于有限远处，如图2-3所示。

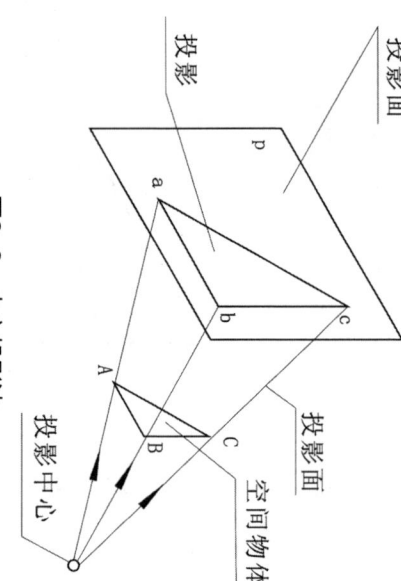

图2-3 中心投影法

优点：中心投影法绘制的直观图立体感较强，适用于绘制效果图。

缺点：中心投影不能真实地反映物体的大小和形状，不适合用于绘制园林工程图样。

② 平行投影法

投影线相互平行经过空间物体，在投影面上得到投影的方法称为平行投影法，这种投影方法的投影中心位于无限远处。平行投影法根据投影线与投影面的角度不同，又分为正投影和斜投影，如图2-4所示，如图2-4（a）所示为斜投影，如图2-4（b）所示为正投影。

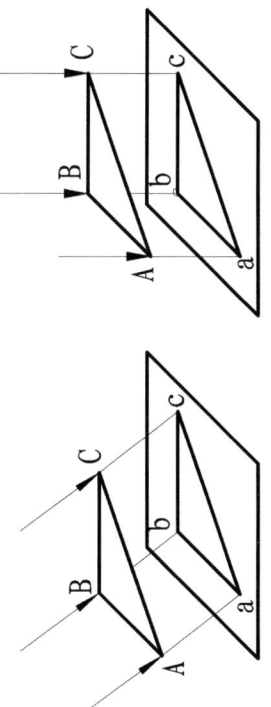

（a）斜投影法　　　（b）正投影法

图2-4　平行投影法

优点：正投影法能够表达物体的真实形状和大小，作图方法也较简单，所以广泛用于绘制工程图样。

另外，在中心投影和平行投影的分类基础上还分出若干不同的投影形式，具体内容参见表2-1。

表2-1　投影的分类

投影			
平行投影	正投影	三面正投影	投射线相互相平行，并垂直于投影面
		正轴测	
		标高投影	
	斜投影	斜轴测	投射线相互相平行，倾斜于投影面
中心投影	透视图	一点透视	投射线聚积于一点
		两点透视	
		三点透视	
		鸟瞰图	

在以后的章节中，我们所讲述的投影都是指正投影。

（2）投影的应用

① 透视图。用中心投影法将空间形体投射到单一投影面上得到的图形称为透视图，如图2-5所示。

透视图与人的视觉习惯相符，能体现近大远小的效果，所以形象逼真，具有丰富的立体感，但作图比较麻烦，且度量性差，常用于绘制建筑效果图。

② 轴测图。将空间形体正放用斜投影法画出的图或将空间形体斜放用正投影法画出的图称为轴测图，如图2-6所示。

形体上互相平行且长度相等的线段，在轴测图上仍互相平行，长度相等。轴测图虽不符合近大远小的视觉习惯，但仍具有很强的直观性，所以在工程上得到广泛应用。

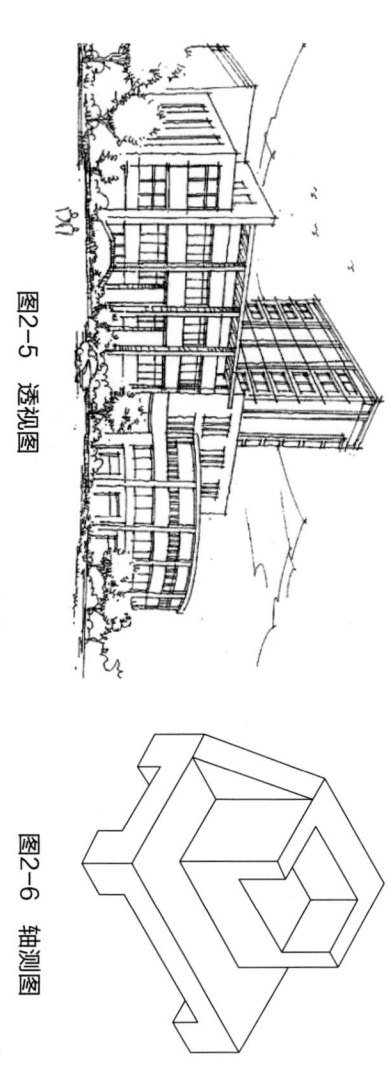

图2-5 透视图

图2-6 轴测图

(3) 标高投影图。用正投影法将局部地面的等高线投射在水平的投影面上，并标注出各等高线的高程，从而表达该局部的地形。这种用标高来表示地面形状的正投影图，称为标高投影图，如图2-7所示。

(4) 正投影图。根据正投影法所得到的图形称为正投影图。如图2-8所示为房屋（模型）的正投影图。正投影图直观性不强，但能正确反映物体的形状和大小，并且作图方便，度量性好，所以工程上应用最广。绘制工程施工图主要用正投影，今后不作特别说明，"投影"即指"正投影"。

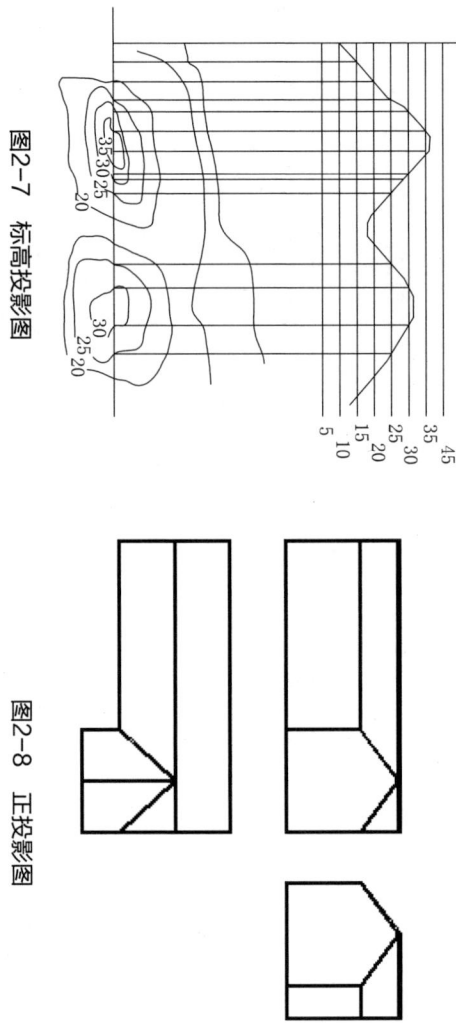

图2-7 标高投影图

图2-8 正投影图

4. 正投影特性

(1) 真实性

平行于投影面的直线段或平面图形，在该投影面上的投影反映了该直线段或平面图形的实长或实形，这种投影特性称为真实性，如图2-9所示。

(2) 积聚性

垂直于投影面的直线段或平面图形，在该投影面上的投影积聚成为一点或一条直线，这种投影特性称为积聚性，如图2-10所示。

(3) 类似收缩性

倾斜于投影面的直线段或平面图形，在该投影面上的投影长度变短或是一个比真实图形小，但形状相似,边数相等的图形,这种投影特性称为类似收缩性,如图2-11所示。

(4) 平行性

当空间两直线互相平行时,它们在同一投影面上的投影互相平行,如图2-12所示:AB//CD,它们的投影ab//cd,这种投影特性称为平行性。

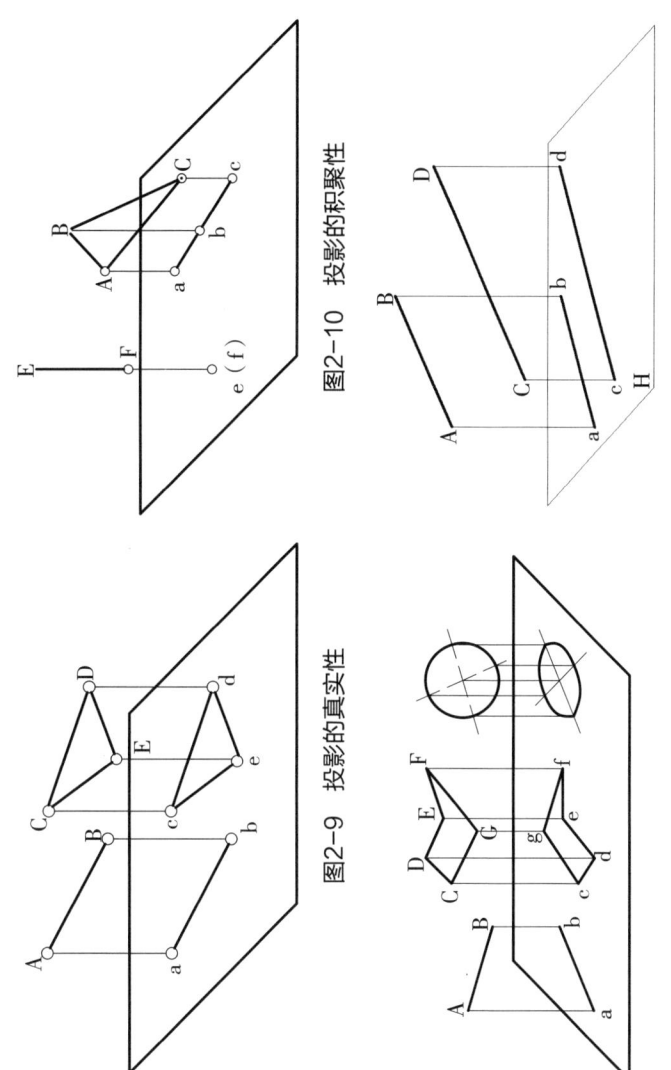

图2-9 投影的真实性

图2-10 投影的积聚性

图2-11 投影的类似收缩性

图2-12 投影的平行性和定比性

(5) 从属性

从属直线上的点,其投影仍从属于该直线的投影,如图2-13(a)所示,点C从属直线AB,所以其投影c从属直线的投影ab,且AC∶CB=ac∶cb。

从属于平面上的直线,根据几何公理,必符合下列条件之一:

① 通过从属于该平面的已知两点;
② 通过从属与该平面的已知一点,且平行于该平面上的另一已知直线,如图2-13(b)所示。

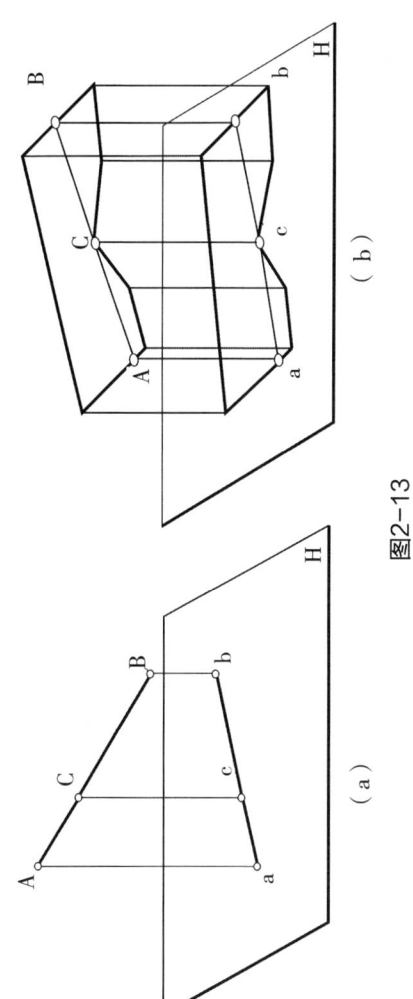

图2-13

（6）定比性

空间两平行线段的长度之比等于两线段投影的长度之比，即AB：CD=ab：cd，如图2-12所示。

（7）单面投影的不可逆性

虽然一个空间几何元素或几何形体在一个投影面上有唯一确定的投影，但是反过来，仅根据一面投影却不能完全确定该投影对象的大小和形状。

如图2-14单一正投影面的形体的形状和大小，如图2-14（a）H面上的投影a可以对应于投射线上的任意点A_1, A_2, A_3, ……A_n；图2-14（b）则表示单面投影不能完全确定空间几何体的形状。

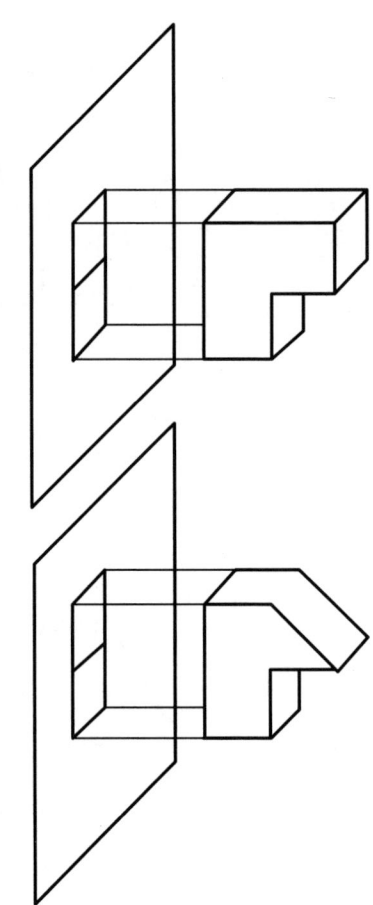

图2-14 单面投影的不可逆性

二、三面正投影图

1. 投影面体系

如图2-15所示，单个投影面无法全面、正确显示物体的空间形状。要正确反映物体的完整形状，通常需要多个投影面的正投影表达，为此国家标准设立了三面投影体系，如图2-16。

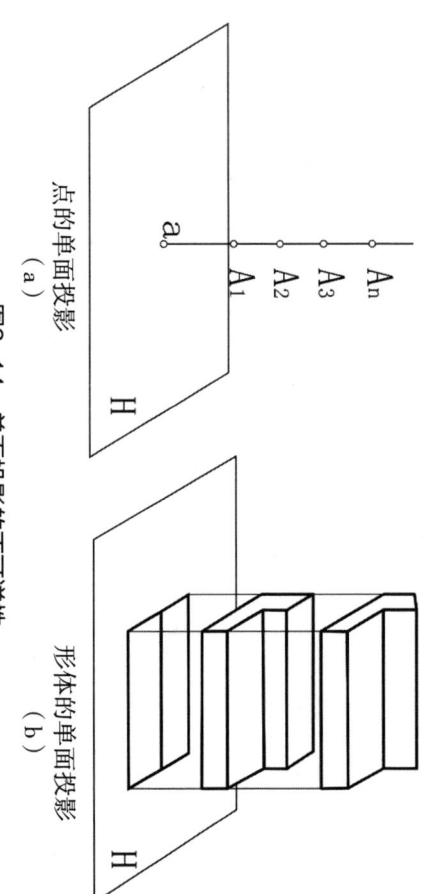

图2-15 单一投影

设立的三面投影体系能唯一确定形体的形状。

三面投影体系是由三个互相垂直的投影面构成的，三面投影体系中，各投影面的名称如下：

正立投影面简称正立面，用大写字母"V"标记；

第二章 投影基本知识

水平投影面简称水平面，用大写字母"H"标记；

侧立投影面简称侧立面，用大写字母"W"标记。

三个投影面垂直相交，得到三条投影轴OX、OY和OZ。OX轴表示物体的长度；OY轴表示物体的宽度；OZ轴表示物体的高度。三个轴相交于原点O。

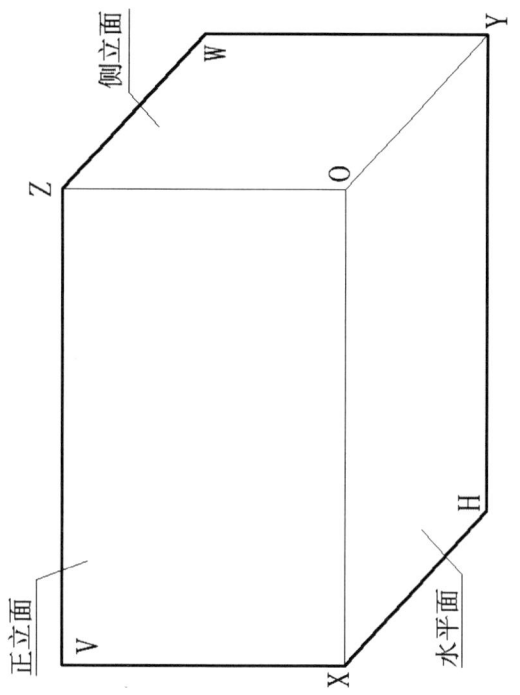

图2-16 三面投影体系

2. 三面正投影图的形成

（1）三面正投影图

如图2-17（a）所示，将被投影的物体置于三投影面体系中，并尽可能使物体的几个主要表面平行或垂直于其中的一个或几个投影面。（如：使物体的底面平行于"H"面，物体的前、后端面平行于"V"面，物体的左、右端面平行于"W"面）。保持物体的位置不变，将物体分别向三个投影面作投影，得到物体的三面投影。

工程中图样是在平面图纸上绘制的，因此，我们需要将三面投影放在一个平面内。为此，我们需要将三面投影体系展开，如图2-17（b）所示，V面保持不动，H面向下绕OX轴旋转90°，W面向右旋转90°，OY轴一分为二，H面的标记为Y_H，W面的标记为Y_W。将三投影面展成一个平面，其上的三面投影图称为三视图。

三视图各投影图如下：

物体在正立面上的投影，即从前向后看物体所得的视图称为正视图，也称为主视图。

物体在水平面上的投影，即从上向下看物体所得的视图称为俯视图。

物体在侧立面上的投影，即从左向右看物体所得的视图称为侧视图，也称为左视图。

（2）三面正投影图的位置对应关系

形体的空间位置分为上下、左右、前后，尺寸为长、宽、高，如图2-17（c）所示。形体在三投影体系中的位置确定后，形体的空间关系也反映在形体的三面投影中，形体的各视图反映的方位关系如下：

① 主视图：反映物体的长、高尺寸和上下、左右位置；

② 俯视图：反映物体的长、宽尺寸和左右、前后位置；
③ 左视图：反映物体的高、宽尺寸和上下、前后位置。

（3）三面视图的投影关系

三视图的投影规律，是指三个视图之间的关系。从三视图的形成过程中可以看出，三视图是在物体安放位置不变的情况下，所以三视图的投影之间存在的方向投影所得，它们共同表达一个物体，并且每两个视图中就有一个共同尺寸，从三个不同的方向投影所得，它们共同表达一个物体，并且每两个视图之间存在如下的度量关系：

① 主视图和俯视图"长对正"，即长度相等；
② 主视图和左视图"高平齐"，即高度相等；
③ 俯视图和左视图"宽相等"，即在作图中俯视图的竖直方向与左视图的水平方向对应相等。

"长对正，高平齐，宽相等"，是三视图的投影规律。

如图2-17（d）所示。这是画图和读图的根本规律，无论是物体的整体还是局部，都必须符合这个规律。

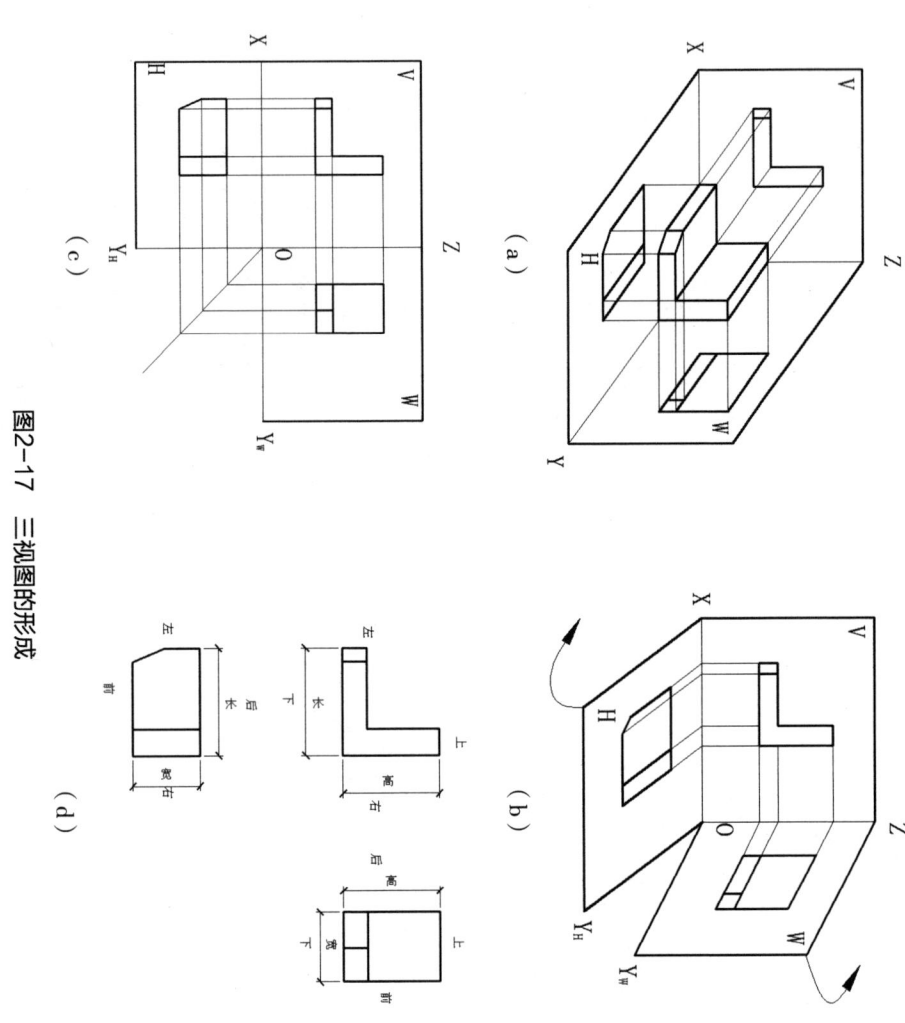

图2-17 三视图的形成

3. 三面正投影图画法

三面投影图绘图步骤。

以图2-18空间形体为例作图示形体的三视图。

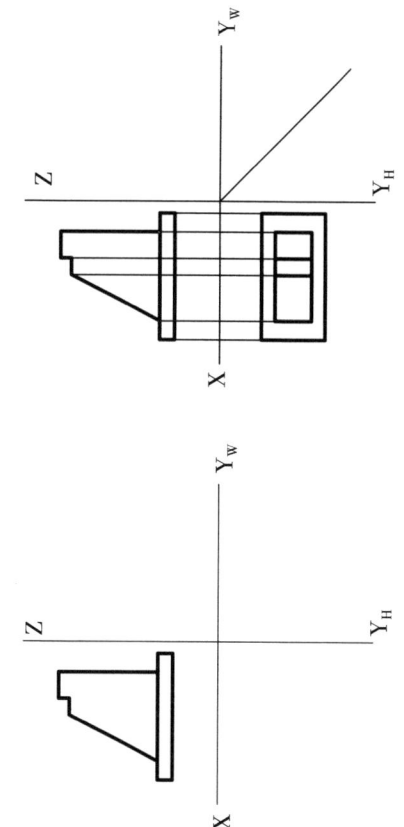
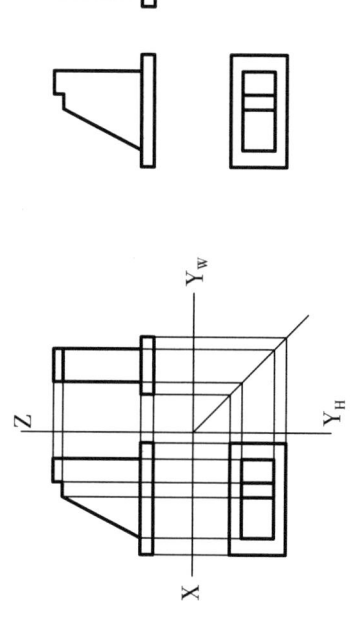

(a) 已知形体　(b) 绘制三面投影体系
(c) 量取长、高画主视图　(d) 按"长对正"绘制俯视图
(e) 按"高平齐"、"宽相等"绘制左视图　(f) 检查加深、完成作图

图2-18　三视图的绘制

第一步　画展开的三面投影体系；
第二步　根据轴测图选主投影方向，先画主视图；
第三步　根据"长对正"画俯视图，在俯视图右侧Y_HOY_W画角平分线；
第四步　根据"高平齐、宽相等"画左视图；
第五步　检查、加深图线，完成三视图。

三、点的投影

1. 点在三面投影体系中的投影

(1) 点的位置和坐标

空间点的位置,可用直角坐标来确定,一般的表达形式为A(x, y, z)。若将点A置于三面投影体系中,如图2-19所示,则x坐标表示空间点A到W面的距离;y坐标表示空间点A到V面的距离;z坐标表示空间点A到H面的距离。

由此可知,空间点A在三面投影体系中的空间位置是与三面投影体系中的坐标——对应的。

(2) 点的三面投影

为了统一起见,规定空间点用大写的拉丁字母表示,如A、B、C等,其在投影面上的投影,水平投影(H)面的投影用相应的小写拉丁字母表示,如a、b、c等;正面投影(V)面的投影用相应的小写字母加一撇表示,如a'、b'、c'等;侧面投影(W)面的投影用相应的小写字母加两撇表示,如a"、b"、c"等。

如图2-19(a)所示,空间一点A位于三投影体系中,过A点分别向三个投影面上作投影线,在三个面上分别得到相应的垂足a'、a、a"。

a'称为点A的正面投影,位置由坐标(x, z)决定,它反映了点A到W、V两个投影面的距离;

a称为点A的水平投影,位置由坐标(x, y)决定,它反映了点A到W、H两个投影面的距离;

a"称为点A的侧面投影,位置由坐标(y, z)决定,它反映了点A到V、H两个投影面的距离。

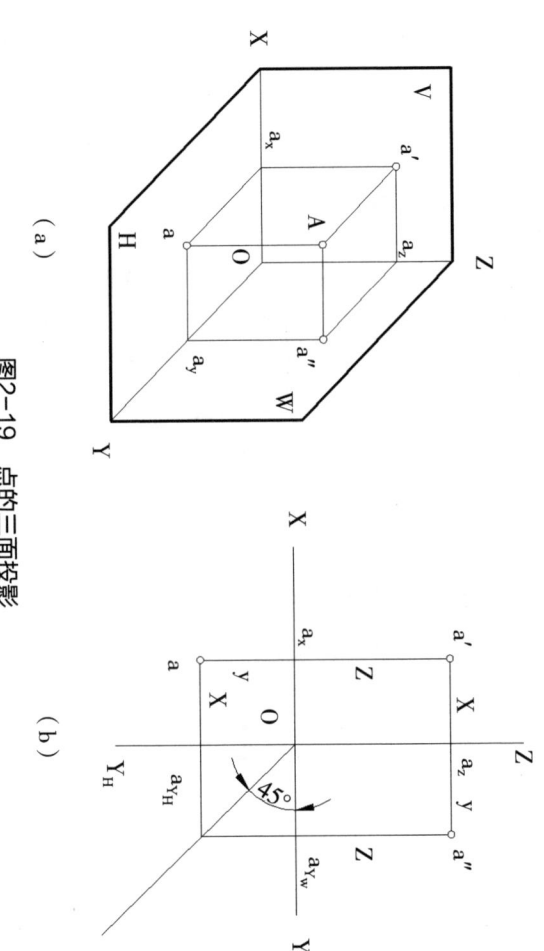

图2-19 点的三面投影

2. 点的投影特性

(1) 点的投影特性

如图2-20所示,例如A点的投影具有下述投影特性:

① 点的投影连线垂直于投影轴。

第二章 投影基本知识

$a'a \perp OX$，即A点的V面和H面投影连线垂直于X轴；

$a'a'' \perp OZ$，即A点的V面和W面投影连线垂直于Z轴；

$aa_{yH} \perp OY_H$，$a''a_{yW} \perp OY_W$，$oa_{yH} = oa_{yW}$。

② 点的投影到投影轴的距离，反映该点的坐标，也就是该点与相应的投影面的距离。

$aa_x = a'a_z = Aa$，反映A点到V面的距离；

$a'a_x = a''a_{yW} = Aa'$，反映A点到H面的距离；

$a'a_z = aa_{yH} = Aa''$，反映A点到W面的距离。

根据上述投影特性可知：由点的两面投影就可以确定点的空间位置，故只要已知点的任意两个投影，就可以运用投影规律求出该点的第三个投影。

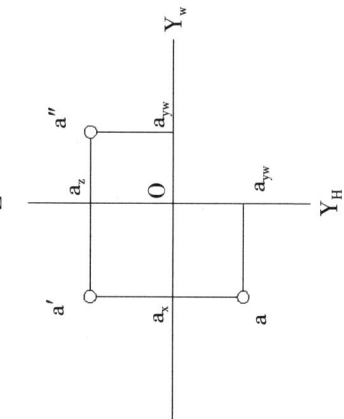

图2-20 点的投影特性

（2）点的投影练习

【例2-1】已知空间点B（图2-21）的坐标为x=12，y=10，z=15，也可以写成B（12，10，15）。单位为mm（下同）。求作B点的三面投影。

分析：

已知空间点的三点坐标，便可作出该点的两个投影，从而作出另一投影。

作图：

第一步 画投影轴，在OX轴上由O点向左量取12，定出b_x，过b_x作OX轴的垂线，如图2-21（a）。

第二步 在OZ轴上由O点向上量取15，定出b_z，过b_z作OZ轴垂线，两条线交点即为b'，如图2-21（b）。

第三步 在b'b_x的延长线上，从b_x向下量取10得b；在b'b_z的延长线上，从b_z向右量取10得b''。或者由b'和b用图2-21（c）所示的方法作出b''。

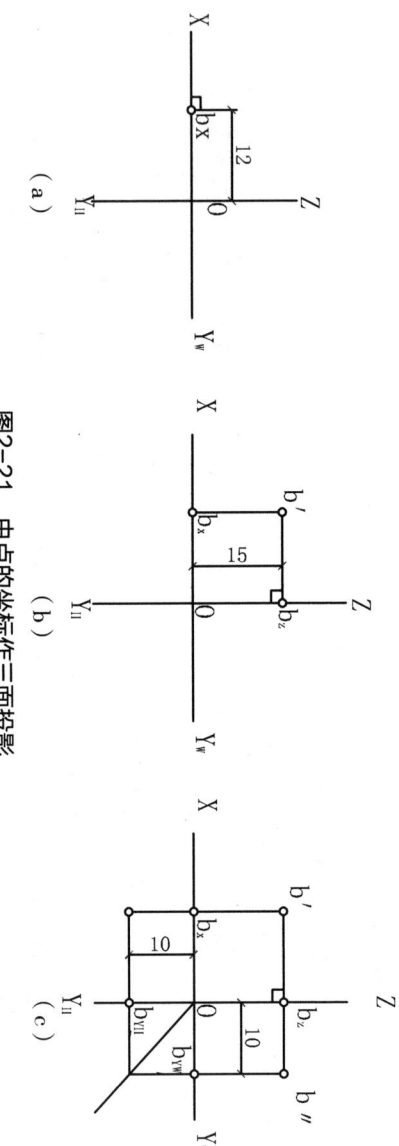

图2-21 由点的坐标作三面投影

点与投影面的相对位置有四类：空间点；投影面上的点；投影轴上的点；与原点O重合的点，它们的投影特性如表2-2所示。

表2-2

点的位置	坐标特点	点的投影	
			投影特性
空间点	(x, y, z) 都不为0		其投影均在相应的投影面上
投影面上的点	有一个为0（包含点的坐标系的坐标值不为0）		其一个投影在相应的投影轴上，并与空间点重合，另外两个投影在相应的投影轴上
投影轴上的点	有两个为0（包含点的坐标对应的坐标值不为0）		其两个投影与空间点重合，在相应的投影轴上，另一个投影落于原点上
原点上的点	三个坐标值都为0		三面投影与原点重合，也与空间点重合

【例2-2】 如图2-22所示，已知点A的两面投影a和a'，求a"。

分析：由于点的两个投影反映了该点的三个坐标，可以确定该点的空间位置。因而应用点的投影规律，可以根据点的任意两个投影求出第三个投影。

作图：
① 过a'向右作水平线，过O点画45°斜线。
② 过a'向上作水平线与45°斜线相交，并由交点向上引铅垂线，与过a'的水平线的交点即为所求点a"。

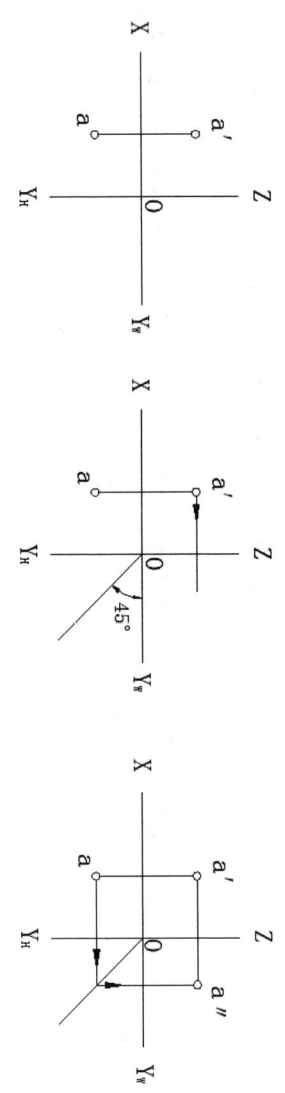

图2-22 已知点的两投影求第三投影

3. 重影点

分析两点的同面投影之间的坐标大小，可以判断空间两点的相对位置。x坐标值的大小可以判断两点的左右位置；z坐标值的大小可以判断两点的上下位置；y坐标值的大小可以判断两点的前后位置。如图2-23所示，A点a_z坐标大于B点b_z坐标，所以A点在B点上方；A点a_x坐标大于B点b_x坐标，所以A点在B点左方；A点a_y坐标小于B点b_y坐标，所以A点在B点后方。

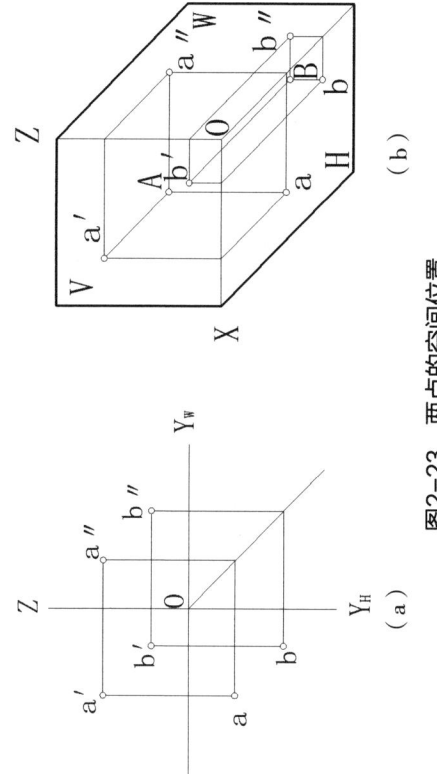

图2-23 两点的空间位置

当空间两点位于同一投影线上，它们在该投影面上的投影重合为一点，这两点称为该投影面的重影点。如图2-24所示的A、B两点处在H面的同一投影线上，它们的水平投影a和b重影为一点，空间点A、B称为水平投影面的重影点。

重影点可见性的判别，一般根据(x, y, z)三个坐标值中不相同的那个坐标值来判断，其中坐标值大的点投影可见。

对于重影点的投影，规定不可见点的投影加圆括号表示，如图2-24所示，A点的a_z坐标值大于B点的b_z坐标值，可知A点在B点上方，B点为不可见点，其水平投影b应加括号。

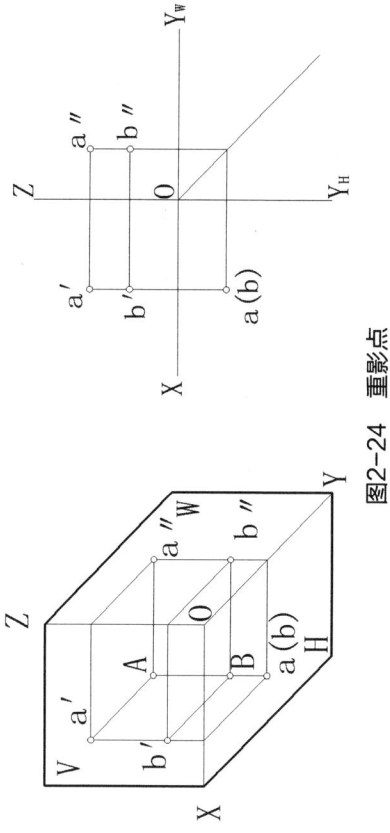

图2-24 重影点

四、直线投影

1. 直线在三面投影体系中的投影

两点确定一条直线，因此，研究直线的投影就是确定直线上两点的投影。绘制直线段的投影，可先绘制直线段两端点的投影，然后用粗实线将各同面投影连接为直线即可，如图2-25所示。在三面投影体系中，直线按所处空间位置的不同分为三类：投影面平行线，投影面垂直线，一般位置直线。

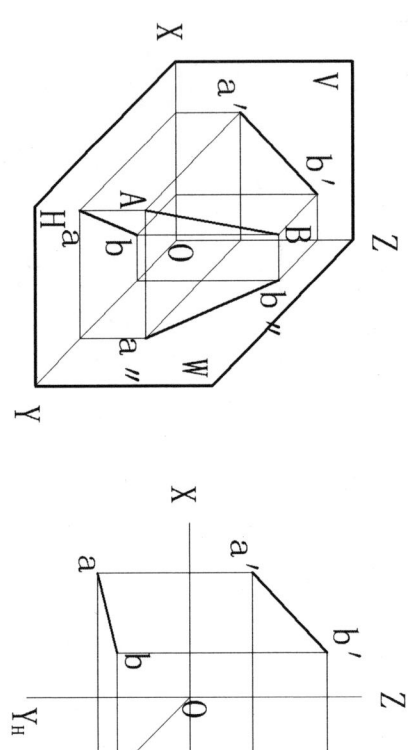

图2-25 直线的投影

（1）投影面平行线

平行于一个投影面，倾斜于另外两个投影面的直线称为投影面平行线。与H面平行的直线称为水平线，与V面平行的直线称为正平线，与W面平行的直线称为侧平线。它们的投影及投影特性见表2-3。规定直线与H、V、W面的夹角分别用α、β、γ表示。

表2-3 投影面平行线

名称	轴测图	投影图	投影特性
正平线			1. a'b'反映真长和α、γ角。 2. ab//OX，a"b"//OZ，且长度缩短。
水平线			1. cd反映真长和β、γ角。 2. c'd'//OX，c"d"//OYw，且长度缩短。

第二章 投影基本知识

续表

名称	轴测图	投影图	投影特性
侧平线	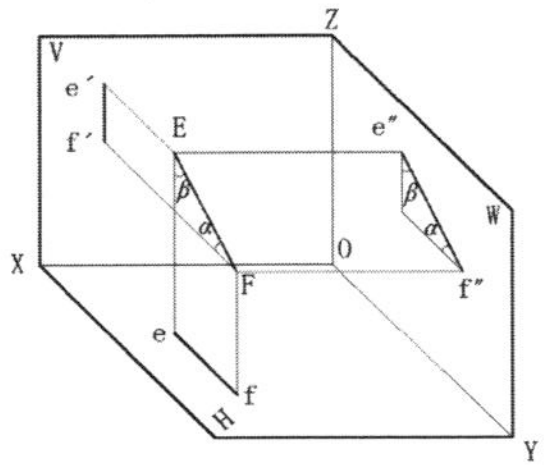	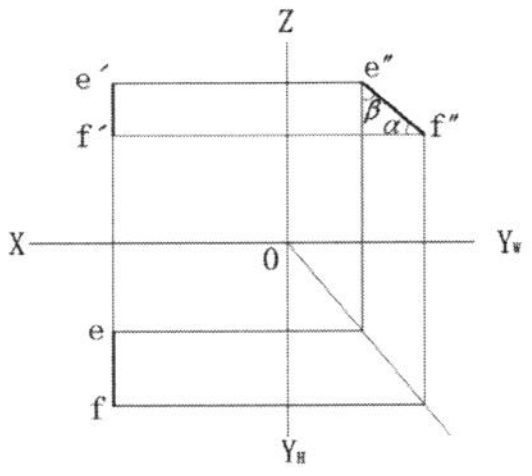	1. e″f″反映真长和与水平面夹角 α，与正平面夹角 β。 2. ef // OY_H，e'f' // OZ，且长度缩短。

综合表2-3各种投影面平行线的投影规律，则有投影面平行线的投影特性为：

① 直线在所平行的投影面上的投影反映实长，且倾斜于投影轴，该投影与其他两投影面的倾角反映了直线与相应投影面之间的夹角。

② 其余两投影小于实长，且平行于相应两投影轴。

对于三投影中有两个投影平行于相应投影轴，有一个投影为倾斜直线的空间直线，该直线必为投影面平行线，也必知该直线与非平行投影面之间的夹角。

(2) 投影面垂直线

与投影面垂直的直线称为投影面垂直线，它与一个投影面垂直，与另外两个投影面平行。与H面垂直的直线称为铅垂线，与V面垂直的直线称为正垂线，与W面垂直的直线称为侧垂线。它们的投影及特性见表2-4。

表2-4 投影面垂直线

名称	轴测图	投影图	投影特性
正垂线	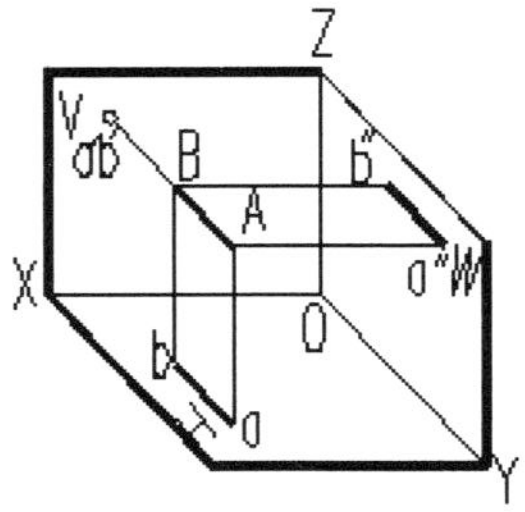	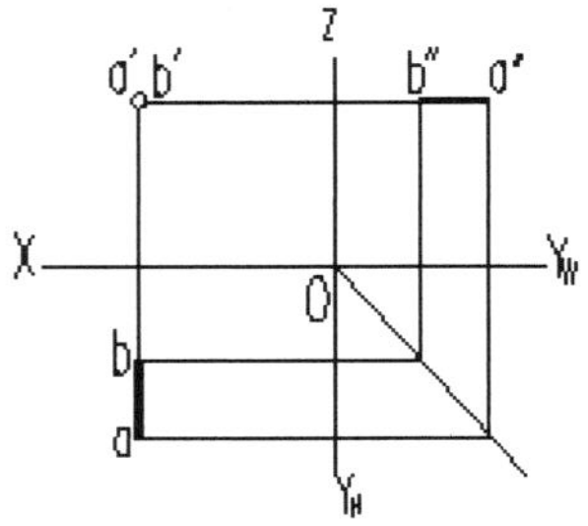	1. a'b'积聚成一点。 2. ab// OY_H，a″b″// OY_W，且反映真长。
铅垂线	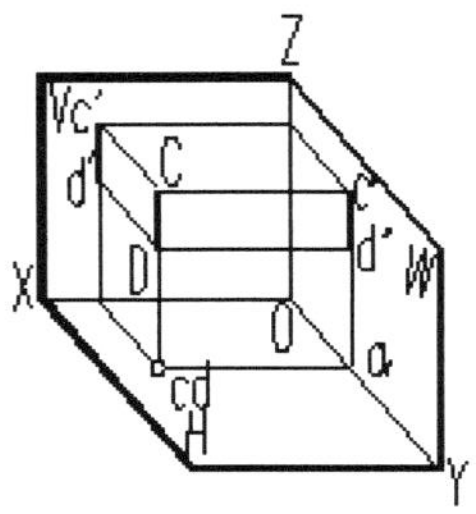	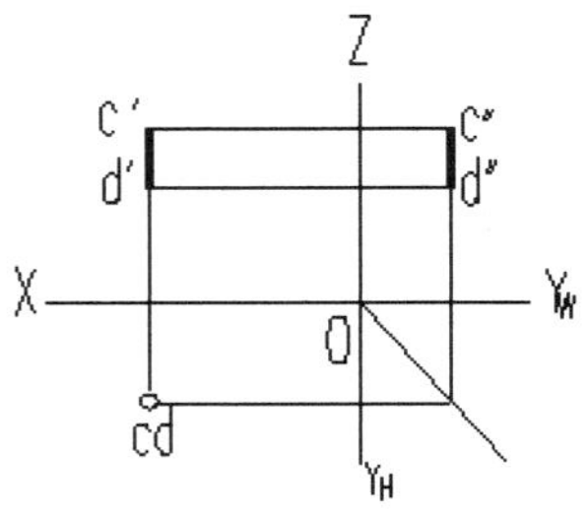	1. cd积聚成一点。 2. c'd'// OZ，c″d″// OZ，且反映真长。

续表

名称	轴测图	投影图	投影特性
侧垂线			1. e"f"积聚成一点。 2. ef//OX, e'f'//OX, 且反映真长。

综合表2-4各种投影面的垂直线的投影规律，则有投影面垂直线的投影特性为：

① 直线在其所垂直的投影面上的投影积聚为一点；
② 直线的其他两投影反映实长，且垂直于相应的两投影轴。

对于三个投影中有两个平行于投影轴，有一个投影为点，则该空间直线必为投影面垂直线，垂直于投影面为点的投影面。

（3）一般位置直线

一般位置直线与三个投影面都倾斜，因此在三个投影面上的投影都不反映实长，投影与投影轴之间的夹角也不反映直线与投影面之间的夹角。如图2-26所示。

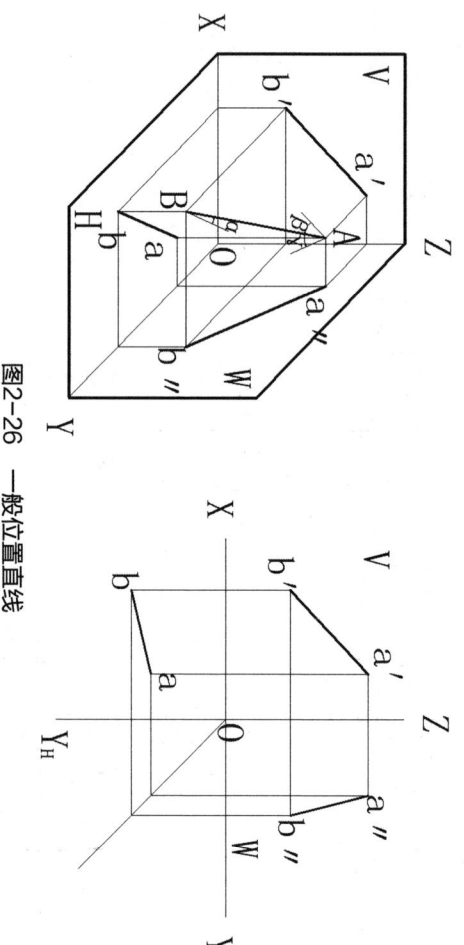

图2-26 一般位置直线

2. 直线上的点

（1）直线上的点的投影特性

① 从属性。直线上点的投影必在该直线的同面投影上，该特性称为点的从属性。如图2-27所示，C点在直线AB上，根据点在直线上投影的从属性和点的三面投影规律，可知C点的三面投影c、c'、c"分别在直线ab、a'b'、a"b"上，并且符合点的三面投影规律。
② 定比性。直线上的点，分割直线段投影之比，等于点的投影分割直线段投影的长度之比，这个特性称为定比性，如图2-28所示。

第二章 投影基本知识

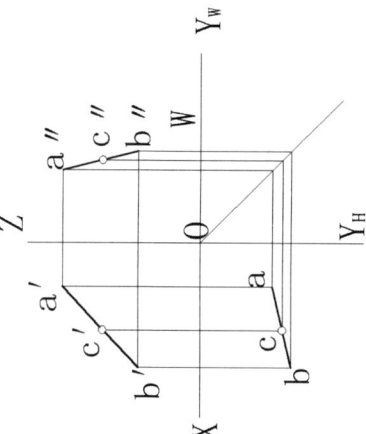

图2-27 点的从属性

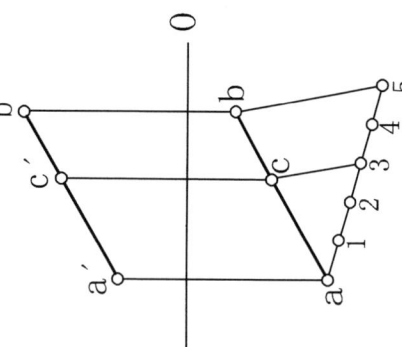

图2-28 定比性

(2) 应用

【例2-3】 如图2-29所示，已知直线AB求作AB上的C点，使BC：CA=2：3。

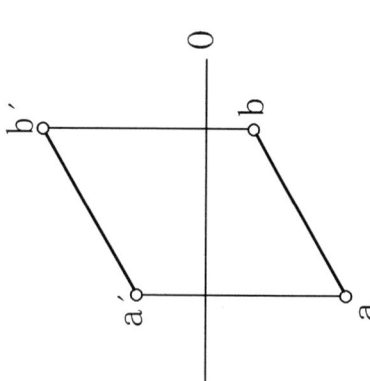

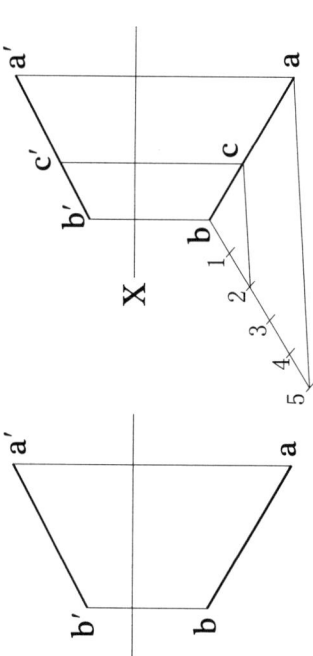

图2-29 作分割AB成2：3的C点

作图：

第一步　自b任引一直线，以任意直线长度为单位长度，从b顺次量5个单位，得点1、2、3、4、5。

第二步　连5与a，作2c//5a，与ab交于c。

园林工程制图

第三步 由c引投影连线，与a'b'交得c'。c'与c即为所求的C点的两面投影。

【例2-4】 如图2-30（a）所示，试判断K点是否在侧平线MN上？

分析：

可按直线上点的投影特性，用不同方法进行判断。

作图：

第一种方法 利用直线上点的从属性进行判断，如图2-30（b）所示。

第一步 加W面，即过O作投影轴OY$_H$、OY$_W$、OZ；

第二步 由m'n'、mn和k'、k作出m"n"和k"；

第三步 由于k"不在m"n"上，所以m'n'和k点不在MN上。

第二种方法 利用直线上的点定比进行判断，如图2-30（c）所示。

第一步 过m任作一直线，在其上取mk$_0$=m'k'，k$_0$n$_0$=k'n'；

第二步 分别将k和k$_0$，n和n$_0$连成直线；

第三步 由于k k$_0$≠m n$_0$，于是m"k'：k'n'≠mk：kn，从而就可立即判断出K点不在MN上。

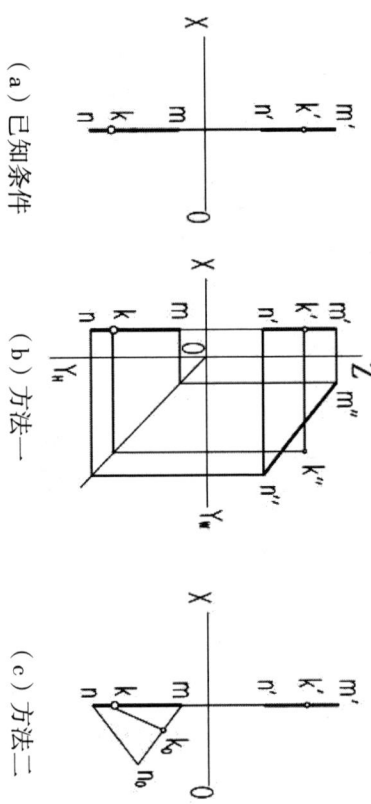

（a）已知条件　　（b）方法一　　（c）方法二

图2-30　判断K点是否在侧平线MN上

3. 两直线的相对位置

空间两直线的相对位置关系有如下三种：平行、相交和交叉。

（1）两直线平行

① 两直线平行的投影特性

空间中的两条直线如果平行，则它们的各组同面投影都相互平行，如图2-31所示。反之，若两直线的各组同面投影都相互平行，则此两直线在空间也一定互相平行。

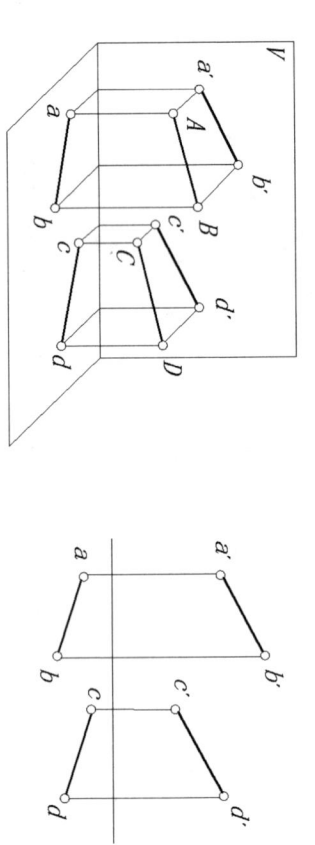

图2-31　两直线平行（一）

② 两直线平行的判定：

a. 对于一般位置的两直线，可直接从它们的投影关系判定：若一般位置直线的两组同面投影互相平行，则该两直线在空间必互相平行，如图2-31所示，因为ab//cd，a'b'//c'd'，所以AB//CD。

b. 若两直线同是投影面平行线时，则需判断两直线在该三面投影面上的同面投影是否平行，若三组同面投影都互相平行，则两直线在空间互相平行；反之，不平行。如图2-32所示：因为e″f″≠g″h″，所以EF与GH不平行，为异面直线。

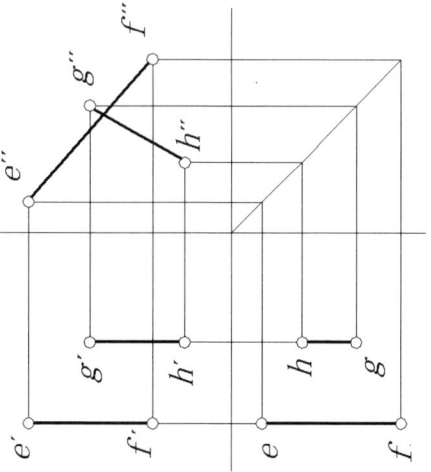

图2-32 两直线平行（二）

（2）两直线相交

① 两直线相交的投影特性。空间的两条直线如果相交，则它们的各同面投影都相交，并且交点符合点的投影规律；反之，如果两直线的各组同面投影都相交，且交点的投影符合空间点的投影规律，则该直线在空间必定相交，如图2-33所示。

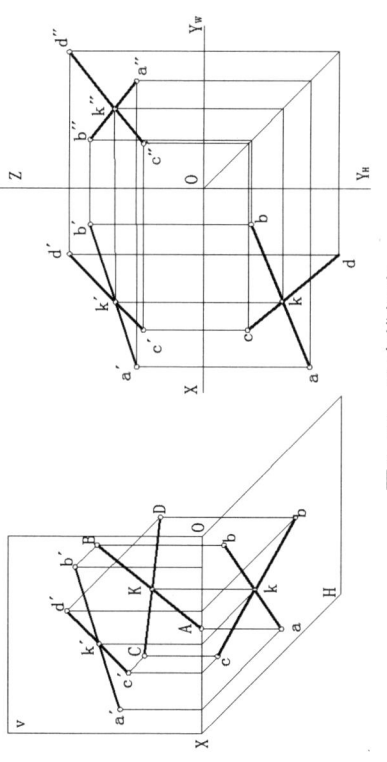

图2-33 两直线相交

② 两直线相交的判定。

a. 一般位置的两直线是否相交只需观察两组同面投影，若两组同面投影相交，且交点的投影符合合点的投影规律，则该两直线空间必定相交；反之，空间两直线不相交。

b. 若两直线有一条为投影面平行线时，在投影图上判断该两直线是否相交的方法有两种：

第一种 利用三视图的关系，求出投影面平行线所平行的投影面上的同面投影是否相交，若相交且交点符合点的投影规律，则该两直线于空间相交；反之，不相交。如图2-34（a）、（b）所示。

第二种 利用定比关系，判断两组同面投影交点之比是否相等，从而确定该点是否是两直线的交点——同属于两直线，若是，则两直线相交，反之，不相交。如图2-34（c）所示。

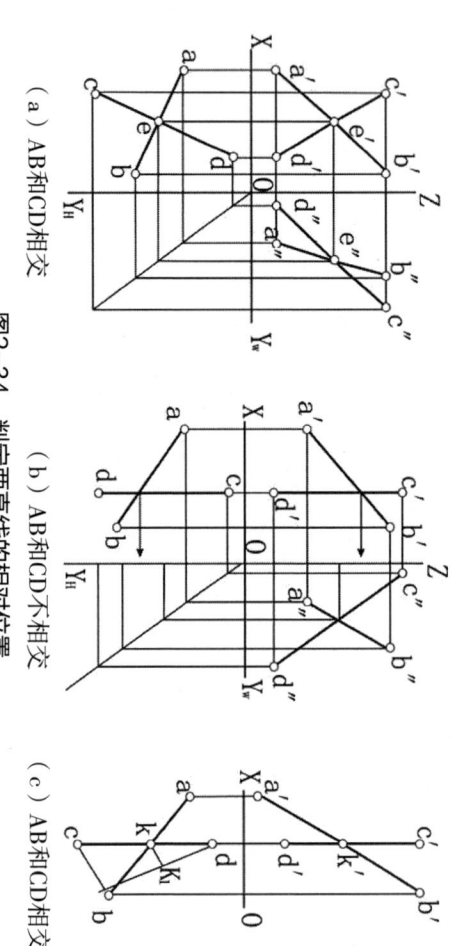

(a) AB和CD相交　　(b) AB和CD不相交　　(c) AB和CD相交

图2-34　判定两直线的相对位置

（3）两直线交叉

① 交叉直线。既不平行，又不相交的空间两条直线称为交叉直线，交叉直线必不在同一平面上，是异面直线。

② 交叉直线的投影特性。如果两直线交叉，则它们可能有两组同面投影互相平行，如图2-32所示；也有可能三组同面投影都相交，但交点是重影点，不是两直线的共有点的投影。其投影不符合点的投影规律，如图2-34（b）所示，AB、CD两直线在H面与V面的同面投影都相交，但其交点连线不符合投影规律，是重影点。

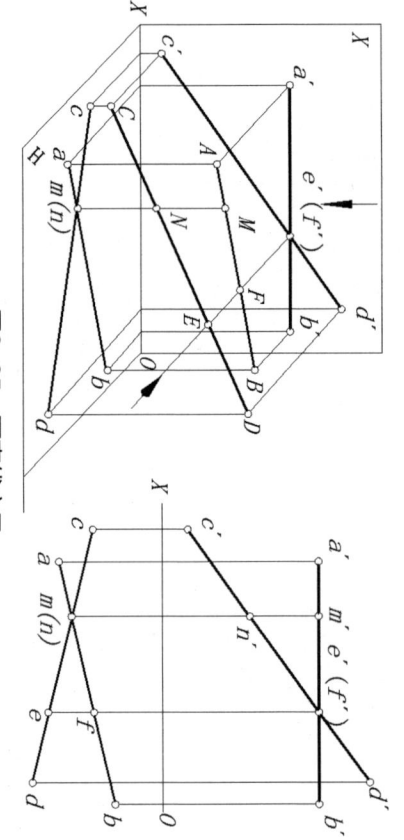

图2-35　两直线交叉

③ 两交叉直线投影重影点可见性判定。两交叉直线投影必定有重影，确定和表达两交叉线的重影点投影的可见性是确定两交叉直线投影的问题。其判断的步骤是：

第一步　从两交叉点的可见性是确定两交叉线的重影点投影连线，分别与这两交叉线同面投影的交点，向相邻投影引垂直于投影轴的投影连线，分别与这两交叉

第二章 投影基本知识

叉线的相邻投影各交得一个点，标注出交点的投影符号；

第二步 按左遮右、前遮后、上遮下的原则，判断在重影点的投影重合处点投影的可见性。

如图2-35所示，在H面上的m（n）交点，是AB上M点与CD上N点的重影点，相对于H面来说，因为m点在上面，所以m点可见；在V面上的e'（f'）交点，是AB上F点与CD上E点的重影点，相对于V面来说，因为e'点在前面，所以E点可见。

【例2-5】 已知两直线AB、CD的两面投影如图2-36所示，试判断两直线的相对位置关系。

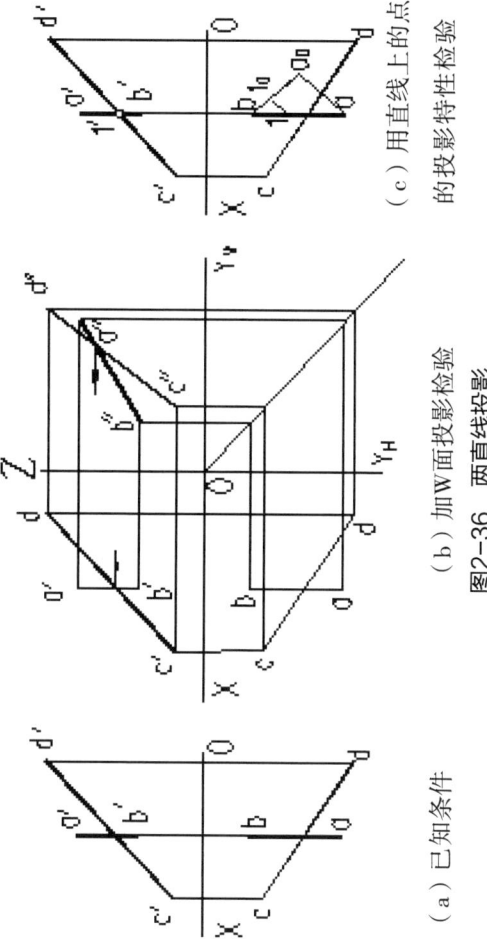

（a）已知条件　（b）加W面投影检验　（c）用直线上的点的投影特性检验

图2-36 两直线投影

分析：

如图2-36所示，由已知投影图，知AB为侧平线，两直线投影相交，所以两直线可能相交也可能交叉，判断方法可以做出W面投影加以判定，也可以假设两直线相交，通过判断交点是否符合定比关系，判断两直线的相互位置关系。

作图：

补全视图法：如图2-36（b）所示，作出AB、CD的W面投影a"b"、c"d"，交点投影连线不垂直于投影轴，所以直线不是相交关系，而是交叉。

定比判断法：如图2-36（c）所示，若AB、CD交于I点，根据直线上的点的定比性，交点的水平投影应为1点，但1点并不在cd上，所以两直线不是相交关系，而是交叉。

(4) 互相垂直的两条直线

① 直角投影定理。一般情况下，只有相交两直线都平行于同一个投影面时，它们在该投影面上的投影才反映两条直线的真实夹角，但是，对于互相垂直的两直线，如果其中有一条直线平行于某一投影面，则在这一投影面中两直线的投影互相垂直，该投影原理称为直角投影定理；反之，当相交两直线在同一投影面上的投影成直角，且其中一条直线平行于该投影面，则两空间直线的夹角必为直角。

② 应用。利用直角投影定理，可以求具有投影面平行线的两交叉直线间的距离。

【例2-6】 如图2-37（a）所示，已知交叉两直线AB、CD，作出它们的公垂线MN（M、N分别是公垂线与AB、CD的交点），并求出这两条交叉直线之间的距离。

分析：

如图2-37（b）所示，公垂线MN是与交叉两直线AB、CD都垂直的直线，垂足M与N之间的距离，即为这两条交叉直线之间的距离。

由于图2-37（a）中给出的直线AB是铅垂线，MN必为水平线。既然MN是水平线，MN与CD垂直，按一边平行于投影面的直角的投影特性，mn也应与cd垂直。由于AB是铅垂线，MN在AB上的垂足M的H面投影m，必积聚在ab上。

作图：

第一步 如图2-37（b）所示，点m积聚在ab上，从m引cd的垂线，得交点n，即为MN与CD的垂足N的H面投影；

第二步 由n作投影连线，与c'd'交得n'，就是MN的垂足N的V面投影。

第三步 由n'作OX轴的平行线，与a'b'交得m'，即为MN与AB的垂足M的V面投影。于是m'n'、mn即为所求的公垂线MN的两面投影。

第四步 由于MN是水平线，则其H面投影mn的长度，即为实长，也就是交叉两直线AB与CD之间的距离，用引出线在图中注明。

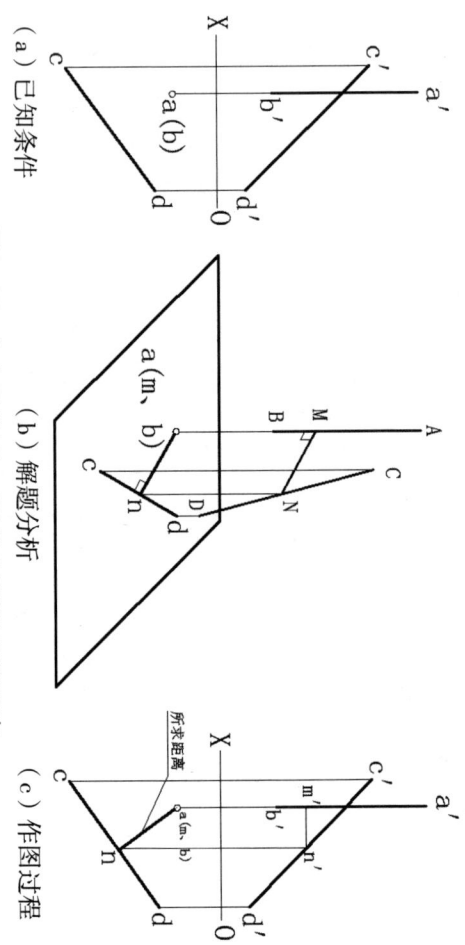

图2-37 作交叉线AB、CD的公垂线MN和距离
（a）已知条件　（b）解题分析　（c）作图过程

五、平面投影

1. 平面的表示法

平面的几何元素投影表示法包括：

① 不在同一直线上的三个点，如图2-38（a）所示。
② 直线和直线外一点，如图2-38（b）所示。
③ 两条相交直线，如图2-38（c）所示。
④ 两条平行直线，如图2-38（d）所示。
⑤ 任意平面图形，如图2-38（e）所示。

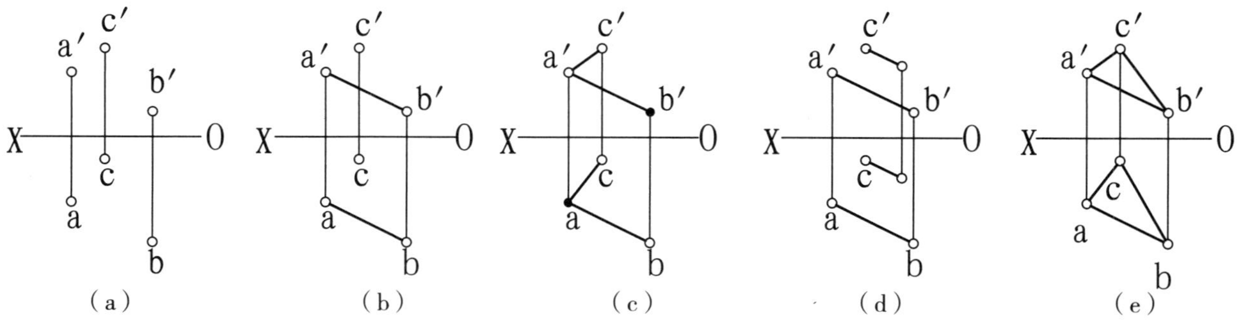

图2-38 平面的表示

2. 平面的投影及其投影特性

平面在三面投影体系中的投影共有三种类型：投影面垂直面、投影面平行面和一般位置平面。

投影面垂直面：垂直于一个投影面，但与其他两个投影面成倾斜关系的平面。
投影面平行面：平行于一个投影面，且同时垂直于其他两个投影面的平面。
一般位置平面：对三个投影面均倾斜的平面。

平面对投影面的倾角，即该平面与投影面所夹的两面角，规定平面与水平面的夹角用 α 表示，与正立面的夹角用 β 表示，与侧面的夹角用 γ 表示。

（1）投影面垂直面

① 投影面垂直面

根据垂直的投影面不同，投影面垂直面有：正垂面、铅垂面和侧垂面。

正垂面：垂直于正面的平面。
铅垂面：垂直于水平面的平面。
侧垂面：垂直于侧面的平面。

② 投影面垂直面的投影特性

投影面垂直面的投影规律见表2-5。

表2-5 投影面垂直面的投影特性

名称	轴测图	投影图	投影规律
正垂面	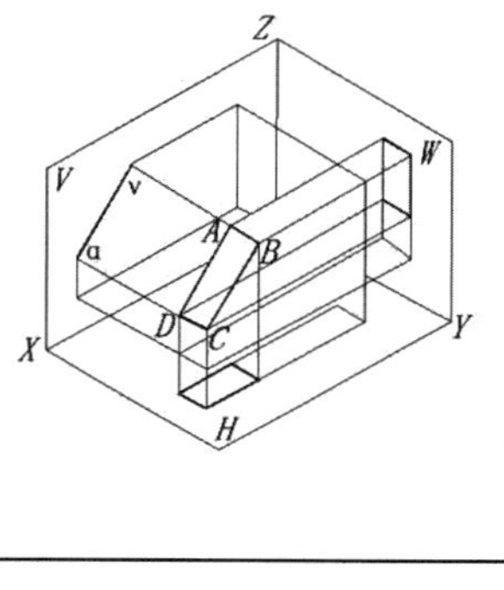	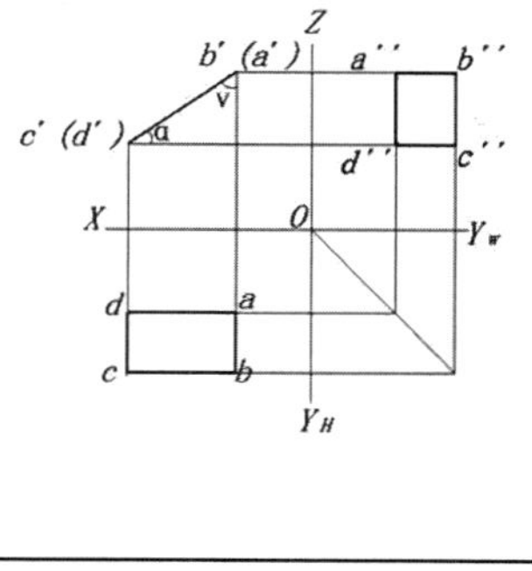	1. V面投影积聚成一直线，并反映与H、W面的倾角 α、γ。 2. 其它两个投影为面积缩小的类似形。

续表

名称	轴测图	投影图	投影规律
铅垂面			1. H面投影积聚成一直线，并反映与V、W面的倾角 β、γ。 2. 其他两个投影为面积缩小的类似形。
侧垂面			1. W面投影积聚成一直线，并反映与H、V面的倾角 α、β。 2. 其他两个投影为面积缩小的类似形。

依据表2-5中的投影面垂直面的各投影面投影，有投影面垂直面的投影特性是：

a. 平面在其所垂直的投影面上的投影积聚为一条直线，该直线与水平或竖直方向之间的夹角分别反映了该平面对其他两投影面间的实际倾角。

b. 平面在其所倾斜的投影面上的投影，均为具有类似收缩性的平面图形。

根据投影面垂直面的投影特性，当平面投影中的某一投影面上的投影积聚为一条直线时，则该平面必为对应投影面的垂直平面。

(2) 投影面平行面

① 投影面平行面

根据平行的投影面不同，投影面平行面有：正平面、水平面和侧平面。

正平面：平行于正面的平面。

水平面：平行于水平面的平面。

侧平面：平行于侧面的平面。

② 投影面平行面的投影特性。投影面平行面平行于面的一个投影面，而垂直于另外两个投影面。这类平面平行面的投影规律见表2-6。

表2-6 投影面平行面的投影特性

名称	轴测图	投影图	投影规律
正平面	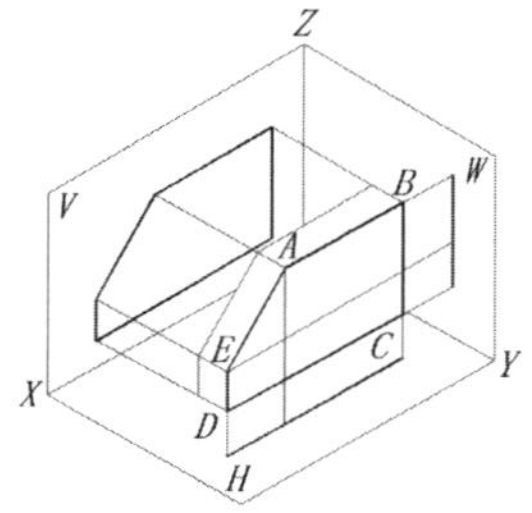	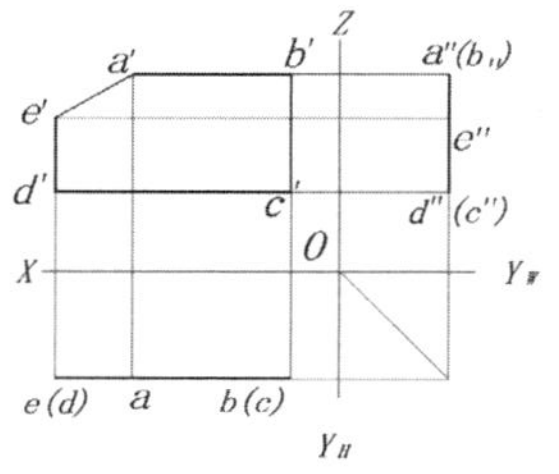	1. V面投影反映真形。 2. H面投影、W面投影积聚成直线，分别平行于投影轴OX、OZ。
水平面	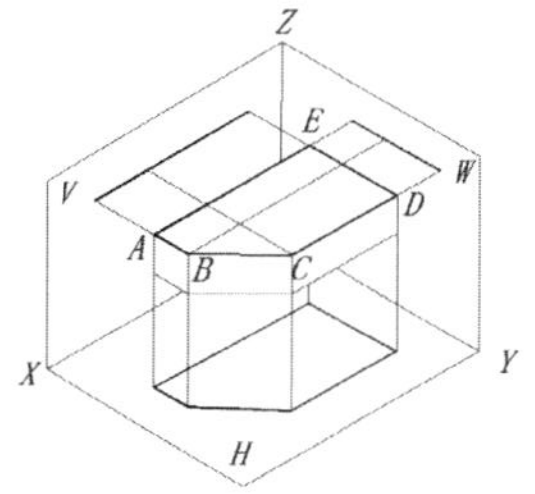	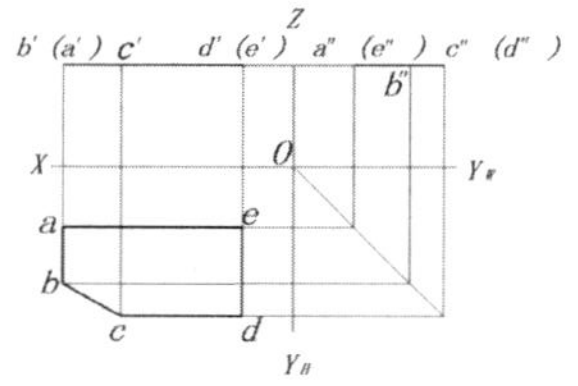	1. H面投影反映真形。 2. V面投影、W面投影积聚成直线，分别平行于投影轴OX、OY$_W$。
侧平面	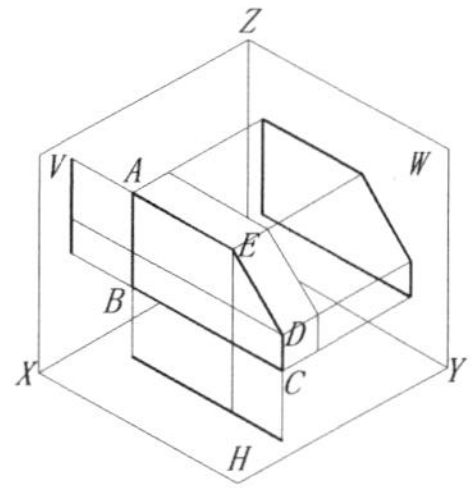	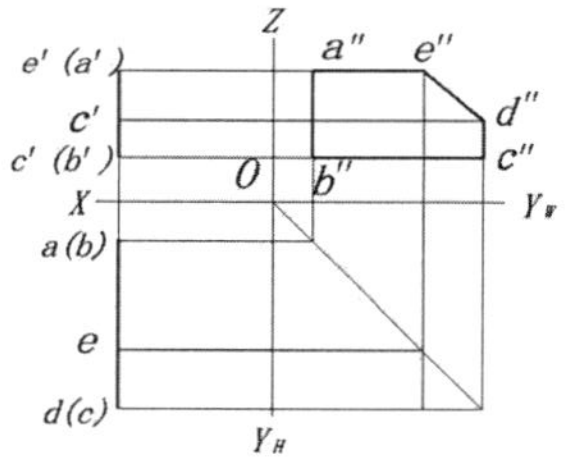	1. W面投影反映真形。 2. V面投影、H面投影积聚成直线，分别平行于投影轴OZ、OY$_H$。

依据表2-6中的投影面平行面的各投影面投影，有投影面平行面的投影特性是：

a. 平面在其所平行的投影面上的投影反映该平面的实形。

b. 平面在其他两投影面上的投影积聚为一条直线，且平行于相应的投影轴。

根据投影面平行面的投影特性，在平面的三个投影中，如果有两个投影为平行于投影面的直线，有一个投影为平面，则该平面必为投影面的平行面。

(3) 一般位置平面

在三面投影体系中，对三个投影面都倾斜的平面称为一般位置平面。

一般位置平面的三个投影既不反映实形，又无积聚性，均为缩小的类似图形，如图2-39所示。

需要指出的是，一般位置平面直接反映该平面对三个投影面的倾角，而且三个投影均为与边数与空间平面边数相同的类似平面。

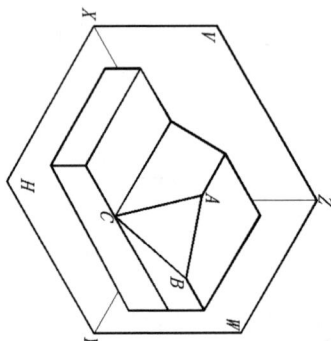

图2-39 一般位置平面

3. 平面内的点和直线

平面内的点和直线的投影，一定在平面的投影上。

(1) 特殊位置平面上的点和直线

投影面垂直面和投影面平行面统称为特殊位置平面，这两类平面的特点是具有积聚性。

特殊位置平面具有积聚性的投影面所在的投影面上的投影，必定积聚成直线，该直线的投影具有积聚性。反之，凡是点或直线的投影，当落在特殊位置平面的具有积聚性的投影上时，则该点或直线必是该特殊位置平面上的点或直线。

利用这个投影特性，可以求作特殊位置平面上的点或直线的投影。

【例2-7】如图2-40（a）所示，△ABC为水平面，已知它的H面投影△abc和顶点A的V面投影a'，求作△ABC的V面投影和W面投影，并求作△ABC的外接圆圆心D的三面投影。

分析：

因为水平面的V面投影和W面投影有积聚性，并且分别平行于OX轴和OY_w轴，所以按已知条件就可作出这个三角形的V面投影和W面投影。

又因水平面的H面投影反映真形，所以就能直接用平面几何的作图方法在H面投影中作出△ABC的外接圆圆心D的H面投影d；然后，由d引投影连线，分别在已作出的△ABC的V面投影和W面投影上，作出D点的V面投影d'和W面投影d"。

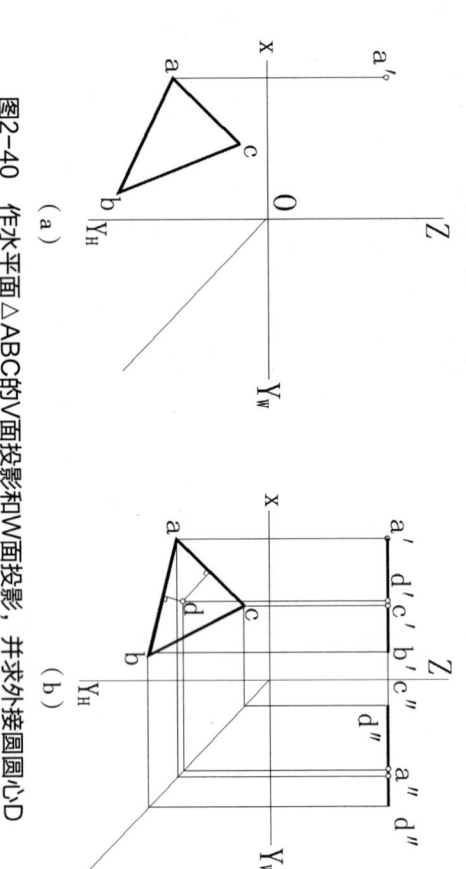

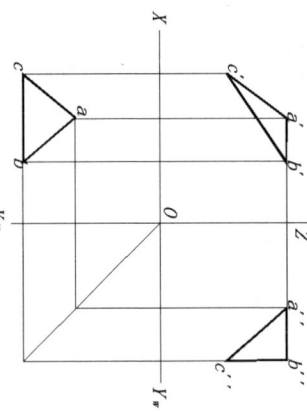

图2-40 作水平面△ABC的V面投影和W面投影，并求外接圆圆心D

作图：

第一步 如图2-40（b）所示，分别由a、a'引投影连线，交得a"；

第二步 分别过a'、a"作OX、OY_W轴的平行线，再分别由b、c引投影连线，与上述平行线交得顶点B、C的V面投影b"、c"，和W面投影b"、c"；

第三步 在H面投影中，分别作△abc的任意两条边（例如ab和ca）的中垂线，就交得△ABC的外接圆圆心D的H面投影d。

第四步 由d分别作投影连线，与△ABC的有积聚性的V面投影a'b'c'和W面投影a"b"c"交得D点的V面投影d'和W面投影d"。

（2）一般位置平面上的点和直线

① 点和直线在平面上的几何条件。

a. 平面上的点，必在该平面上的直线上；

b. 平面上的直线必通过平面上的两点，如果直线通过平面上的一点且平行于平面上的另一直线，则该直线必在平面上。

[例2-8] 如图2-41（a）所示，已知平面ABCD和K点的两面投影，平面ABCD的直线MN的H面投影mn，试检验K点是否在平面ABCD平面上，并作出直线MN的V面投影m'n'。

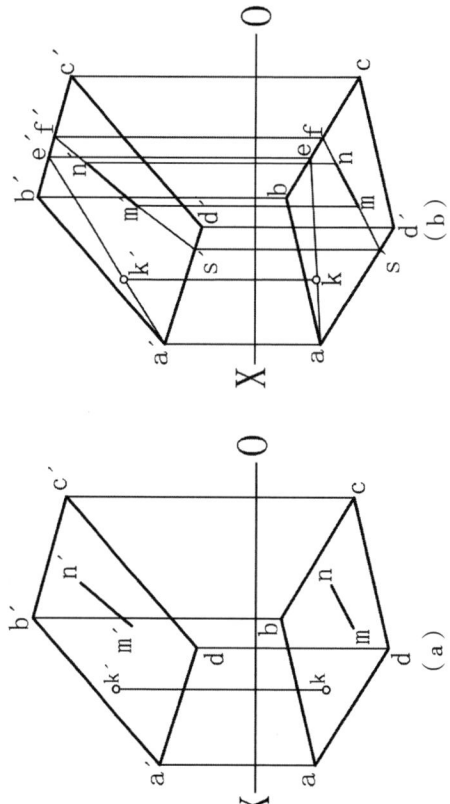

图2-41 检验K点是否在平面ABCD上，并作平面ABCD上直线MN的V面投影

分析：

可按点和直线在平面上的几何条件作图。

作图：

第一步 如图2-41（b）所示，连a'和k'，连a和k，延长后，与b'c'交得e'，由e'引投影连线，与bc交得e，ae上，f作投影连线，与ad交得s，与bc交得f；

第二步 若k在ae上，则K点在平面ABCD的直线AE上，K点便在平面ABCD上。但图中的k不在ae上，就表明K点不在平面ABCD上；

第三步 延长mn，f作投影连线，与ad交得s，与bc交得f；

第四步 由s，f作投影连线，分别在a'd'、b'c'上交得s'、f'，连s'与f'；

第五步 由m，n作投影连线，分别与s't'交得m'、n'，m'n'即为所求。

② 平面上的投影面平行线。

平面上的投影面平行线既是平面内的直线,也是投影面平行线,因此该直线不仅应满足直线在平面上的几何条件,它的投影又具有投影面平行线的投影特性。

【例2-9】如图2-42(a)所示,已知△ABC,在△ABC上求作一条距V面为13mm正平线。

作图:

第一步 如图2-42(b)所示,在OX轴之下(即OX轴之前)13mm处,作OX轴的平行线,即为这条正平线的H面投影,与ab、bc分别交得d、e,de即为所求作的正平线DE的H面投影。

第二步 由d、e作投影连线,分别与a'b'、b'c'交得d'、e',连d'和e',d'e'即为所求的正平线DE的V面投影。

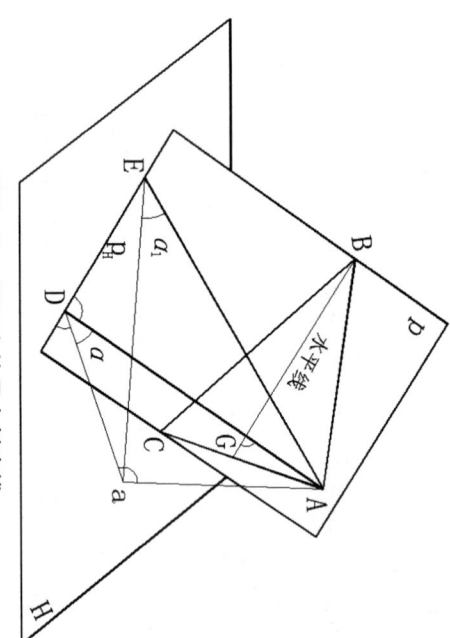

(a)已知条件　　(b)作图过程

图2-42 在△ABC上求作正平线

③ 平面上的最大斜度线。

a. 平面上的最大斜度线。平面上存在有许多线,各种线对投影面的倾角各不同,其中平面上对投影面倾角最大的直线称为最大斜度线。平面上的最大斜度线是平面上垂直于投影面平行线的所有直线,如图2-43所示。

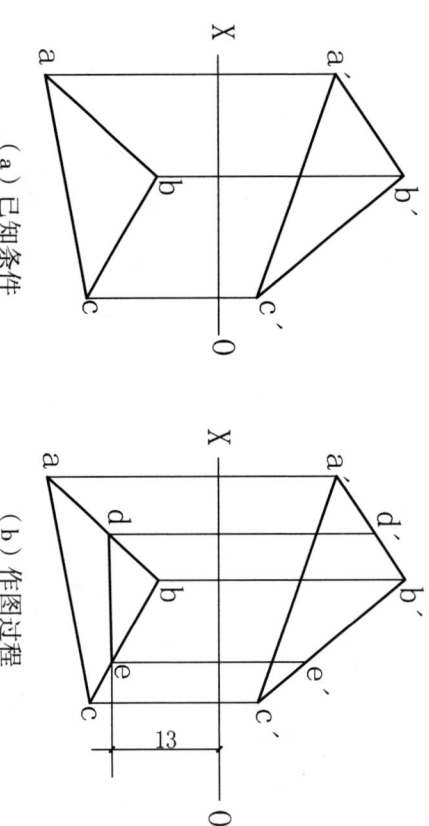

图2-43 平面上的最大斜度线

b. 最大斜度线对投影面的倾角最大。证明:如图2-43所示,过A做最大斜度线以外的属于平面P的任意直线AE,它对H面的倾角度为 α_1,只要证明 $\alpha_1 < \alpha$ 即可。现AD⊥BG,且ED//BG,故

$AD \perp ED$。根据直角投影定理，$aD \perp ED$，则$aE > aD$，此时两直角$\angle ADa$和$\angle AEa$，有相等的直角边Aa，而另一对直角边$aE > aD$，故相应的锐角$\alpha_1 < \alpha$。即最大斜度线对投影面的倾角为最大。

c. 最大斜度线的投影特点：平面的最大斜度线垂直于该平面的投影面平行线，它与该投影面的倾角，也就是平面与该投影面的倾角。

【例2-10】 如图2-44（a）所示，已知△ABC，求作△ABC与H面的倾角α。

分析：

只要在△ABC平面上作一条对H面的最大斜度线，再求出它与H面的倾角α，也就是△ABC与H面的倾角。为了在△ABC平面上作对H面的最大斜度线，先要在△ABC平面上作一条水平线。

作图：

第一步 如图2-44（b）所示，过A点作△ABC平面上的水平线AD，即作$a'd' // OX$，再由$a'd'$作出ad；

第二步 在△ABC平面上作对H面的最大斜度线BE，过b作$be \perp ad$，与ad交得e，再由be作出$b'e'$；

第三步 作BE与H面的倾角α，用直角三角形法作出BE对H面的倾角α，即为△ABC与H面的倾角。

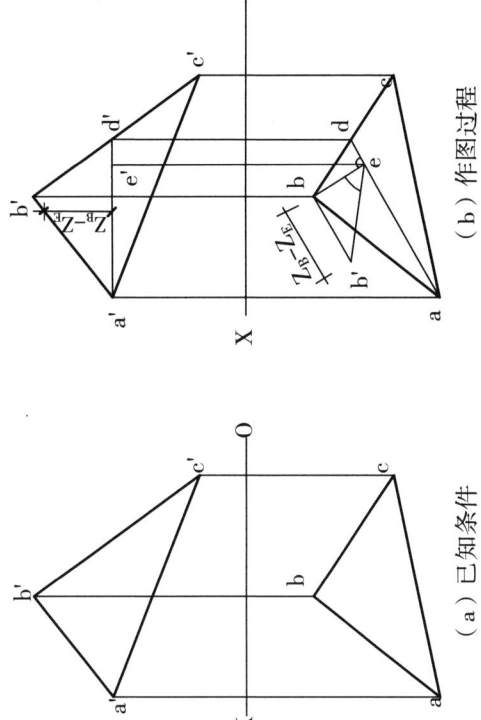

(a) 已知条件 (b) 作图过程

图2-44 作△ABC与H面的倾角α

六、线面相对关系

直线与平面、平面与平面的相对位置，除了处在平面内的情况外，还有直线与平面、平面与平面间的平行和相交。

1. 直线与平面、平面与平面平行

（1）直线与平面平行的几何条件：

① 若直线平行于平面上任意直线，则线、面平行；

② 若线、面平行，则过平面内任一点必能在平面内作一直线平行于已知直线。

【例2-11】 判断直线AB是否平行于△CDE平面，如图2-45所示。

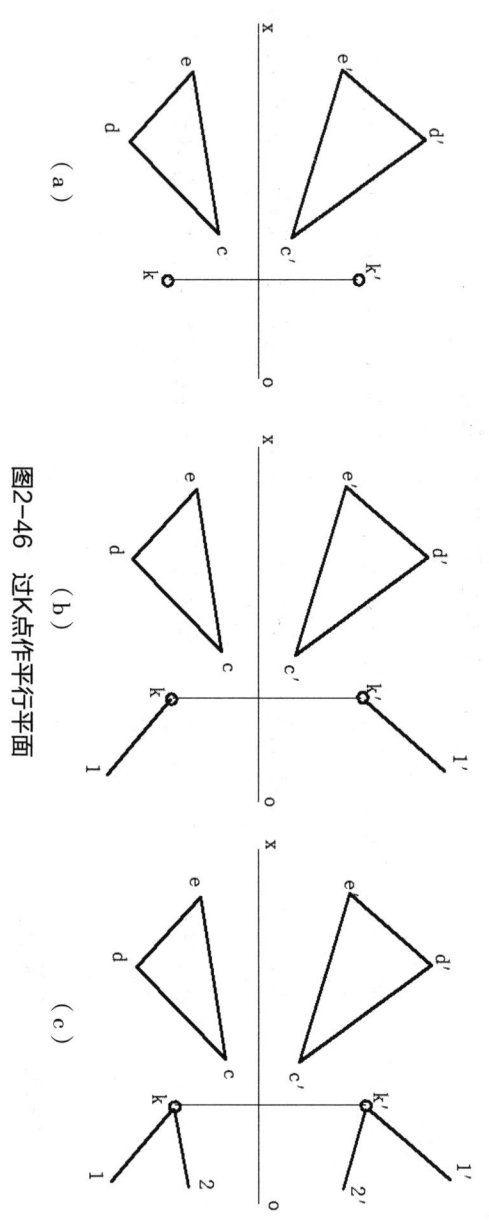

图2-45 判断直线和平面平行

分析：

若AB//△CDE平面内的任一直线，则AB//△CDE。

作图：

第一步 如图2-45所示，过d′作任一直线d′k′//a′b′，交c′e′于k′；

第二步 过k′作垂线交ec于k，连接dk，kd与ab不平行，所以AB不平行于△CDE平面。

【例2-12】 如图2-46所示，过K点作平面平行于△CDE。

（2）平面与平面平行的几何条件：

若两平面内各有一对相交（平行）直线分别对应平行，则两平面必相互平行。

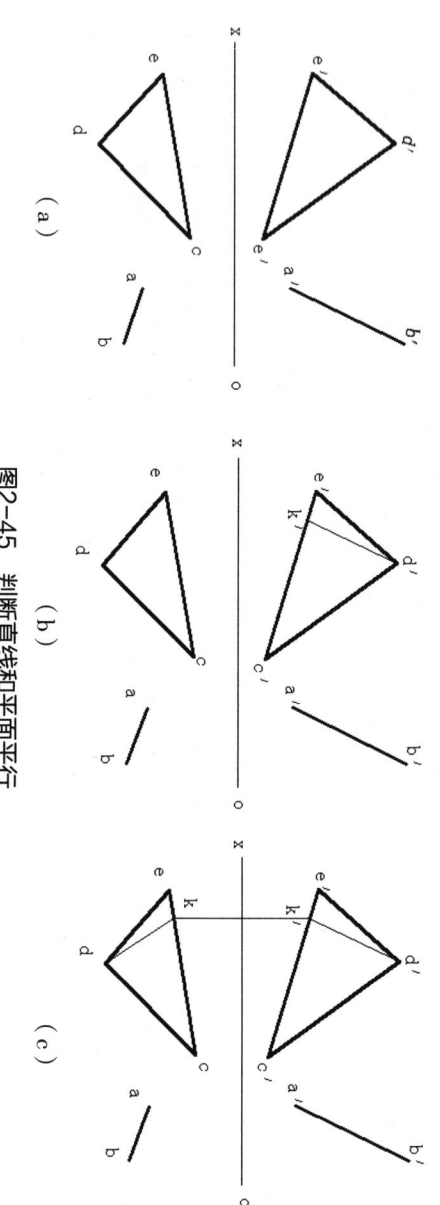

图2-46 过K点作平行平面

分析：

过K点的两条相交直线分别平行于△CDE的任意两边，则这两条相交直线所构成的面平行于△CDE。

作图：

第一步 过k′作k′1′//e′d′，k′2′//e′c′；

第二步 过k作k1//ed，k2//ec，所得K Ⅰ Ⅱ 平面//△CDE平面。

2. 直线与平面、平面与平面相交

(1) 直线与平面相交

直线与平面如果不平行，则必相交，交点就是直线与平面的共有点，该点又是判断直线和平面互相遮掩可见与不可见部分的分界点，如图2-47所示。

当直线或平面为特殊位置时，根据特殊位置直线或平面投影的积聚性特点，直接求交点，并根据重影点投影可见性的判断方法，对其可见性进行判断。

① 特殊位置直线与一般位置平面相交。

[例2-13] 如图2-48（a）所示，求作H面垂直线EF与△ABC的交点K。

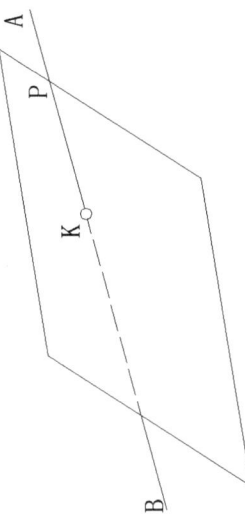

图2-47 直线与平面相交

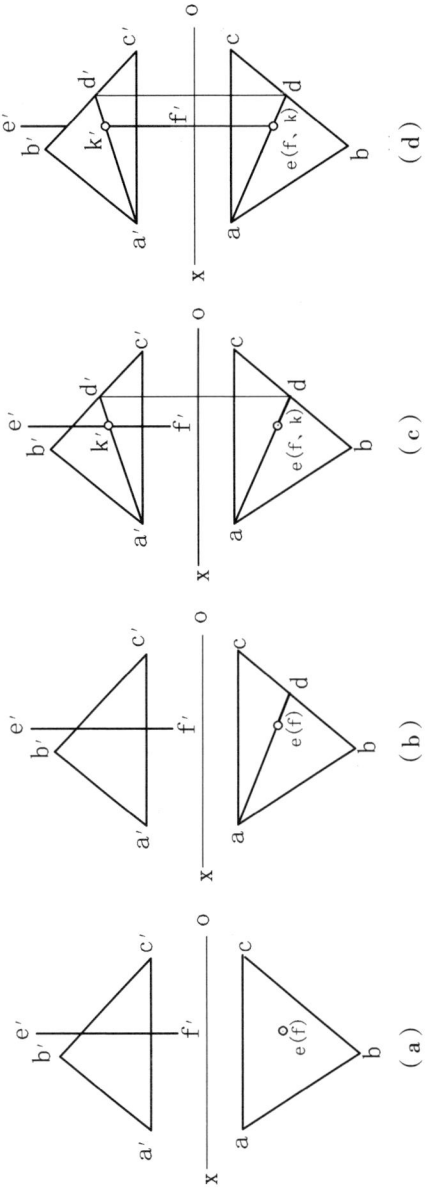

图2-48 直线与平面相交

分析：

因直线EF的H面投影积聚成一点，由于交点K在EF上，故k与e重合。又因K在△ABC上，即K点也在△ABC的V面投影k′可利用平面上取点的方法求得。

作图：

第一步 设想在△ABC上过K点作一辅助直线AD，即在abc内过k作辅助线ad，再求出a′d′，即可求出a′d′与e′f′的交点，此即为k点的V面投影。

第二步 判断V面投影中直线和平面的重影部分的可见性，因△ABC的水平投影中b点位于e、f、k点的前方，故在V面投影中，k′以上部分，△ABC的投影a′b′c′将EK部分遮挡，k′以下部分，KF是可见的，因而f′k′画成实线，k′点上方一段画成虚线或省略。

② 一般位置直线与特殊位置平面相交。

【例2-14】如图2-49（a）所示，求直线AB与H面垂直面P的交点K的投影。

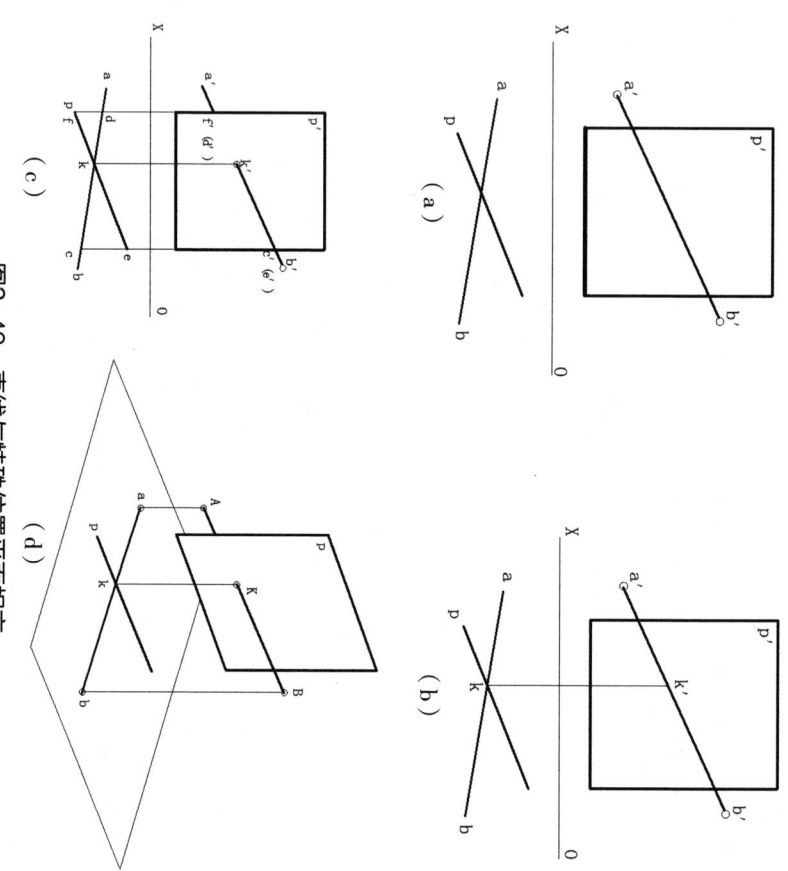

图2-49 直线与特殊位置平面相交

分析：

因K为AB和P共有，故K的H面投影k在AB的H面投影ab上，也应在P的H面积聚投影p上，即k是p与ab的交点。

作图：

第一步 已知直线AB的投影ab、a'b'及平面P的积聚投影p，可先求出ab与p的交点k，由此作连接线，再与a'b'相交得k'，如图2-49（b）所示。

第二步 判别投影图中直线与平面重影部分的可见性，重影部分以交点为界，当一段直线被平面遮住不可见时，其投影用虚线表示或略去不画。

在V面投影中，p'范围以外的直线段a'd'、b'c'，由于线段AD、BC，未被P面遮住而均为可见，故a'd'、b'c'画成实线。

在V面投影中，在p'范围内的直线段c'd'，即重影部分，其对应的线段CD，以K为界，一段可见，一段不可见，其判别可用直接观察法或重影点法：

直接观察法：因面的投影有积聚性，故由H面投影可以判别可见性，k'd'被挡，k'c'可见。

重影点法：可由直线与P面边线的重影点的可见性来决定，如图2-49（c）所示，利用直线AB上D点、C点与P平面的重影点F和E的相互位置关系来判别可见性。

（2）平面与平面相交

两平面若不平行则必相交，两平面相交于一条直线，该交线是两平面相互遮掩可见部分与不可见部分的分界线，也是判断两平面相交相互遮掩可见部分与不可见部分的分界线。

第二章 投影基本知识

求两平面的交线，实际上就是求交线上的两点，当两平面中有一个为特殊位置平面时，根据特殊位置平面投影的积聚性特点，可直接利用其求作交线，再根据重影点投影可见性的判断方法，对可见性进行判断。

① 一般位置平面与特殊位置平面相交。

一般位置平面与特殊位置平面相交，可以利用特殊位置平面投影的积聚性来确定两平面交线的两个共有点或者一个共有点和交线的方向，以此来确定交线。

【例2-15】 如图2-50所示，设有一般位置平面△ABC与铅垂面△DEF相交，试求其交线，并判断可见性。

分析：

可以利用铅垂面水平投影的积聚性求解。

作图：

第一步 如图2-50（b）所示，在投影图中利用水平投影的积聚性，可得交点M，N的水平投影m，n；

第二步 再按投影关系定出m'n'，连接得两平面交线KN的正面投影；

第三步 可见性判断，在交线的正面投影上任选一重影点，设点Ⅰ在DE上，点Ⅱ在AC上，找出水平投影1、2后可知1y>2y，即点Ⅰ在点Ⅱ的前边，故在正面投影中，点1'可见，k'2'段可见；2'不可见，所以n'2段不可见（用虚线表示）。

② 两特殊位置平面相交。

两特殊位置平面相交，其交线必是一条特殊位置直线。

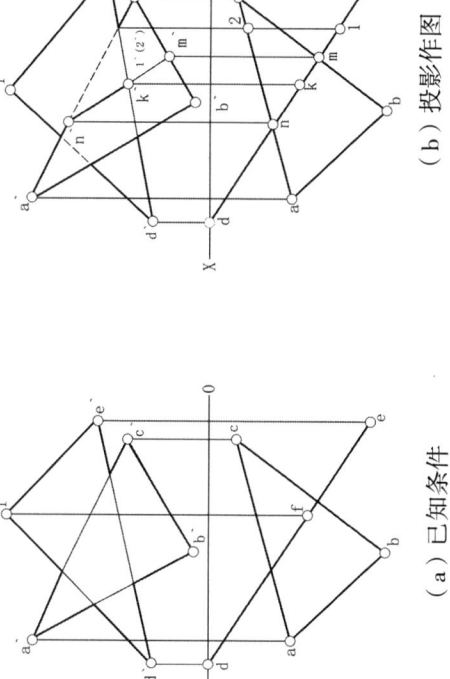

(a) 已知条件　　　(b) 投影作图

图2-50 一般位置平面与铅垂面相交

如图2-51所示，两铅垂面相交，交线为一条铅垂线，交线的水平投影积聚为一点，且为两平面的有限重叠区域内。交线的正面投影垂直于OX轴，且位于两相交平面的有限重叠区域内。

在判别两平面正面投影重叠处的可见性时，从如图2-51（b）所示的水平投影中可以看出，交线MN（积聚为一点）的左侧，矩形平面在三角形平面在后，三角形平面在前。因此，在正面投影中，矩形区域为可见，三角形被它挡住的三角形区域为不可见，其轮廓用粗实线表示，被它挡住的三角形区域用虚线表示；而交线右侧的可见性，则正好相反。

(3) 直线与平面、平面与平面垂直

直线与平面、平面与平面垂直是其相交的特殊情况，在此仅讨论两元素中有一个为特殊位置时的垂直问题。

① 直线与特殊位置平面垂直。垂直于特殊位置平面的直线，也必与投影面平行。出之于投影面平行的直线，必平行于其他两个投影面。垂直于投影面的同面投影必相互垂直。根据直角投影定理，该特殊位置平面的积聚投影必然与该直线的同面投影相互垂直。

如图2-52所示，平面P垂直于H面，直线AB⊥P。此时，直线AB必为水平线，它的水平投影ab必然垂直于平面P的积聚投影P_H，其交点k即为垂足K的水平投影。

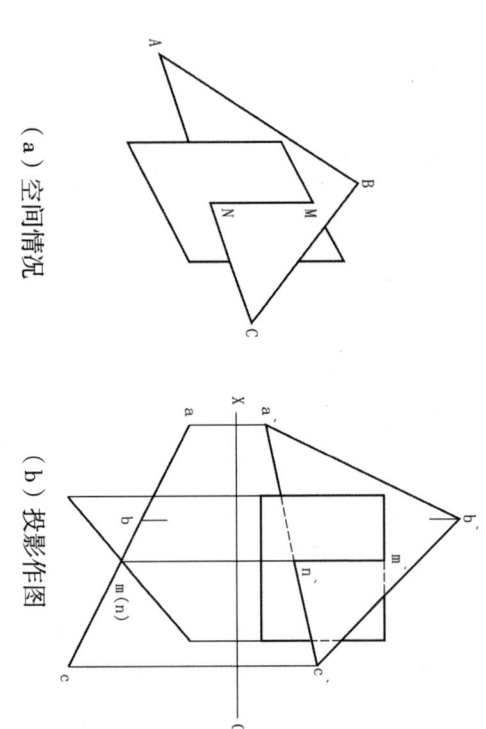

图2-51 两铅垂面相交

(a) 空间情况　(b) 投影作图

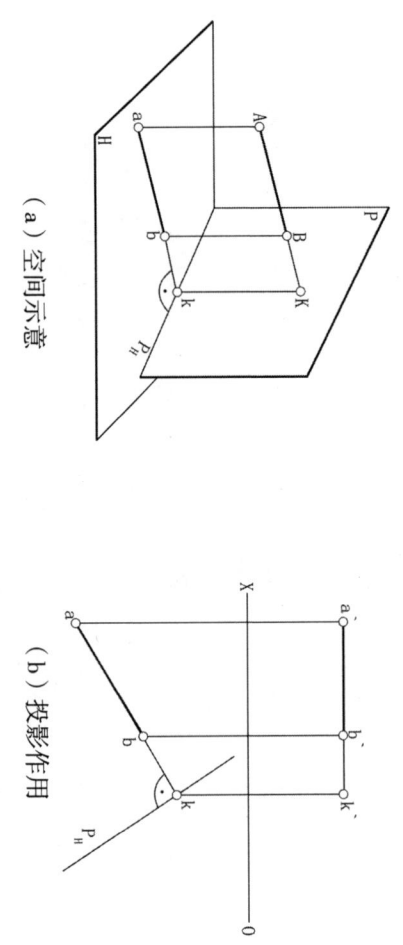

图2-52 直线与投影面垂直面垂直

(a) 空间示意　(b) 投影作用

② 两特殊位置平面互相垂直。两相互垂直的平面时，其交线必定是一条特殊位置直线。

如图2-53 (a) 所示，相交平面P、Q均垂直于P，其交线AB⊥P；反之，过平面P的垂线AB所在的平面均与平面P垂直。于是，可以得出相互垂直的两个投影面，它们的同面投影也必然互相垂直，如图2-53 (b) 所示。

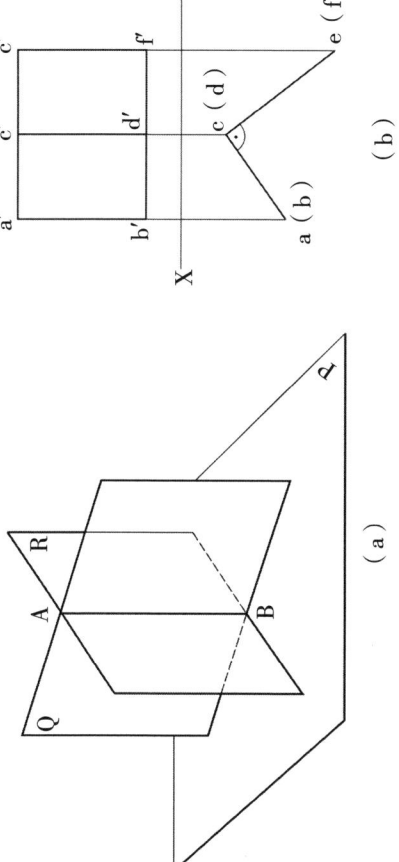

图2-53 两铅垂面互相垂直

当互相垂直的两个平面都垂直于同一个投影面时，实际上两平面夹角就真实地在该投影面上表示出来了，垂直相交只是这种相交平面的特例。

第三章 立体投影

现实生活中各种物体形状虽然复杂多样，但都是由简单的基本几何体按照不同的方式组合而组成的。基本几何体通过切割或叠加可以形成各种复杂的组合体。因此，掌握基本形体三视图的画法与图形特征可为表达组合体和工程形体的视图打下基础。

基本几何体可分为平面几何体和由基本几何体组成的组合体。本章重点研究基本几何体的投影和由基本几何体组成的组合体的投影问题。

一、平面几何体投影

全部由平面围成的几何体称为平面几何体。平面几何体的各表面均为平面多边形，平面几何体全部由直线段（侧棱或者底棱）构成，因此，研究平面几何体的投影，实质上就是研究平面几何体各表面、棱线和顶点的投影以及平面几何体表面上点、线的投影。

在平面几何体的投影图中，可见棱线用实线表示，不可见棱线用虚线表示，以此区分平面几何体可见轮廓和不可见轮廓。

1. 平面几何体投影

常见的平面几何体有棱柱、棱锥棱台，如图3-1所示。

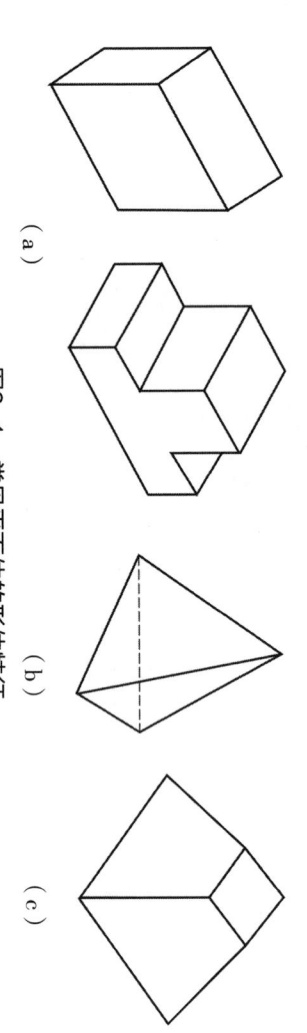

图3-1 常见平面体的形体特征

(1) 棱柱

① 棱柱的几何特征。棱柱的各棱线互相平行，底面和顶面为多边形，棱面为平行四边形。

棱柱分直棱柱（正棱柱）和斜棱柱。棱线垂直于底面的棱柱（或正棱柱），棱线倾斜于底面的斜棱柱称为斜棱柱，本书主要讨论正棱柱的情况。

正棱柱形体特征如图3-2（a）所示：两底面为全等且相互平行的多边形，各棱线垂直于底面且相互平行，各棱面均为矩形，底面为棱柱的特征面。如图3-2（a）所示为三棱柱。

② 棱柱的投影分析。如图3-2（a）所示是一个位于三面投影体系中的正三棱柱，棱柱的底面平行于水平投影面放置，令其至少一个棱面（后棱面）平行与V面投影面，用正投影法将三棱柱向三个基本面投影。

俯视图：由于棱柱上下底面均与水平面平行，所以水平投影反映棱柱上下底面的实形，且上底面可见，下底面不可见。棱柱的三个棱面和三条棱线均与水平面垂直，其水平投影均具有积聚性，积聚在三条边线和三个顶点上。因此，俯视图为三角形。

主视图：由于棱柱上下底面均为水平面，所以其正面投影积聚为大矩形的上下两条边线，其间距为棱柱体的高度。棱柱的前两个棱面与后面棱面的投影反映两个棱面的实形，其正投影面的投影重合，即棱面和后面的正面投影为两个矩形的实形，即棱面和后面同一个棱面的正面投影为一重影的矩形类似形。主视图是由两个并列的小矩形组成的一个大矩形。

左视图：由于棱柱上下底面均与侧面垂直，其侧面投影积聚为大矩形的上下两条边线，其间距为棱柱体的高度；后棱面是正平面，故其在W投影面上的投影为平行于投影轴的一条线；左、右两个棱面为铅垂面，在W投影面上的投影均为一重影的矩形类似形。因此，左视图是一个矩形的类似形。

图3-2（b）是该三棱柱的三面投影图。

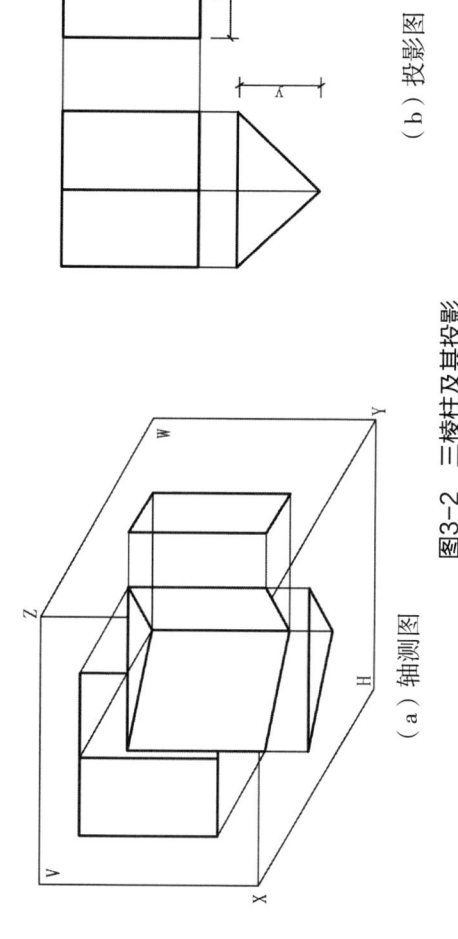

(a) 轴测图　　(b) 投影图

图3-2 三棱柱及其投影

③ 棱柱的投影特征。当棱柱的底面平行于投影面放置时，棱柱的投影：一个投影为多边形，且为棱柱底面和顶面的实形，反映棱柱形状特征，其他两个投影均为一个或多个矩形，为棱面的实形或类似形，如图3-2（b）和图3-3（b）所示。

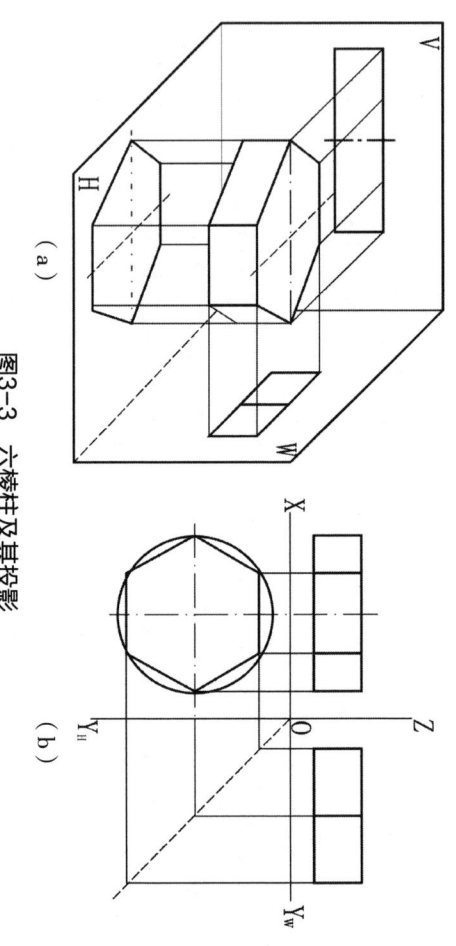

图3-3 六棱柱及其投影

(2) 棱锥

① 棱锥的几何特征。棱锥的底面为多边形,各棱线均相交于棱锥的顶点,棱锥顶点与底面重心的连线称为棱锥体的轴线。

棱锥分直棱锥(或正棱锥)和斜棱锥。棱锥轴线垂直于底面的棱锥称为正棱锥,棱锥轴线倾斜于底面的棱锥称为斜棱锥。本书主要讨论正棱锥的情况。

正棱锥形体特征如图3-4(a)所示:底面为多边形,各棱面均为三角形。

如图3-4(a)为三棱锥。

② 棱锥投影分析。图3-2(a)是一位于三面投影体系中的正三棱锥,棱锥底面平行于水平投影面放置,后侧棱面为侧垂面,其他两个棱面则是一般位置平面,用正投影法将三棱锥向三个基本面投影。

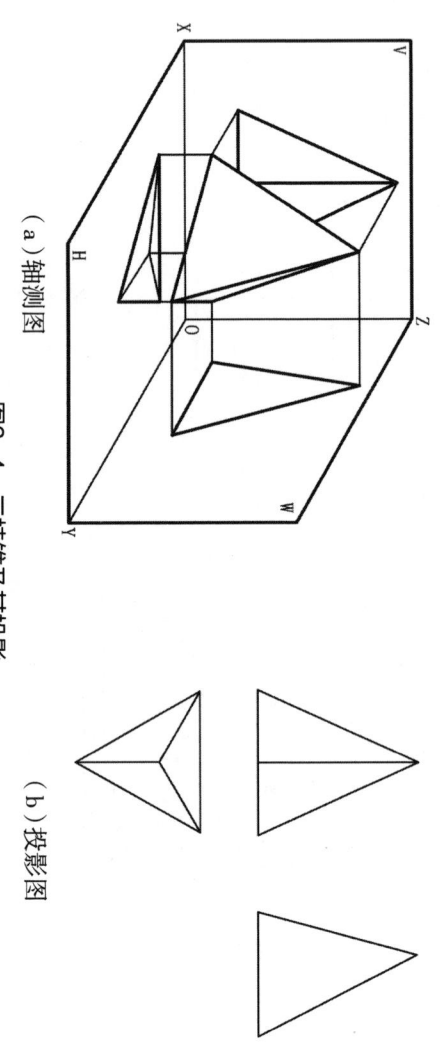

(a) 轴测图   (b) 投影图

图3-4 三棱锥及其投影

主视图:由于棱锥的底面与正投影面垂直,所以正面投影积聚为平行于投影轴的一条直线,棱锥的棱面均与正投影面成一般位置平面,其正面投影反映三个棱面的类似形,由两个三角形组

俯视图:由于棱锥的底面为水平面,所以水平投影反映了底面的实形,棱锥的棱面相对于水平投影面是一般位置平面,三个棱面的投影均为三角形的相似形,且汇集于一点,并位于底面投影内。因此,俯视图为由三个三角形组成的三角形。

组成，它们是三棱锥左、右棱面的投影，投影的外轮廓是一个等腰三角形，是后侧棱面的投影，其底边为棱锥底面的积聚投影；即主视图是包含两个汇集于一点的三角形的类似三角形。

左视图：由于棱锥的底面是水平面，后棱面是侧面垂直，其他两个棱面为一般位置平面，其在左投影面上的投影聚为三角形的底边和一边，棱锥前面的两个棱面在W投影面上的投影为两个重影的三角形的类似形。因此，左视图是一个三角形的类似形。

图3-4（b）是该三棱锥的三面投影图。

③ 棱锥投影特征。当棱锥的底面平行于投影面放置时，其投影为：一个投影为多个汇集于一点三角形构成的多边形，多边形反映棱锥的底面实形，其内的三角形反映的是侧面的类似形；其他两个投影均为一个或多个汇集于一点的三角形，是反映侧面的类似形，如图3-5所示。

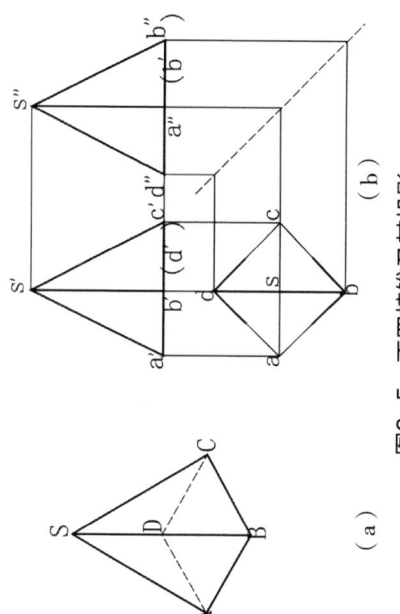

图3-5 正四棱锥及其投影

（3）棱台

① 棱台的几何特征。棱台是用平行于棱锥底面的截平面截切棱锥顶后所剩下的部分。棱台的两底面相互平行大小不同的相似多边形，各棱面均为等腰梯形，底面是棱台的特征形状，如图3-6所示。

② 棱台的投影分析。如图3-6所示是一个位于三面投影体系中的四棱台，棱台底面平行于水平投影面放置，前、后侧棱面为侧垂面，其他两个棱面则是正垂面，用正投影法将四棱台向三个基本投影面投影。

俯视图：由于棱台的上、下底面为水平面，所以水平投影反映了底面的实形，棱台的棱面相对于水平投影面是一般位置平面，四个棱面的投影均为等腰梯形的相似形，且汇集于一点，并位于底

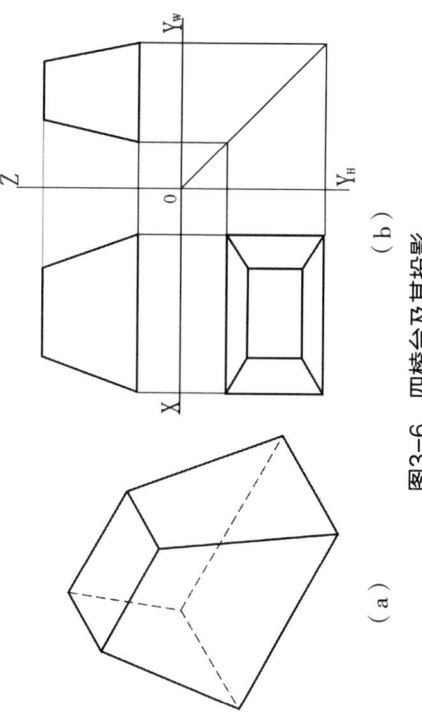

图3-6 四棱台及其投影

面投影内。因此，俯视图为由四个等腰梯形组成的两个同心四边形。

主视图：由于棱台的底面与正面投影面垂直，所以正面投影积聚为两个同心四边形的棱面均与正投影面成一般位置平面，其正面投影反映成后两个重影棱面的类似形，另两个棱面是侧垂面，其正投影积聚为直线；即主视图是等腰梯形的类似形。

左视图：由于棱台的底面是水平面，棱台的前、后两个棱面是侧垂面，其在左投影面上的投影为两个重影的等腰梯形的类似形，下边和两个边、右两个棱面左、右面与正投影面投影的类似形。因此，左视图是一个等腰梯形，包含两个梯形的类似形。

③ 棱锥的投影特征。当棱锥的两个底面平行于投影面时，棱台的投影实形是：一个投影为多边形的同心多边形，多边形反映棱台底面的实形，其他两个投影为一个或多个梯形，反映的是侧面的投影，其投影为两个梯形的类似形。

图3-6（b）是该三棱锥的三面投影图。

2. 平面几何体表面上的点和直线

平面几何体的表面都是平面。因此，求作平面几何体表面上点（或线）的投影，实质上就是在平面上取点和线的问题。在具体作图时，把立体各表面看成相对独立的平面，线的投影的方法求解。即把几何体表面上点、线问题简化为求平面上点、线的投影问题。然后再继续转化为求几何体表面上点的投影问题。

由于平面几何体的各棱面存在着相互的差异，必然会出现投影的相互重叠，从而产生可见与不可见的问题，因此，对处于不同表面上点、线的投影，还要进行可见性的判定，并对其投影进行标示。

判断平面几何体表面上点、线的可见性原则是：如果点、线所在的平面投影是可见的，线所在的平面的投影是不可见的，则其上的点、线的同面投影一定不可见。

（1）平面几何体表面上的点

【例3-1】已知三棱柱的三面投影及其表面上的点M和点N的V面投影m'和n'，如图3-7（a）所示，请补全点M和点N的投影。

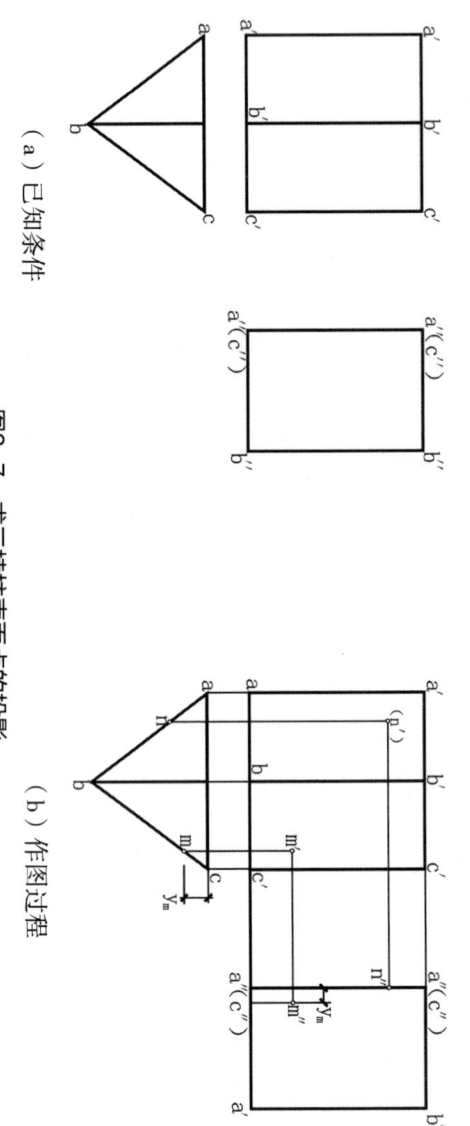

(a) 已知条件   (b) 作图过程

图3-7 求三棱柱表面点的投影

分析：

根据已知条件，M点必在三棱柱右前侧的棱面上（因M可见），而N点必在三棱柱的后侧棱面上（因n'不可见）。

求解：

第一步 求M点、N点的H面投影，分别经过点m'和点n'向下作铅垂线，与棱面积聚投影的交点就是两点的H面投影m和n。

第二步 按投影规律求出这两点的侧面投影m"和n"，如图3-7所示。

（2）平面几何体表面上折线的直线

【例3-2】 如图3-8（a）所示，已知五棱锥的两面投影及其表面上折线MKN的V面投影，补全五棱锥及折线的投影。

分析：

根据题中所给出的投影可知，点M和点N分别位于五棱锥的SAB和SBC棱面上，这两个棱面都是一般位置平面，就需要在棱锥的棱面上作过已知点的辅助线，然后再求出辅助线上该点的投影，也就是一般位置平面上定点的方法。

求解：

第一步 选定点S为基准点，定出点s"的位置；

第二步 在H面中量取各交点的H面投影相对于顶点s'的前后距离差（OY轴上的距离差），按照各交点相对于顶点S的位置确定各点的W面投影；

第三步 在W面中，侧面SAB将侧面SBC遮挡住，侧面SAE将侧面SCD遮挡住，这两组侧面的投影重合，侧面SDE是一个侧垂面，在W面中积聚成一条直线，如图3-8（b）所示。

第四步 利用三视图投影关系，求出W投影面上的K点投影k"，然后再求H面上的K点投影k，如图3-8（c）所示。

第五步 利用直线的延长线补全点M的投影，在V面投影上做延长线k'm'，与侧棱投影s'a'交于点2'，作直线KⅡ的H面投影和W面投影，根据直线上点的投影求取方法求出点M的其他投影，如图3-8（c）。

第六步 利用辅助线法求平面上点的投影，经过棱顶s'和n'作辅助线s'n'，并延长与底棱b'c'交于点3'，作直线SⅢ的H面投影，经过n'向下作铅垂线，与s3的交点即点N的H面投影n，利用量取相对距离差的方法，可以求出点N的W面投影n"，如图3-8（c）所示。

第七步 连线、判断各线段投影的可见性，在H面中各点所在的各棱面都是可见的，在棱面SAB和SBC上连接各点，直线MK和KN的投影也都是可见的。在w面中由于棱面SBC被SAB所遮挡，所以直线KN是不可见的，因此k"n"应该为虚线。

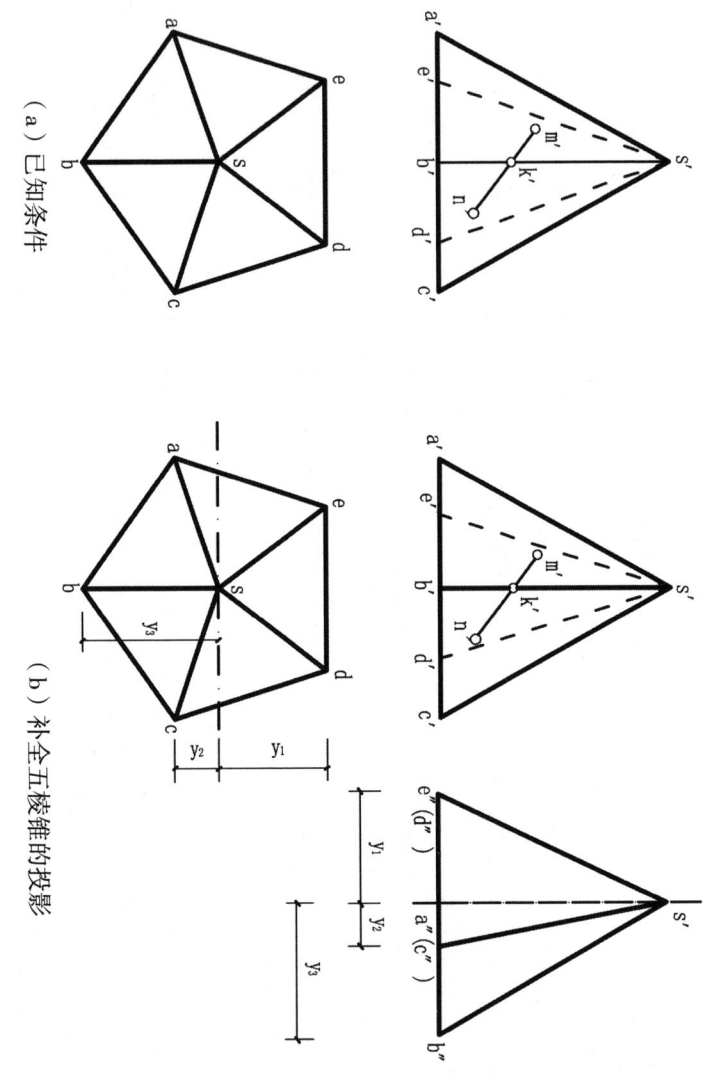

(a) 已知条件

(b) 补全五棱锥的投影

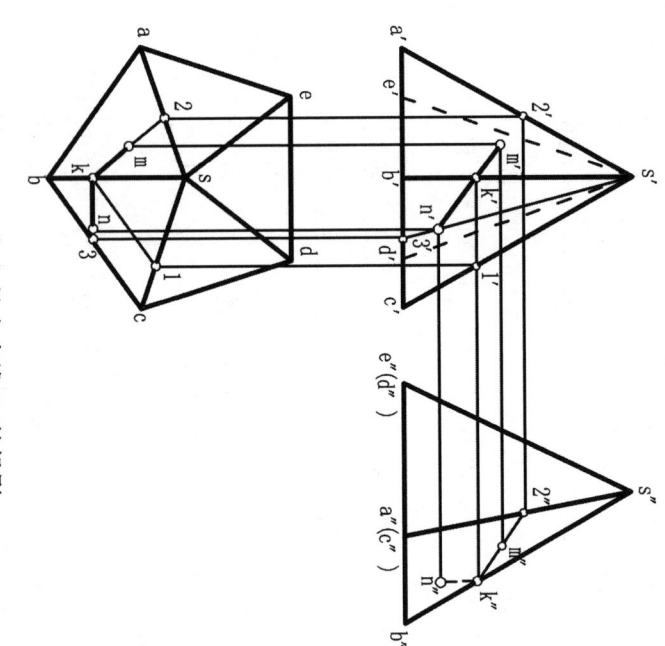

(c) 补全直线MN的投影

图3-8 棱锥表面直线的投影

二、曲面几何体投影

表面全由曲面或由曲面和平面共同围成的几何形体称为曲面几何体。曲面几何体的曲表面是由一条动线绕某固定轴线旋转而成的,这类曲面体又称回转体,其曲表面称为回转面。动线称为母线。在旋转过程中任意具体时刻位置的母线称为曲面的素线。曲面上有无数条素线。

如图3-9所示表示回转面的形成过程。图3-9（a）表示一条直母线围绕与它平行的轴线旋转形成的圆柱面；图3-9（b）表示一条直母线围绕与它相交的轴线旋转形成的圆锥面；图3-9（c）表示一曲母线圆围绕其直径旋转而形成的球面。

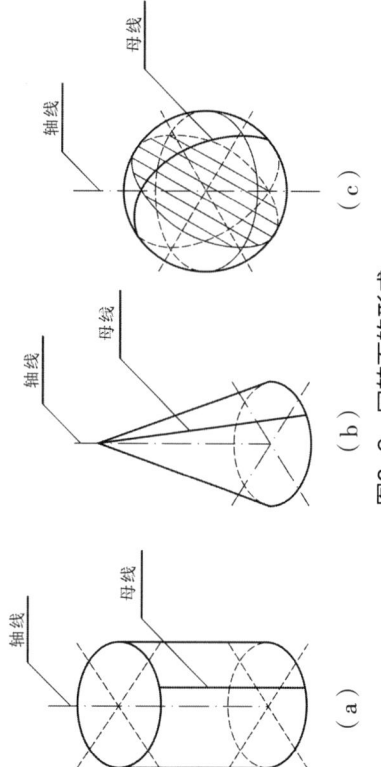

图3-9 回转面的形成

曲面几何体是由素线绕固定轴或固定点回转形成的。研究曲面几何体的投影，实质上就是把组成曲面几何体的各表面的投影表示出来，并判别可见性。

由于曲面几何体的表面多是光滑曲面，不像平面几何体存在着明显的棱线，因此，在绘制曲面几何体投影时，一定要把曲面形成的规律和投影的表达联系起来，从而建立起比较清晰的曲面投影轮廓线，也称曲面的转向轮廓线，以便更好地掌握曲面投影的特点。

1. 曲面几何体投影

常见的曲面几何体有圆柱、圆锥、圆锥台和圆球，如图3-9所示。

（1）圆柱

① 圆柱的几何特征。圆柱由圆柱表面和两个底面组成。圆柱的上下两个底面为直径相同而且相互平行的两个圆面。圆柱分直圆柱和斜圆柱。圆柱的轴线与底面垂直的称为直圆柱，圆柱的轴线与底面倾斜的称为斜圆柱，本章重点研究直圆柱的相关问题。

② 圆柱的投影分析。如图3-10（a）所示是一个位于三面投影体系中的圆柱，圆柱的底面平行于水平投影面放置，用正投影法将圆柱向三个基本面投影。

俯视图：由于圆柱上、下两个底面平行于水平面，故在H面上的投影反映底面的实形，且重影为一圆，圆柱面垂直于水平面，其投影积聚在圆周上。

主视图：圆柱面在V面投影为一矩形，其上、下边线为圆柱两底面的积聚投影，左右两条边线是圆柱面上最左、最右两条轮廓素线AA_1、CC_1的正面投影，且反映实长。这两条素线从正面投影方向看，是圆柱面前后两部分可见与不可见的分界线，称为正向轮廓素线。

左视图：圆柱在W面上的投影是与V面投影全等的一个矩形，此矩形的前、后两条边线是圆柱面上最前、最后两条侧向轮廓素线BB_1、DD_1的W面投影。

注意：圆柱的V面投影与W面投影是两个全等的矩形，但其表达的空间意义是不相同的：V面上的矩形投影表示前半个圆柱面，后半个圆柱面与其重影为不可见；W面上的矩形投影表示左半个圆柱面，右半个圆柱面与其重影为不可见。

③ 圆柱的投影特征：其视图中的中心线要用点划线表达，一个投影为圆，反映圆柱底面的实形，另两个投影为相同的矩形，反映圆柱面的轮廓。

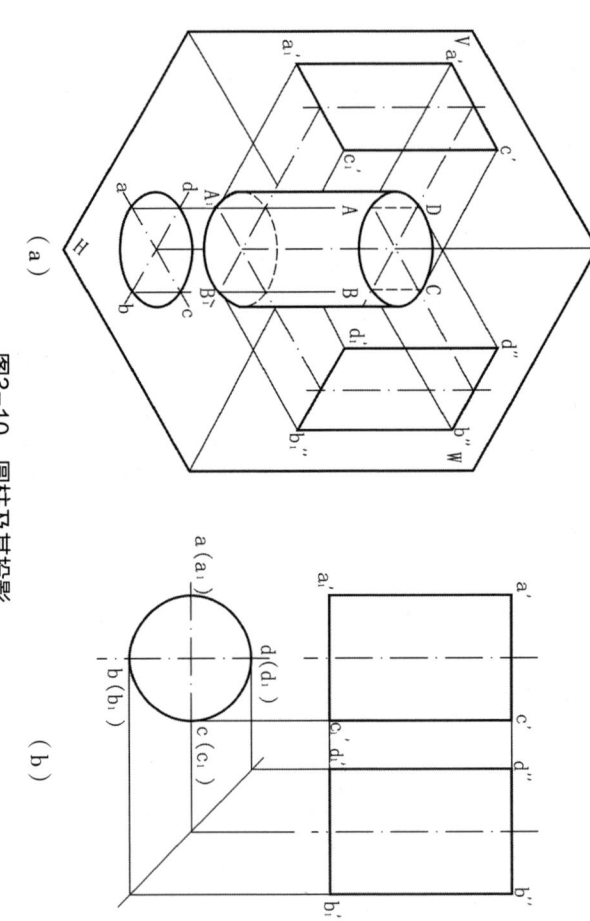

图3-10 圆柱及其投影

(2) 圆锥

① 圆锥的几何特征。圆锥由圆锥面和底面圆组成。圆锥分正圆锥和斜圆锥，正圆锥是圆锥轴线通过底面圆心并与底面垂直，斜圆锥是圆锥轴线通过底面圆心但与底面倾斜。本章重点研究正圆锥的相关问题。

② 圆锥的投影分析。如图3-11（a）所示是一个位于三面投影体系中的圆锥，圆锥的底面平行于水平投影面放置，用正投影法将圆柱向三个基本面投影。

俯视图：圆锥的水平投影为一个圆，此圆反映底面圆的实形，也反映圆锥面的水平投影。圆锥顶点的水平投影落在圆心上，圆锥面水平投影可见，圆锥的底面水平投影不可见。

主视图和左视图：V面和W面的投影为全等的两个等腰三角形，其两腰表示圆锥面上不同位置轮廓素线的投影。V面投影中 $s'a'$ 和 $s'c'$ 是圆锥面上最左、最右两条侧向轮廓素线SA和SC的V面投影，这些素线对其他投影方向不是轮廓素线，所以不必画出。W面投影中 $s''b''$ 和 $s''d''$ 是圆锥面上最前、最后两条侧向轮廓素线SB和SD的W面投影，反映圆锥面的V面投影。

③ 圆锥的投影特征：当圆锥的底面平行于投影面放置时，圆锥的投影特征是：一个投影为圆，反映圆锥底面的实形，其他两个投影面为相同的三角形，反映圆锥表面的轮廓投影，如图3-11（b）所示。

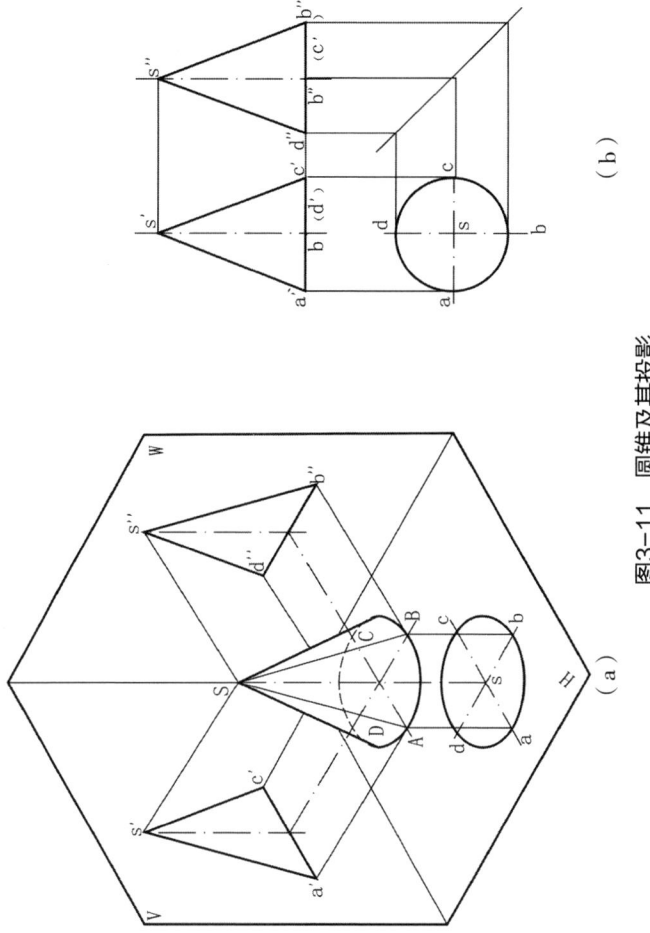

图3-11 圆锥及其投影

(3) 圆锥台（锥台）

① 圆锥台的几何特征。圆锥台也称锥台，是用与圆锥底面平行的截面截取圆锥的顶部的剩余部分，圆锥台的顶面和底面圆互相平行。本章重点研究圆锥台轴线通过底面圆心并与底面垂直的圆锥台的相关问题。

② 圆锥台的投影分析。如图3-12（a）所示是一个位于三面投影体系中的圆锥台，圆锥的顶、底面平行于水平投影面放置，用正投影法将圆柱向三个基本面投影。

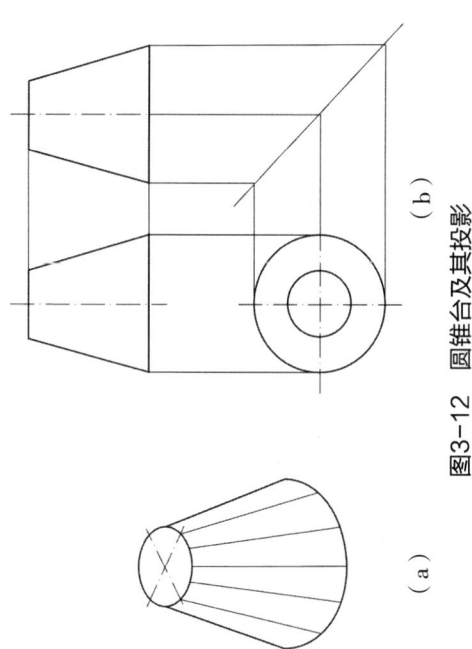

图3-12 圆锥台及其投影

俯视图：锥台的水平投影为两个同心圆，此圆反映底面和顶面的实形，也反映圆锥台锥面的水平投影。圆锥台的顶面水平投影可见，锥台的锥面水平投影可见，锥台的底面投影不可见。

主视图和左视图：V面和W面的投影为全等的两个等腰梯形，其两腰表示圆锥台锥面上不同位置轮廓素线的投影。V面投影中梯形的腰线是圆锥台面上最左、最右两条正向轮廓素线的V面投影，W面投影中梯形的腰线是圆锥台面上最前、最后两条侧向轮廓素线的W面投影。这些素线对于其他投影方向不是轮廓素线，所以不必画出。

③ 圆锥台顶面和底面的投影。当圆锥台顶面和底面平行于投影面放置时，圆锥台的投影为两同心圆，反应圆锥台顶面和底面的实形，其他两个投影面为相同的等腰梯形，反映圆锥台圆锥表面的轮廓投影，如图3-12 (b) 所示。

(4) 圆球

① 圆球的几何特征。圆球由球面组成，球面上不同位置轮廓素线的尺寸都是圆球的直径。

② 圆球的投影分析。如图3-13 (a) 所示是一个位于三面投影体系中的圆球，用正投影法将圆球向三个基本面投影。

俯视图、主视图和左视图：投影都是圆，其直径均为球的直径。

圆球在H面、V面和W面的投影图I的投影，V面投影表示球面上不同位置轮廓素线圆II的投影，H面投影表示球面上平行于水平面的最大轮廓素线圆I的投影，V面投影表示球面上平行于正面的最大轮廓素线圆II的投影，W面投影表示球面上平行于侧面的最大轮廓素线圆III的投影。这些素线圆的其他投影均与相应的中心线重合，不必画出。

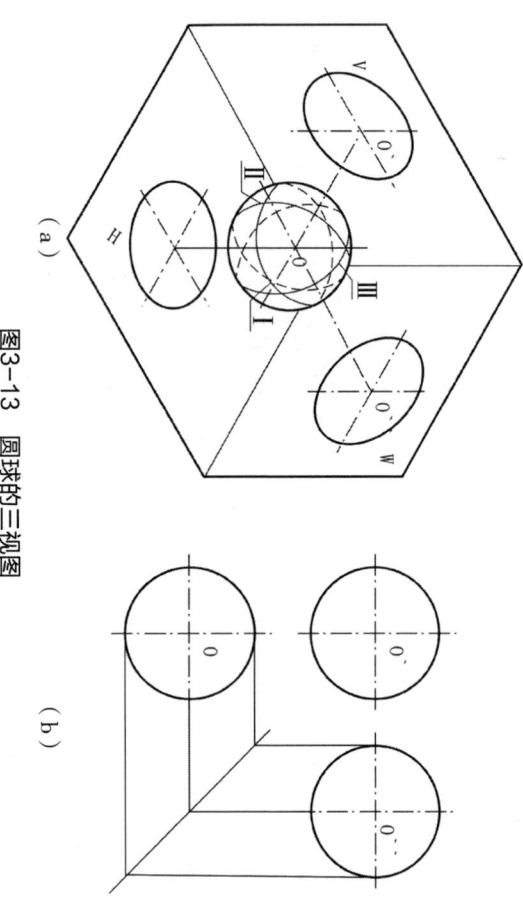

图3-13 圆球的三视图

③ 圆球的投影特征。圆球的三个投影均为直径相等的圆，如图3-13 (b) 所示。

圆台三视图的视图特征为：两个视图为梯形线框，第三视图为两个同心圆。

对于基本几何体的视图特征，不论是完整的基本几何体还是部分的基本几何体，其三视图具有的投影特征是：

矩矩为柱；三三为锥；梯梯为台；三圆为球。

这些投影特征不仅可以帮助画图和检查，而且是识读基本几何体三视图的基本依据。

③ 圆台的视图特征。圆台的三个投影均为首径相等的圆，如图3-13 (b) 所示，两个视图外框线是矩形，所表示的形体一定是柱体，第三视图如果是圆则为圆柱；两个视图外框线是三角形，所表示的形体一定是锥体，第三视图如果是圆则为圆锥；两个视图外框线是梯形，所表示的形体一定是台体，第三视图如果是圆则为圆台；三个视图均为相似的多边形则多边形就是几棱柱，如果是两个几边形的多边形就是几棱台，第三视图是两个几何边形的相似多边形则多边形就为几棱锥。

圆，则为圆球。

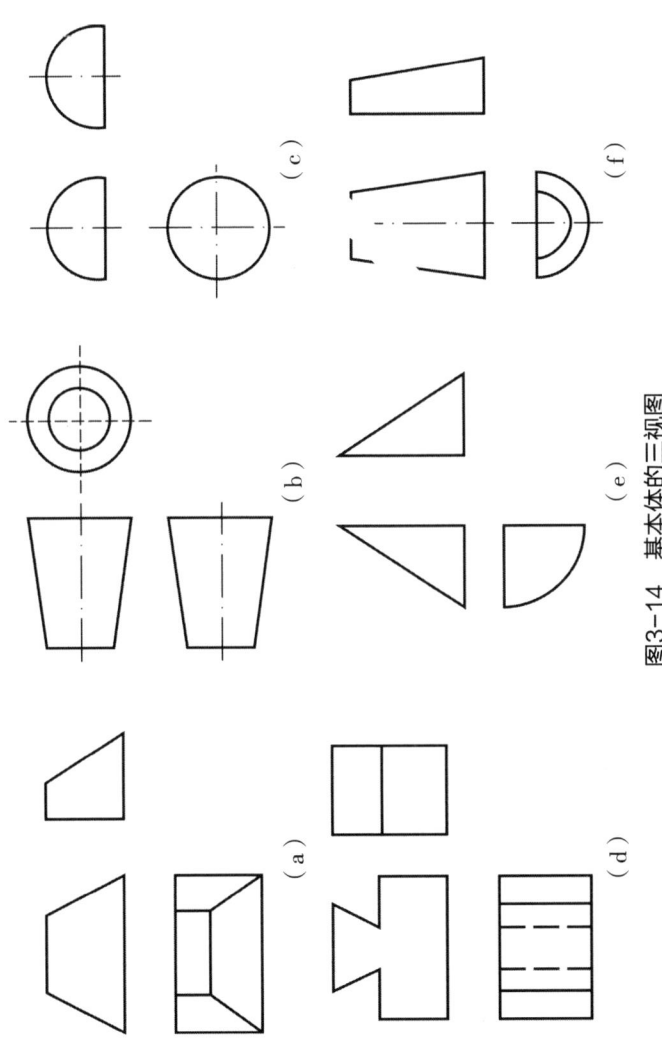

图3-14 基本体的三视图

如图3-14所示为多组基本体组成的视图，供读者分析。

2. 曲面几何体表面上的点和线

由于曲面几何体是由平面与曲面组成的，所以其上的点或线可能位于平面上，也可能位于曲面上。平面上的点、线投影，线投影前面已经做了介绍，与平面上的点，线投影作法相同，曲面上的点，曲面上的点的投影来确定。也同样借助曲面上线的投影来确定，曲面上的线的投影借助曲面上多条素线上点的投影来确定。

在曲面上，一定能够找到一个具有特殊位置的纬圆或者一条素线包含所求点，先求曲面上点的投影，再利用曲面上的纬圆或素线的投影求解其上点的投影。利用纬圆求解称为纬圆法，利用素线求解称为素线法。

曲面上的线一般为曲线，曲面上曲线的投影一般也是曲线。

曲线可以看成是由许多短直线光滑连接而成的，因此，曲面上线的投影问题就转换成了求解曲面上点的投影的投影，这样求解曲面上线的投影问题可以通过确定线上多个点的投影来解决。

（1）曲面几何体表面上的点

【例3-3】 如图3-15所示，已知圆柱面上的点M、N的正投影，求其另两个投影。

分析：

M点的正投影m′可见，又在点画线的左方，由此判断M点在左、前半圆柱面上，侧面投影可见。N点的正投影（n′）不可见，又在点画线的右方，由此判断N点在右后半圆柱面上，侧面投影不可见。

求解：

第一步 求m、m″。过m′向下作垂线交于圆周上一点为m，根据y1坐标求出m″。

第二步 求n、n″，做法与M点相同。

【例3-4】已知圆锥的三面投影和圆锥表面上一点K的V面投影,如图3-16(a),根据已知条件补全点的投影。

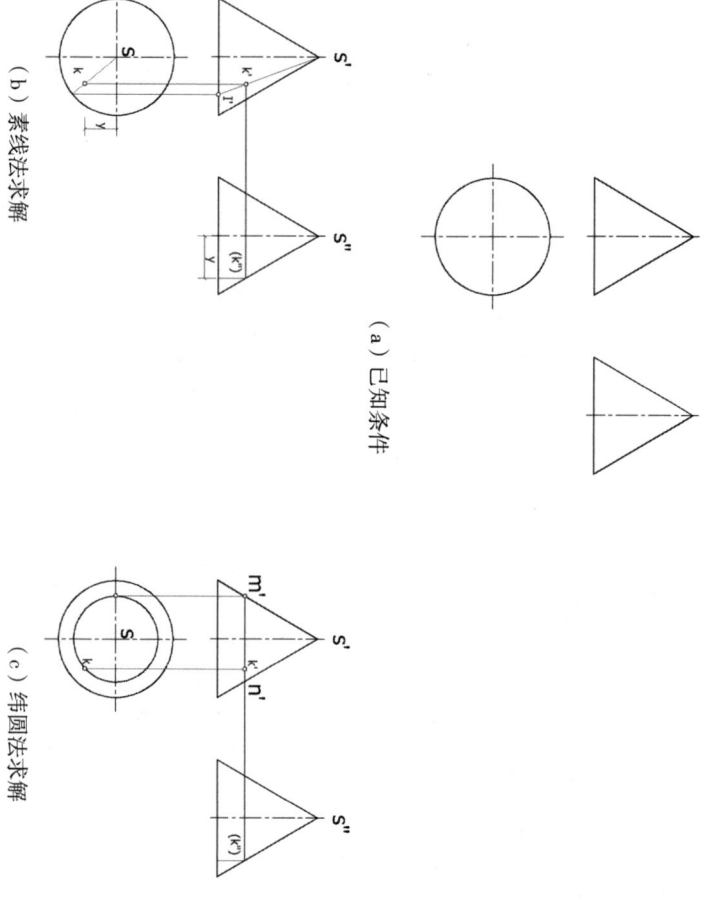

(a) 已知条件 (b) 素线法求解 (c) 纬圆法求解

图3-16 求取圆锥表面上点的投影

分析：对于所给已知条件，知K点是圆锥表面上的点，是属于曲面上的点，因此需要找到包含K点的纬圆或素线，借助辅助圆或辅助线，都可以求出K点的其他投影。

① 辅助素线法。第一步 设圆锥的顶点为S，则SK就是圆锥的一条素线，在V面上连接s'k'，延长与底圆投影交于点1'，S1是包含点K的一条素线；

第二步 经过1'向下作铅垂线，与H面的右前圆锥轮廓的交点就是点1的H面投影1，连接s1即得

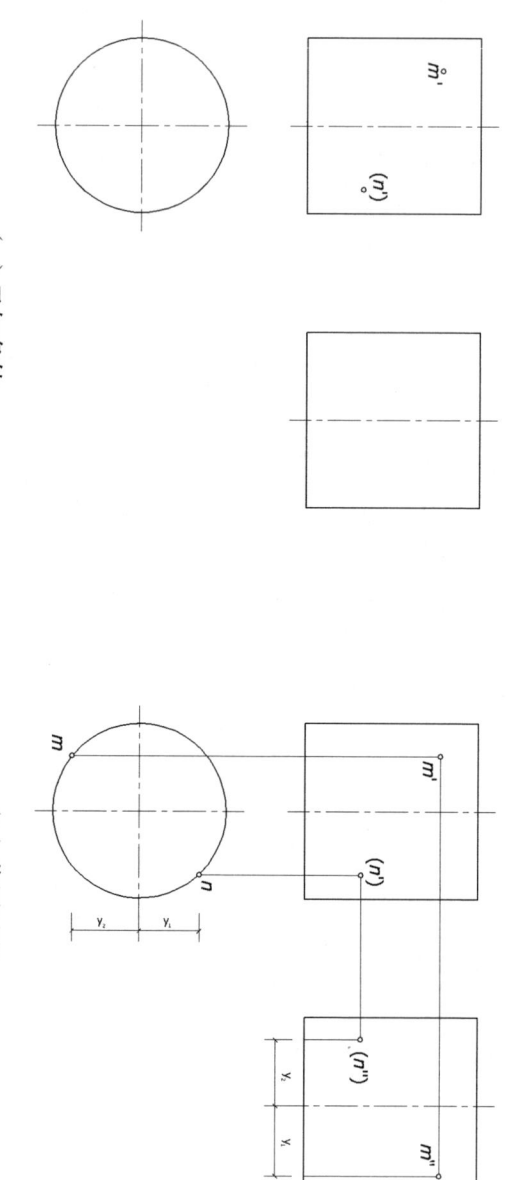

(a) 已知条件 (b) 作图过程

图3-15 圆柱表面上取点

素线S I 的H面投影；

第三步 经过k'向下作铅垂线，与H面内的素线S I 投影sl的交点就是K点在H面的投影k；

第四步 根据三投影规律，先找出素线S I 在W面的投影s"l"，再找出K点在s"l"上的位置，从而得到W面的投影k"；

第五步 可见性判断，因点K位于圆锥面的右前部分，所以K点在W面上的投影不可见，应为(k")，如图3-16（b）所示。

② 辅助纬圆法。假想一个水平面，过K点与圆锥相交，则交线就是包含K点的圆，这个圆称为纬圆，对于水平放置的纬圆，其在V面上的投影积聚为一平行于投影轴的一条直线。

第一步 经过点k'作水平线，与轮廓素线的V面投影交于点m'和点n'，m'n'是包含点K的纬圆在V面中的积聚投影，长度等于等纬圆的直径；

第二步 在H面中，以s点为圆心，以1/2 m'n'为半径作圆，这就是纬圆的H面投影，经过k'的铅垂线与纬圆的前半圆相交，就是点K的H面投影k；

第三步 根据三投影规律，通过投影得到点K的W面投影k"；

第四步 可见性判断，因点K位于圆锥面的右前部分，所以K点在W面上的投影不可见，应为(k")，如图3-16（c）所示。

根据上面的例题的求解，可以总结出求解曲面几何体表面上点的投影的作图步骤：

第一 根据三投影图判定立体的形态、位置，确定曲面几何体的主要轮廓素线的位置；

第二 根据已知投影判断点的位置，利用素线法或纬圆法求出点的投影。当求解曲线的投影时，应该先确定出特殊位置上点，然后求出特殊位置上点的投影，如轮廓素线上的、投影面垂直面上的点等，然后再求取一般位置点的投影，最后光滑连接各点形成曲线的投影。

第三 根据点、线所在的位置判定可见性。

（2）曲面几何体表面上的线

【例3-5】如图3-17所示，已知属于球体表面上的点A，B，C及线段EF的一个投影，求其另两个投影。

分析：

由已知条件可判断点A在球体的左前上方球面上；点B位于球体前下方的球面上；点C位于球体左下方的球面上。

C点位于侧面转向轮廓线上，是最大侧平圆上的特殊点；点B位于正平圆上，是最大正平圆上的特殊点，可直接求出b"，再求出b；

e'f'为一虚线段，说明EF是位于球体左后方的球面上，且平行于侧面的一段圆弧，E、F为一般位置点。

求解：

第一步 求a、a"，a'过a'作水平纬圆，利用从属关系求出a，再求出a"；

第二步 求b、b"，B点位于侧面转向轮廓线上，可直接求出b"，再求出b；

第三步 求c、c"，C点位于正面转向轮廓线上，可直接求出c'，再求出c"；

第四步 求ef、e"f"，过e'f'作一侧平圆，求出e"f"。水平投影ef为一直线段，e、f两点重合，f点为不可见，如图3-17（b）所示。

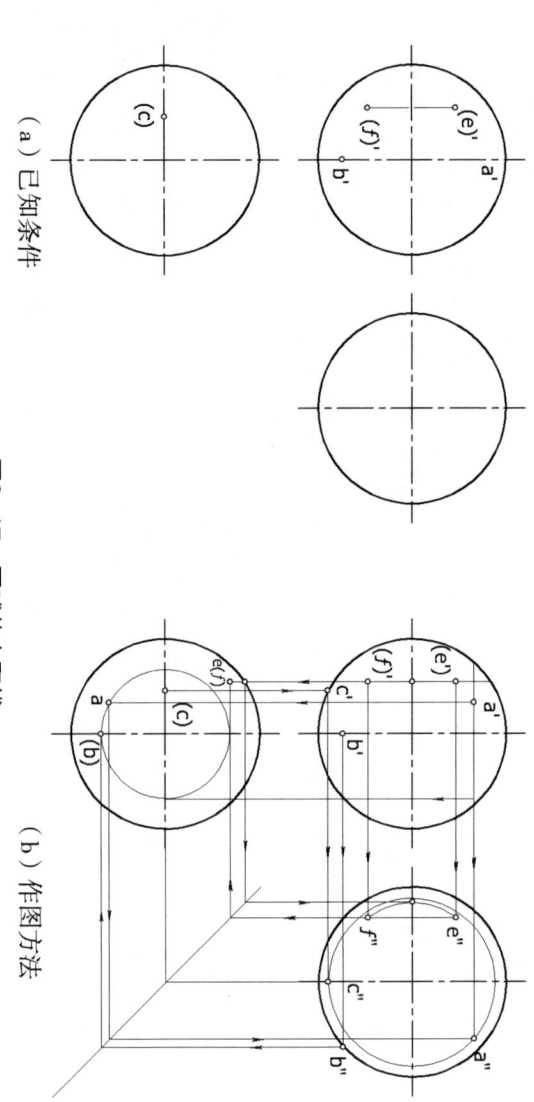

图3-17 圆球体上取线

(a) 已知条件 (b) 作图方法

【例3-6】如图3-18所示，已知圆柱面上的AB线段的正面投影a'b'，求其另两面投影。

分析：

圆柱的轴线垂直于侧面，其侧面投影积聚为圆，正面投影、水平投影为矩形。线段AB是圆柱面上的一段曲线，求曲线投影的方法是画出曲线上诸如端点、分界点及适当数量的一般位置点，并把它们光滑连接即可。

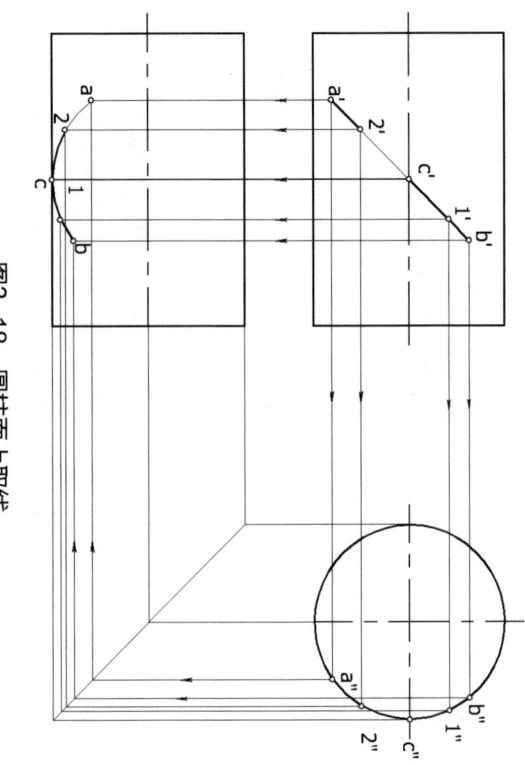

图3-18 圆柱面上取线

作图：

第一步 求出端点A和B的投影。利用积聚性，求得侧面投影a″、b″，再根据投影关系求出a、b。

第二步 求曲线在轮廓线上的点C的投影。点C在水平投影的轮廓线（轮廓素线）上，根据轮廓线的投影位置，求出点C的侧面投影c″和水平投影c。

第三步 求适当数量的中间点。在a'b'上取点1'2'，然后求其侧面投影1″、2″，再根据投影关系求出水平投影1、2。

第四步 判别可见性并连线。c点为水平投影可见不可见的分界点，曲线的水平投影a2c为不可见，c1b为可见，画成虚线，画成实线。

【例3-7】如图3-19所示，已知圆锥表面上的线段AB的正面投影，求其另两面投影。

分析：

求出线段上的端点、轮廓线上的点、分界点等特殊位置的点及适当数量的一般点，并依次连接各点的同面投影。

求解：

第一步　求线段端点A、B的投影。利用平行于H面的辅助纬圆，求得a、a″、b、b″。

第二步　求侧面轮廓线上点C的投影c″，并利用从属关系直接求出c。

第三步　在线段的正面投影上选取适当的点求其投影。如图中D点的各投影。

第四步　判别可见性。由正面投影可知，曲线BC位于圆锥右半部分的锥面上，其侧面投影不可见，画成虚线，AC位于左半锥面上，侧面投影、水平投影均可见，如图3-19所示。

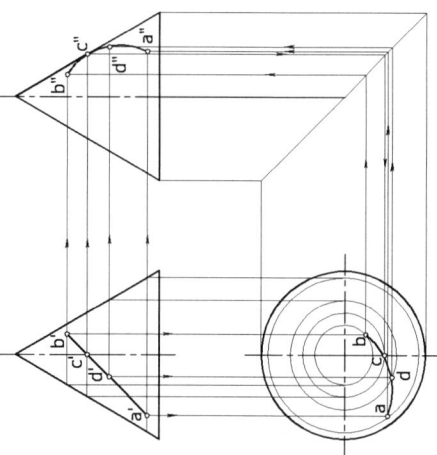

图3-19　圆锥面上取线

三、立体截断

用平面切割立体称为立体截断。如图3-20所示。

切割立体的平面称为截平面，截平面与立体表面的交线称为截交线，截交线所围成的图形称为截断面。截交线的顶点称为截交点。

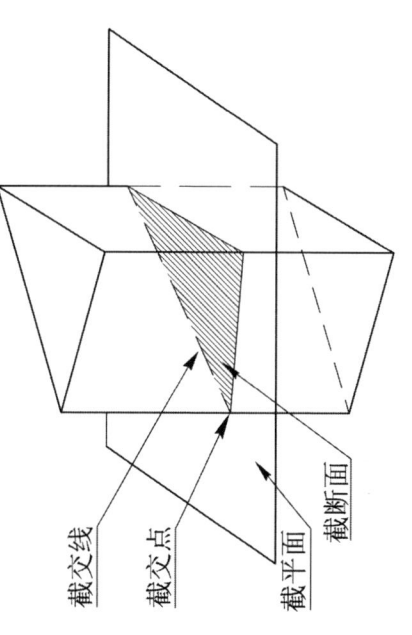

图3-20　平面与平面立体相交

研究平面立体的截断，其主要是研究立体的截交线的求解。

如图3-20所示，截交线具有以下性质。

① 共有性。截交线是截平面和立体表面的共有线，截交线上所有的点一定是立体表面上的共有点，这些共有点相连就是截交线。

② 封闭性。由于立体的表面都是封闭的，因此截交线的形状也必定是封闭的平面图形。

③ 平面性。截交线的形状决定于立体本身的形状以及截平面与立体的相对位置，平面立体的截交线是平面多边形，而曲面立体的截交线一般情况下是平面曲线，由于截平面与立体表面的截交线又是由截平面上的截交点构成的，所以可以把求取截平面与立体表面共有点的问题特化为求取截平面与立体表面的截交线和截交线的投影的问题。

1. 平面立体截断

平面切割平面几何体称为平面立体截断，在实际工作中经常会遇到截平面垂直于投影面的情形，本章重点对这一类型进行研究。

当截平面垂直于投影面时，在所垂直的投影面中的投影积聚为一条直线，截交线是截平面与立体的交线，截交线的投影（截平面迹线的投影）重合，所以截平面的积聚投影与截平面的积聚投影就可以看成截交线的已知投影，截交线的V面投影必重影于Pv上。根据这种关系，就可以将求取截交线和截交线的投影特化为求取棱线或者交线上点的投影的问题。

（1）平面与完整立体截交

【例3-8】已知条件如图3-21所示，求正垂面P与三棱锥的截交线。

分析：从V面投影中可看到，截平面P与三个棱面相交。因此，截交线是一个三角形，它的V面投影具有积聚性，截交线的V面投影必重影于Pv上。三条棱线的v面投影（s'a'，s'b'，s'c'）与Pv的交点就是三个截交点的V面投影1'，2'，3'，也就是截交线的V面投影已经已知，只要求作截交线的水平投影和侧面投影即可。

求解：

第一步 确定截交点的V面投影1'，2'，3'。

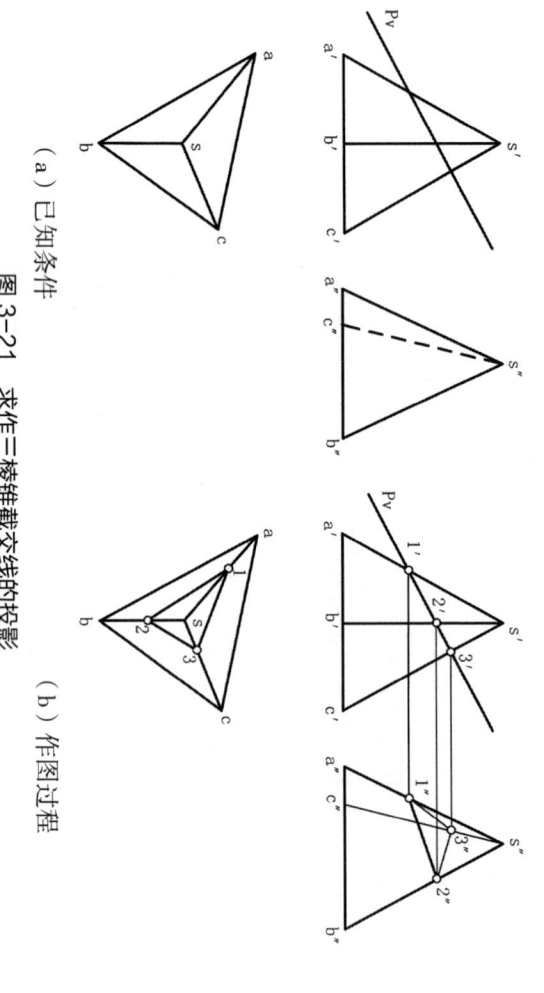

(a) 已知条件　　(b) 作图过程

图3-21 求作三棱锥截交线的投影

第三章 立体投影

第二步 过1'、2'、3'向H面引铅垂线，与sa、sb、sc相交，得截交点的H面投影1、2、3。

第三步 过1'、2'、3'向W面引水平线，与s"a"、s"b"、s"c"相交，得截交点的W面投影点1"、2"、3"。

第四步 连接各交点的同面投影，即可得截交线的H面投影123和W面投影1"2"3"。

第五步 判断可见性。H面三个侧面投影都是可见的，用实线表示；而在W面中，侧面SAC和SBC都被侧面SAB所遮挡，所以在这两个侧面上的截交线是不可见的，它们的投影用虚线表示，如图3-21（b）所示。

（2）平面与有孔洞的平面立体相交

有孔洞的平面几何体是常见的平面立体，如一些管状的构造等。有孔洞的平面立体是从一个立体中减去了另一个立体，如图3-22（a）所示的平面立体。这样立体的截交线也是由两个部分构成的，即截平面与外部的实体和内部的孔洞相交所形成的截交线。解决这类问题就是分别求出两条截交线的投影，然后根据立体的特点判定其可见性。

【例3-9】 如图3-22所示，已知平面立体两面投影，请补全立体的投影。

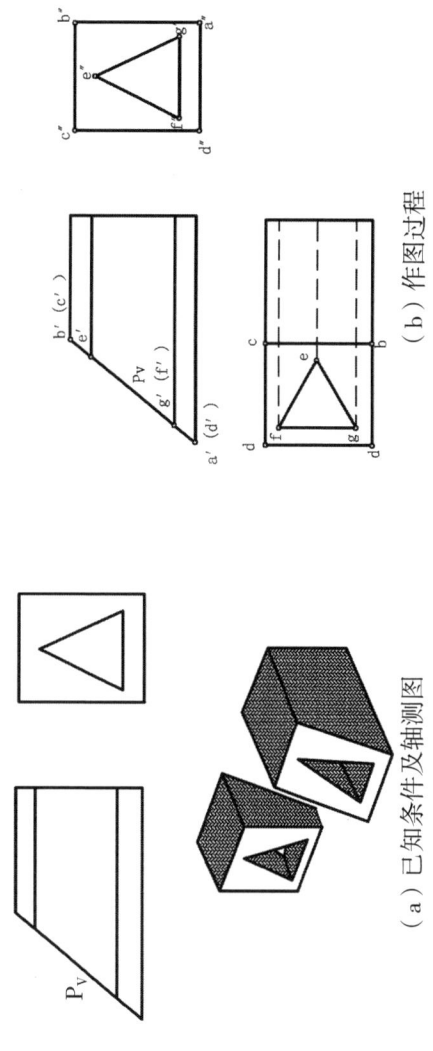

(a) 已知条件及轴测图

(b) 作图过程

图3-22 求有孔洞的四棱柱的投影

分析：

由所给条件可知：所给平面立体是在一个四棱柱中挖去一个三棱柱，然后被一个正垂面所截而成的。截平面与四棱柱形成的截交线是截断面的外部轮廓线，与三棱柱形成的截交线就是断面的内部轮廓线。因此，该题就是补画三视图和分别求出两条截断面截交线的投影。

求解：

第一步 平面立体被正垂面P_V所截，在V面中断面的投影与平面P的迹线P_V重合，可以利用截平面迹线与平面立体棱线投影的交点得到截断面的V面投影a'b'c'd'e'f'g'。

由于平面立体的侧面投影都已经知道，所以截断面的W面投影与平面立体的W面投影重合，也就是说截断面的W面投影也已知道，即a"b"c"d"e"f"g"。

第二步 经过各个交点向V面投影向H面作铅垂线，与四棱柱四条侧棱线的H面投影相交，得到截断面外部轮廓线（四棱柱的截交线）的H面投影abcd；使用同样方法，根据截断面的W面投影，利用量取距离差的方法，作出内部轮廓线（三棱柱的截交线）的H面投影efg，从而得到截断面的H面投影abcdefg。

第三步 平面立体内三棱柱的棱线在H面中是不可见的，应该用虚线绘制。其他的棱线、截交线都是可见的，用实线绘制，如图3-22（b）所示。

2．曲面立体截断

平面切割曲面立体称为曲面立体截断。

曲面立体被平面截断，其截交线在一般情况下是平面曲线或平面曲线与直线段的组合图形。

当截平面为特殊位置平面时，其投影至少有一个具有积聚性，因此，截交线的投影也至少有一个积聚成直线段，且重影于截平面的迹线，成为截交线的一个已知投影。而求作截交线的其他投影，则可根据曲面的性质，利用素线法或者纬圆法求它们与截平面的一系列共有点。

（1）平面与圆柱相交

平面与圆柱相交时，由于截平面与圆柱的轴线相对位置不同，其截交线有三种不同的形状（表3-1）。

表3-1　　平面与圆柱相交的截交线与断面形式

截平面位置	垂直于轴线	倾斜于轴线	平行于轴线
轴测图	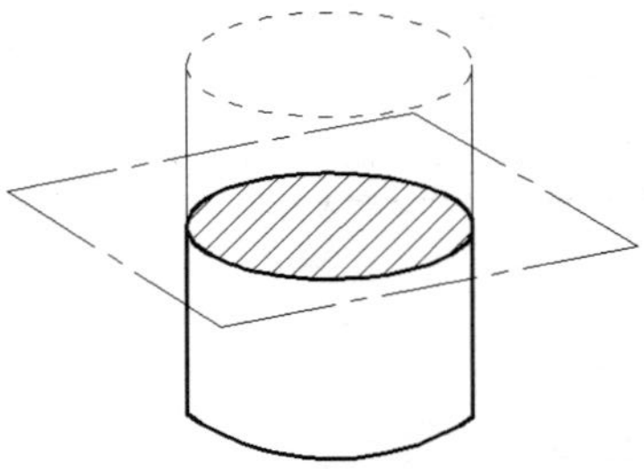	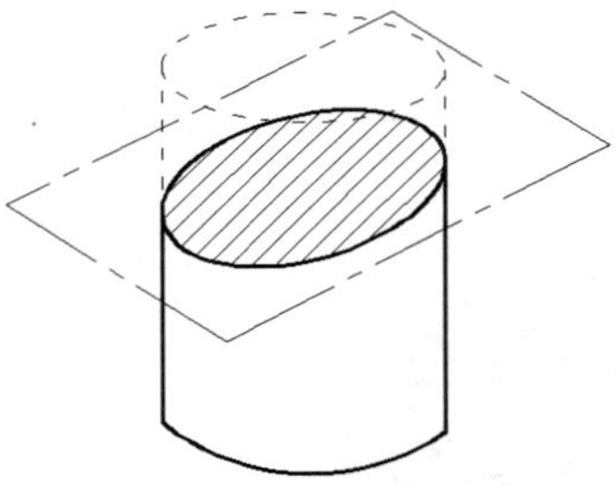	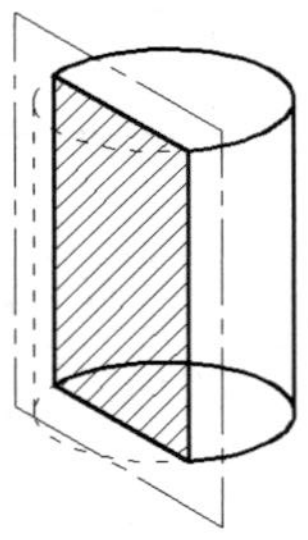
投影图	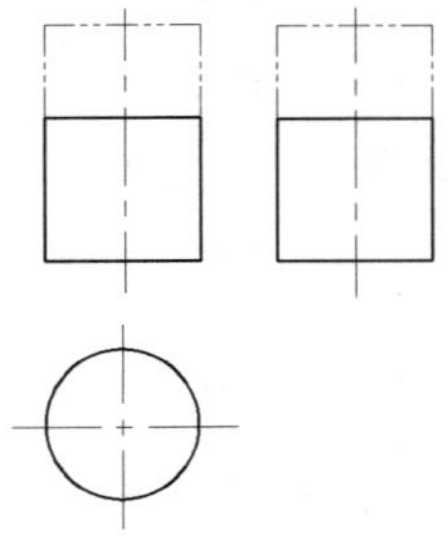	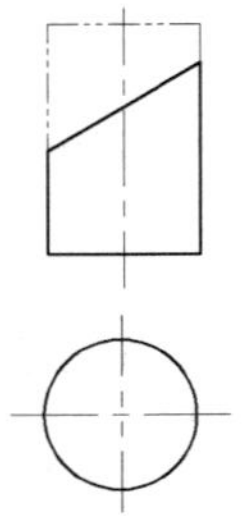	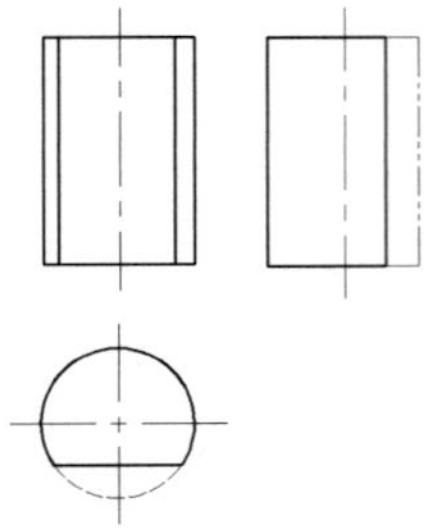
截交线形状	圆	椭圆	矩形

【例3-10】 如图3-23所示，已知某一园林小品的V面投影及W面投影的轮廓线，补全第三投影。

分析：

由图3-23（a）可以看出构成这一小品的基本几何形体是圆柱（V面投影为矩形，W面投影为圆），而且这一圆柱的轴线垂直于W面。圆柱被水平面P和正垂面Q所截，根据表3-1所列出的内容，水平面截圆柱断面为矩形，正垂面截圆柱断面为椭圆，两个截平面的交线构成这两个断面的交线。

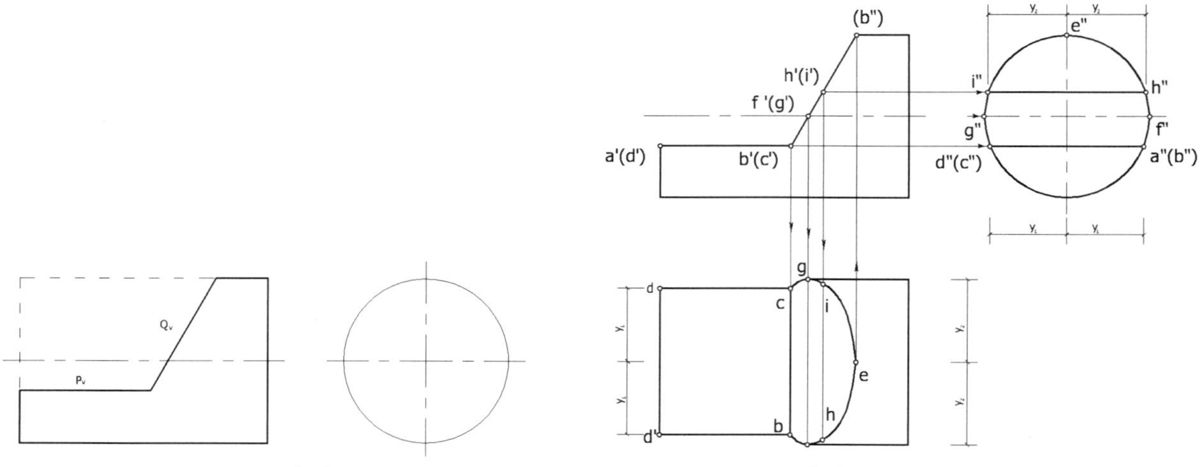

（a）　　（b）

图3-23　园林小品投影图

求解：

第一步　根据三视图的投影规律，划出完整圆柱的H面投影，用细点画线绘制。

第二步　根据圆柱的形态特征，截平面P与截平面Q截得的两个截断面分别是水平面和正垂面，在W面中前者积聚成一条水平线a″b″c″d″，后者为一段圆弧c″g″e″f″b″，与圆柱的投影重合，如图3-23（b）所示。

第三步　根据点的投影规律 绘制出H面内截平面P对应的截交线的投影abcd，bc为两个截平面的交线。

第四步　利用素线法（或纬圆法）求出截平面Q所形成的截交线的投影，其中E点、F点和G点较为特殊，它们位于轮廓素线上，投影较为容易，为保证截交线投影的准确度，需要在曲线上多取几对点，在此增加点H和点I，以便准确地绘制出曲线的投影。

根据点的投影规律，求出截平面Q所形成的截交线在三投影面内的投影c″ g ″e″f″b″和cgefb。

第五步　将截交点的同面投影依次连接，因为都是位于可见的表面，所以都是用实线绘制。

（2）平面与圆锥相交

平面截切圆锥时，根据截平面与圆锥相对位置不同，圆锥面上产生五种不同形状的截交线，见表3-2。

表3-2　　平面与圆锥相交的截交线与断面形式

截平面位置	垂直于轴线	平行于轴线	倾斜于轴线		
			与素线相交	平行于一素线	通过锥顶
轴测图	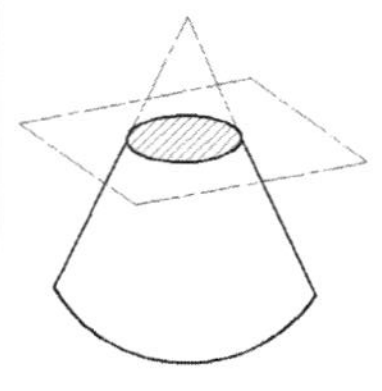	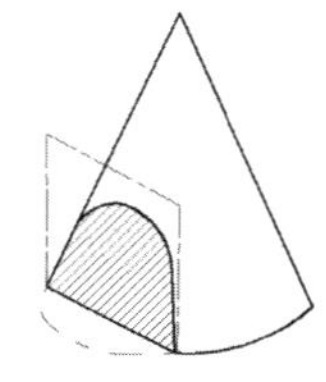	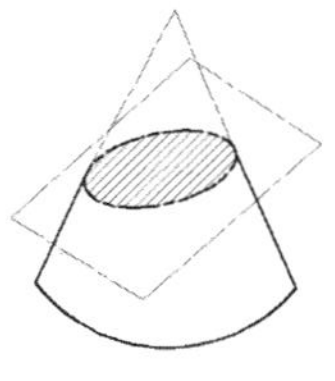	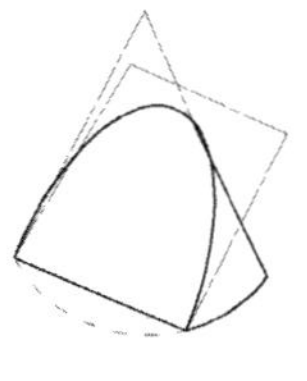	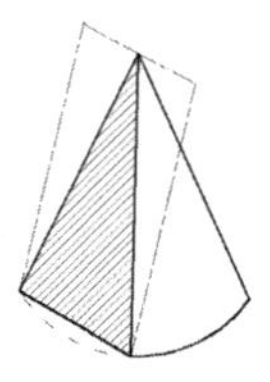

续表

截平面位置	垂直于轴线	平行于轴线	与素线相交	倾斜于轴线	通过锥顶
投影图					
截交线形状	圆	双曲线与直线组成的封闭图形	椭圆	抛物线与直线组成的封闭图形	三角形

【例3—11】 如图3—24（a）所示，已知圆锥及截平面P的投影，求截交线的投影。

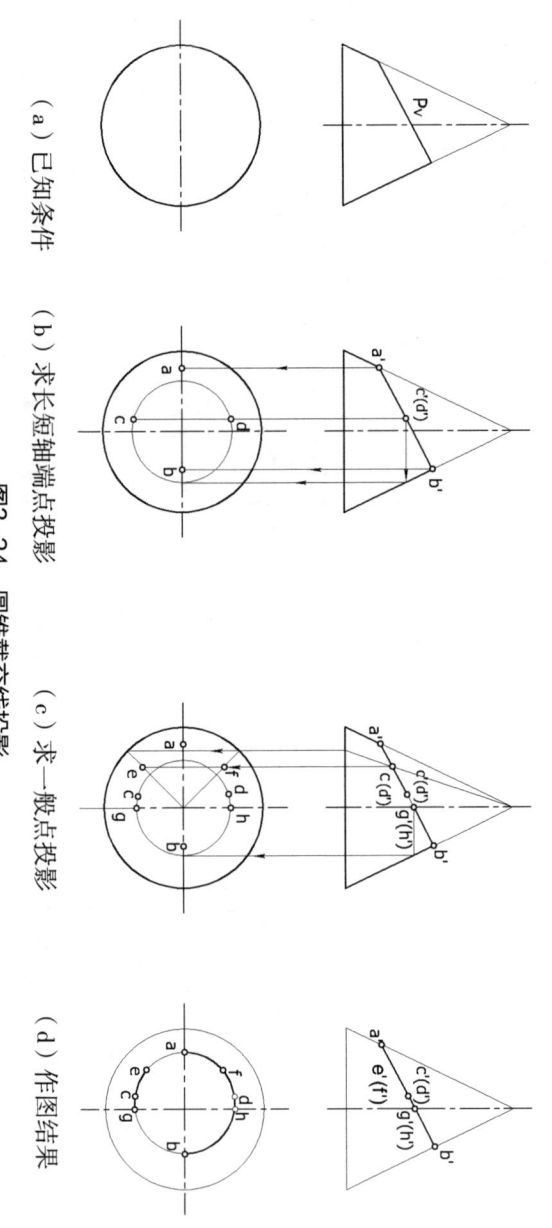

图3—24 圆锥截交线投影

(a) 已知条件　(b) 求长短轴端点投影　(c) 求一般点投影　(d) 作图结果

分析：

由图3—24（a）可知，截平面P是一个正垂面，截交线的V面投影和截平面P的迹线重合，这一投影就可以求出截交线的投影。根据表3—2，题中的截交线应该是一个椭圆，长轴是直线AB，其短轴是直线CD。要想求出准确的截交线投影，除了这两对点，还应该在曲线上再选取一般位置的几对点。

求解：

第一步　根据截交线的积聚投影（V面投影）特性和椭圆的特点，确定两对特殊点A、B和C、D的V面投影a'b'c'd'，再根据截交线的投影规律，使用纬圆法确定特殊点A、B和C、D的H面投影，如图3—24（b）中的长轴端点的投影a、点b和短轴端点的投影点c、点d。

第二步 在积聚投影上再选择几对点,如图中截交线上对v面的重影点E点和F点,G点和H点,利用素线法和纬圆法求出这些点的H面投影efgh,如图3-24（c）所示。

第三步 将a、e、c、g、b、h、d、f、a圆滑地连接起来,得到截交线的H面投影aecgbhdfa,如图3-24（d）所示。

（3）平面与球相交

平面与球的截交线总是圆,但由于截平面与投影面的相对位置不同,则截交线的投影可能是直线、圆或椭圆。

当截平面与投影面平行时,截交线圆的投影反映实形,其它两面投影则积聚成长度等于该圆直径的直线段,如图3-25（a）所示。

当截平面与投影面倾斜时（截平面仍为投影面的垂直面）,截交圆在所垂直的投影面中积聚成直线,在其他两个投影面上的投影为椭圆,椭圆的长轴是截交圆中平行于该投影面直径的投影,而短轴则为截交圆中处于截平面对该投影面最大斜度线位置上直径的投影,如图3-25（b）所示。

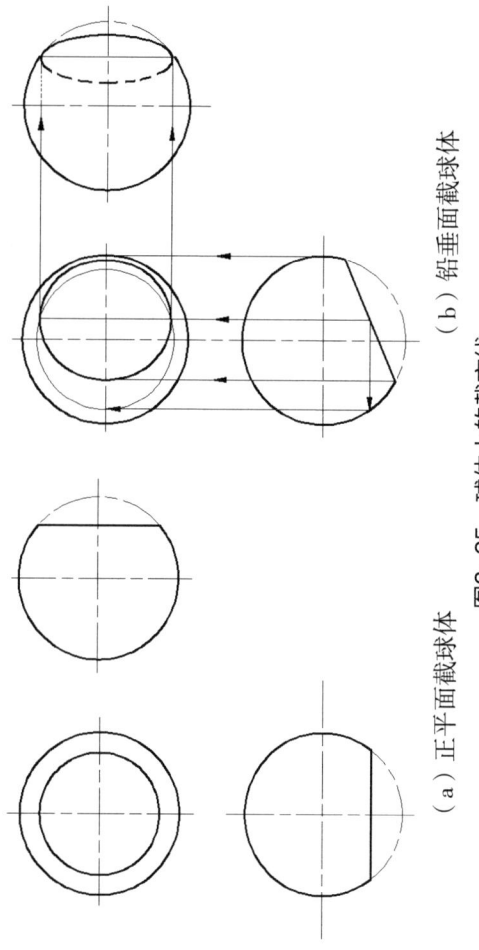

（a）正平面截球体　　（b）铅垂面截球体

图3-25 球体上的截交线

球体表面上的截交线投影的求取方法与圆柱和圆锥相似,仍然是运用素线法或者纬圆法,这里不再具体介绍。

四、直线与立体相交

直线与立体相交称为贯穿。直线与立体表面的交点称为贯穿点。贯穿点必是成对出现,其中一点为贯入点,另一点为贯出点,如图3-26（a）所示；贯穿点既是立体表面上的点,又是直线上的点。

因此,求贯穿点的问题,实质上是求线面交点的问题。求交点时,应根据立体投影的具体情况,或利用立体投影的积聚性,直接求出同一投影面内的贯穿点；或利用辅助平面法求出贯穿点。

求贯穿点的一般方法是应用辅助平面法,其一般步骤为：

① 包含直线作辅助平面；

② 求辅助面与立体的截交线；

③ 截交线与已知直线的交点即为贯穿点；
④ 判别贯穿点的可见性。

注意：辅助面的选择应根据立体的具体情况，力求所选辅助面截得的截交线的投影最为简单，例如投影为直线或圆。如图3-26 (b) 所示。

贯穿点的可见性判别应根据贯穿点所在表面是否可见而定，若该点所在表面可见，则该点可见；若该点所在表面为不可见，则该点亦不可见。

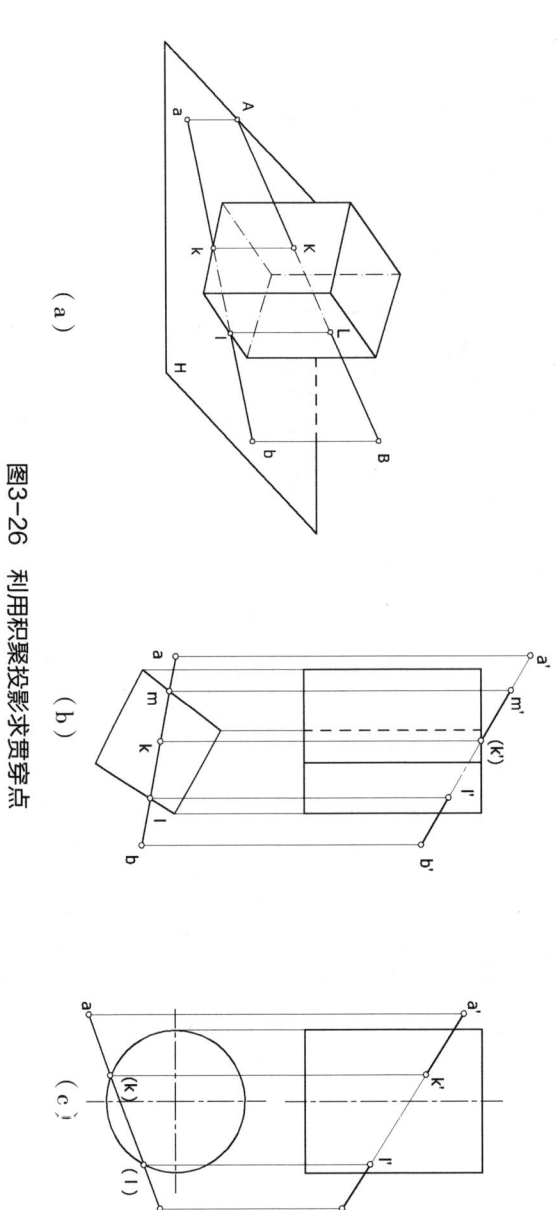

图3-26 利用积聚投影求贯穿点

1. 直线与平面立体相交

直线与平面立体相交，其实质就是求直线与立体表面的贯穿点，可利用线、面的积聚性或辅助平面法进行求解。

【例3-12】 如图3-27所示，空间一直线与三棱锥相交，求作贯穿点的投影。

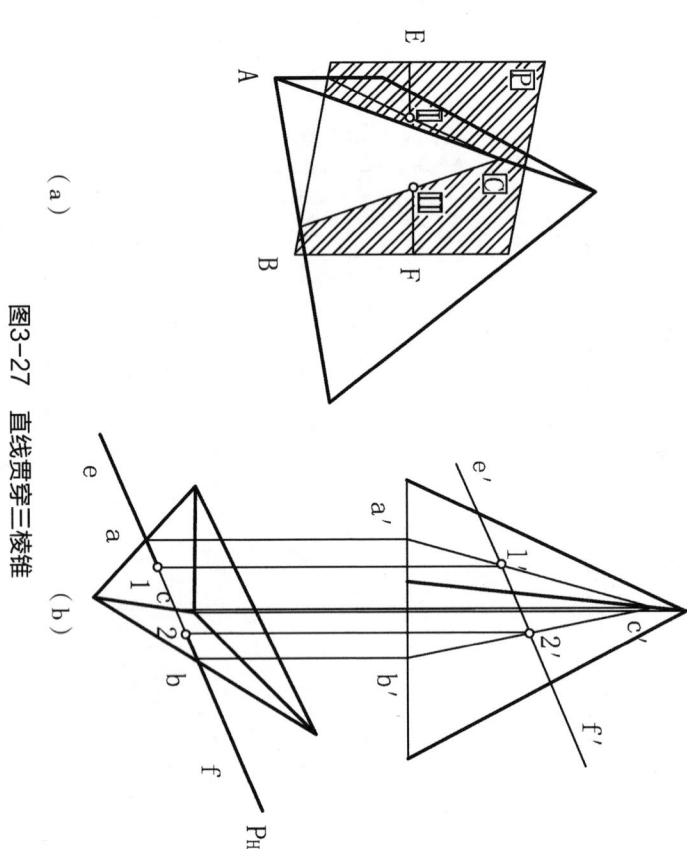

图3-27 直线贯穿三棱锥

分析：如图3-27（b）所示，三棱锥各棱面都为一般位置平面，其投影均没有积聚性，故采用包含已知直线EF作正垂面或铅垂面为铅垂面的方法求解。

求解：

第一步 包含已知直线EF作一铅垂面P，如图3-27（a）所示。

第二步 做出P面与三棱锥的截交线ABC的H面投影abc和V面投影a'b'c'，它的正面投影a'b'c'与e'f'相交于1'，2'，即所求贯穿点的正面投影。据此应用三视图的投影规律作出水平面投影1，2。

第三步 点Ⅰ，Ⅱ在侧面的正面投影和水平面投影均可见，故Ⅰ（1，1'）和Ⅱ（2，2'）均可见，如图3-27（b）所示。

2. 直线与曲面立体相交

直线与曲面立体相交，其交点可采用在曲面体表面取点或过直线做辅助平面的方法求解。但选择的辅助平面，必须使其截交线成为直线或圆。

【例3-13】 如图3-28所示，直线AB与圆锥相交，求作贯穿点的投影。

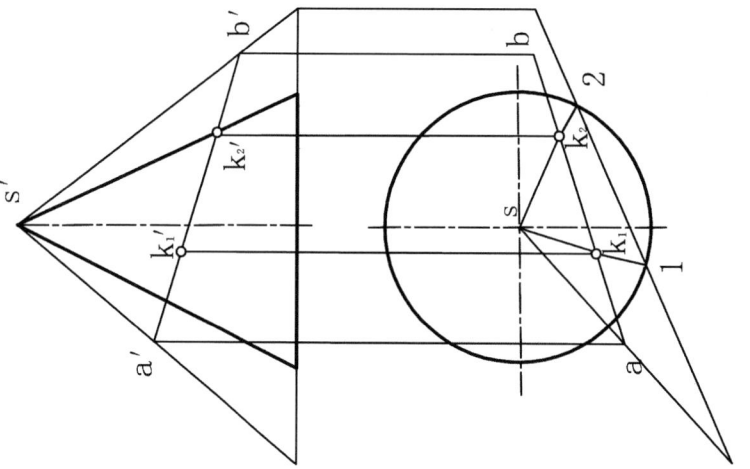

图3-28 直线与圆锥面的贯穿点

分析：

欲求直线与圆锥面的贯穿点，可根据过锥顶的平面与圆锥面截交线为直线的特点，以过锥顶点S和直线AB的一般位置平面作为辅助平面，它与锥面的交线为两条相交的直素线，直素线与AB共面，其交点即为直线与圆锥的贯穿点。

求解：

第一步 作辅助平面，连接SA（s'a'，sa）和SB（s'b'，sb）组成辅助平面SAB；

第二步 求得辅助平面与锥面的交线，延长辅助平面到H面，求出辅助平面在H面的投影与圆锥

五、两立体相贯

立体与立体相交称为相贯。

两平面立体相交，其相贯线在一般情况下是封闭的空间折线，但有时也会是平面多边形，是两立体的共有线。

由两个或两个以上的基本形体相交（或称相贯）而成的组合形体称为相贯体。相贯线是两相交立体表面的共有线。相贯线上的点是两相交立体表面的共有点，称为相贯点。

研究两立体相贯的问题，就是画两相贯立体及其表面相贯线的投影。

相贯的立体因相贯的立体类型不同有三种类型：两平面立体相贯，平面体与曲面体相贯，曲面体与曲面体相贯。

1. 两平面立体相贯

（1）两平面立体相贯

求两平面立体相贯线的方法通常采用"交点法"，既求两立体表面的共有点（也称之为相贯点），然后依次连接各相贯点的投影，即可得到相贯线。

在运用"交点法"求解相贯线时，要注意各段折线的可见性。

① 只有当做连接的两点既应位于甲立体的同一棱面上，又同时位于乙立体的同一棱面上时，才可进行连接。

② 因为相贯线在一般情况下具有封闭性，所以每个折点必要和相邻的两个折点相连。

在求出各相贯点以后，还要判别各段折线的可见性。只有位于两立体皆可见的棱面中，两个相交的棱面为不可见，则它们的交线即不可见，其上的投影为实线，投影为虚线。

【例3-14】如图3-29（a）所示，房屋的投影图已知，根据已知条件补全投影。

分析：

根据轴测图和投影图可以看出，该建筑物是由三个基本几何形体构成，两个五棱柱垂直相贯（棱柱Ⅰ和棱柱Ⅱ），一个四棱柱（棱柱Ⅲ）与其中一个五棱柱（棱柱Ⅰ）垂直相贯。由于三个立体的棱面都是特殊的平面，所以可以利用棱面的特殊投影求解。

在H面投影底面的交线Ⅰ，Ⅱ。

第三步 求贯穿点，Ⅰ，Ⅱ点为辅助平面、圆锥面及圆锥底面三面的共有点，相贯线与AB直线交于K_1和K_2点，连接SI、SII，就是辅助平面与锥面的两条共有线，即截交线，SI、SII分别与AB直线的投影ak_1、k_2b、$a'k_1'$、$k_2'b'$均为可见，KI、KII段位于圆锥实体内部，故不画其投影。

第四步 判别可见性，由于贯穿点K_1、K_2均位于前半锥面上，故其投影ak_1、k_2b、$a'k_1'$、$k_2'b'$均为可见，即为其贯穿点。

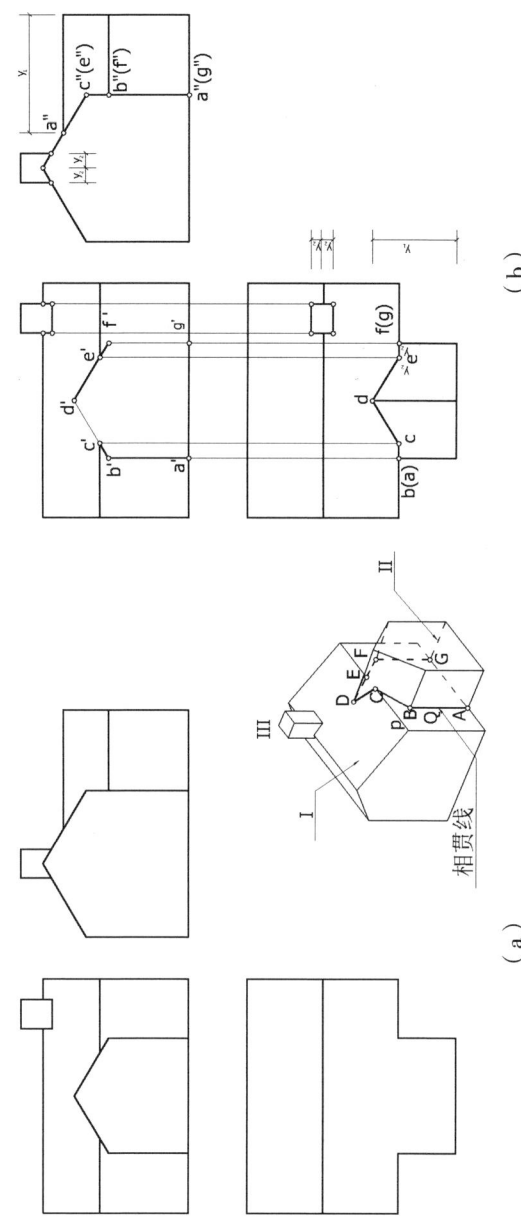

(a)

(b)

图3-29 平面立体相贯

如：两个五棱柱的相贯线A-B-C-D-E-F-G-A，如图3-29（a）所示。位于棱柱Ⅱ的五个棱面和棱柱Ⅰ的棱面P和棱面Q上，相贯线的V面投影落于棱柱Ⅱ的积聚投影，在W面中相贯线落于棱柱Ⅰ的棱面的积聚投影上，所以相贯线的V面投影和W面投影是已知，只要求出相贯线的H面投影即可。

求解：

第一步 求相贯点。根据棱柱Ⅰ和棱柱Ⅱ棱面的积聚投影可以得到相贯点和相贯线的V面投影，如图3-29（b）所示。通过距离的量取可以确定各个相贯点的H面投影。

第二步 连接相贯点。将各个相贯点依次连接，abcdefga即为所求，如图3-29（b）所示。

第三步 按照上述的方法，求作棱柱Ⅰ和Ⅱ棱柱（棱柱Ⅲ）的相贯线。

（2）同坡屋面

同坡屋面的交线是两个平面立体相贯的建筑制图工程实例。但由于造型堡特殊，同坡屋面交线的作图方法与一般立体相贯的求取有所不同。

如果屋顶的檐口高度处在同一水平面上，各坡面的水平倾角又相同，则称为同坡屋面。同坡屋面的各部交线位名称，如图3-30所示。同坡屋面的投影具有如下特点。

① 同坡屋面交线两个

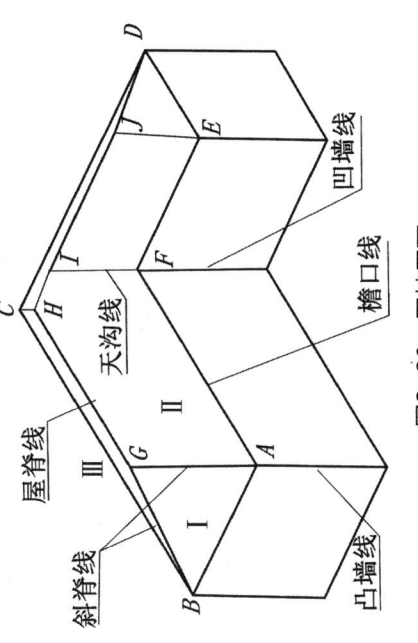

图3-30 同坡屋面

a. 同坡屋面如果前后檐口线平行且等高，前后坡面必相交成水平的屋脊线，屋脊线的水平投影必平行于檐口线的水平投影，且与两条檐口线等距。

b. 檐口线со相交的相邻两个坡面相交于倾斜的斜脊线或天沟线，它们的水平投影为两条檐口线水平投影的夹角的平分线。如果两条檐口线相互垂直，则斜脊线或天沟线的水平投影与檐口线水平投影的夹角为45°。

c. 在屋面上如果有两斜脊线、两天沟线或一斜脊线与一天沟线相交于一点，则必有第三条屋脊线通过该点，这个点就是三个相邻屋面的共有点。如图3-30所示，点G就是斜脊线AG和BG以及屋脊线GH的交点，也就是坡面Ⅰ、坡面Ⅱ、坡面Ⅲ的公共点。

② 同坡屋面交线的求解步骤

对于已知屋面外形轮廓及屋面倾角，同坡屋面交线投影的求解：

第一步，首先根据已知屋面外形轮廓找出基本单元——一字形屋面，即将斜脊线的H面投影与相应的檐口线尽可能延长，与相交的檐口线相交，得到一系列矩形，也就是找到组成这一屋面的基本单元（如图3-31所示）。

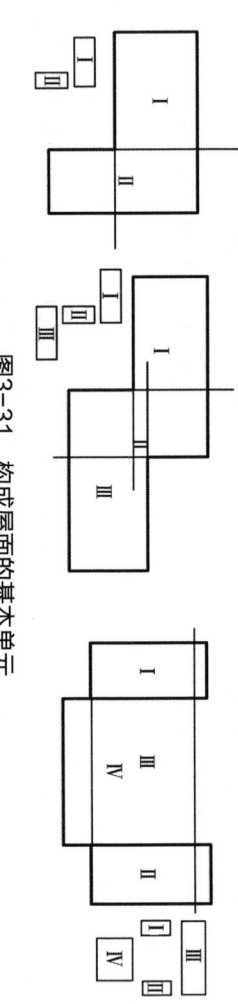

图3-31 构成屋面的基本单元

第二步，作斜脊线和天沟线的投影。在每一个单元屋面中作出屋面的斜脊线或天沟线的投影，对于同坡屋面如果相邻檐口线垂直，则斜脊线或天沟线的H面投影与其夹角为45°。

第三步，作屋脊线投影。屋脊线投影的绘制应该从屋面的一侧开始（通常从左侧开始），从第一对斜面的交点开始，屋脊线投影依次绘制。如图3-32所示，是不同屋面的走势情况。

第四步，去除多余的直线的投影。在屋面相交过程中，非墙角发出的斜脊线与坡面是多余的，在投影中不再表现，这些斜脊线的投影是多余的直线要擦除。

第五步，根据坡面的倾角作出屋面的其他两面的投影。

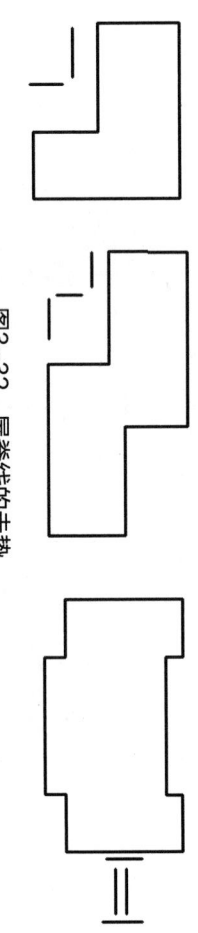

图3-32 屋脊线的走势

【例3-15】如图3-33（a）所示，已知同坡屋面的倾角为30°，并给出屋面的平面轮廓，补全同坡屋面的投影。

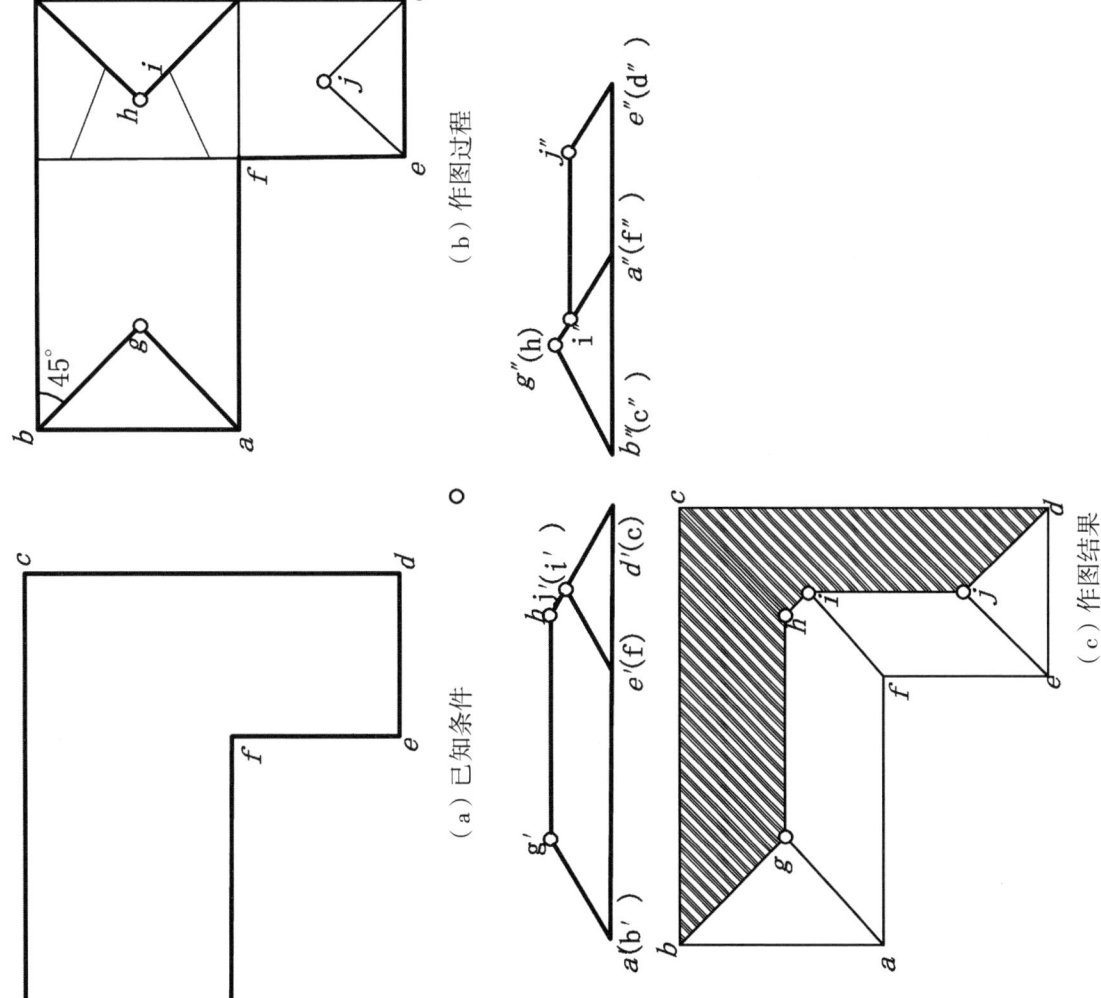

图3-33 作屋面交线

求解：

第一步，将同坡屋面檐口线af和ef延长，找到构成这一同坡屋面的基本单体（一字形屋面），在每一个一字形屋面中作出相邻檐口线的45°角平分线，即斜脊线，再在同坡屋面的凹墙角处作出天沟线（仍然与相交檐口线成45°角），三对斜脊线相交于点h，点h和点j一条天沟沟线与斜脊线交于点i。

第二步，从左侧开始，经过第一个交点g作平行于檐口线af的直线，也就是横向一字形屋面的屋脊线，这条屋脊线到点h即终结。接下来是纵向的一字形屋面的屋脊线，由于纵向的屋面要比横向的一字形屋面矮，所以它的屋脊线与横向屋面的斜脊线相交，交于点i，因此第二条屋脊线应该从点i开始，至点j结束，如图3-33（b）所示。

第三步，擦除不是从屋角发出的斜脊线，并对同坡屋面的H面投影进行整理，检查，g-h-i-j就是所求的屋脊线的H面投影，ag、bg、ch、hi、dj、ej是斜脊线的H面投影，f i是天沟线的H面投影。

第四步，作出其他两面投影。因为坡面倾角为30°，所以与投影面垂直的坡面投影与水平线的夹角为30°。如图3-33（c）所示，在V面中坡面ABG、EJIH和坡面CDJIH都垂直于V面，在V面中的投影积聚成直线，直线与水平线的夹角为30°。而坡面AFIHG、EDJ和坡面BCHG垂直于W面，所以W面投影积聚成直线。

2. 平面体与曲面体相贯

平面体与曲面体的交线，是由若干段平面曲线组合成的空间封闭曲线。每段平面曲线都是平面体的棱面与曲面体表面的截交线，相邻两段平面曲线的连接点称为结合点，也称为剪交点，是平面体的棱线和曲面体表面的交点。因此，求作平面体与曲面体的相贯线，可归结为求作平面与曲面的截交线和求直线与曲面的交点的问题。

根据上面的分析，关于求解平面体和曲面体相贯线投影的方法有两种，如图3-34所示。

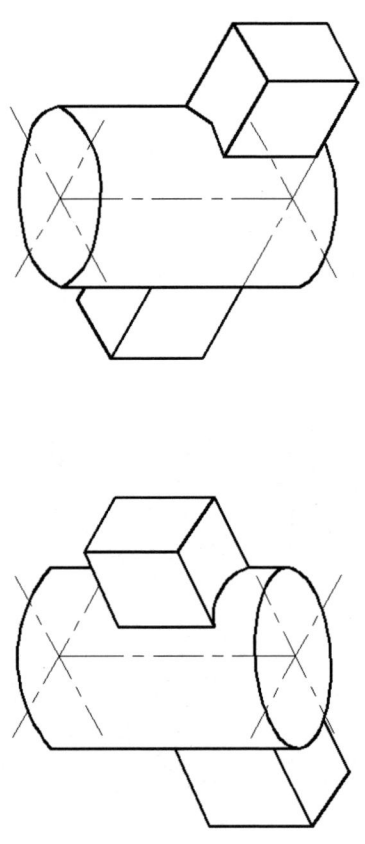

图3-34 平面体与曲面体相贯

第一种方法：先求平面体的交线，再连成相贯点投影。先求出平面体上棱线与曲面的交点，或者曲面体上轮廓素线（也可以是一般素线）与平面体的贯穿点，然后再将相贯点投影连接成相贯投影。

第二种方法：直接求相贯投影。利用特殊投影求平面体与曲面体立体的某点投影，然后根据截交线的投影关系，进而得到完整的相贯线投影。

【例3-16】如图3-35所示，已知四棱柱与圆柱的相贯体的三个投影，求四棱柱与圆柱的相贯线的投影。

分析：

由图3-35（a）可知，这个相贯体是由一个侧垂的四棱柱与铅垂的圆柱相贯而成，形成左右对称的两组相贯线。这两组相贯线在圆柱的表面上，并且是圆柱面与四棱柱四个侧面的公共部分；又因为圆柱面在H面中有积聚性，所以，相贯线的H面投影就是圆柱面积聚投影与四棱柱相交的两段弧线。在W面中侧垂的四棱柱的侧面同样具有积聚性，四棱柱与圆柱相交的侧面投影就是左右两条相交的重影。

求解：

第一步，分析投影，找到主要结合点的投影。如图3-35所示，侧投影（a″-b″-f″-d″-e″-a″）由四条线段围合而成，结合点A点，B点，C点和D点就是四棱柱四条侧棱与圆柱面的交点。其中前后两段AB和CD是四棱柱前后两个棱面与圆柱面的交线，是圆柱面上素线的一部分；而上下两段EF是四棱柱上下侧面与圆柱面的交线，是圆柱面上纬圆的一部分——AEC和BFD，其中点E和点F是四棱柱上下表面与圆柱最左侧素线的交点。在W面中这一系列的点都落在四棱柱四个侧面的积聚投影上。根据上面的分析标注出各点的H面和W面投影，如图3-35（b）所示。

第二步 作出V面投影。按照投影的原则，根据H面投影和W面投影确定各主要相贯点的V面投影。前后两段相贯线AB和CD重影，是两条铅垂线，上下两段相贯线AEC和BFD平行于H面，在V面中积聚成直线。

第三步 根据对称性，作出右侧相贯线的投影。

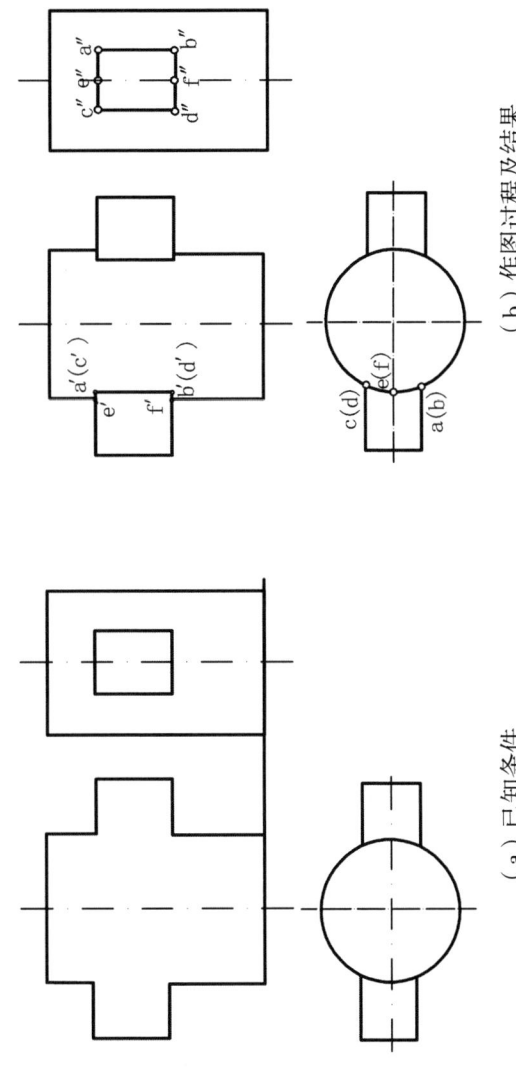

（a）已知条件　　　（b）作图过程及结果

图3-35　求四棱柱与圆柱的相贯线的投影

【例3-17】如图3-36（a）所示，已知四棱柱与圆锥相贯体的两个投影，求作四棱柱与圆锥的相贯线投影。

分析：

由于四棱柱的四个棱面平行于圆锥轴线，所以，相贯线是由四段双曲线组合而成的空间封闭曲线（前、后两段及左、右两段各自对称）。四段双曲线的结合点就是四棱柱的四条棱线与圆锥面的相贯交点。

由于四棱柱各棱面的水平投影有积聚性，所以相贯线的水平投影与各棱面的水平投影重合（矩形），只需求作相贯线的正面投影及侧面投影即可。

求解：

第一步　找特殊点，确定相贯线上的四个主要相贯点（各段双曲线上的最低点），A、F、G、H，这四个点是四棱柱四条侧棱的积聚投影处，用素线法或者纬圆法都可以求出它们的V面投影a'f'g'h'，如图3-36（b）所示，再补出它们的W面投影a"f"g"h"。

第二步　在四条棱线的积聚投影中定出它们的W面投影。

第三步　求各段双曲线上的最高点的投影。前、后两段双曲线上的最高点是圆锥面前、最后两根素线与四棱柱前、后两棱面的积聚投影的交点，可直接在W面投影中定出。如图3-36（b）中的点C，点C位于前段，在W面中是四棱柱前侧棱面的积聚投影与圆锥面最前素线投影的交点。同理，左、右两段双曲曲线上的最高点是圆锥面上最左、最右两根素线与四棱柱左、右两侧棱面的交点，可直接在V面投影中找到，然后再求出其W面投影，如点F。

第四步 求一般位置的点。

一般，如图3-36（c）中的点B和点D的三面投影。

第五步 连接各个相贯点。将各相贯点的投影用圆滑曲线连接。在V面中，前后两段双曲线积聚成直线；在W面中左右两段双曲线重影，前后两段双曲线积聚成直线，如图3-36（c）所示。

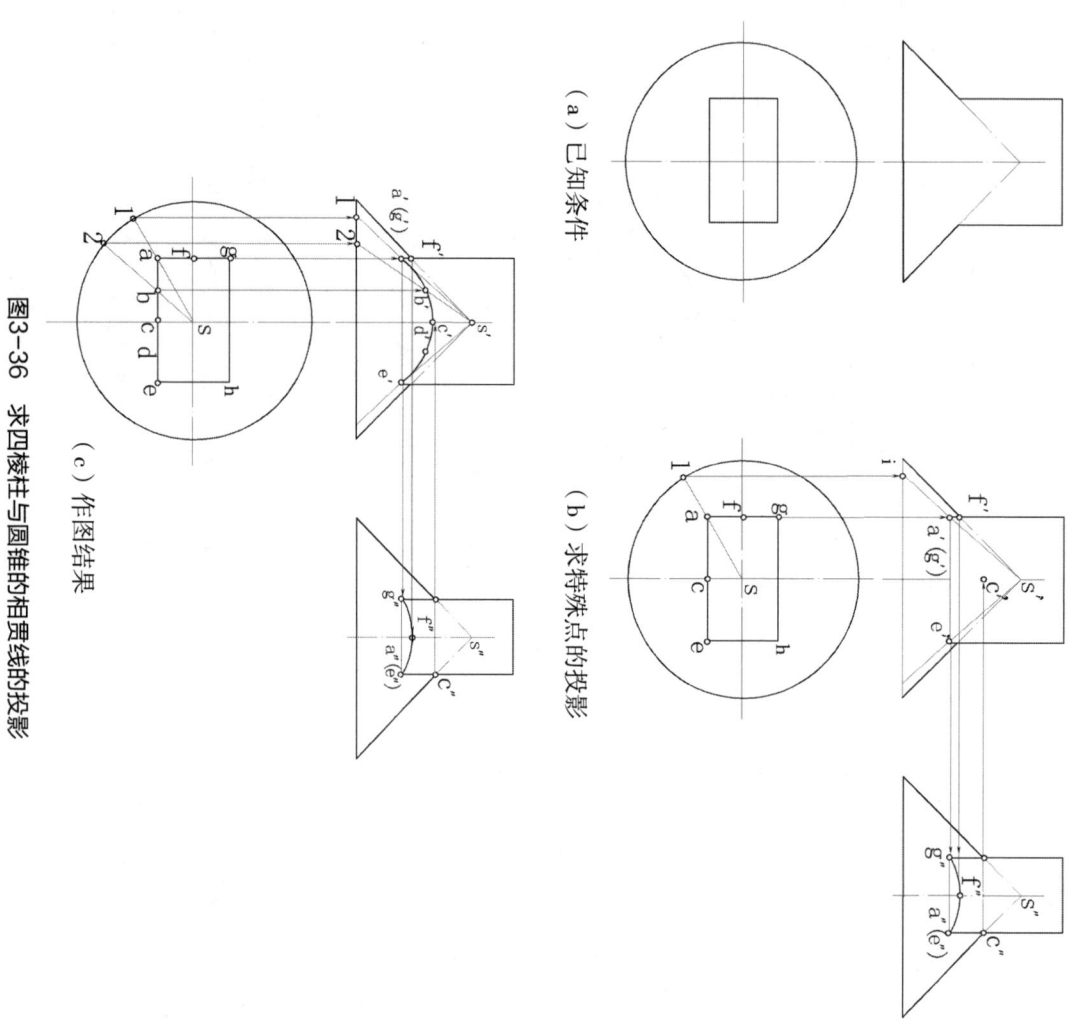

(a) 已知条件

(b) 求特殊点的投影

(c) 作图结果

图3-36 求四棱柱与圆锥的相贯线的投影

3. 两曲面立体相贯

两曲面立体相贯，其相贯线一般是封闭的空间曲线，也可能是平面曲线或直线。

相贯线的形状取决于两曲面立体的几何形状，和它们的相对位置有关。因此，在求作相贯线时，必须首先分析清楚两相交曲面的几何形状，相对位置及其大小，并对相贯线的形状作出初步的判断。相贯线上的点就是两曲面表面的共有点。图解作相贯线的实质是求得两立体表面的一系列共有点，然后依次连点成线，并判断其可见性。作图时一般采用辅助平面法求解。

第三章 立体投影

从相贯线的性质可知，求作两曲面立体相贯线的投影可转化为求两曲面的共有点的投影问题。求作共有点时多采用辅助面法（即三面共点法），也可利用曲面投影的积聚性和在曲面上作辅助线的方法进行作图。

（1）利用投影积聚性求解相贯线

在曲面立体相交时，两圆柱或圆柱与其它回转体相交的情况很多，但只要有一个圆柱的轴线垂直于投影面，则相贯线在该投影面上的投影就一定积聚在圆柱面的投影上，相贯线的这一投影便成为已知，利用这一已知投影，就可作出相贯线的其他投影。

[例3-18] 如图3-37所示，已知两个拱形相贯体，求作两个拱形屋顶的相贯投影。

分析：

由图3-37（a）可知，两个拱形屋面都是不完整的圆柱，一个垂直于W面，一个垂直于V面。两者的相贯线是一条曲线。V面投影是拱形屋顶的V面投影重合，W面是大屋面积聚投影与小屋面W面投影的公共部分。所以在三面投影中，相贯线的V面、W面投影已经已知，仅需要求出H面投影即可。

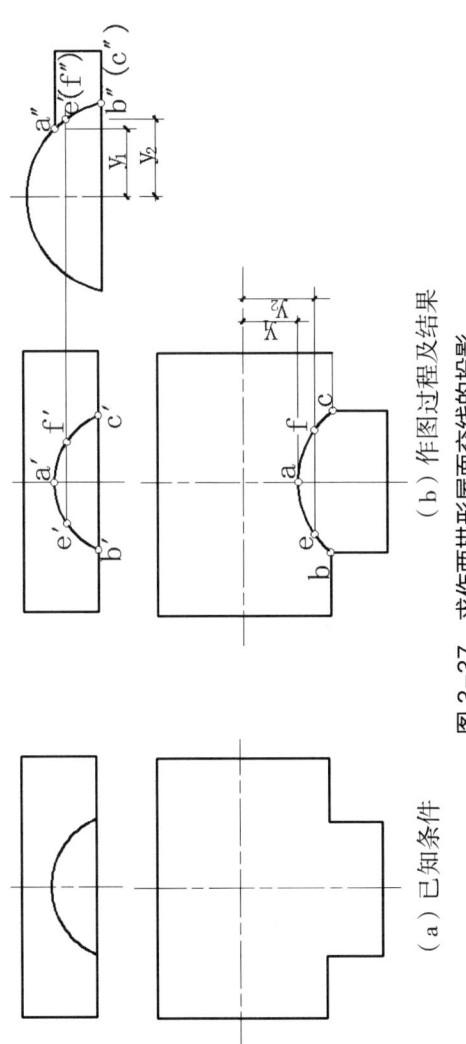

(a) 已知条件　　(b) 作图过程及结果

图3-37 求作两拱形屋面交线的投影

求解：

第一步 作出特殊点的投影。所谓特殊点就是轮廓素线与对应曲面的交点，如图3-37（b）所示，点A是小屋面最上面一条轮廓素线与大屋面的交点，而点B和点C则分别是小屋面最左和最右轮廓素线与大屋面的交点（点B和点C左右对称）。根据点所在的位置和几何体投影积聚性的性质，确定它们在V面和W面投影的性质，然后确定这三个点的H面投影abc。

第二步 作出一般点的投影。因为交线是一条曲线，所以还需要在曲线上再找到几个点，如图3-37（b）中的E点和F点（E点和F点左右对称），根据V面和W面的积聚投影，确定它们在V面和W面的投影，然后利用量度法可以求作出这两个点的H面投影ef。

第三步 将各点的H面投影用圆滑曲线连接起来，即得两拱形屋面交线的H面投影。

（2）两曲面立体相贯的特殊情况

两曲面立体的相贯线，在一般情况下是封闭的空间曲线，但在某些特殊情况下相贯线可能是平面曲线（圆或椭圆）或直线，了解或掌握特殊情况下相贯线的投影特点可以简化作图步骤：

① 两同轴回转体相贯。两同轴回转体相贯，相贯线是垂直于轴线的圆周，也就是两曲面立体共有的纬圆。

如图3-38（a）所示，圆锥与球体相贯，球体的球心正好在圆锥的轴线上，等同于轴线相同，相贯体共有的相贯线就是两个曲面共有的线条。根据两个立体的特征，相贯线绕素线交点绕着共有轴线旋转一周得到的，如图3-38（a）中的A点和C点，相贯线也就是它们共有的纬圆。当轴线共有且垂直于投影面时，相贯线的投影面中反映实际大小，在其他两个投影面中垂直于轴线的直线段，投影轮廓线的交点是直线段的两个端点。

根据上面的分析，当两个同轴且垂直于投影面的回转体相贯时，在与轴线平行的投影面中，轮廓素线的连线就是相贯线的投影，如图3-38（a）中的a'点和b'点，c'点和d'点，并且投影垂直于轴线投影，长度等于两回转体共有的纬圆（相贯线）的直径，在与轴线垂直的投影面中，按照对应相贯圆的直径绘制相贯线的投影。

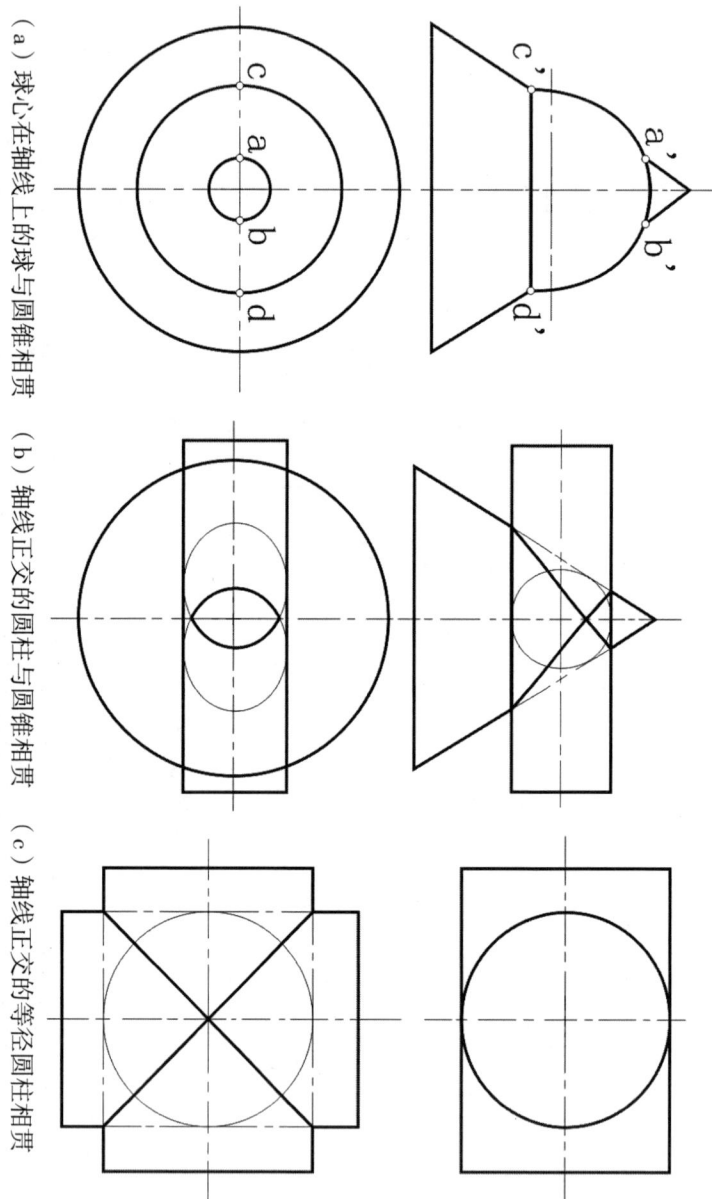

（a）球心在轴线上的球与圆锥相贯　（b）轴线正交的圆柱与圆锥相贯　（c）轴线正交的等径圆柱相贯

图3-38 曲面立体相贯的特殊情况

② 公切于同一球面的两个圆柱或者圆锥同时外切于同一球面而相交时，它们的相贯线可以分解成二次曲线。当相交轴线平行于同一投影面时，相贯线垂直于该投影面的两个投影。

如图3-38（b）所示，轴线都平行于V面的圆柱与圆锥相贯，两外切于同一球面，则在H面中，相贯线的投影是两对称的椭圆，轴线都平行于V面，相贯线的投影是积聚成直线，在V面中，相贯线垂直于H面，所以相贯线交点的连线，并且它们的轴线都平行于H面素线的交点垂直于H面的两个椭圆，图3-38（c）是两个等径的圆柱垂直相贯，相贯线的投影V面投影重叠，都落在正垂圆面中，在H面中积聚成直线，相贯线是两垂直于H面的两个椭圆，按影投影是垂直于圆柱的直径之上。

六、组合体投影

建筑工程实际中的形体，大多是由基本几何体按一定的组合方式组合而成的。组合体的形状、结构大多都较复杂，与工程实际形状十分接近，因此研究组合体的投影是学习建筑工程、园林工程施工图的基础。

1. 组合体的类型

工程中的形体就是以组合体的形式出现，组合体是由基本几何体根据不同的构成方式组合成的。根据组合方式不同，组合体有：

叠加组合体，如图3-39（a）所示，由若干基本几何体叠加而成。

切割型组合体，如图3-39（b）所示，由基本几何体切割去某些形体而形成的。

相贯型组合体，如图3-34所示，由两个基本几何体相交而形成的。

综合型组合体，如图3-39（c）所示，既有叠加又有切割或相交的组合体。

2. 组合体三视图画法

由于组合体是由较多的基本形体通过叠加、相交、切割或综合等方式组合，因此要通过对组合体形体的分析，找出它们之间的关系位置，弄清楚形体的形状特征和投影特点和投影等方式表达方式等，最终用视图将组合体准确地表达出来。

（1）形体分析法

形体分析法是将组合几何体先分解成基本几何体，以基本体为单元，然后再分析各基本几何体之间的关系和相互位置，弄清楚形体的形状特征和投影特点和投影特点，一般都是运用形体分析法把组合体分解成若干基本体，然后再弄清它们之间的相对位置、组合方式及表面连接关系，为准确绘制组合体视图做好准备。

① 组合体的组合形式。组合体的组合形式通常有四种：叠加式、切割式、相贯式和综合式，如图3-39所示。

② 形体间的表面连接关系。组合体各部分表面间的连接关系有表面之间相互平齐、表面之间相互不平齐、表面相交和表面相切等连接形式，表面之间的不同连接方式有不同的表达要求。

如图3-40（b）所示，两形体的左端表面共面，属于平面与平面平齐形式，在左视图中，在左端面连接处无分界线。形体上下两部分的左端面平齐，两平面分界处无线，如图3-40（a）所示。

如图3-40（b）所示，两形体的前后表面共面，属于两平面不平齐形式，组合立体前表面分界处有分界线线。组合形体在前后部分的端面不平齐，此时在正视图中要画出其分界线，如图3-41（a）所示。

如图3-41（b）所示，组合体的两平面、平面与曲面、两曲面相交，交界处有分界线线。

（a）所示物体的平面与曲面相交，在正、左视图中均应画出交线的投影。

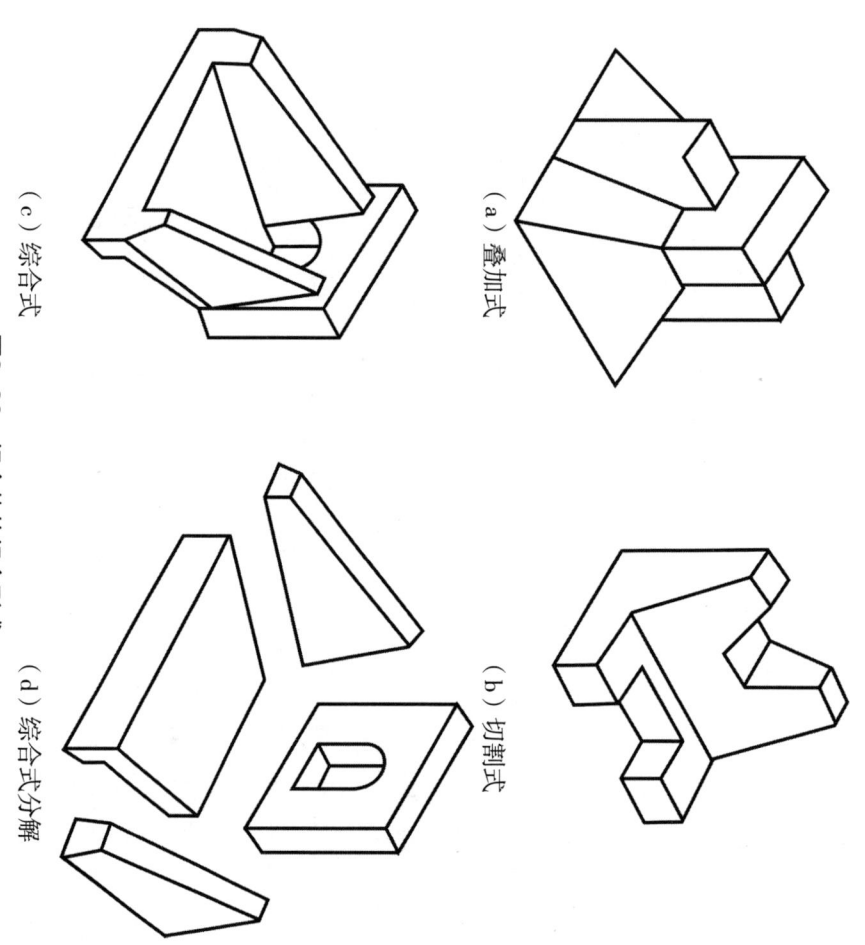

(a) 叠加式

(b) 切割式

(c) 综合式

(d) 综合式分解

图3-39 组合体的组合形式

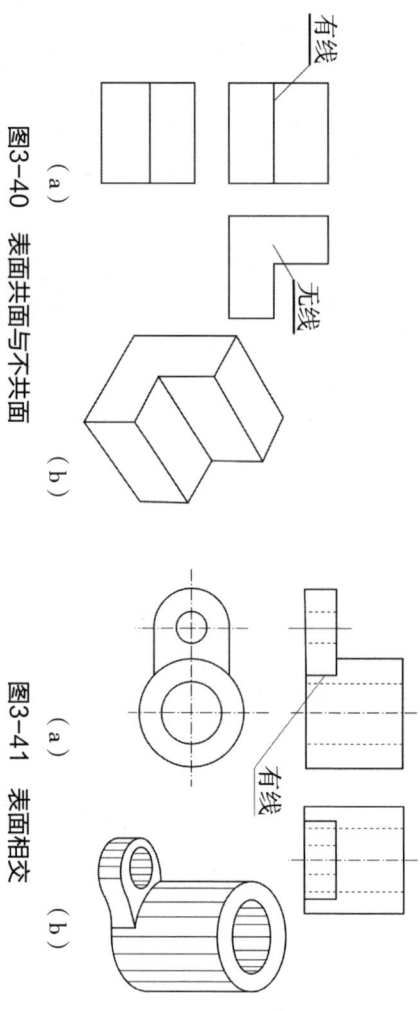

(a)　　　　　(b)

图3-40 表面共面与不共面

(a)　　　　　(b)

图3-41 表面相交

如图3-42所示，组合体的平面与曲面相切，相切处无分界线。如图3-42所示组合体有两部分的平面与曲面相切，在正、左视图中，平面与曲面相切处不画分界线，相应投影只画到切点处为止。

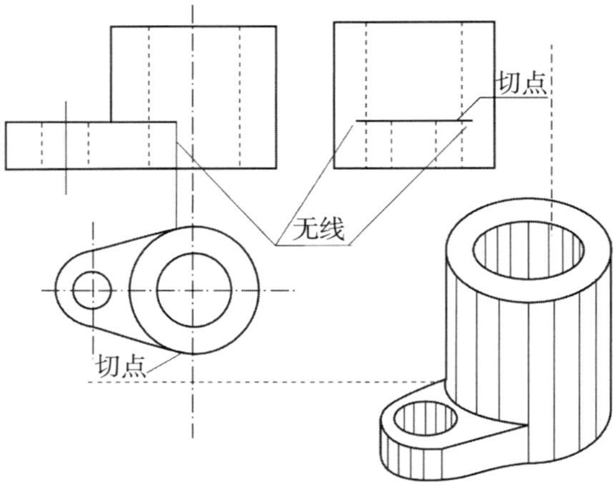

③ 形体分析的实质。形体分析就是将组合立体分拆分成基本几何体，研究组成组合立体的基本几何体的形状及其相互位置，并依据基本几何体的形状特征和它们的位置关系确定组合立体的投影。

形体分析法在组合立体视图的画图、尺寸标注和识图的过程中要经常运用，应熟练掌握。

(2) 组合立体的视图画法

在绘制组合几何体视图之前，要首先分析组合立形体是由那些基本几何体组合而成的，其次分析各基本几何体之间的相互位置关系，确定组合立体的放置位置，选择主视图和视图数量，最后逐个画出各基本几何体的投影，连接各相贯点的投影，检查无误后加深，完成组合立体的各投影面视图。

① 视图的选择。视图选择的基本原则是：用最简单、最明显的一组视图来表达组合立体的形状，而且视图的数量要尽量少，即用尽量少的视图把组合体完整、清晰地表达出来。

视图选择主要考虑确定组合体在投影体系中的放置位置，选择主视图的投影方向及确定视图数量三个方面的问题。

确定组合体在投影体系中的放置位置时，通常考虑按组合体使用时的工作位置放置，工程形体按照制造加工时的位置摆正放平。

选择主视图的投影方向时，应考虑使主视图尽可能多地反映组合体的形状特征及各组成部分的相对位置关系，同时还要考虑尽可能减少视图中的虚线。如图3-43 (a) 所示，正视图投影方向选择较好，图3-43 (b) 选择就不适。除此之外，还要考虑合理布置视图，有效利用图纸，如图3-44 (a) 正视图投影方向选择合理，图3-44 (b) 选择不合理。

图3-42 表面相切

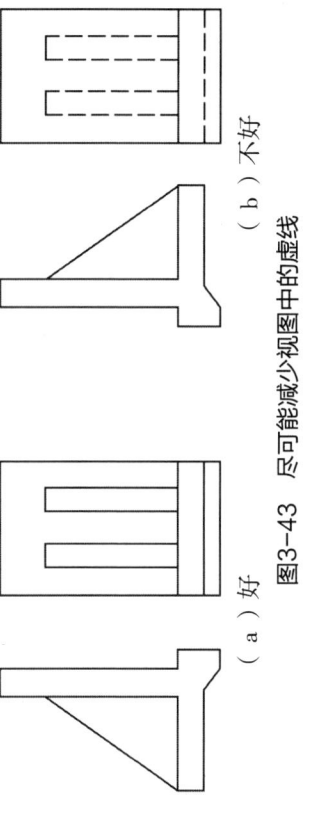

(a) 好　　(b) 不好

图3-43 尽可能减少视图中的虚线

组合体并不是都需要三个视图才能表达清楚，有的只需一个视图就可表达清楚，有的只需两个视图就能表达清楚。组合体的视图数量，一般含有特征视图时，应在主视图确定之后，考虑各部分的形状和相互位置还有哪些没有表达清楚，还需要几个视图来补充表达才能确定组合体的视图数量。

② 画图步骤。

第一步 视图选择后，应根据组合体的大小和复杂程度，按制图的相关规定，选择适当的比例和图幅。选择原则为：表达清楚，易画，图中的图线不宜过密与过疏。

第二步 根据组合体的形状与确定的投影方向，画出各视图的基准线，布置视图的位置。布置基本体的三视图，最后画最上面基本体的三视图。

第三步 画底稿。按照立体检查各图是否有缺少或多余的图线，改正错处，然后加深，完成作图。

第四步 底稿图画完后，应对照立体检查各图是否有缺少或多余的图线，改正错处，然后加深。

同时，基准线一般选用对称线、较大的平面，或较大圆的中心线和轴线，确定画图和量取尺寸的起始线。

应使各视图布局均匀，不能偏向某边。各视图之间，视图与图框线之间都要留有适当的空隙，以便于标注尺寸。

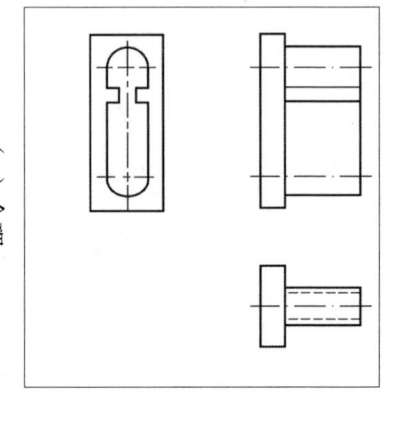

（a）合理　　（b）不合理

图3-44　合理利用图纸

【例3-19】如图3-45（a）所示，按1∶1画出图示形体的三视图。

形体分析：该形体由上、下两部分组成，上部是组合柱，下部是长方体，组合关系为左右对称。

画视图：

第一步 首先确定视图的位置；

第二步 画出下部长方体的三视图，如图3-45（b）所示；

第三步 再画出上部组合柱的三视图，如图3-45（c）所示；

第四步 最后，检查，加深图线，完成视图，如图3-45（d）所示。

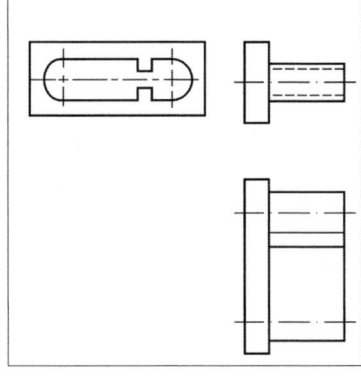

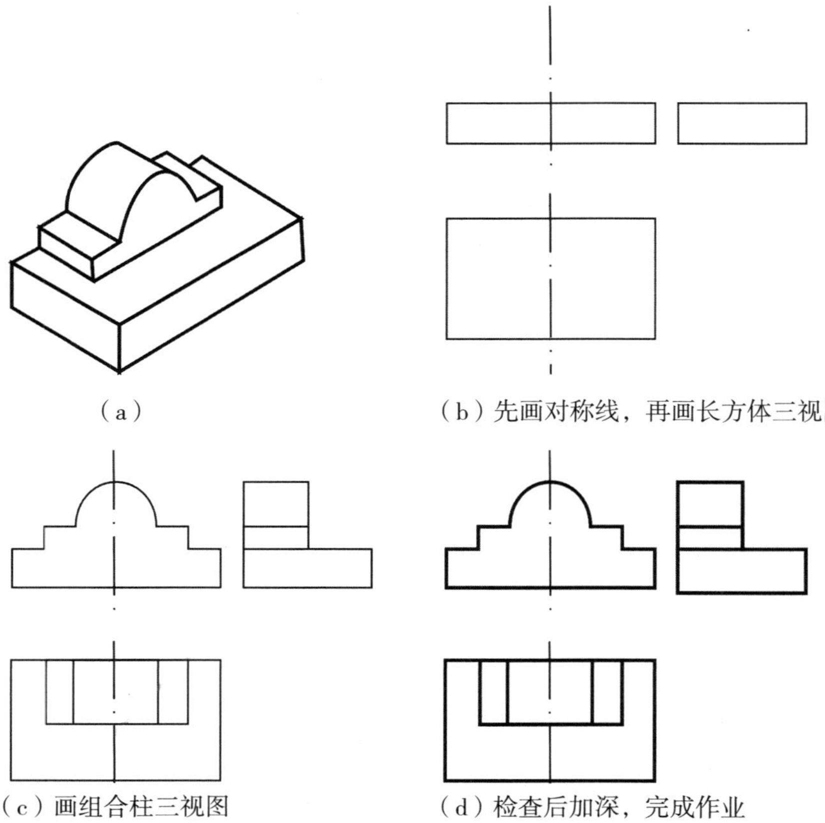

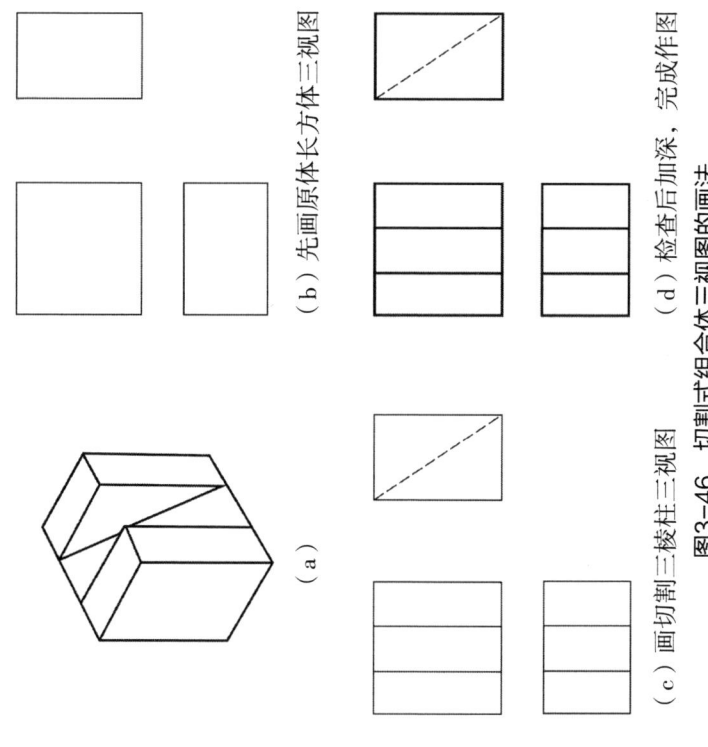

图3-45 叠加式组合体三视图的画法

(a) 画组合柱三视图
(b) 先画对称线，再画长方体三视图
(c) 画组合柱三视图
(d) 检查后加深，完成作业

【例3-20】 如图3-46（a）所示，按所给形体尺寸，画出图示形体的三视图。

图3-46 切割式组合体三视图的画法

(a)
(b) 先画原体长方体三视图
(c) 画切割三棱柱三视图
(d) 检查后加深，完成作图

【例3-21】 画出如图3-47所示水闸闸室的视图。

形体分析：

形体分析。图3-47所示为一水闸闸室，该形体是由一块底板（形状为长方体，中部下方再切去一个小长方体），左、右两个边墩（形状为梯形棱柱体并在铅垂的一侧切去一个细长方柱体），上面一个拱圈（形状为空心的半圆柱体）的组合关系为左右对称。底板在最下部，两个边墩直立在底板上，拱圈在最上部，不可倒置。如图3-47所示，取箭头所指的方向作为正视图的投影方向，即可得到一个图形简单并能反映各部分形状特征和其相对位置的正视图。经分析可知，图中底板和拱圈需用正、左视图才能表达清楚，俯视图才能将闸门槽的形状和位置表达清楚，所以此水闸闸室需选择正、俯、左三个视图进行表达。

画图：

第一步　先选定比例，确定图幅；

第二步　画出各图基准线，然后画底稿图；

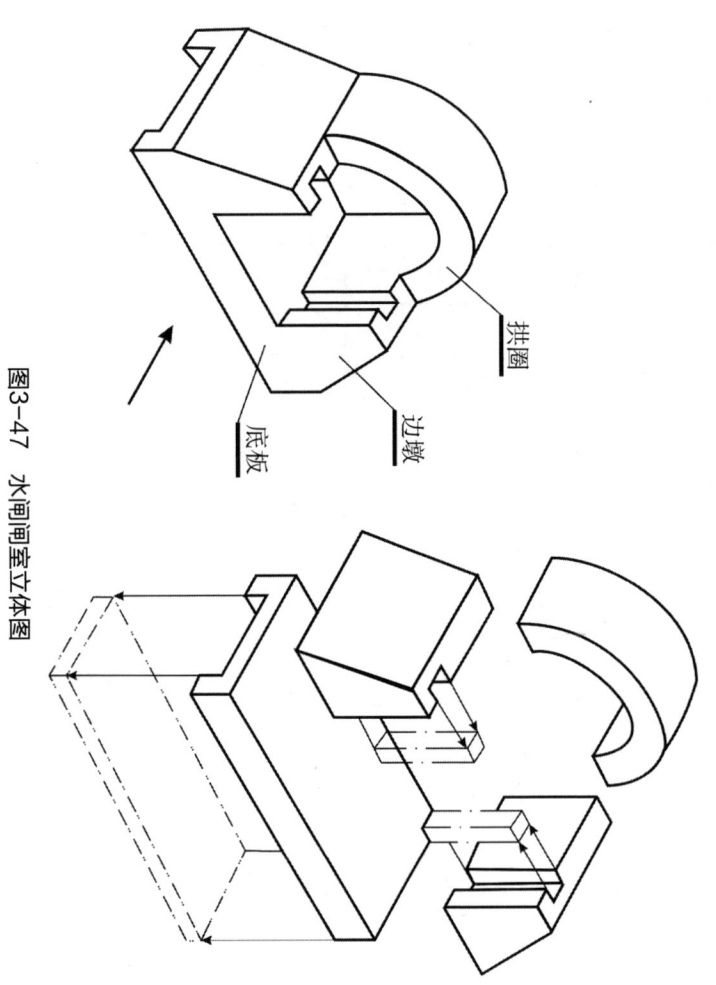

图3-47　水闸闸室立体图

形体分析：

该形体为切割体，未切割时的原体是长方体，中间切去了一个三棱柱。

画视图：

第一步　先确定视图的位置；

第二步　再画出原体长方体的三视图，如图3-46（b）所示；

第三步　之后画出切割部分的三视图，如图3-46（c）所示；

第四步　最后检查，加深图线，完成形体视图，如图3-46（d）所示。

第三步 先画底板三视图，如图3-48（a）所示；

第四步 在地板底图上画边墩三视图，如图3-48（b）所示；

第五步 再在边墩底图上画拱圈三视图，如图3-48（c）所示；

第六步 最后检查，加深图线，完成水闸闸室三视图，如图3-48（d）所示。

特别指出的是：形体分析法是一种假想的分析方法，实际上组合体仍然是一个整体。所以在基本几何体的衔接处不应有图线。

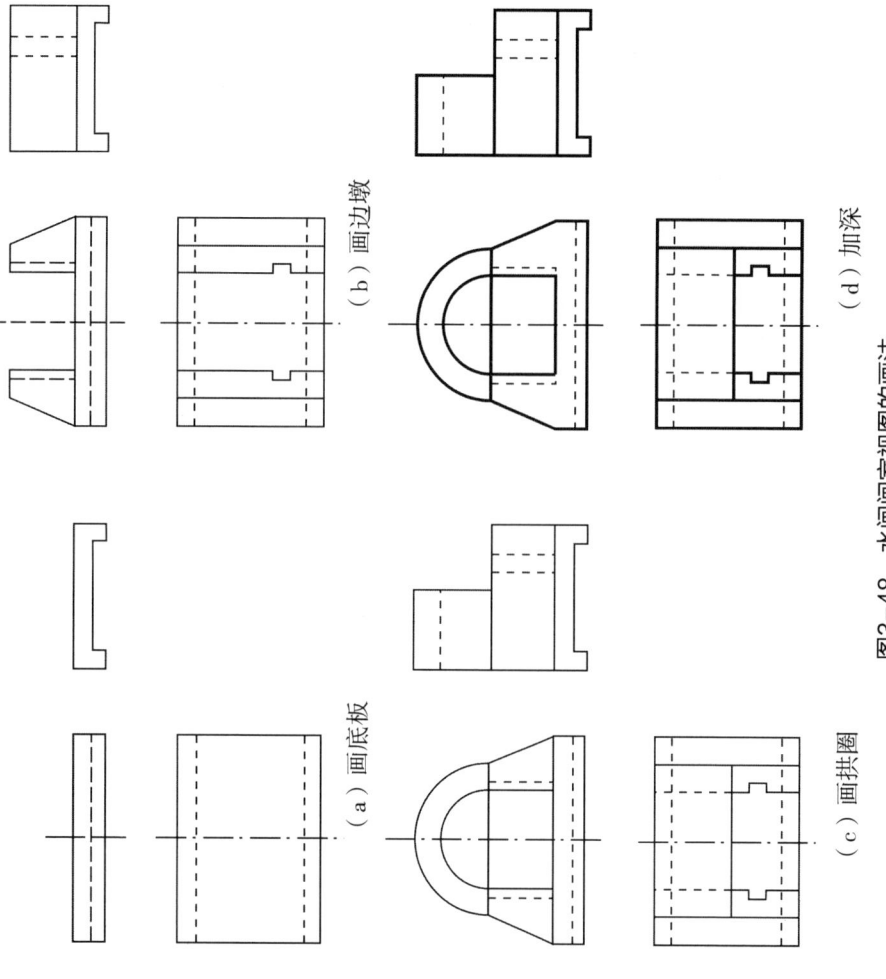

图3-48 水闸闸室视图的画法

3. 组合体投影图识读

组合体投影图的识读是根据组合体的投影图想象出物体的空间形状，即是由图到物的过程，正确、迅速地识读视图，是作为工程技术人员必备的能力。

（1）组合体投影的识读

① 识图需要的知识。组合体投影识读时，需要具备熟练使用正投影原理画图形体三视图的能力，熟悉各视图之间的投影规律，弄清各视图与物体之间左右、前后、上下的对应关系；熟练掌握基本体三视图的投影特征；熟练掌握各种位置直线和平面的投影特性。

② 识图的准则。由于一个视图不能确定物体的形状，因此看图的准则是以主视图为中心，将各视图联系起来进行识读。

③ 图样中图线、线框的投影含义。图样中的图线表达的意义是：面与面交线的投影；平面或

柱面的积聚投影；曲面轮廓线表达的意义是：体的投影，孔洞的投影，面的投影，这里说的面可能是平面，曲面，也可能是平曲组合面，如图3-49（b）所示。

图样中封闭的线框表达的意义是：体的投影，孔洞的投影，面的投影，这里说的面可能是平面、曲面，也可能是平曲组合面，如图3-49（b）所示。

两线框如有公共线，则两个面一定是相交或错开。

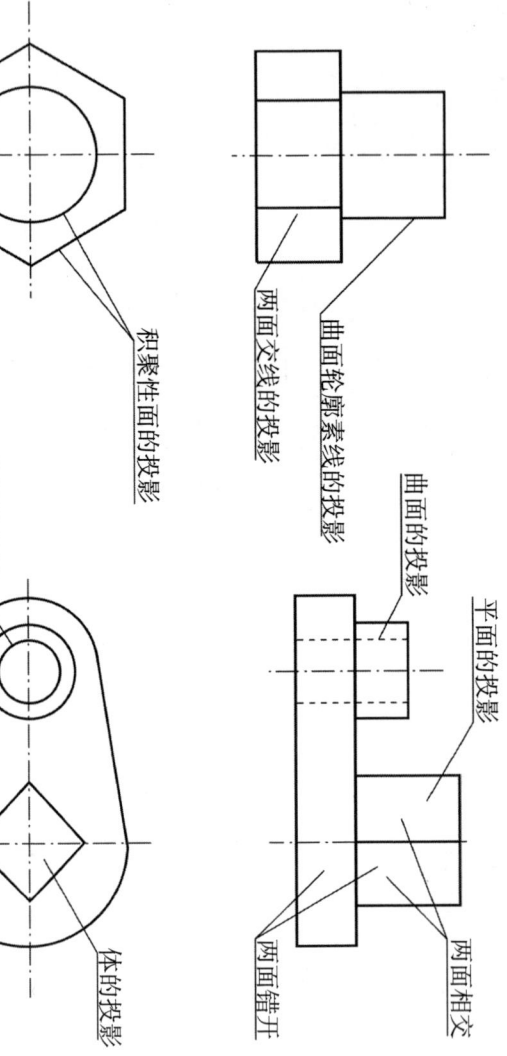

图3-49 视图中线和线框的含义

（2）识图的基本方法

识图是画图的反向思维过程，所以识图的方法与画图是相同的。识图时首先要弄清各个视图的投影方向和它们之间的投影关系，然后从一个反映形体形状特征的视图入手，再结合其他视图进行分析和判断，切忌只盯着一个视图读图。

如图3-50所示为五组简单几何体的两面视图，其中（a）、（b）、（c）的正视图都是相同的，但由于它们的俯视图不同，所表达的物体空间形状一定不同。对照两个视图进行分析，可知（a）表达的是一个四棱台，（b）所表达的是一个两头斜截的三棱柱，（c）所表达的是一个圆台。图中（c）、（d）、（e）的俯视图都是两个同心圆，但主视图不同，所以（d）所表达的是一个圆柱和一个圆台的组合体，（e）所表达的是一个空心圆柱。

对于复杂组合体视图识读，解读的基本方法有形体分析法和线面分析法，其中形体分析法是基本方法，线面分析法是解难方法。

① 形体分析法识图。形体分析法是以基本形体为识图单元，将组合体视图分解为若干个简单的线框，然后判断各线框所表达的基本形体的形状，再根据各部分的相对位置综合想象出整体形状。简单地说，形体分析法就是一部分一部分地看。

第三章 立体投影

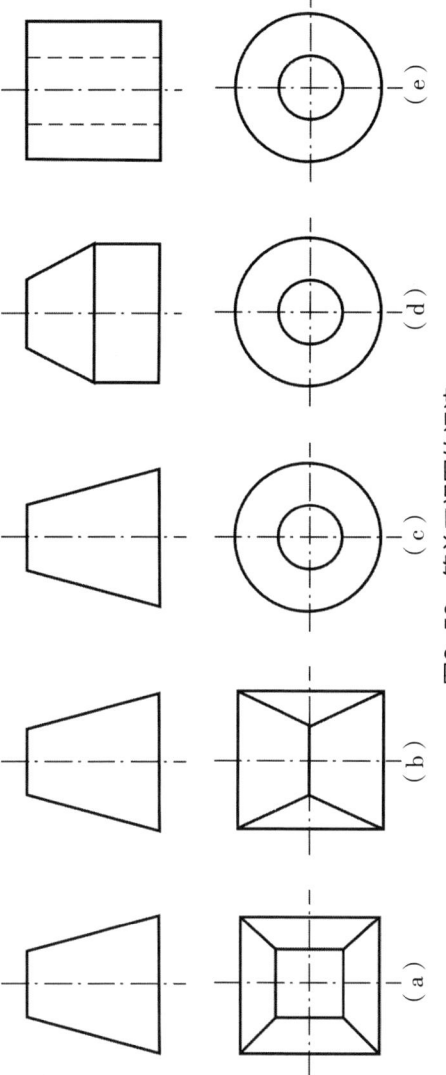

图3-50 简单三视图的识读

形体分析法识读图的一般步骤为：

第一步 划分线框，分解视图。一般从投影重叠较少，结构特征明显的视图入手，按线框把组合体的视图分解为几个部分。

第二步 分析确定各部分投影的空间形状。根据划分的线框和投影规律，确定每一部分所对应的三视图，并根据基本几何体的视图特征，逐一判断各部分本体的形状。

第三步 综合想象整体。根据组合体的各个基本体的形状、相互位置关系，确定出组合体的整体形状。

【例3-22】 识读图3-51（a）所示三视图，想象出该物体的空间形状。

形体分析：如图3-51（a）所示的三视图，根据三视图的投影特征，该形体为切割体，该形体原来时的原体是长方体，左前上方切割去一个小的长方体，又在左后上方开出了一个小长方方体的槽口。

识图：

第一步 根据图3-51（a）给出的三视图，判断该形体的原体为长方体，如图3-51（b）所示；

第二步 在长方体上切割掉一个小的长方体，如图3-51（c）所示；

第三步 在上一步的基础上，在切割掉一个尺寸更小的长方体如图3-51（d）所示；

第四步 综合想象整体，形体的空间形状如图3-51（e）所示。

【例3-23】 识读图3-52（b）所示两面视图，想象出该物体的空间形状，并补画第三视图。

补画第三视图之前要先根据已知的两面视图，依据识图方法想象出该物体的空间形状。该物体由三个部分组成，如图3-52（a）所示。

识图及画图：

第一步 根据已知识图的投影特征，判断该形体为叠加式简单几何体；

第二步 依据识图的投影特点，该形体下部是一长方体，上部是一组合柱，组合柱中部又挖去了一个圆孔；

第三步 综合想象整体，形体的空间形状如图3-52（a）所示；

第四步 根据已知视图和判断的空间几何形体，补画出下部长方体的左视图，如图3-52（c）所示；

第五步 再画出上部组合柱的左视图如图3-52（d）所示；

第六步 最后画出圆孔的左视图；因为左视图圆孔不可见，所以是虚线，如图3-52（e）所示。

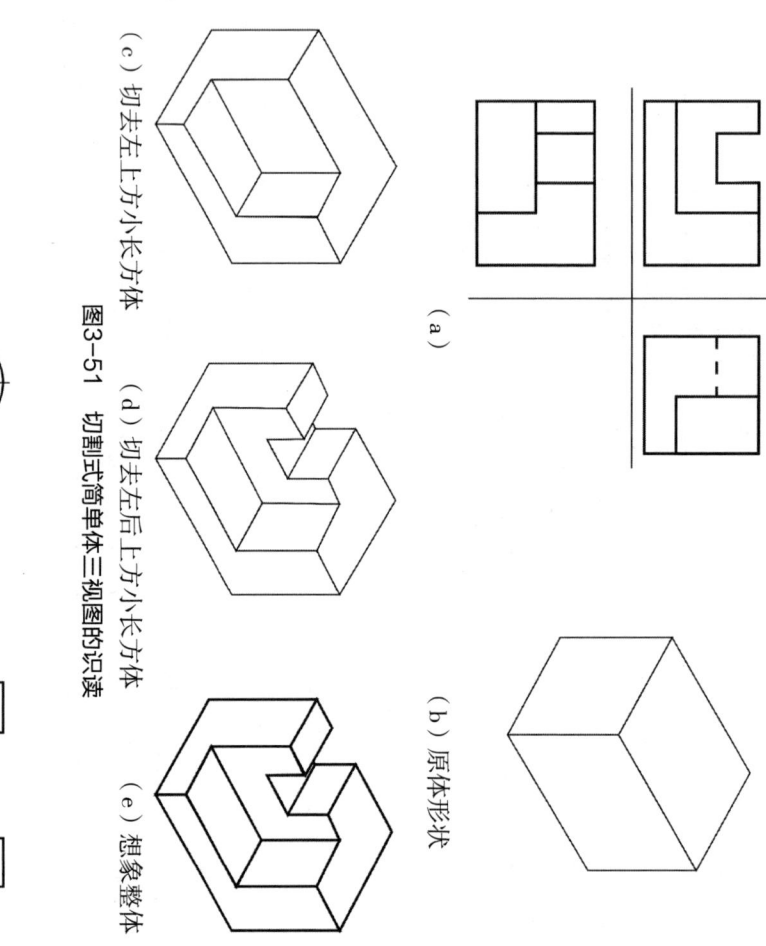

（a）原体形状 （b）切去左后上方小长方体
（c）切去左上方小长方体 （d）切去左后上方小长方体 （e）想象整体

图3-51 切割式简单体三视图的识读

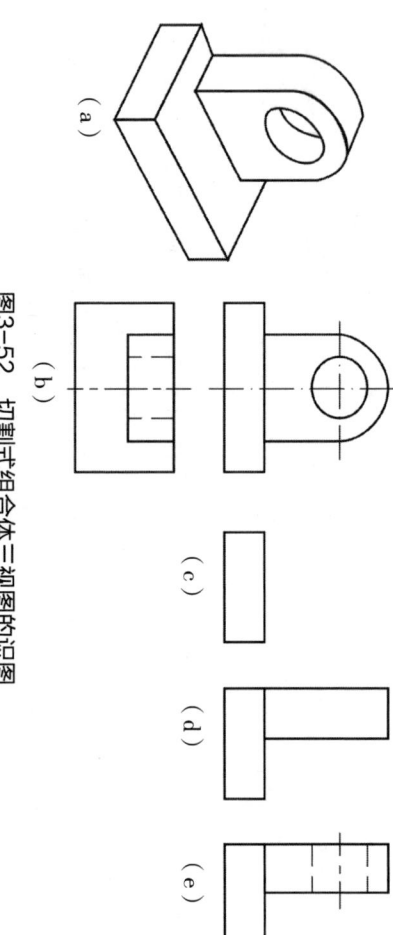

（a）
（b）

图3-52 切割式组合体三视图的识图

【例3-24】 根据图3-53（a）所示涵洞面墙的三视图，想象其空间形状。

形体分析识图：

第一步 识读视图，划分线框。首先看清各视图名称，投影方向，建立起形体与视图之间的关系。然后划分线框。从已知视图可以判断该形体是叠加体，从投影重叠较少，结构关系较明显的左视图入手，结合其他视图可将其分为上、中、下三部分，如图3-53（b）所示。

第二步 逐块对照投影，想象形体。由左视图按投影规律找出各部分在主视图和俯视图上的对应线框。如图3-53（b）所示，下部三线框为两矩形线框对应一倒立的凹字形多边形线框，其对应放成的凹形柱；中部梯形线框对应正视图也为梯形线框，对应俯视特征图可看出是半四棱合，其内虚线对应三投影可知是在半四棱合中间挖穿一个倒U形槽口；上部对应其他两视图都是矩形线框，故是首五棱柱，各部分立体形状如图3-53（c）所示。

第三步 综合起来想整体。由主视图可以看出,半四棱台和直五棱柱依次放在凹形柱之上,且左右位置对称,看俯视图(或左视图)三部分后边平齐,整体形状如图3-53(d)所示。

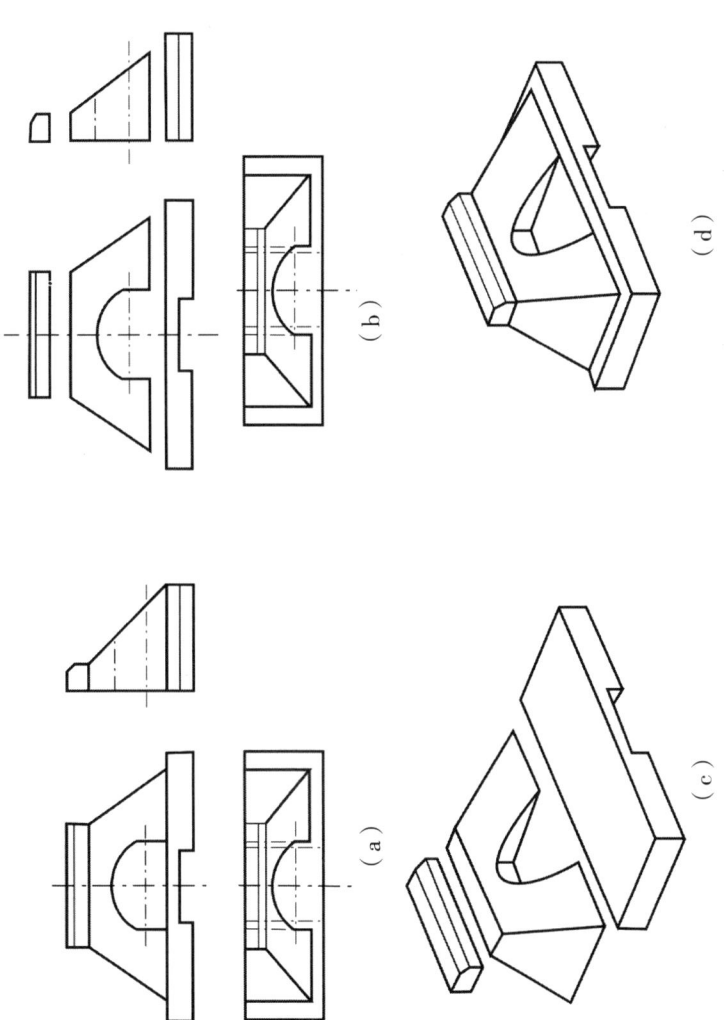

图3-53 形体分析法识图

② 线面分析法识图。线面分析法识图是以线面分析图单元,这种分析法一般不独立使用。当物体上的某部分形状与基本体相差较大,用形体分析法难以判断其形状时,这部分的视图可以采用线面分析法识图,即将这部分视图的线框分解为若干个面,根据投影规律逐一找全各面的三投影,然后按平面的投影特征判断各面的形状和空间位置,从而综合得出该部分的空间形状。线面分析法识图实际是一个面一个面地看。

线面分析法识图的一般步骤为:

第一步 分线框。先将一个线框较多的视图分解为若干个线框。

第二步 对投影。对于所分解的线框,逐一找出其他投影;再根据平面的投影特性,判断各面的形状和空间位置。注意垂直面投影"无类似形必积聚"的应用。

第三步 组合各面想像整体:将上述各面按彼此的相对位置关系组合起来,就可得到整个物体的形状。

[例3-25] 图3-54(a)所示为八字翼墙的三视图,读图想象其空间形状。

形体分析法识图:

第一步 根据主、左视图可知:组合体分为上下两部分,下部的主、左视图均为矩形,俯视图是一个斜梯形,可判断其为一块梯形柱底板,如图3-54(b)所示。上部形体通过形体分析不易看清,则需采用线面分析法识图。

上部形体部分线面分析法识图:

第二步 对上部形体部分投影划线框,分平面。可将图3-32(a)的主视图上部,按线框分为五个面，其可见面编号为1′、2′、3′，其他两个面的主视图不可见。

第三步　找全上一步各面的三面投影，判断各面的形状和空间位置。

线框1′是平行四边形，按"长对正"关系，可在俯视图中找到一条与其对应的斜线，再按"高平齐"关系，在左视图中找到一条与其对应的平行四边形，形状不变，可判断该平面的投影特征为侧垂面，形状为平行四边形。

线框2′与4′为梯形，俯视图也是梯形，左视图是铅垂线段，可判断Ⅱ面是侧平面，与Ⅳ面均为梯形的正平面。

线框3′是梯形，俯视图是斜线，左视图是水平线段，可判断Ⅲ面的铅垂面。

线框a′b′c′d′为梯形，其他两面投影都是梯形（类似形），则ABCD面为一般位置平面。

翼墙的底面为一梯形的水平面。

第四步　组合各面想象上部形体的空间整体。该形由六个面组成，前、后两面是平行的梯形，前小后大，均为正平面。左面是梯形的一般位置平面，右面是梯形的铅垂面，顶面是平行四边形的侧垂面，前低后高，底面是梯形的水平面。

第五步　最后再回到形体分析法综合想象整体。梯形柱底板在下，翼墙的底面为一梯形的水平面。

图3-54（b）所示。

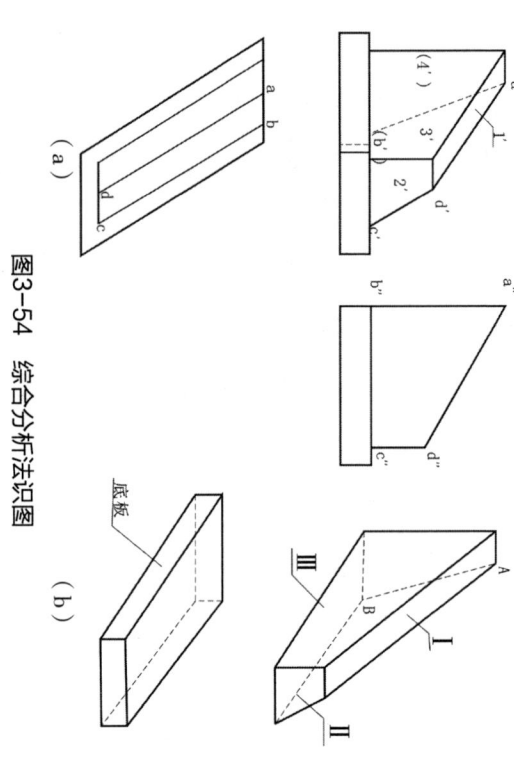

图3-54　综合分析法识图

【例3-26】　根据图3-55（a）所示物体的三视图，想象其空间形状。

形体分析法识图：

第一步　识读视图，划分部分。首先弄清各视图的名称，观看方向，建立形体与视图之间的关系。

该物体叠加而成，从左视图人手结合其他视图可将其分为三部分：下部是底板，上部是墩身，墩身两侧各突出一个形体，工程上称为"牛腿"，如图3-55（a）所示。

第二步　逐部分对照投影，想象空间形状。根据三视图的投影规律，由基本几何体视图形状特征可知底板为倒凹形直棱柱，墩身为组合柱体，如图3-55（b）所示。牛腿的形状用形体分析法不易看懂，需作线面分析。

牛腿形状部分线面分析：

第三步　如图3-55（c）所示，将前边的牛腿投影放大画出，主视图上平行四边形线框1′在俯视图及左视图上没有对应的类似线框,它对应着俯视图上一条水平线,对应左视图上一条竖直线,可知Ⅰ面为正平面;线框2'也为平行四边形,在俯视图和左视图上都应有类似线框2及(2″),可以肯定Ⅱ面是一般位置面。Ⅰ、Ⅱ面在正视图前面的两个面。形体左侧面在正视图上为一斜线3',对应左视图和俯视图为两矩形线框3″及(3),可以判断Ⅲ面为一正垂面,用同样的方法可以分析出牛腿的上下两面都是正垂面,形状是直角梯形。综合以上分析,可知牛腿是一斜放的截头四棱柱。

第四步 综合起来想整体。从主视图和左视图可看出:底板在下,墩身在底板之上,且前后、左右居中,两牛腿在墩身右上角,前后各一个,成对称分布,整体形状如图3-55(d)所示。

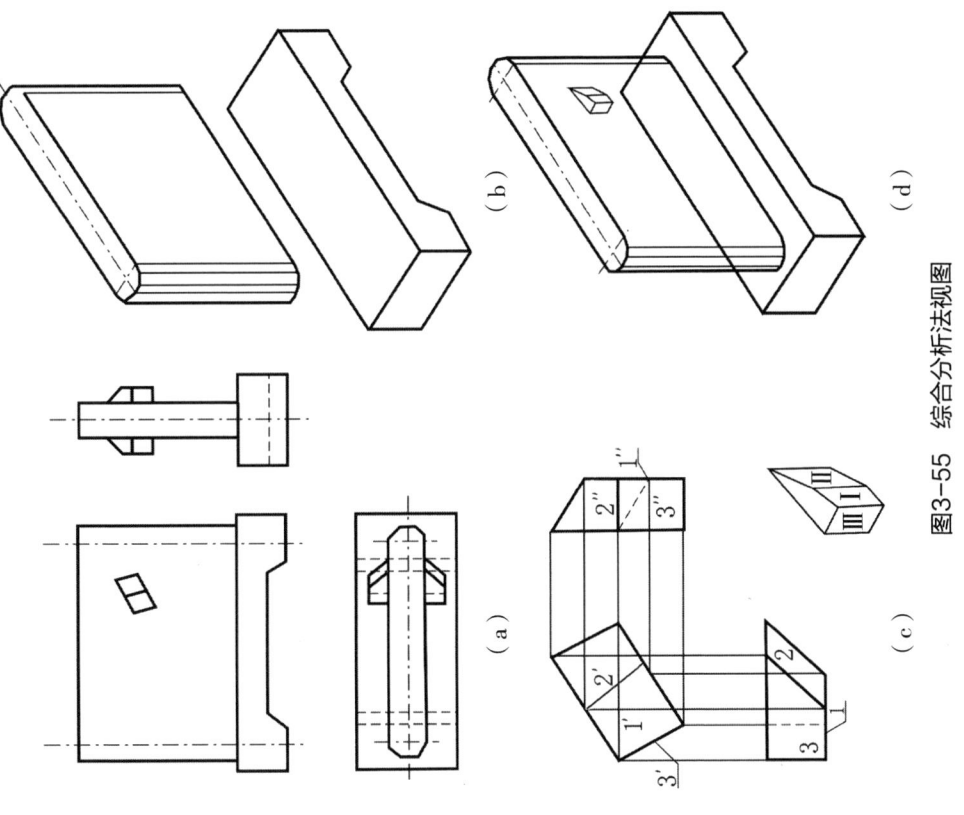

图3-55 综合分析法视图

【例3-27】 补画图3-56(a)所示物体的俯视图。
形体分析法识读图:
第一步 根据图3-56(a)所示的两面视图,可看出该物体是切割体,从左视图入手结合主视图可知物体为原体空间形状为直八棱柱;
第二步 逐部分对投影想形状,原体空间形状为直八棱柱,可用形体分析补画出该部分的俯视图,如图3-56(b)所示;
第三步 切割部分是在物体中部上方过物体上斜面用两个正垂面和一个水平面切割的,视图较复杂，应用线面分析法——一个面一个面地补画，要先补水平面的投影，再补正垂直面的投影。

作图：

第一步 据投影视规律先作直八棱柱的投影，如图3-56（b）所示；

第二步 再作切割部分的投影，如图3-56（c）所示；

第三步 最后加深图线完成第三视图，如图3-56（d）所示。

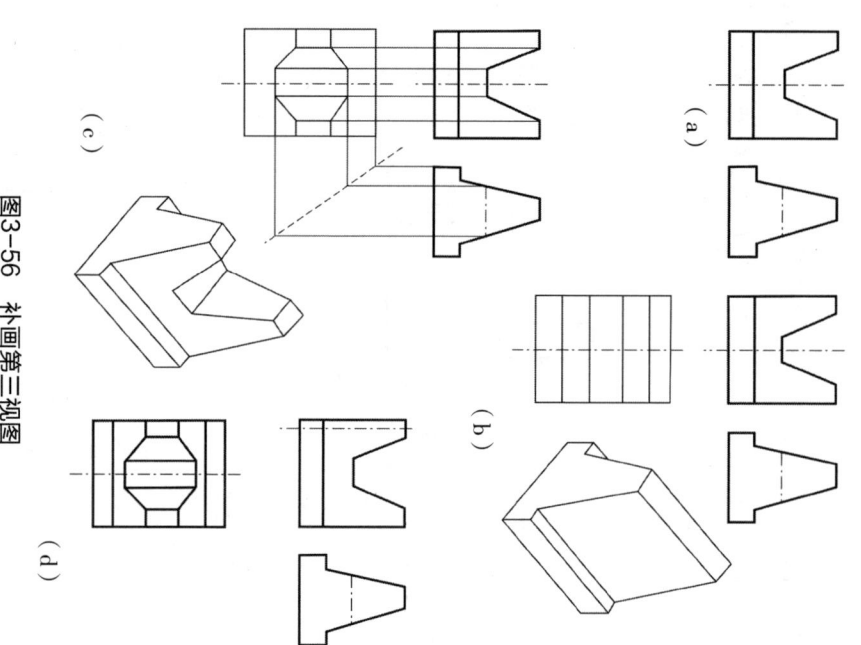

图3-56 补画第三视图

（3）识图训练方法

培养和提高识图能力，首先要掌握正确的读图方法。训练识图的方法有搭积木、切形体、画轴测图、补漏线、补视图以及进行构形设计等多种方法，其中尤以补漏线和补视图两种方法应用最广。

① 搭积木法。这是在学习识图初始阶段或识图困难者宜采用的一种训练识图的方法，适用于叠加式组合体的识图。

搭积木前先准备一套积木，由多个基本几何体（平面体、曲面体）或部分几何体（如1/2圆柱、1/4圆柱等）组成。读图时，边识图边搭积木，随时将所搭积木与已知视图对照检查，以便对错识处进行修正，直至得出正确的答案。通过反复进行的图物对照，既能摸索正确的识图方法，培养动手能力，还可提高形象思维能力。

对于图3-57（a）所示的组合体，采用形体分析法边读图边搭积木，可由图3-57（b）所示的六块积木（Ⅰ～Ⅵ）搭接而成，结果如图3-57（c）所示。

② 切形体方法。对于切割式组合体，可参照"先完整，后切割"的识图思路，用橡皮泥或其他材料先作出未切形体，然后逐步切割，如图3-58（a）所示组合体，根据三视图外形可知未切形

体为长方体,据此先用橡皮泥捏制成形。再识读被切部分（Ⅰ、Ⅱ）的几何形状,随之从橡皮泥长方体上切去该部分,最后得组合体的空间形状如图3-58（b）所示。

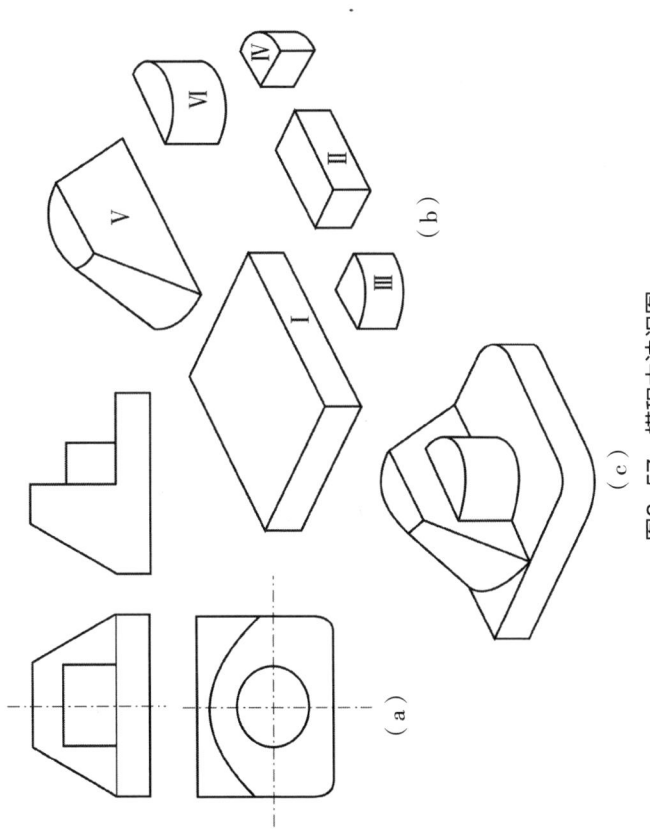

图3-57　搭积木法识图

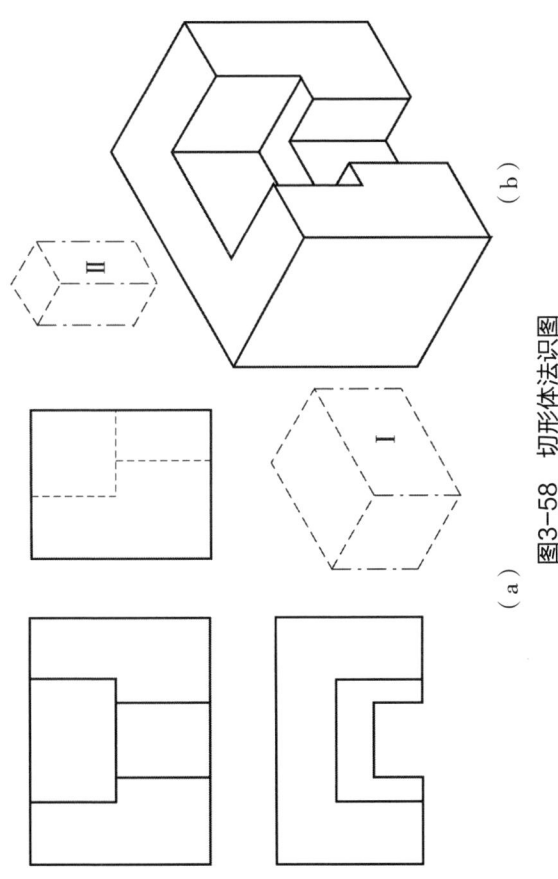

图3-58　切形体法识图

③ 画轴测图法识图。在识图过程中画轴测图有下列几方面的作用：一是检验识图结果的正确性；二是帮助思考,以便深入读图；三是可提高画轴测草图的能力。画轴测图是作为一种辅助读图的手段而被经常采用的,因此可用简捷的方法勾画出轴测草图即可。

④ 补漏线法识图。在组合体的视图中故意漏画部分图线,但不影响读者对视图的识读,要求读者读懂视图后,在不改变组合体原有结构的前提下,补画视图中漏缺的图线,这种题型称为补漏线。

园林工程制图

显然，解题的目的和正确作图的前提都是读懂组合体的视图。因此，解题应分成读图和补漏线两大步骤进行。

【例3-28】 如图3-59（a）所示，补全组合体三视图中漏缺的图线。

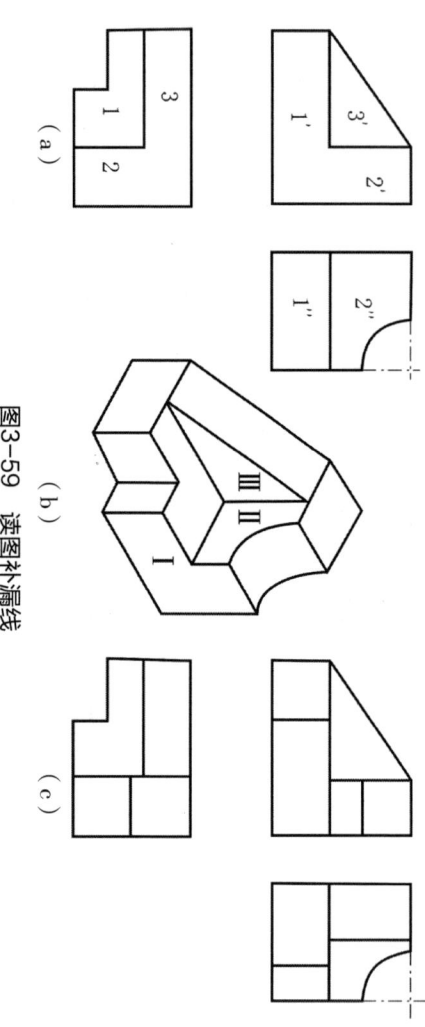

图3-59 读图补漏线

第一步 分解视图。本例首先分解投影少、反映组合体形状特征又较多的主视图，分解得1'、2'、3'三个线框。

第二步 找对应投影。顺序为1'-1、2'-2、3'-3。

第三步 逐块想形体。根据基本几何体视图特征，想象得各部分的几何形状是：Ⅰ——长方板，左前切去1/4圆柱特体；Ⅱ——长方板，前上切去1/4圆柱体；Ⅲ——三棱柱。

第四步 综合起来搞清整体。以主视图为基础，对照俯、左视图，可知各部分的位置关系是：Ⅰ顶面与Ⅱ底面平齐；Ⅲ在Ⅰ之上，Ⅱ之左，三部分的后端面平齐；Ⅰ在下，Ⅱ位于其右上，两部分的前、右端面平齐；组合体的整体形状如图3-59（b）所示。

补漏线阶段：

将识图结果与已知视图对照，先查找漏线所在，然后按投影规律补画漏线。

第一步 查漏线。本例识图的过程是将组合体"先分后合"，查找漏线应遵同一思路进行：

① 首先查形体：按照组合体其视图是否漏画线。

② 其次查缺口的正面连接和侧面投影：Ⅱ的水平投影及1/4圆柱槽的正面及水平投影，分部分检查其表面间实际不存在的交线，是对"查形体"的必要修正。

③ 以本题为例，图3-59（c）主视图中打"×"的那段线，因两连接平面平齐，故不应画线。

第二步 补漏线。漏线的具体位置根据投影规律确定，漏线的线型（粗实线或虚线）取决于可见性判别的结果。所补漏线如图3-59（c）所示。

注意

① 补漏视图法识图。这是最常用的一种训练识图的方法。题目给出组合体的两个视图，要求读者在读懂视图的基础上补画第三个视图。

与补漏线的作图题一样，补漏视图的解题过程重在识图，应在读图想象出组合体的空间形状后，按正投影原理及投影规律补画第三视图。

【例3-29】 如图3-60（a）所示，已知组合体的主视图和俯视图补画其左视图。

识图：步骤如前述。该形体是既有叠加又有切割的综合式组合体，可将主视图分解成如图3-60（a）所示的1′、2′、3′、4′四个线框，经对照投影，想象空间形体，综合得整体形状，如图3-60（e）所示。

补画左视图：在读懂全图的基础上，运用投影规律逐块补画左视图，分步作图如下：

第一步　补画 I 的左视图如图3-60（b）所示；
第二步　补画 II 的左视图如图3-60（c）所示；
第三步　补画 III 和 IV 的左视图如图3-60（d）所示；
第四步　检查、加深。所补左视图如图3-60（d）所示。

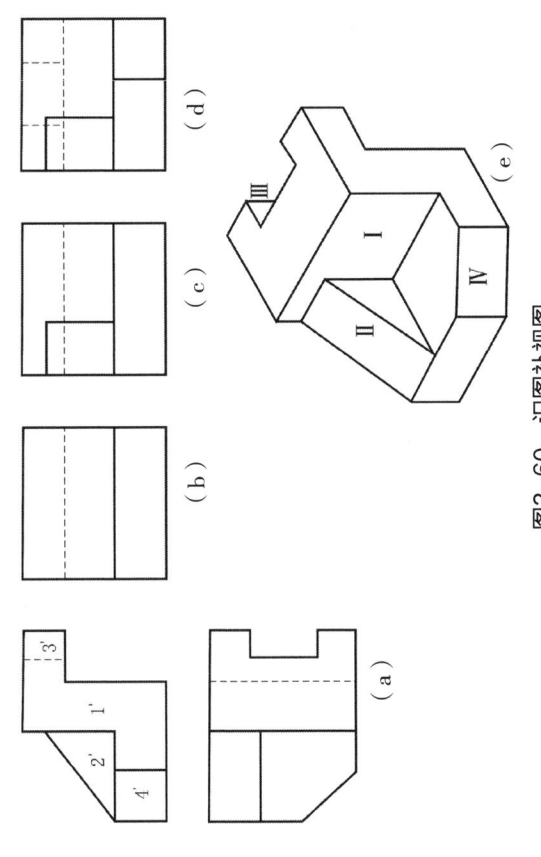

图3-60　识图补视图

⑥ 构形设计。按照给定的一个视图，设计出尽量多的形体，并画出其他两视图，这样的过程称为构形设计。图3-61是给定物体的主视图后构形设计的三种结果。

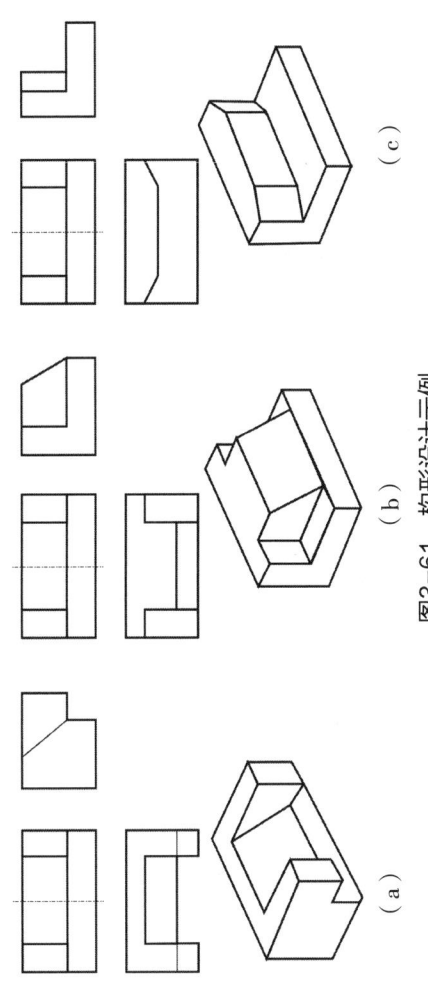

图3-61　构形设计示例

构形设计和其他训练读图的方法一样，对于培养空间想象和构思能力具有重要作用。在进行构形设计时，应对已知视图进行深入的分析构思，才能获得更多合乎要求的设计。

第四章 轴测投影及标高投影

轴测图是在平行投影下形成的一种单面投影图,轴测投影中能同时反映形体的长、宽、高,具有较好的可视性,立体感强,弥补了多面正投影可视性差的缺点,是一种帮助识图的辅助投影。

一、轴测图基本知识

正投影图能较完整、准确地表达出形体各部分的形状和大小,而且作图简便,度量性好,所以常作为工程施工的依据。但是由于缺乏立体感,要有一定的读图能力才能看懂。如图4-1所示,如果只画出它的三面投影,则由于每个投影只反映出形体的长、宽、高3个向度中的2个,不易看出形体的形状。因此这种投影图具有如下显著特点:能够准确地表达建筑形体一个方向的形状和大小,但它不能反映形体的空间形象,缺乏立体感。

如果我们改变投影图对投影线的相对位置,或者改变投影线的方向,则都能得到富有立体感的平行投影,这种改变形成投影图称为轴测图(也称立体图)。比较这两张图不难看出:三视图能够准确地表达形体的形状,且作图简便、直观性差,只有专业人员才能看懂;而轴测图的立体感较强,但透视变形的投影图如图4-1(b)所示,图形体的形状,并且无法表现立体的全部表面。

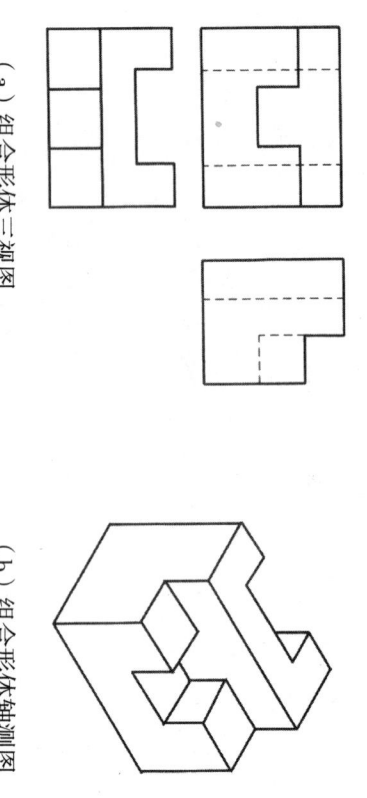

(a) 组合形体三视图　　(b) 组合形体轴测图

图4-1　三视图和轴测图

第四章 轴测投影及标高投影

工程使用的工程图样都是多面正投影图,为弥补直观性差的缺点,常常要画出形体的轴测投影,所以轴测投影图是工程施工图样中常用的一种辅助图样。

轴测投影在园林设计中的应用很广泛,园林设计中除了在工程施工图中作为辅助图样之外,还可以运用轴测投影表现园林景观的立体效果。尽管轴测图不符合人眼的视觉习惯,但是却可以清楚地反映出形体空间关系,并且它具有独特而又新颖的视觉形象。所以轴测图不仅可以用在设计构思阶段,直观、快捷的创造三维效果,还可以用以表达设计方案,表现景观的立体效果,有时候甚至还可以代替透视与鸟瞰图。

1. 轴测投影的形成

如图4-2所示,将几何立体连同确定其空间位置的直角坐标系,用平行投影法投射到选定的一个投影面P上,所得到的投影称为轴测投影。用这种方法画出的图,称为轴测投影图,简称轴测图。

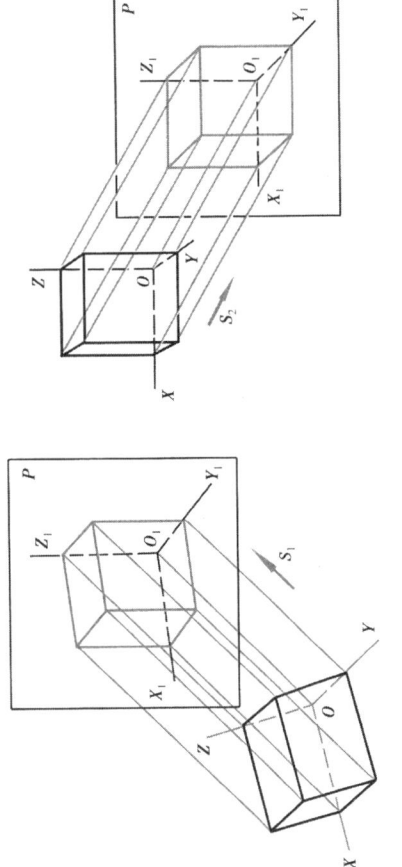

(a) 轴测投影的形成　　　　(b) 轴测参数

图4-2 轴测投影的形成及其组成参数

投影面P称为轴测投影面;形体的坐标轴O_oX_o、O_oY_o和O_oZ_o在轴测投影面P上投影OX、OY和OZ称为轴测投影轴,简称轴测轴;轴测轴之间的夹角称为轴间角。如图4-2所示:

轴测轴上某线段长度与它的实长之比,称为轴向变形系数。

$OA / O_oA_o = p$ 称为X轴轴向变形系数

$OB / O_oB_o = q$ 称为y轴轴向变形系数

$OC / O_oC_o = r$ 称为Z轴轴向变形系数

如果给出轴间角,便可作出轴测轴;再给出轴向变形系数,便可画出与空间坐标轴平行的线段的轴测投影。因此,轴间角和轴向变形系数是画轴测图的两组基本参数。

2. 轴测投影的分类

(1)根据投射线和轴测投影面相对位置的不同,轴测投影可分:

① 正轴测投影——投射线垂直于轴测投影面P。

② 斜轴测投影——投射线倾斜于轴测投影面P。

(2) 根据轴测投影系数的不同，轴测投影又可分为：
① 正（或斜）等轴测投影：三个轴向的变形系数相同，即p=r=q。
② 正（或斜）二等轴测投影：三个轴向的变形系数有两个相同，即p=r≠q。
③ 正（或斜）三轴测投影：三个轴向的变形系数都不相同。

工程实际中，正等轴测投影、正二等轴测投影和斜二等轴测投影在实际工作中比较常用，本章重点对这三种轴测投影图的绘制进行介绍。

3. 轴测投影的特点

轴测投影属于平行投影，只不过它是在单一投影面上获得的平行投影，所以，它具有平行投影的一切性质。除此之外，轴测投影还具有如下的特性：

(1) 平行性　平行两直线，其轴测投影仍相互平行。由此可以推断，形体上某坐标轴的直线，其轴测投影仍平行于相应的轴测轴。

(2) 定比性　平行两线段长度之比，等于它们的轴测投影长度之比。因此，形体上平行于坐标轴的线段，其轴测投影与其实长之比，等于对应的轴向变形系数。

(3) 真实性　形体上平行于轴测投影面的平面，在轴测图中反映实形。

二、正等轴测投影

正等轴测投影体上三个坐标轴的变形系数相同，当投射方向垂直于轴测投影面P时，三个坐标轴与平面P倾角相等。此时在平面P上所得到的投影称为正等轴测投影，简称正等测。正等轴测投影在工程上的应用最为广泛，尤其是各类工程图样中，下面针对正等轴测投影的参数设置和绘制方法做详细介绍。

1. 正等轴测图轴间角和轴向变形系数

正等轴测图形体上三个坐标轴的变形系数即p=q=r=1。这样便可按实际尺寸画图，但画出的图形比根据计算，正等测的轴向变形系数p=q=r=0.82，轴间角都为120°。

画图时，规定OZ轴保持铅垂方向，而OX轴、OY轴与水平方向夹角均为30°，故可直接用30°三角板作图，如图4-3所示。

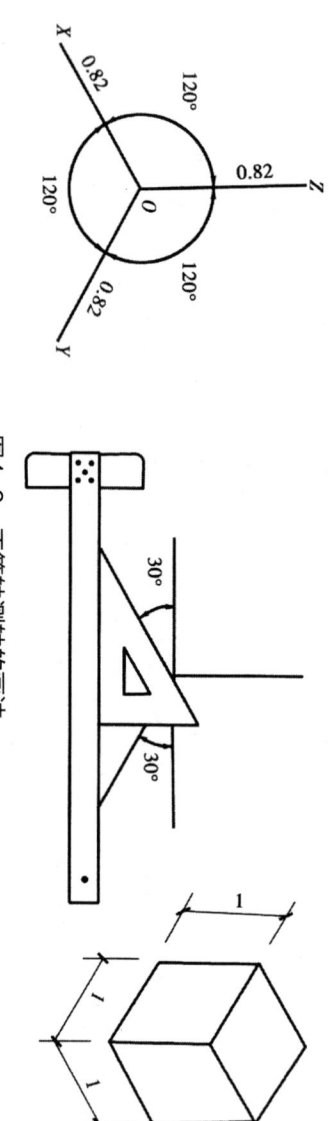

图4-3 正等轴测轴的画法

为作图方便，常采用简化变形系数即取p=q=r=1。这样便可按实际尺寸画图，但画出的图形比

第四章 轴测投影及标高投影

原轴测投影大一些，各轴向长度均放大1／0.82=1.22倍。图4-4（a）是一入口台阶的三视图，图4-4（b）是按轴向变形系数为0.82画出的正等测图，图4-4（c）是按简化轴向变形系数为1画出的正等测图。可以看出两幅图在尺寸上明显有差异。

轴间角和轴向变形系数确定之后，就可以绘制轴测图，在绘制轴测图的过程中根据形体的特征选用不同的方法，如：坐标法、切割法、方格网法和叠加法等。首先通过实例来研究一下正等轴测图一般的绘制方法。

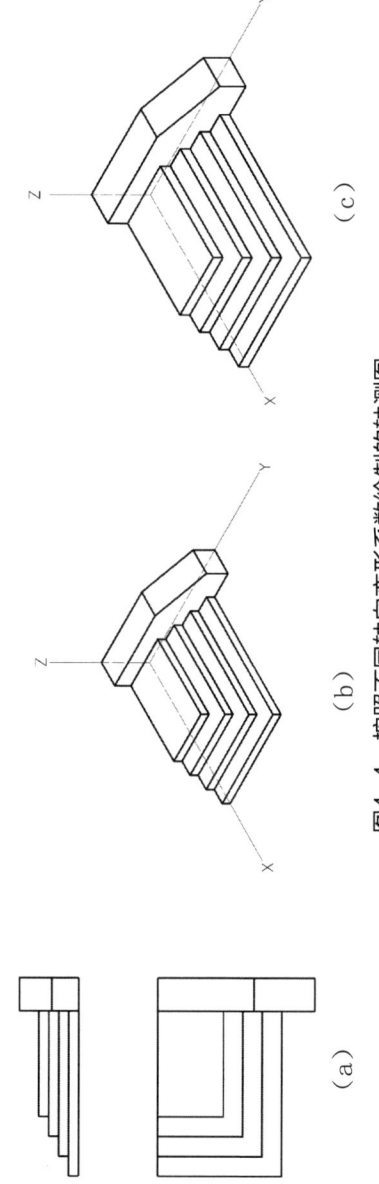

图4-4 按照不同轴向变形系数绘制的轴测图

2. 平面立体正等轴测图的画法

【例4-1】 如图4-5（a）所示，已知组合体的正投影图，求作其正等轴测图。

从投影图中可见，该形体为庑殿顶屋顶的投影图，该投影图可分解为上下两部分，即下部分为四棱柱和上部分具有倾斜表面的屋顶。对于此类形体，常采用坐标法作图。坐标法是绘制轴测图的基本方法。根据立体表面上各顶点的坐标，分别画出它们的轴测投影，然后依次连接成立体表面的轮廓线。

分析：

根据图4-5（a）的已知条件，三视图可以看出这一形体下部是一个四棱柱。在这一形体中，除了顶面前后四条棱线之外，其它的棱线都平行于投影轴，也就是说其它的棱线可以直接在轴测轴上量取其长度。但顶面的四条棱线不能直接按照这种方法求解，而需分别确定棱线上两个端点的轴测投影，然后连接成线。

小提示：若直线不与轴测轴平行，则不能直接在轴上量取长度，而应该先用轴测轴定出直线端点的位置，然后再连接成线。若直线为空间直线则需要将端点分解到三个轴测轴上，量取端点在三个轴向的距离，确定端点的位置，再求作直线的轴测投影。

作法：

第一步 在形体上选定直角坐标系，以形体右后下角为坐标原点；

小提示：轴测投影坐标原点的选择很重要，关系到绘图是否准确，是否简便。一般选择底面某一角点，通常是右后位置的角点。当然这并不绝对，还需要根据具体情况具体分析。

第二步 画出轴测轴，量取形体的长a和宽b，在轴测体系中画出组合体底面的轴测投影，如图4-5（c）所示；

第三步 过底面的各顶点，沿OZ方向，向上作直线，并分别在其上截取高度h_1，得到长方体各顶点，如图4-5（d）所示；

第四步 连接各顶点，画出组合体顶面。如图4-5（e）所示；

第五步 用坐标法求出屋脊线两顶点在长方体顶面投影的轴测投影，过两个点分别沿OZ方向向上作直线，并分别在其上截取高度h_2，得到屋脊线两顶点，如图4-5（f）所示；

第六步 连接各顶点，画出组合体顶面。如图4-5（g）所示；

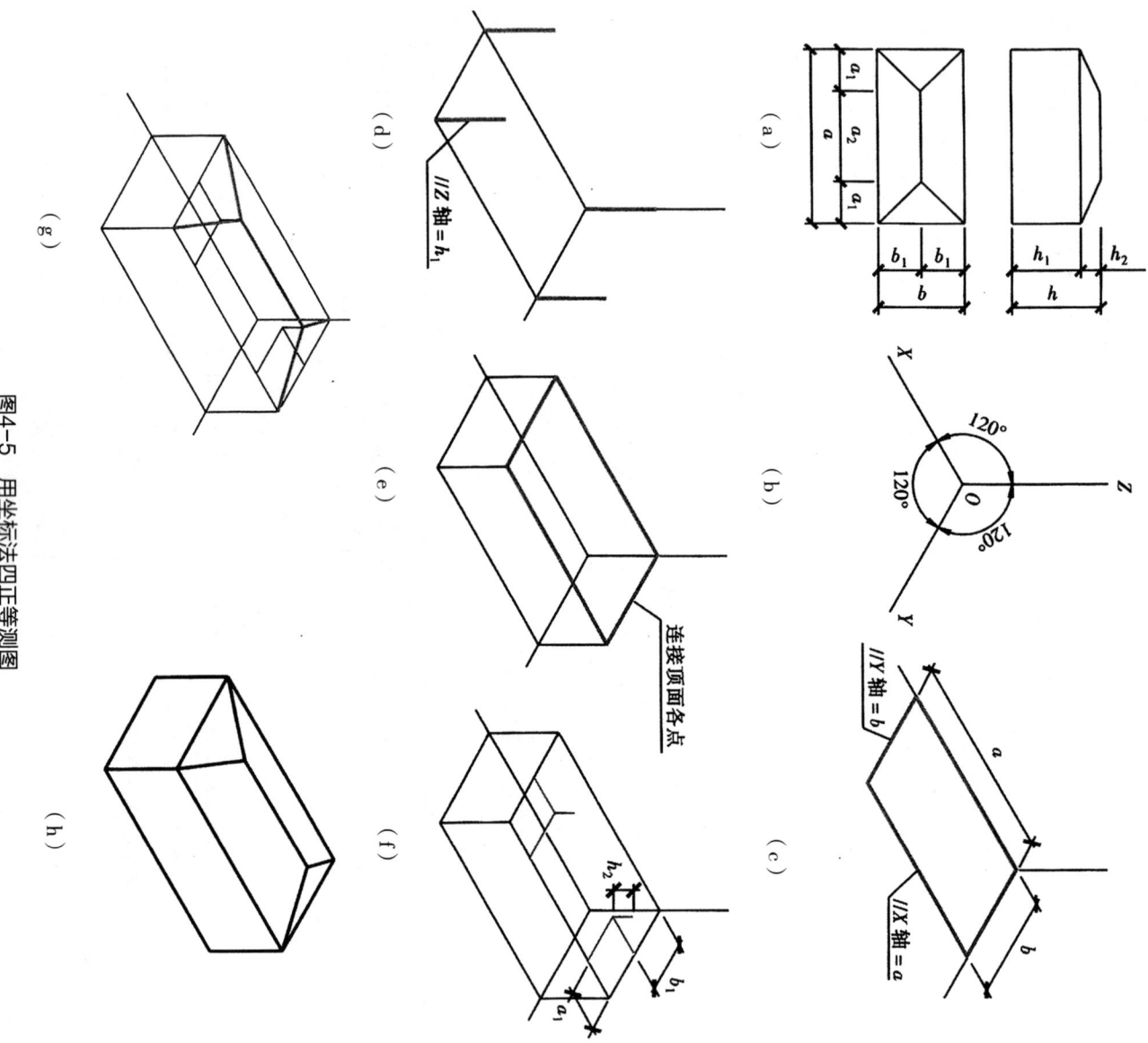

图4-5 用坐标法四正等测图
（a）投影图 （b）建立正轴测轴 （c）四棱柱底面
（d）四棱柱的高 （e）四棱柱顶面 （f）求屋脊顶点
（g）连中央屋脊和四条斜脊线 （h）擦去多余图线，加深线性，完成轴测图

第七步 擦去多余作图线，描深，即完成组合体的正等测图，如图4-5（h）所示。

小提示：在轴测图中，不可见的线条一般不绘制。

【例4-2】如图4-6（a）所示，已知柱基础的正投影图，求作其正等轴测图。

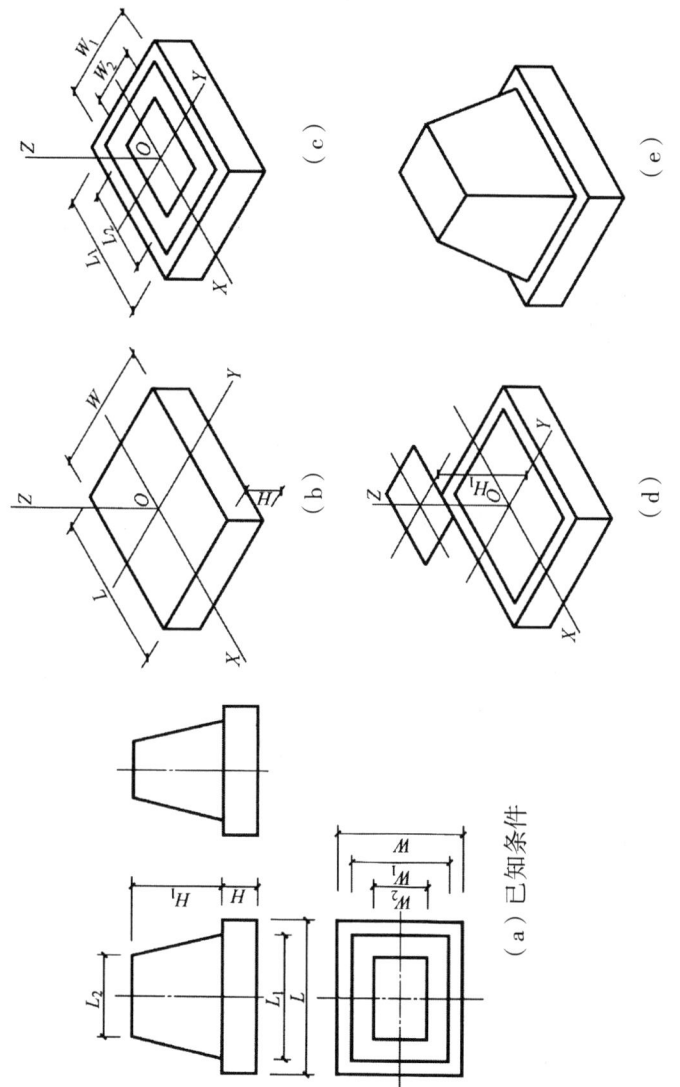

图4-6 柱基础正等轴测图

分析：

由正投影图可以看出，柱基础由一个四棱柱和一个四棱台叠加而成，具有对称中心。组成该柱基础的各条棱线，独有棱台的四条侧棱是倾斜的，可通过作棱台端点轴测投影的方法画出。

作法：

第一步 在柱基础平面图上选定直角坐标系。为简化作图，选四棱柱的上表面对称中心为坐标原点，画出正等轴测轴；

小提示：对于中心对称的形体一般将坐标原点放置在它的对称中心。

第二步 根据四棱柱顶面的尺度（L_1、W_1和L_2、W_2），在四棱柱顶面上，沿OZ轴的方向，向下画出四棱柱的高度，得到四棱柱顶面的正等轴测图，如图4-6（b）所示；

第三步 根据棱台底面和顶面的尺度（L、W），画定出棱台的侧棱与四棱柱顶面的交点，沿OZ轴的方向，向下画出四棱台的高度（H_1），得到棱台顶面的正等轴测投影，绘制棱台顶面的正等轴测投影，如图4-6（c）所示；

第四步 将棱台顶面的正等轴测投影向上平移棱台的高度（H_1），得到棱台顶面的正等轴测投影，如图4-6（d）所示；

第五步 连接棱台各个顶点，画出棱台各棱线。擦去多余作图线，描深，即完成柱基础的正等轴测图，如图4-6（e）所示。

【例4-3】如图4-7（a）所示，已知台阶正投影图，画出其正等轴测图。

分析：

由正投影图可看出，该台阶是由挡板和四级踏步组成。为简化作图，选其挡板后端面的左下角为坐标原点。

作法：

第一步 在台阶上选定直角坐标系，将台阶挡板后端面的左下角定为坐标原点，画出轴测轴；

第二步 构成台阶右侧挡板的基本几何形体是四棱柱，根据正投影图画出四棱柱的正等轴测投影，如图4-7（b）所示；

第三步 根据三视图中的尺度关系，"切去"四棱柱挡板的一个角，如图4-7（c）所示，得到右侧挡板的正等轴测投影，如图4-7（c）所示；

第四步 根据台阶的侧视图，在右侧板的左端面上绘制台阶侧视图的正等轴测投影，如图4-7（d），图4-7（e）所示；

第五步 画出台阶踏步的正等轴测投影。擦去多余作图线，描深，完成台阶的正等轴测图，如图4-7（f）所示。

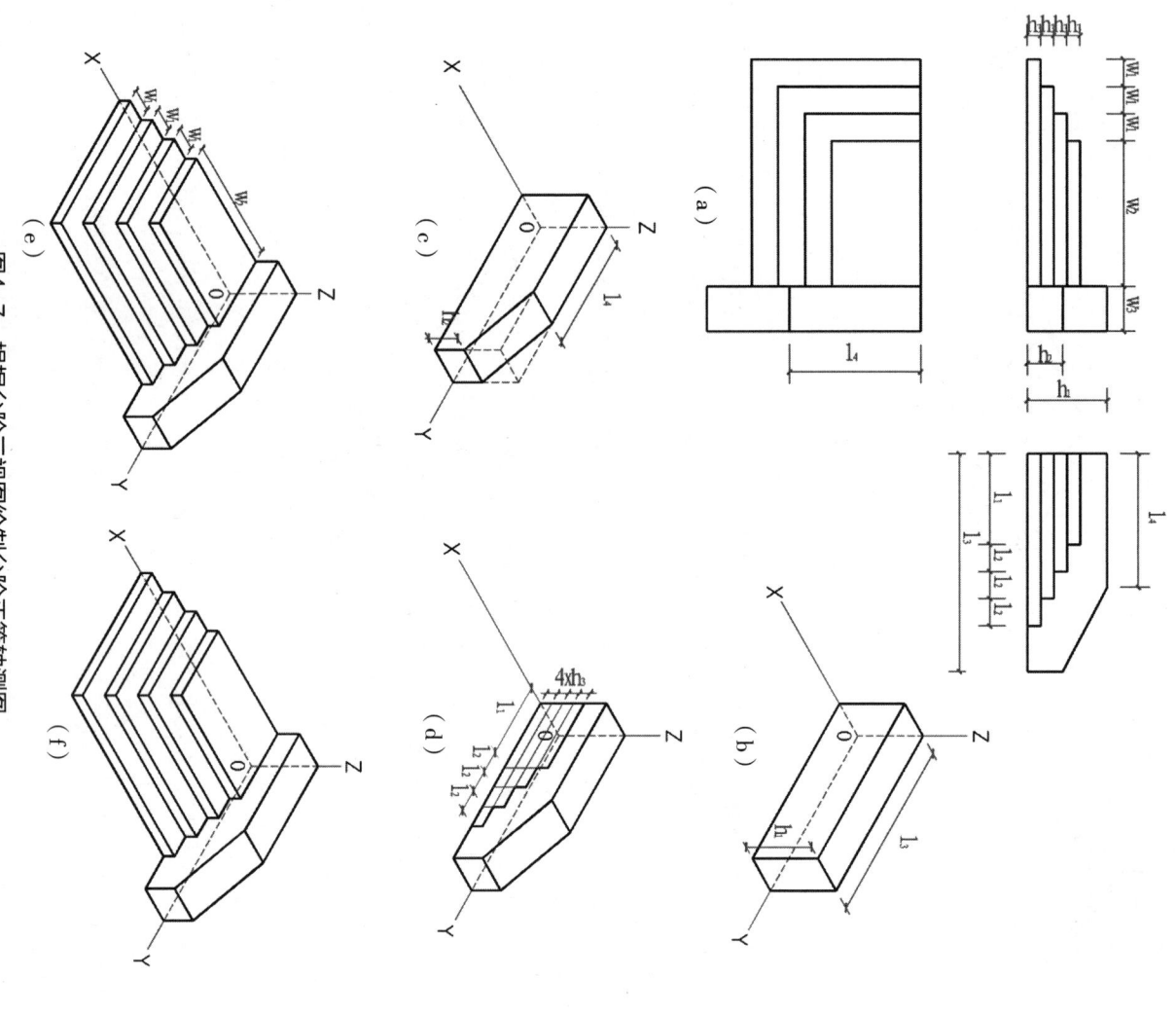

图4-7 根据台阶三视图绘制台阶正等轴测图

3. 圆周轴测投影的画法

一般情况下，圆的正等轴测投影为椭圆。

画圆的正等轴测投影时，一般先绘制出圆的外切正方形的轴测投影，再利用八点法或者四心法画出椭圆。

(1) 圆周轴测投影的一般特性

① 当圆周平面平行于投影方向时，其轴测投影为一直线。

② 当圆周平面垂直于投影方向时，其轴测投影仍然为一个等大的圆周。

③ 一般情况下，圆周的轴测投影为一椭圆。其中椭圆圆心为圆心的轴测投影；椭圆的长轴为圆周直径的轴测投影；圆周上任一对互相垂直直径，其轴测投影为椭圆的一对共轭轴。

(2) 四点法（四心法）作圆的轴测投影

当轴测椭圆的一对共轭轴的长度相等时，则所作的外切平行四边形必成为菱形，因而可用四段圆弧近似画椭圆，其作图步骤如图4-8所示。

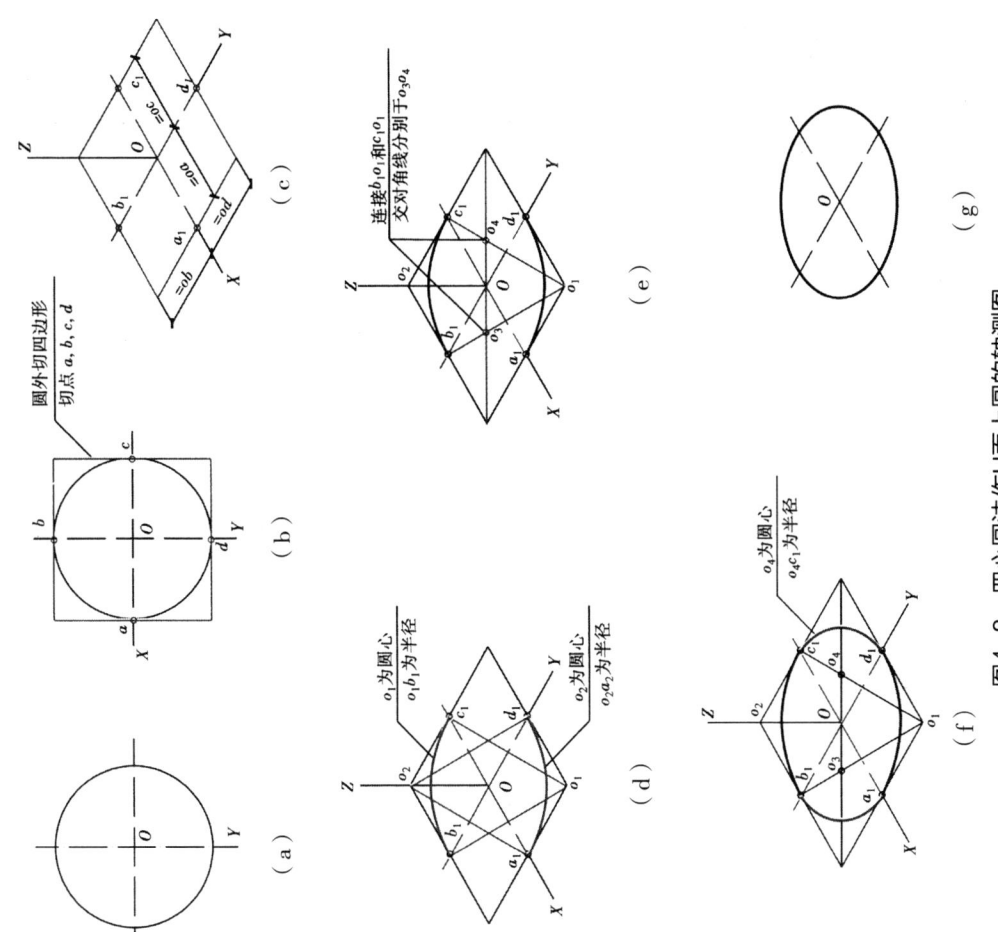

图4-8 四心圆法作H面上圆的轴测图

(a) H面圆 (b) 作圆的外切正方形 (c) 作外切四边形正等测
(d) 定o_1、o_2圆心、o_1b_1、o_2c_1为半径 (e) 定o_3、o_4圆心
(f) 求a_1b_1、c_1d_1弧 (g) 整理求得近似椭圆

同理，V、W面上的圆的正等测图（椭圆）的画法分别如图4-9（a）、(b)所示。

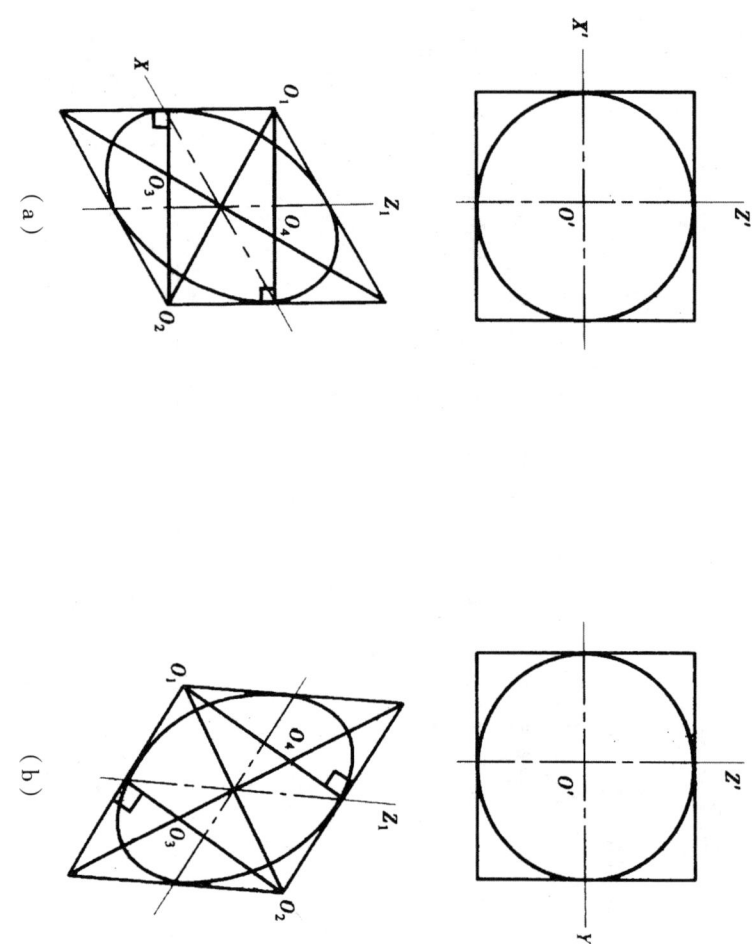

图4-9　V面、W面上圆的正等轴测图作法
(a) V面上椭圆画法　(b) W面上椭圆画法

(3) 八点法（八心法）作圆的轴测投影

八点画法是利用圆的外切正方形的四个切点和圆与对角线的四个支点求作圆的椭圆投影的一种方法，求作方法如图4-10所示。

第一步　作出圆的外切正方形ABCD的正等轴测投影，定出各边中点1、3、5、7，即圆的四个切点。过点A和AB边中点1分别作45°线相交于点E，以点1为圆心，以1E为半径作半圆交AB边于点F和点G，如图4-10（b）所示。

第二步　从点F、点G作AD的平行线交对角线AC、BD于点2、4、6、8，即圆的四个接点。将八个点用圆滑曲线连接起来，得到圆的轴测投影，如图4-10（c）所示。

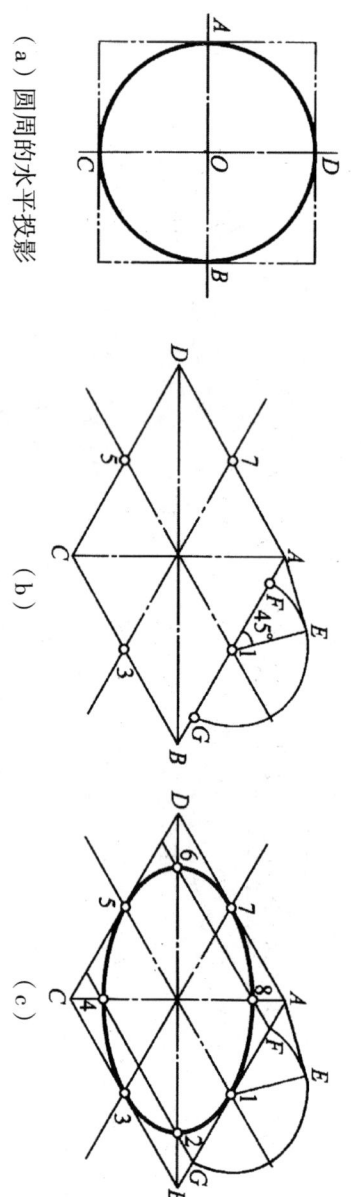

(a) 圆周的水平投影

(b)

(c)

图4-10　八点法作圆的正等轴测投影

4. 曲面立体正等轴测投影的画法

在园林设计或者工程施工中有许多的曲面立体，其中最常见的是一些回转体，如圆柱、圆锥等，这些立体端面都是圆周，作它们的正等轴测投影时最主要的是画端面的轴测投影，作法与前面所讲的方法相同。圆柱、圆锥和其他旋转面的圆周的轴测图，都可归结为画圆周的轴测图，如图4-11所示。

第一步 圆柱如图4-11（a）所示，在作出底圆和顶圆的轴测图后，再作两椭圆的公切线，即为轴测图中的外形线；

第二步 圆锥如图4-11（b）所示，其轴测图的外形线为自锥顶的轴测图向底椭圆所作的两条切线。

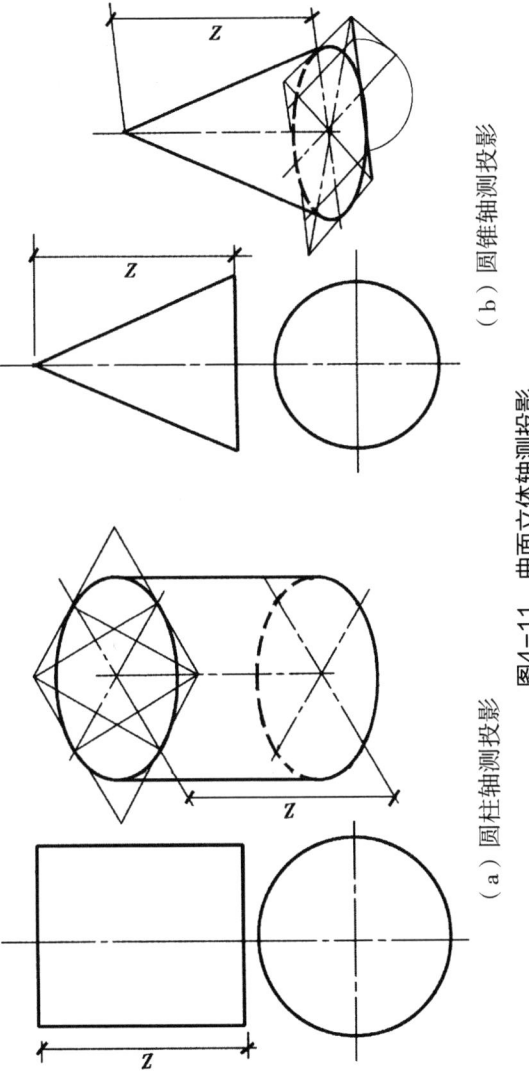

（a）圆柱轴测投影　　（b）圆锥轴测投影

图4-11 曲面立体轴测投影

【例4-4】 如图4-12（a）所示，已知柱基的正投影图，画出其正等轴测图。

分析：

由正投影图可以看出，柱基由四棱柱和圆柱叠合而成。为简化作图，取圆柱的底面中心为坐标原点。

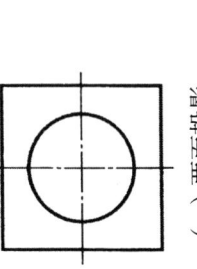

（a）两面投影　（b）　（c）　（d）

图4-12 柱基础正等轴测图的画法

作法：

第一步 在柱基上选定直角坐标系，建构正等测体系；

第二步 画出四棱柱顶面的正等测投影，向下量取四棱柱的高度，作出四棱柱的正等测投影，如图4-12（b）所示；

第三步 在四棱柱顶面中，画出圆柱底圆，如图4-12（c）所示，然后通过平移得到顶圆的正等测投影；

第四步 作出两椭圆的公切线。擦去多余作图线，描深，即完成柱基的正等测图，如图4-12（d）所示。

5. 复杂曲线的正等轴测投影的绘制方法

园林设计，尤其是一些自然式的景观设计中常要用到一些不规则曲线。对于简单的曲线可以采用截距法求作它的正等轴测投影，如图4-13所示。

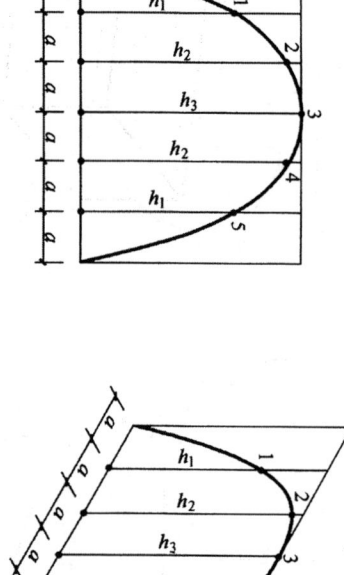

（a）平面曲线　　（b）曲线的正等测投影

图4-13 截距法求曲线的正等测投影

复杂的图形通常采用的是网格法，具体作法如下：

第一步 在平面图上根据需要绘制方格网，并对平行列进行字母标注，网格边长根据图形的复杂程度以及图纸的具体要求确定，如图4-14（a）所示。

第二步 按照正等测投影的绘制方法，绘制正等测网格，并对平行列进行字母标注。在轴网格中定出图形与方格网的交点，用圆滑曲线将交点联系起来，如图4-14（b）所示。

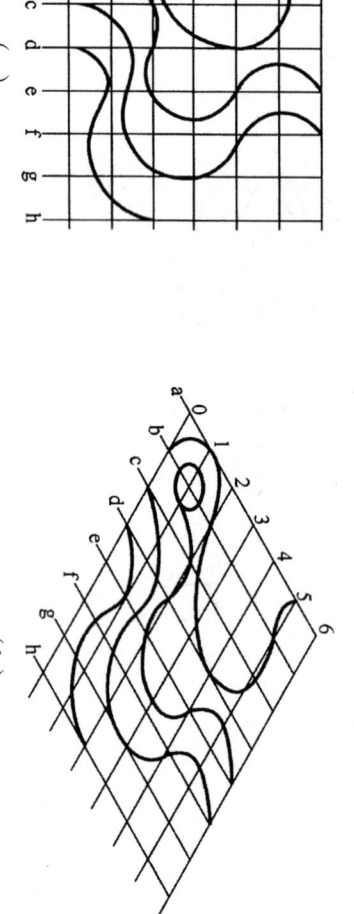

图4-14 利用网格法求作曲线的正等轴测投影

三、斜轴测投影

若空间形体的一个面与轴测投影面平行，而投影方向S是与轴测投影面倾斜的，这样的轴测图称为斜轴测投影图。画斜轴测投影图与画正面轴测图一样，也要先确定轴间角、轴向变形系数以及选择轴测类型和投影射方向。如果形体上三个坐标轴的轴向变形系数都相同，在投影面上所得到的投影称为斜等测轴测投影，简称为斜等测。如果形体上两个坐标轴的轴向变形系数相同，在投影面上所得到的投影称为斜二等轴测投影，简称为斜二测。

常用的斜轴测投影有正面斜轴测图和水平面斜轴测图。如果以V面或者V面平行面作为轴测投影面的话，得到的是正面斜轴测图；如果以H面或者H面的平行面作为轴测投影面的话，得到的是水平斜轴测图。在实际工作中，斜轴测由于其绘制较为简便，广泛地应用于各类工程的辅助设计方面。

1. 正面（立面）斜轴测投影

（1）正面（立面）斜轴测投影的参数设置

在正面斜轴测投影中，坐标面XOZ平行于正平面，轴间角XOZ=90°，所以轴测投影的立面反映实形，OX轴和OZ轴两个轴向不发生变形，即p=r=1，此时，斜二测轴测投影中的正平面的投影为实形，为获得较强的立体效果，选轴间角XOY=YOZ=135°，即OY轴的水平角为45°，选OY轴轴向变形系数q=0.5，如图4-15所示，利用三角板和丁字尺就可以绘制。

除此之外，OY轴的水平角还可以选择15°、30°或者60°，q=0.75；当水平角较小的时候，轴向变形系数可以适当增大，如：当OY轴的水平角为15°时，q=0.75；当OY轴的水平角为30°时，q=0.6。

（2）正立面斜轴测投影的特性

正面斜轴测投影是斜轴测投影的一种，所具有的投影特性：

① 不管投影方向如何倾斜，平行于轴测投影面的平面图形，它的正面斜轴测投影反映实形。
② 垂直于投影面的直线，它的轴测投影方向和长度，将随着投影方向S的不同而变化。
③ 互相平行的直线，其正面斜轴测投影仍互相平行。

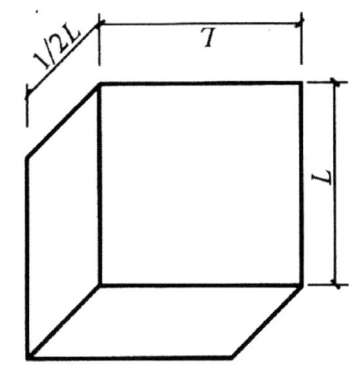

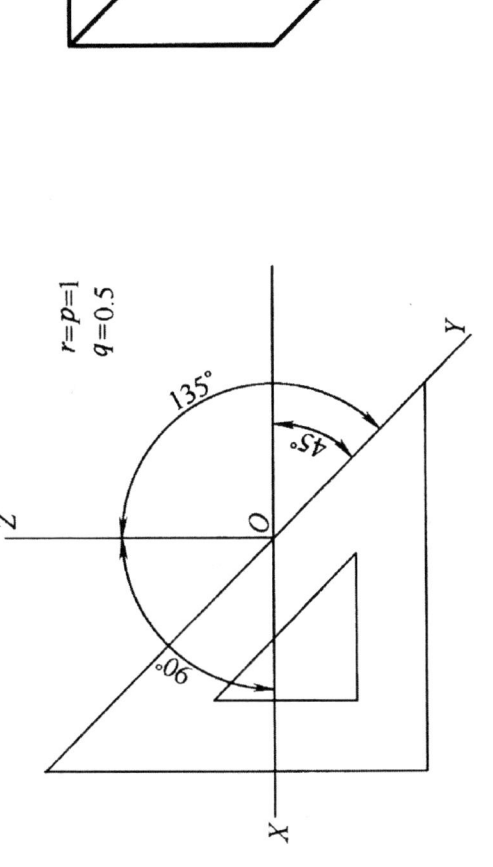

图4-15 正立面斜二测轴测投影参数

（3）正面斜二测轴测投影的绘制

通常情况下，正面斜二测轴测投影用于表现立面较为复杂的形体，如下面两个实例中的形体。

【例4-5】如图4-16（a）所示，已知花窗的正投影图，求作斜二测轴测图。

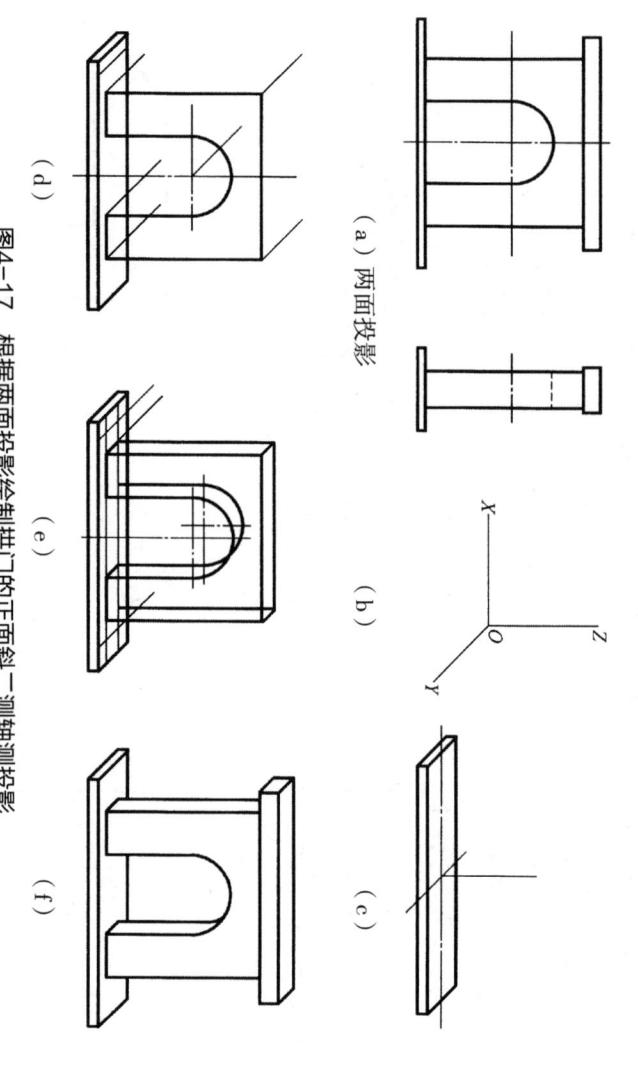

(a)　　　(b)　　　(c)

图4-16 花窗斜二测图

(a) 正投影　(b) 过正面投影各角点做长度 $=\frac{1}{2}$Y的45°线　(c) 连接各可见点线

【例4-6】如图4-17所示，根据两面投影绘制拱门的正面斜二测轴测投影。

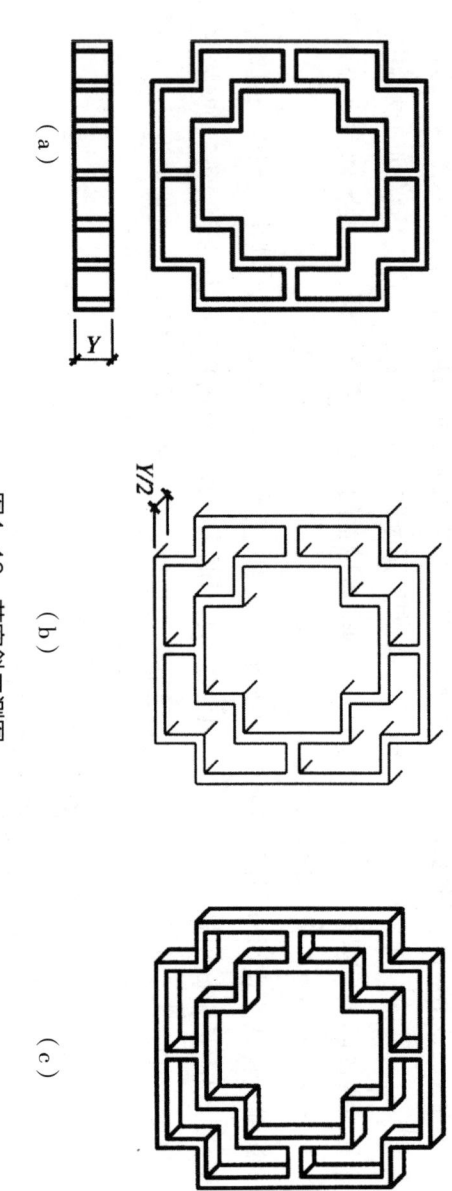

(a) 两面投影　(b)　(c)

(d)　(e)　(f)

图4-17 根据两面投影绘制拱门的正面斜二测轴测投影

作法：

第一步　将底板上表面对称中心设为坐标原点，按照正面斜二测轴测投影参数设置轴测投影参考系。

第二步　绘制底板的正面斜二测轴测投影，如图4-17（b）所示。

第三步　根据投影图确定拱门门洞前表面所在的位置，然后确定厚度的投影方向，如图4-17（d）所示。

第四步 取厚度的 $\frac{1}{2}$ 作为门洞轴测投影的 O_Y 轴方向的长度，将门洞前表面沿着 O_Y 轴方向移动 $\frac{1}{2}$ 门洞厚度，得到门洞后表面的轴测投影，如图 4-17（e）所示。

第五步 再在门洞顶面上作出拱门顶板的轴测投影。最后整理，加深图线，得到拱门的正面斜二测轴测投影图，如图 4-17（f）所示。

小提示：除了实例中介绍的拱门、花窗之外，在园林设计中像景门以及园林建筑小品等，凡是立面由复杂直线或者曲线构成的形体都可以选用这一种轴测投影方式。

2. 水平斜轴测投影

（1）水平斜轴测图的参数设置

水平斜轴测图的轴间角和轴向变形系数如图 4-18 所示。坐标面 XOY 平行于水平面，轴间角 XOY=90°，轴向变形系数 p=q=1，也就是说水平斜轴测的平面反映实形；OZ 轴与 OX 轴的轴间角以及 OZ 轴的轴向变形系数没有严格的限定。如果 OX 轴保持水平，通常 OZ 轴和 OX 轴的轴间角取 120°，OZ 轴的轴向变形系数取 1 或者 r=0.8。而 OX 轴与 OY 轴的轴向变形系数取任意值，如图 4-18（a）所示。

为了简化作图，习惯上将 OZ 轴画成铅垂方向，轴向变形系数 r=1 或者 r=0.8，而 OX 轴与 OY 轴的旋转，其水平角可以选择下列任意搭配：30°/-60°，45°/-45°，15°/-75°，通常采用 30°/-60° 和 45°/-45° 的组合，如图 4-18（b）、如图 4-18（c）所示。

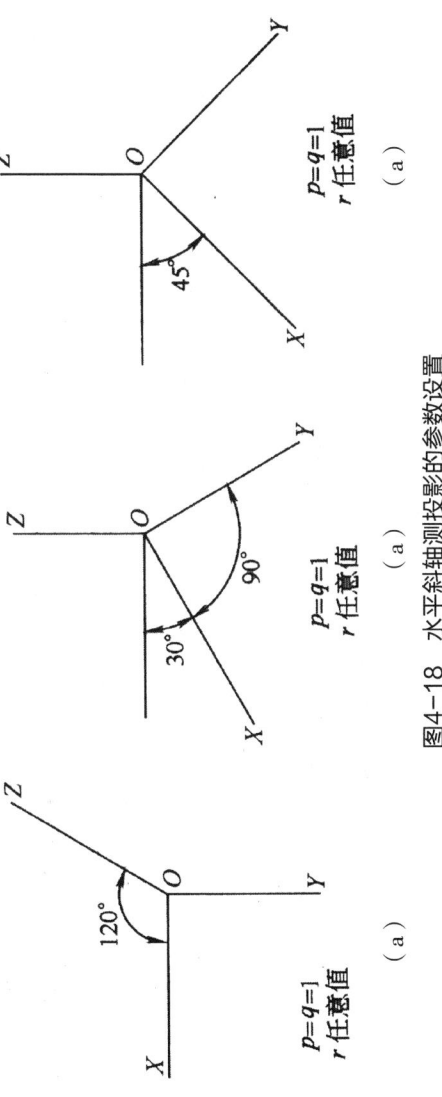

图 4-18 水平斜轴测投影的参数设置

（2）水平斜轴测图的一般作图步骤

第一步 画正面投影的水平画图，并将其逆时针旋转 30°；

第二步 过平面图的各个顶点向上作垂线；

第三步 在各垂线上取空间物体的高度，并连接；

第四步 加深图线，完成轴测图。

【例 4-7】 根据总平面图，作总平面的水平面斜轴测图（即小区规划图），如图 4-19（a）所示。由于房屋的高度不一，作图时可在平面图上向上作竖向高度，使其有空间的层次感。

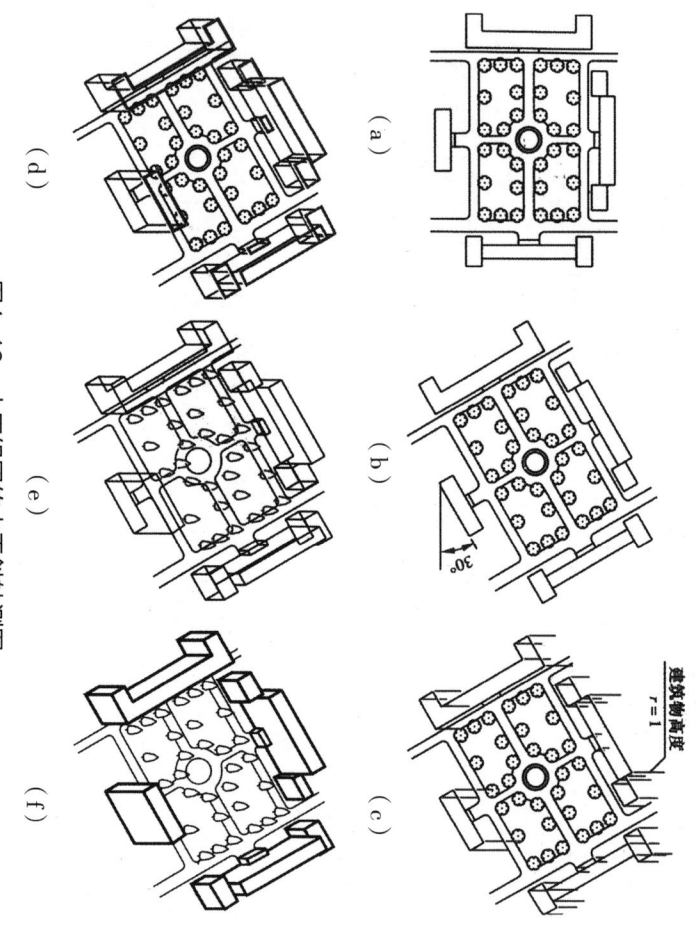

图4-19 小区组团的水平斜轴测图
(a) 组团平面图 (b) 组团平面逆时针旋转30° (c) 量取建筑高度
(d) 画建筑屋顶 (e) 画植物 (f) 整理完图

【例4-8】 画出如图4-20 (a) 所示建筑形体的水平斜二测轴测投影。

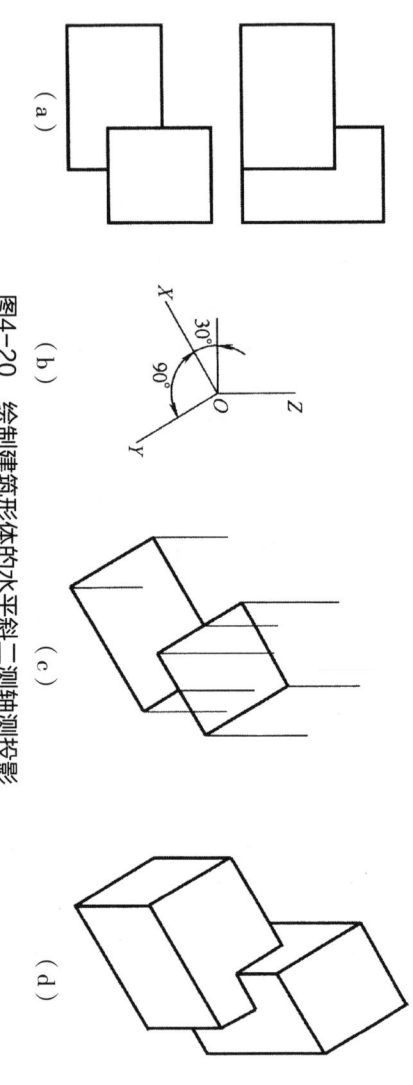

图4-20 绘制建筑形体的水平斜二测轴测投影

作法：

第一步 在建筑形体上选定直角坐标系，如图4-20 (b) 所示；

第二步 画出轴测轴，根据正投影图，画出其水平投影的水平斜二测，如图4-20 (c) 所示；

小提示：在绘制水平斜轴测投影时，只要将水平投影旋转一定角度（如本例旋转30°，就是平面图的水平斜轴测投影，然后直接在上面起高度就可以了。

第三步 过各角点的轴测投影，向上作OZ轴平行线，截取高度（本例轴向变形系数r=0.8），画出顶面的水平斜二测投影。擦去多余作图线，加深图线，即完成建筑形体水平斜二测投影的绘制，如图4-20 (d) 所示。

四、轴测投影的选择和应用

1. 轴测投影的选择

轴测类型的选择直接影响到轴测图的表现效果。选择时尽量选择作图比较简单的斜轴测或者正等轴测，当效果不理想时，再考虑用正二测轴测投影。在选择时应该注意以下几点。

① 要避免遮挡。在轴测图中，要尽量将隐蔽的部分表达清楚，要能够看透孔洞或看到孔洞的底面，对于一些特殊的形体，可以采用轴测剖面图对其内部构造加以表现，如图4-17中的门洞部分。

② 要避免左右对称。如图4-17所示，如果采用正等轴测投影的话基础上中下三个部分的左侧棱线在轴测图中会在同一条直线上，这就会影响到立体效果的表现，所以采用正二测投影较为合适。

③ 避免侧面的投影聚积成直线。

④ 尽量简化作图过程。对于立面较为复杂的形体可以采用水平斜轴测投影。例如：平面较为复杂的形体可以采用水平斜轴测投影，形状不规则的园林景观。

小提示：水平斜二测轴测投影通常用于表现平面复杂、形状不规则的园林景观。

此外，还要注意轴测投影方向的选择，如图4-24所示板柱节点轴测效果绘制，需要选择仰视效果，即由下向上投影，才可以获得令人满意的效果。

2. 轴测投影的应用

（1）网格法绘制园林正等轴测效果图

园林设计中平面曲线较多，如路、广场铺地、水面等。在轴测图时，可先在平面图中作出方格网；然后画出方格网的轴测图；再在轴测格网中，按照正投影格网中曲线的位置，作出曲线的轴测图。

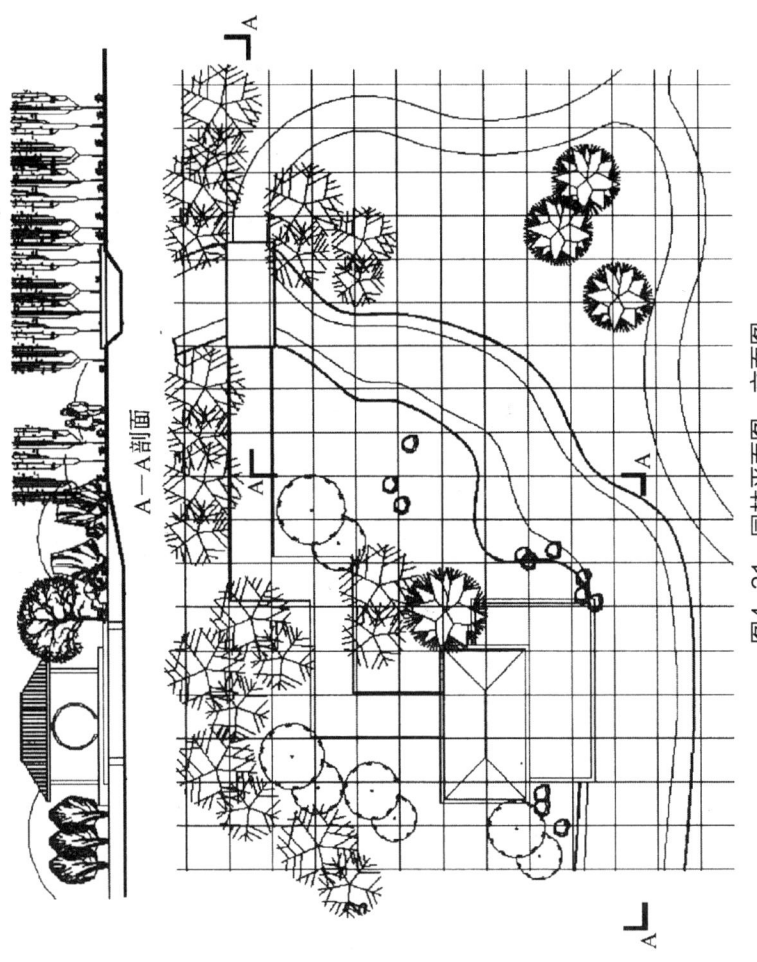

图4-21 园林平面图、立面图

第一步 在作图中较复杂的平面曲线之前，可在平面图上先作网格，网格横纵向间距相等；
第二步 作网格的轴测图；
第三步 网格轴测图中描出道路、水体、地形、构筑物与网格的交点，顺次连接各点；
第四步 作出树、灌木的平面轴测；
第五步 完成的园景正等轴测图。

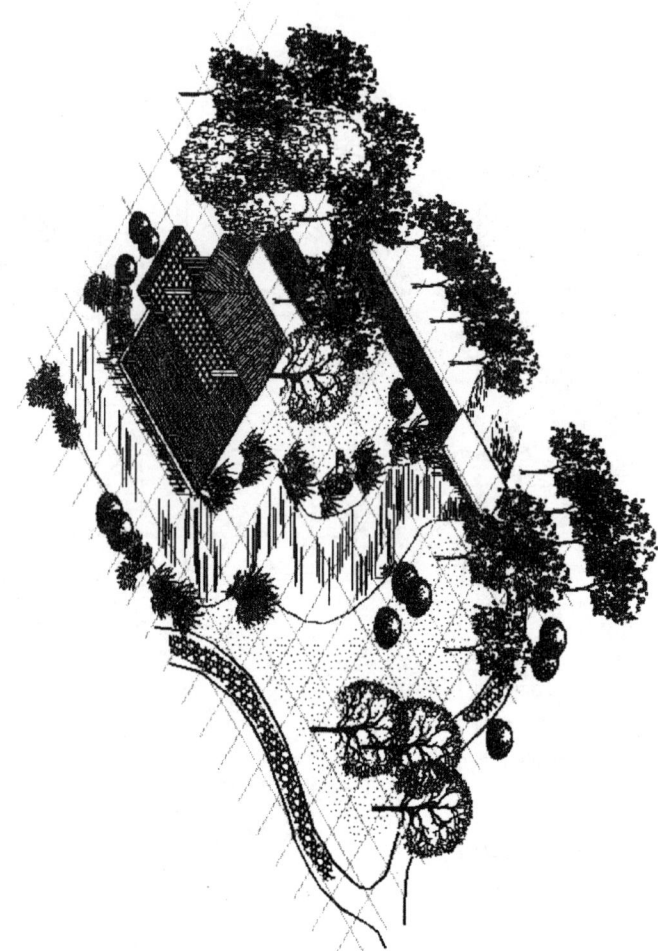

(a) 轴测平面图

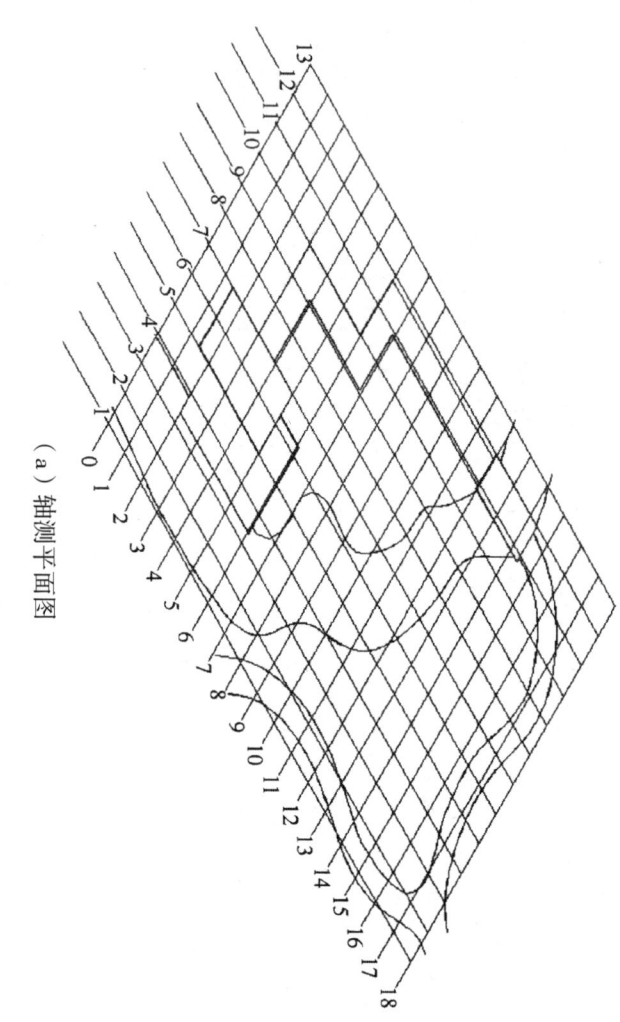

(b) 轴测图

图4-22 园林正等轴测图

(2) 轴测图在园林施工图中的应用

轴测图经常用于园林施工图的绘制,一般用来表达一些结构较为复杂的建筑、小品的细部结构以及这些结构的安装过程。如图4-23为某花架柱脚正等轴测,图4-24为某花架柱头正等轴测。

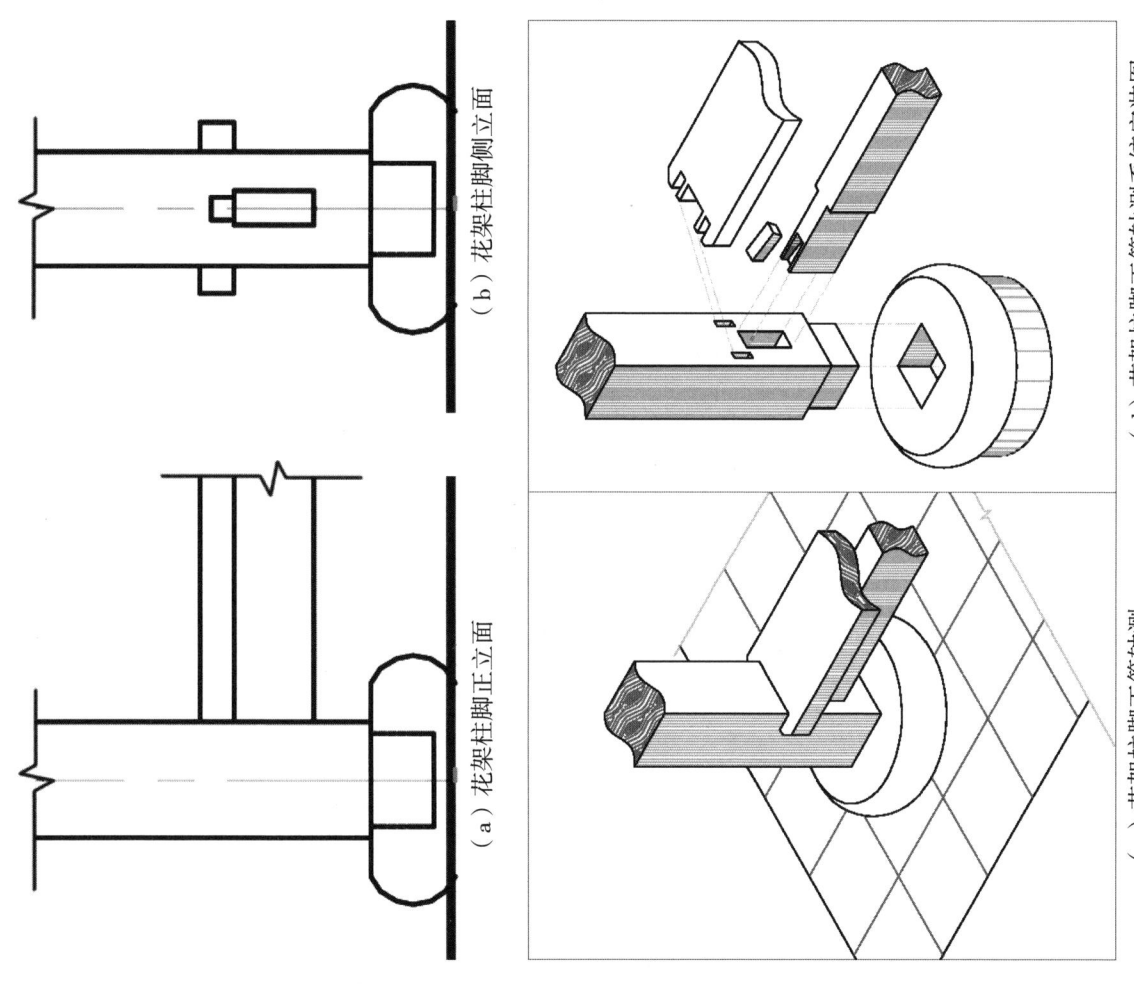

(a) 花架柱脚正立面　　(b) 花架柱脚侧立面

(c) 花架柱脚正等轴测　　(d) 花架柱脚正等轴测系统安装图

图4-23　某花架柱脚正等轴测

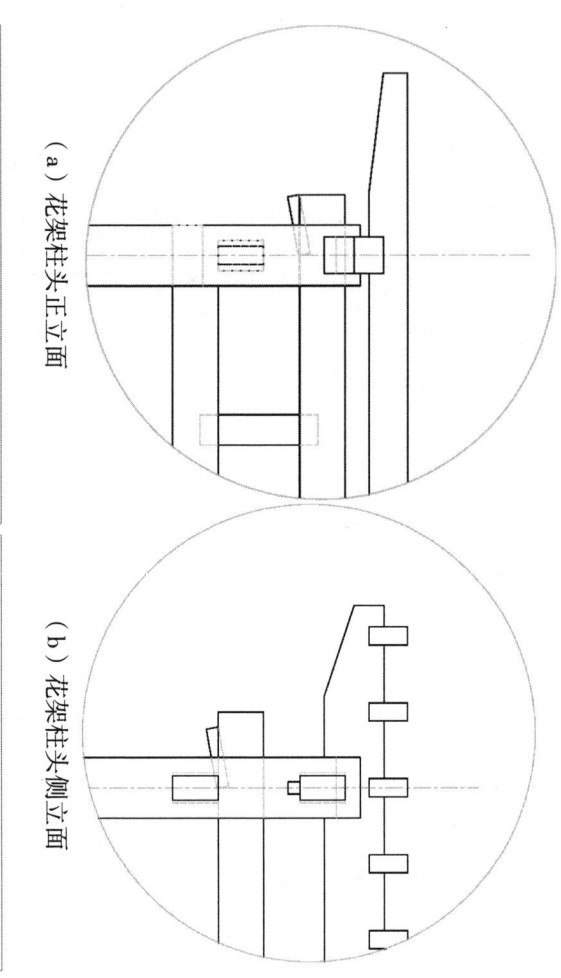

(a) 花架柱头正立面

(b) 花架柱头侧立面

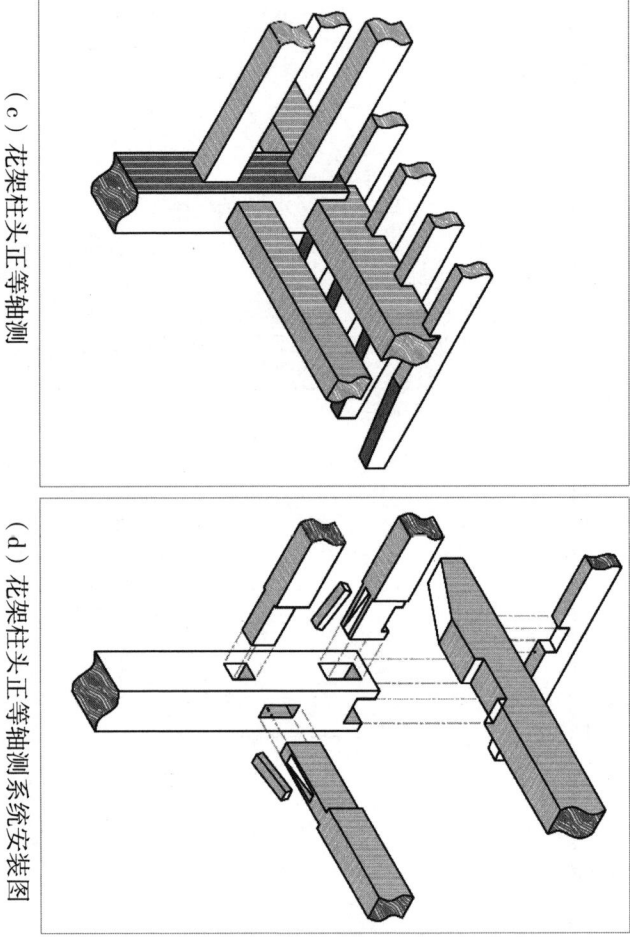

(c) 花架柱头正等轴测

(d) 花架柱头正等轴测系统安装图

图4-24 某花架柱头正等轴测

五、标高投影

1. 标高投影的基本知识

标高投影：是仅用水平投影再加注高度数值来表示空间形体的方法。

作用：对于凹凸不平，弯曲多变的地形，用这种图示方法表达远胜于视图的表达方法。标高投影多用于表示地形起伏和确定土方挖填边界线。

标高投影图：用标高投影法表示的单面正投影图称为标高投影图。

2. 标高投影的画法

工程上，对于复杂的曲面地形，在标高投影中，常用一系列水平面与曲面相交，得到一系列交线——即等高线，将这些等高线投影到一个投影面上，画出这些等高线的标高投影就得到曲面地形的标高投影。如图4-25所示为曲面地形的标高投影。

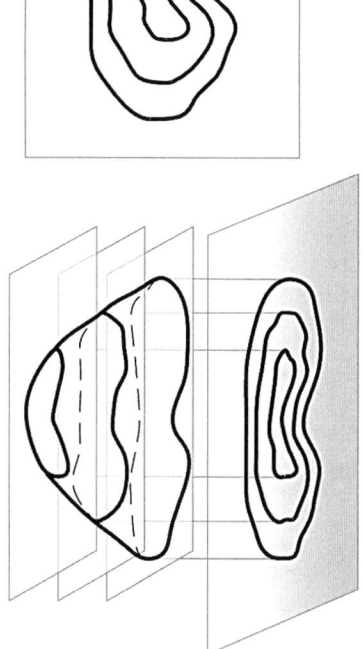

图4-25 曲面地形的标高投影

标高投影图的画法步骤：

第一步 设定等高距。等高距是指地形图上相邻等高线的高差，一幅图内只采用一种基本的等高距，当基本等高距不能显示地貌特征时，可加绘半距等高线；

第二步 标高投影图的比例尺为1∶100～1∶500，等高距通常设为0.25～0.5 m。

平坦区域，根据图示需要，可以不绘制等高线，仅用高程注记点表示。

第三步 记录等高线各点的坐标，绝对坐标和相对指标均可；

第四步 做坐标网络，将同一等高距下的标高用曲线光滑连接；

第五步 在等高线旁标注标高数值。

标高投影图如图2-7所示，标高投影图多用在园林工程中的施工总平面图，如图7-1中的100.50、100.75等，如图7-17园林假山工程施工图。

第五章 图样的规定画法

以正投影绘制的三面投影是表达建筑形体和组合形体的基本方法，但对于复杂的建筑形体的外部形状和内部结构仅用三个投影有时难以将复杂形体的外部形状和内部结构完整、清晰地表达出来，为了便利制图规则，反映建筑形体或组合形体准确、清晰，国家标准（GB/T 17451—1998和GB/T 50001—2010）规定了多种表达方式。本章重点介绍表达建筑形体或几何形体的视图、剖视图、断面图及其他相关规定。

一、视图

在工程制图中，通常把表达建筑形体和组合形体的投影称为视图，为清晰反映复杂形体不同的外形和结构，国标（GB/T 17451—1998和GB/T 50001—2010）规定了不同的视图表达方式。

1. 基本视图

（1）第一角投影

互相垂直的三个投影面V、H、W把空间分成八个角，依次为第一分角、第二分角……第八分角，如图5-1所示。

把形体放在第一分角进行正投影所得到的投影图称为第一分角投影。

第五章 图样的规定画法

(2) 基本视图

形体的形状一般用第一分角的三面投影即可表示，但其只能反映形体与投影面平行方向的三个方向的形状，对于较复杂形体，规定可在原三个基本投影面（V、H、W）的基础上增加与之对应平行的三个基本投影面（V1、H1、W1），在空间形成一个六面的方箱式投影空间，如图5-2所示，将置于箱式投影空间的形体按正投影关系向各基本投影面进行投影，所得的投影统称为基本投影。

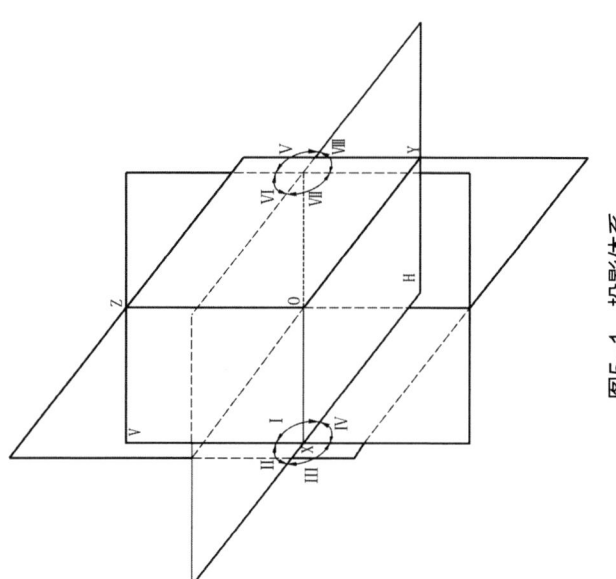

图5-1 投影体系

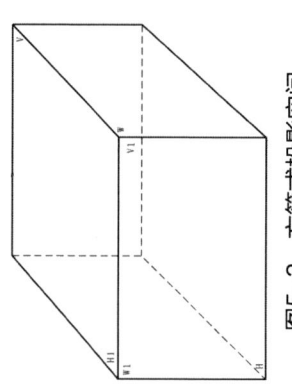

图5-2 方箱式投影空间

建筑工程制图中，按其专业习惯，六个基本投影分别称为：

正立面图（V面）投影——向V面投影所得的视图
平面图（H面投影）——向H面投影所得的视图
左侧立面图（W面投影）——向W面投影所得的视图
背立面图（V1面投影）——向V1面投影所得的视图
右侧立面图（W1面投影）——向W1面投影所得的视图
称底面图（H1面投影）——向H1面投影所得的视图

将六个基本投影面按图5-3的展开方法展开到同一平面内（V面），六个基本视图按图5-4所示布置在同一平面内时，一律不注视图的名称。

如果基本视图不按图5-4所示的位置布置，则应在视图下方标出图名，注写图名的各视图的位置应根据设计的需要，按相应的规则布置。

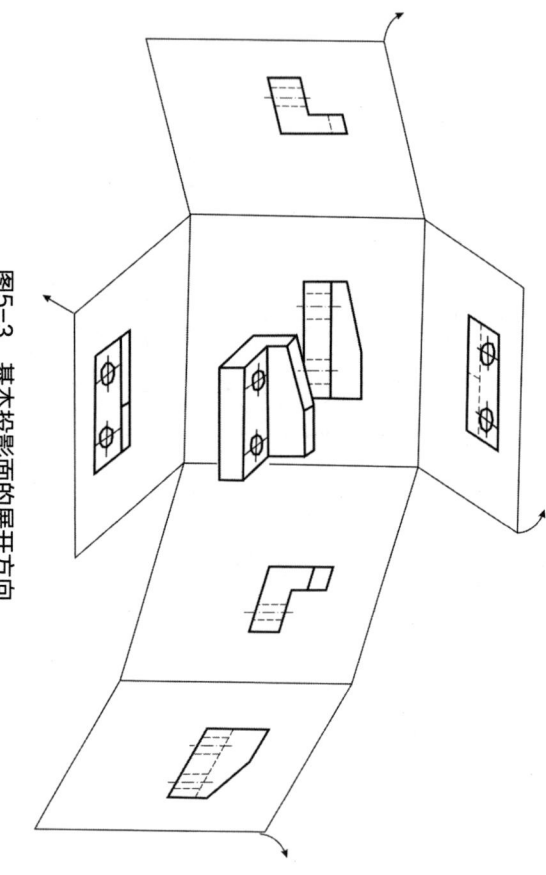

图5-3 基本投影面的展开方向

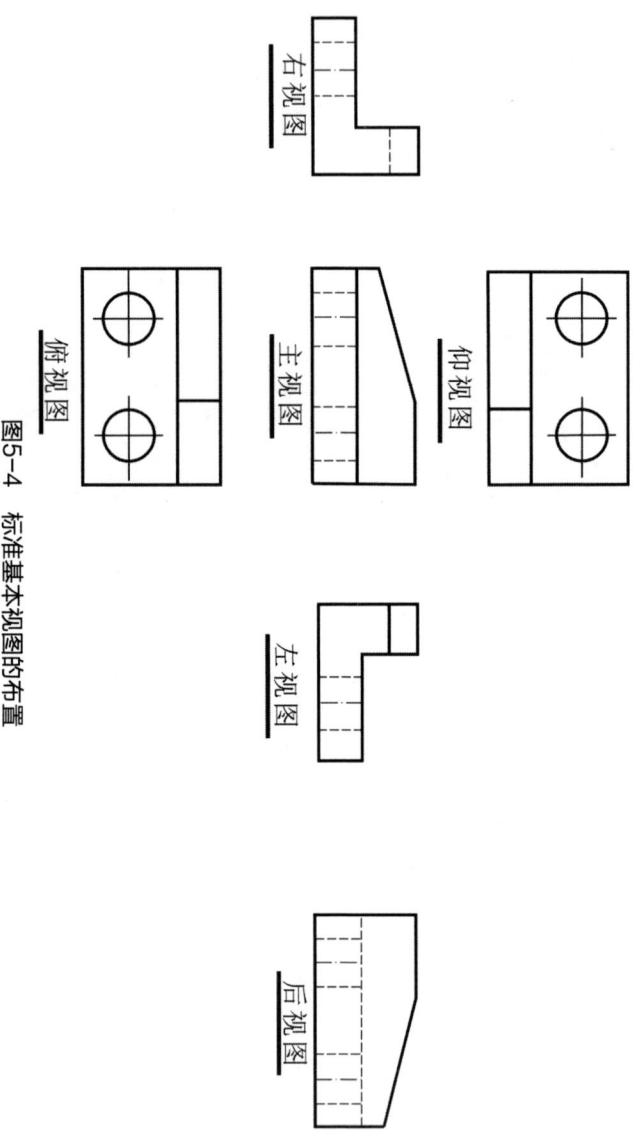

图5-4 标准基本视图的布置

如果将六个投影面上视图绘制在同一平面上，各视图的位置按图5-5的顺序布置，每个视图均应标注图名，各视图图名如图5-5所示，图名标注在视图的下方或一侧，并在图名下方用粗实线绘一条横线，其长度以图名所占长度为准。

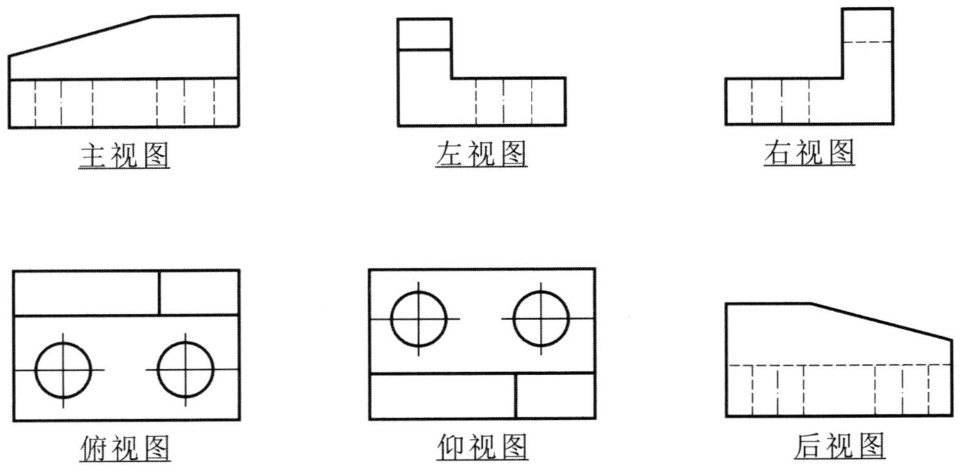

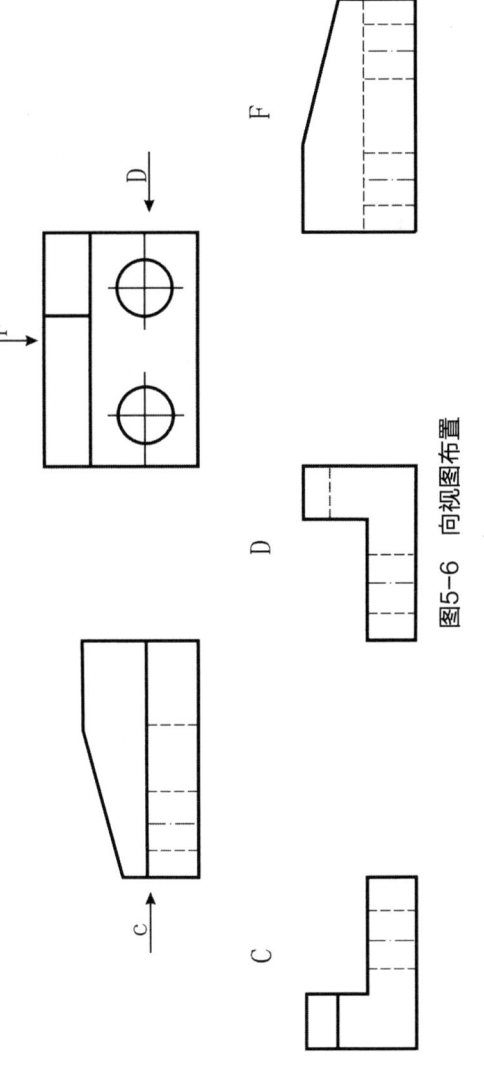

图5-5 非标准基本视图布置

以上视图均为基本视图，是表达建筑形体的基本手段，涉外工程图需按第三个角进行投影，按规定位置排放。

当基本视图不能反应建筑形体的投影需求时，可以采用与基本视图不同的其他视图进行表达。

2. 方向视图

当基本视图不能按图5-4的位置配置时，形体视图的表达方式是在视图的上方标出X（"X"为大写拉丁字母），且在相应的视图附近用一个箭头指明投影方向，并注上同样的字母，此时视图表达的是指定方向的建筑形体的形状，如图5-6所示。

图5-6 向视图布置

3. 斜视图

形体向不平行于任何基本投影面的平面上投影所得到的视图称为斜视图。如图5-7所示的形体右侧向与基本投影面保持倾斜关系，其基本视图均不可能反映其真形，为此设置辅助投影面与所需要表达形体的结构平面平行，然后向辅助平面做正投影，如此所得到的视图就称为斜视图，该视图可以反映形体上指定结构部分的真实形状。

斜视图可以配置在箭头所指的方向上，如图5-7（a）所示，也可以旋转摆正，旋转后的视图属于旋转配置的斜视图，其名称要加注旋转符号，并且大写拉丁字母要放在靠近旋转符号的箭头端，在斜视图的上方标注"X"，旋转符号表示的旋转方向应与视图的旋转方向相同，如图5-7（b），图5-8所示。也允许将旋转的角度标注在大写拉丁字母之后，如图5-9所示。

除此之外，斜视图只表达形状的某一局部形状，其表达的范围用折断线或波浪线分开，斜视图的投影方向由箭头指明，并用大写拉丁字母标注投影方向名称，如图5-7，图5-8，图5-9所示。

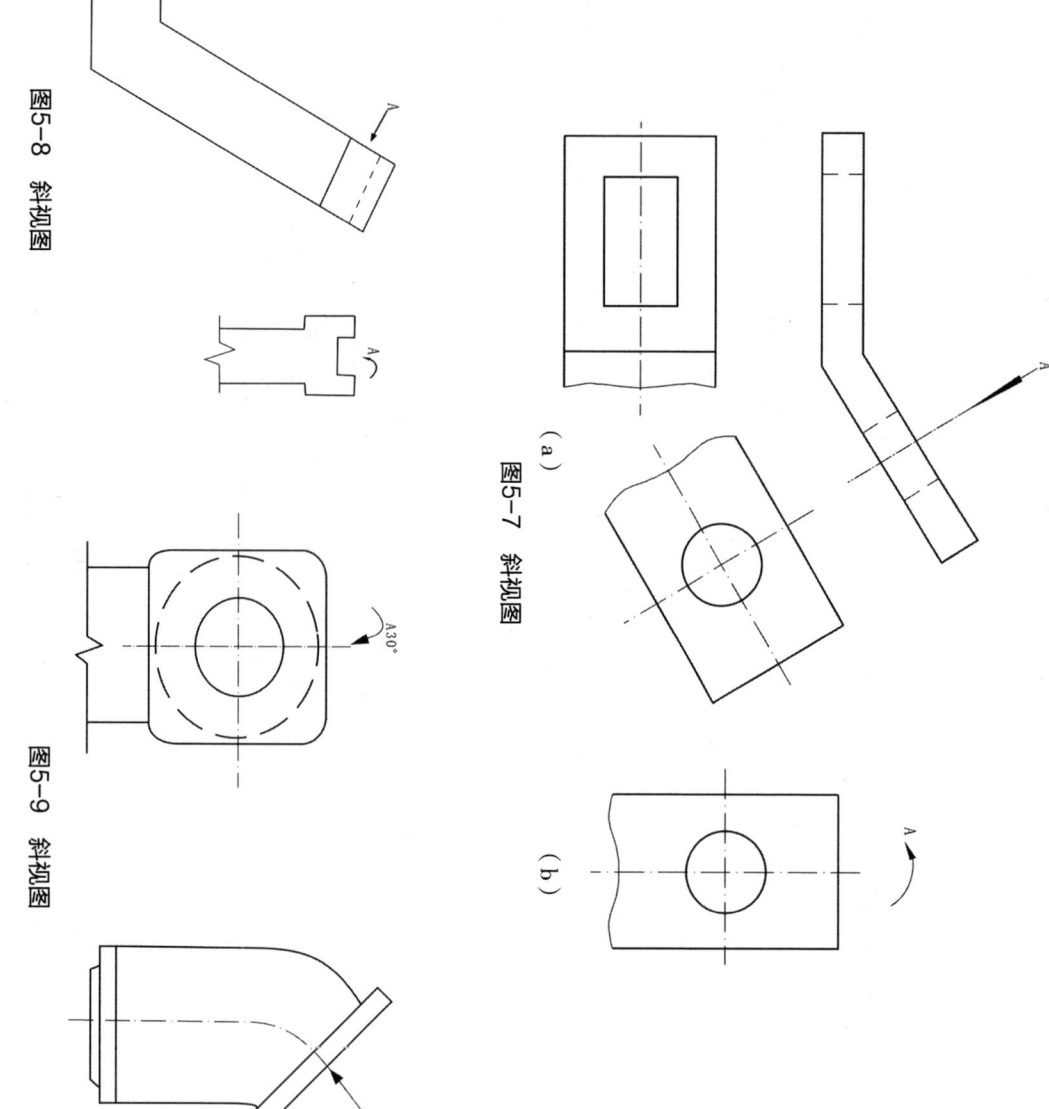

图5-7 斜视图

图5-8 斜视图

图5-9 斜视图

4. 局部视图

如图5-10所示的形状，主视图和俯视图已将形体的大部分表达清楚，只需表达很小一部分，就可以清楚地表达出整个形体的形状。

这种只将形体的某一局部向基本投影面投影所得到的视图称为局部视图。

局部视图的边界线用波浪线或折断线表示，如图5-10所示中的A向视图；当所表达的局部结构形状完整,且轮廓线封闭时,可省去波浪线,如图5-10所示中的B向视图,按向视图的方式标注,用带有大写拉丁字母的箭头指明投影部位和投影方向,并在局部视图的上方注写相同的大写拉丁字母。

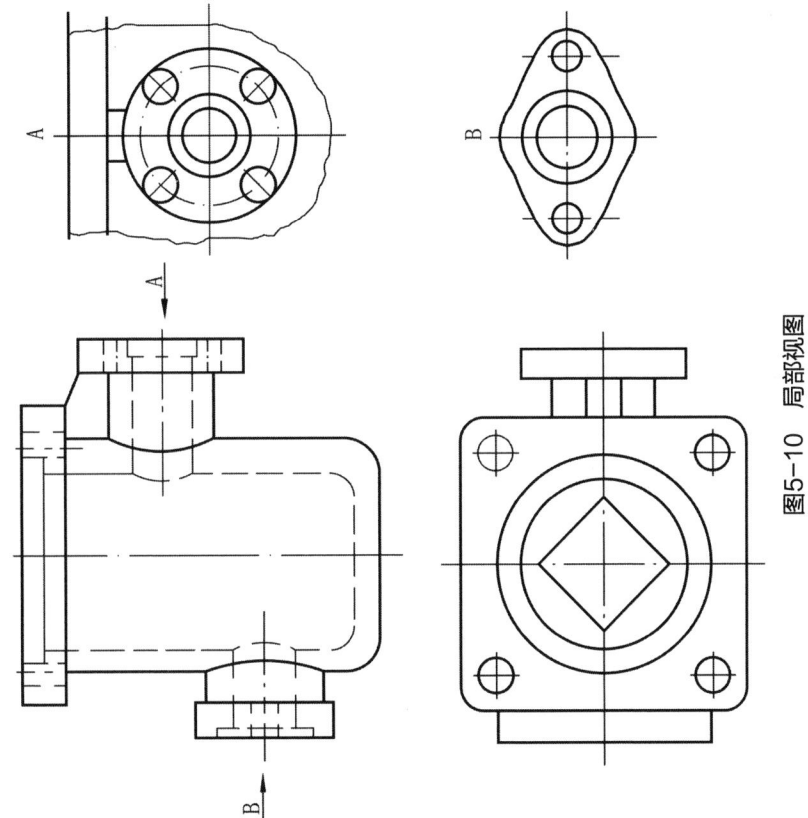

图5-10 局部视图

当局部视图按基本视图配置,中间又没有其他图形隔开时,可不必标注,如图5-7(a)中所示的俯视图。

在房屋建筑施工图中,分区绘制的建筑平面图属于局部视图,分区绘制的建筑平面图,应绘制组合示意图,指出该区在建筑平面图中的位置,各分区视图的分区部位及编号均应一致,并应与组合示意图一致,如图5-11所示。

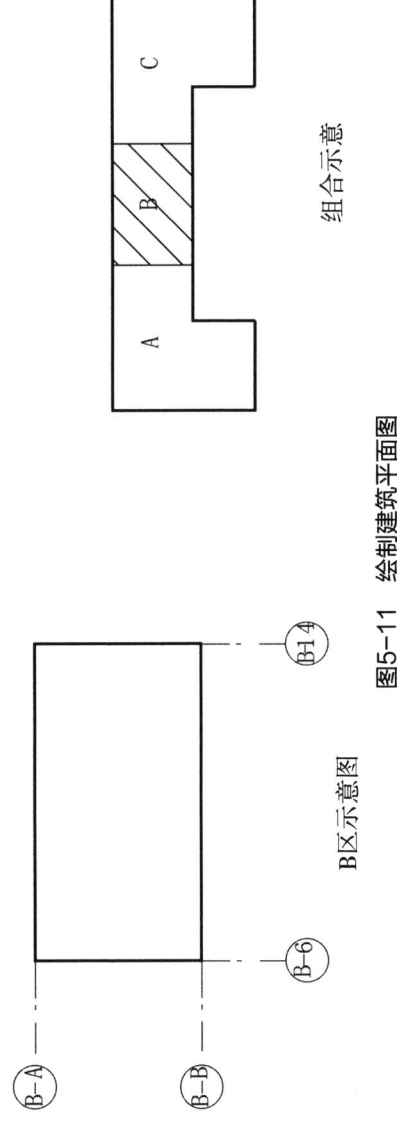

图5-11 绘制建筑平面图

5. 镜像视图

当形体的视图用第一角画法不易表达时，可采用镜像投影法绘制镜像视图，如图5-12所示。镜像视图是用假想平行于相应投影面的镜面代替投影面，在镜面中反射得到的形体正投影。镜像视图的表达，应在图名后加注"镜像"二字，镜像视图和底面图相差180°。镜像视图常用来表示室内顶棚的结构。

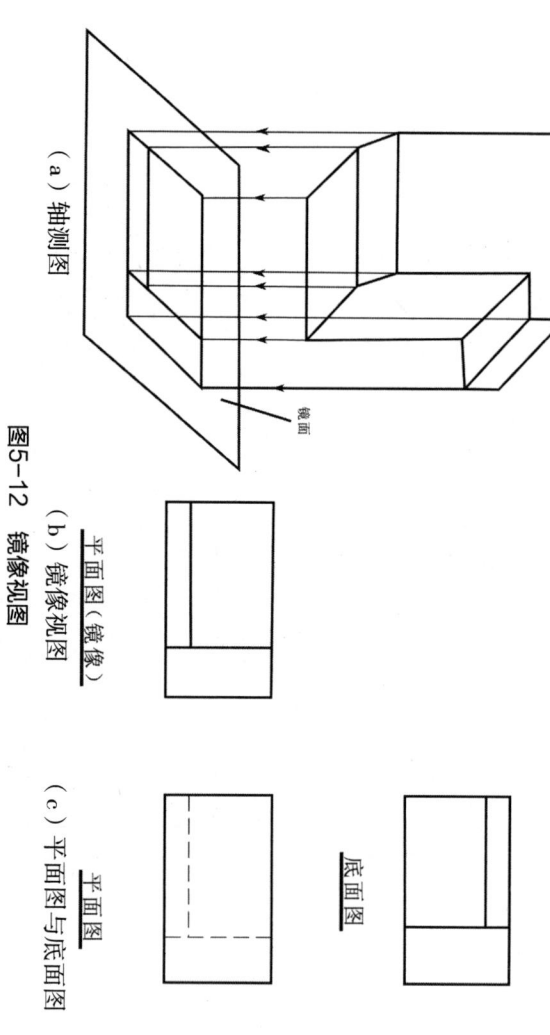

(a) 轴测图　　(b) 平面图（镜像）　　(c) 平面图

图5-12 镜像视图

6. 展开视图

在实际工作中，经常会出现立面的某一部分与基本投影面不平行，此类形体在画立面图时，规定可将该部分旋转至与基本投影面平行，再以正投影法绘制，并在图名后面标注"展开"字样，这样所得的视图称为展开视图，如图5-13所示。

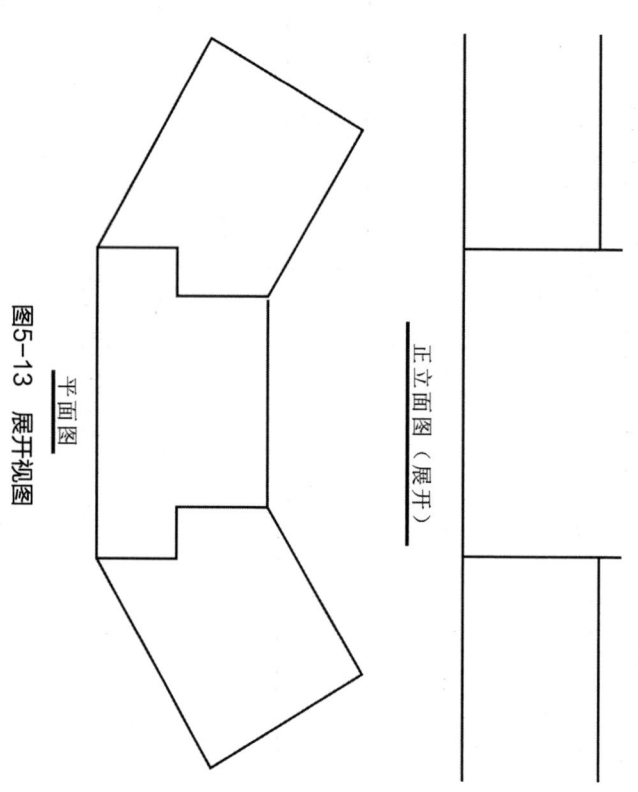

图5-13 展开视图

二、剖面图

采用常用视图表达形体时,其形体上不可见的轮廓线要用虚线表示,当形体内、外的结构都较复杂时,会使形体的视图图线很多,虚线和实线混杂交错,如图5-14所示,给绘图、识图和标注尺寸均带来不便,也容易产生差错,无法清楚表达建筑形体(如房屋)的内部构造,对此国家标准GB/T 50001—2010规定了剖面图的表达方式。

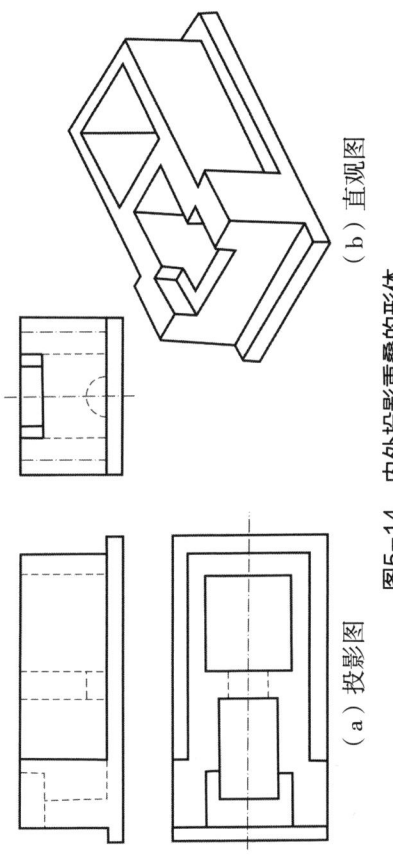

（a）投影图　（b）直观图

图5-14　内外投影重叠的形体

1. 剖面图的形成

假想用一个剖切平面在形体的选定部位把形体切开,移走观察者与剖切平面之间被剖开的部分形体,将剩余部分形体投影到与剖切平面平行的投影面上,并在剖切到的实体轮廓内画上表示材料的符号,这样所得的投影称为剖面图。

如图5-14所示为一箱体形体,其内部的结构致使其基本投影中都有虚线,造成箱体三视图的虚、实线较多,视图不清晰,不便于绘制和识读。如图5-15所示,假想用一个平行于V投影面、过形体对称面的P平面将形体剖开,移走P平面与观察者之间的部分形体,如图5-15（a）所示,将剩余部分形体向V平面投影,在剖切到的实体轮廓上画上表示材料符号,即为该箱体形体的剖面图,如图5-15（b）所示。

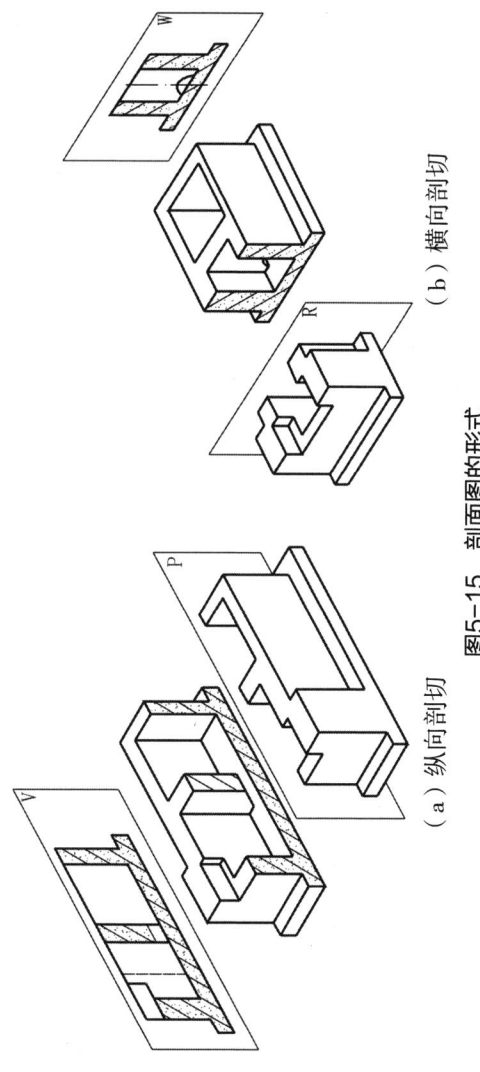

（a）纵向剖切　（b）横向剖切

图5-15　剖面图的形式

剖面图的特点是：形体被剖开后，原来不可见的部分变为可见，使原来视图中的虚线变成了实线，剖面图上的轮廓均为可见轮廓。其视图简洁、清晰。

剖面图上的轮廓均为可见轮廓。剖切平面与形体表面的交线所围成的平面图形称为断面。剖面图是将剖开的形体向投影面投影得到的包含断面图和沿投影方向未被剖切到的剩余形体可见部分的轮廓。剖面图向投影面投影形体被剖切后，剖切平面切到的实体部分显示的是形体被切开的材料，如图5-15（a）、（b）中的阴影部分和非阴影部分所示。

国家标准GB/T 50001—2010规定，在剖面图上的断面部分画出相应材料的图例。为了表达形体的材料，国家标准GB/T 50001—2010规定了常见材料的图例，常用建筑材料图例见表5-1。

表5-1　常用建筑材料图例（节选GB/T 50001—2010）

名称	图例	名称	图例
自然土壤		纤维材料	
夯实土壤		泡沫塑料	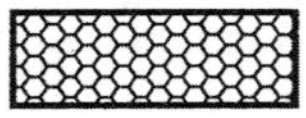
砂、灰土	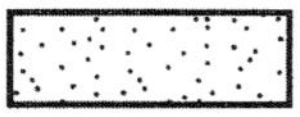	木材	
三合土	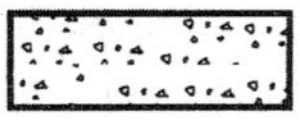	胶合板	
石材	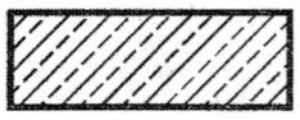	石膏板	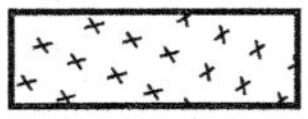
毛石	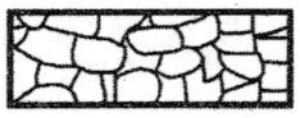	金属	
普通砖	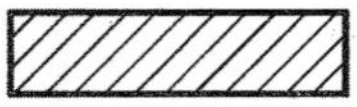	网状材料	
耐火砖	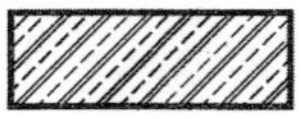	液体	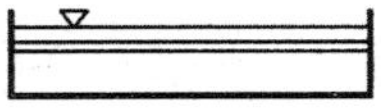
空心砖		玻璃	
饰面砖		橡胶	
焦渣、矿渣	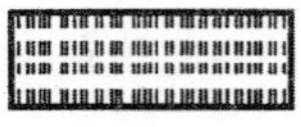	塑料	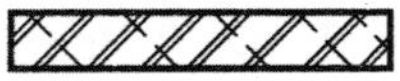

续表

名称	图例	名称	图例
混凝土		防水材料	
钢筋混凝土		粉刷	
多孔材料		注：斜线多为45°	

注：《房屋建筑制图统一标准》中规定图例之外的材料可以自行编制。

2. 剖面图的标注

使用剖面图表达形体时，要将剖面图中的剖切位置和投影方向在图中加以说明，这种说明就是剖面图的标注。

国家标准GB/T 50001—2010规定：剖面图的标注由剖切符号和编号组成。

剖切符号由剖切位置线和投射方向线组成。

（1）剖切符号

① 剖切位置线　剖切位置线表示剖面的剖切位置，剖切位置用两段粗实线绘制，长度为6～10mm，剖切位置线就是剖切平面的积聚投影。

② 投射方向线　在剖切位置外端并且垂直于剖切位置线，是长度为4～6mm的两段粗实线，表示形体剖切后剩余部分的投影方向。

特别要注意：绘图时，剖切符号不得与图面上的其他图线相交。

（2）剖切符号的编号

对于复杂形体，需要多个剖切符号才能清楚了解其内部结构，为方便区分，国标规定剖切符号的编号都要进行编号。国标规定剖切符号的编号宜采用阿拉伯数字按顺序由左至右，由下至上连续编排，并应注写在剖视方向线的端部，如图5-16所示，相应的剖视图图名应与对应的剖切符号的编号对应。

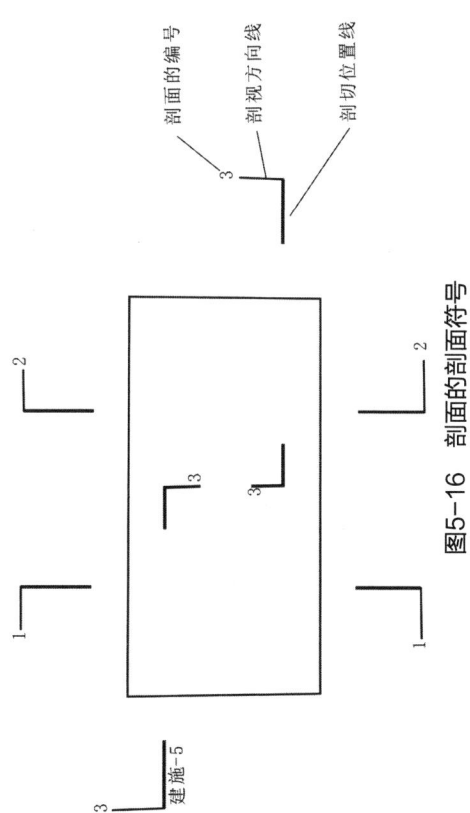

图5-16　剖面的剖面符号

（3）转折剖切位置线

对于内部结构复杂的形体，为清楚表达内部结构，其剖切位置线需要转折，此时应在剖切位置转折的转角外侧加注与该剖切符号相同的编号，如图5-16中剖切符号3-3所示。

（4）建（构）筑物剖面图中剖切符号

建（构）筑物剖面图的剖切符号应注在±0.000标高的建（构）筑物平面图或建筑首层平面图上，如图6-12所示。

（5）剖面图与有剖切符号的图样不在同一张图纸上

建（构）筑物剖面图通常与有剖切符号的工程图样不在同一张图纸上，可在被剖切的建（构）筑物的平面图上剖切位置线的投射方向线的反向注明其所在图纸的编号，如图5-16中"建施-5"所示，也可以在图纸上剖切位置线的投射方向线的反向注明其所在图纸的编号，如图5-16中"建施-5"所示，也可以在图纸上集中说明。

（6）省略标注剖切符号情况

对于剖切平面通过形体对称平面所绘制的剖面图和通过建筑物门、窗洞口位置水平剖切房屋所绘制的建筑平面图，如：建筑物的底层平面图，标准层平面图和顶层平面图等，按国标GB/T 50001—2010规定其剖面图可以省略剖切符号标注。

3. 剖面图的画法

以如图5-17所示的形体为例说明该形体剖面图的画法。

如图5-17所示为一个水槽的三视图，由于水槽有厚度，视图中的虚线较多，基本视图表达的结构不够清晰，若水槽的内部结构用剖面图即可清楚表达。

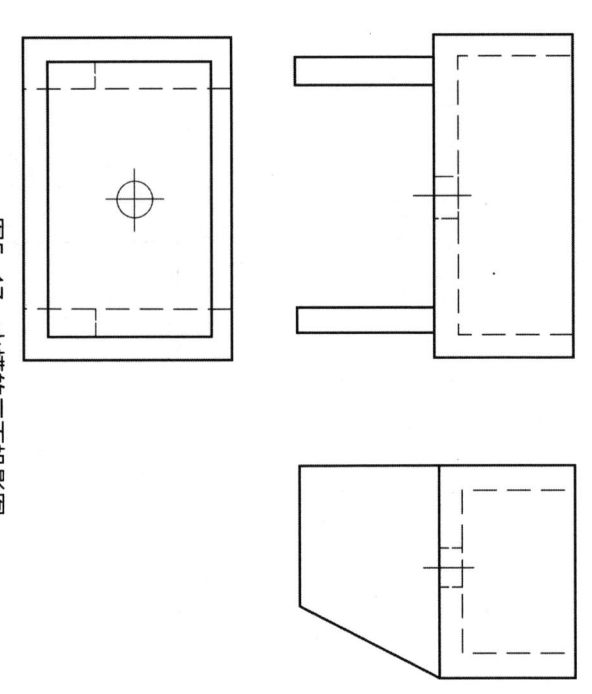

图5-17 水槽的三面投影图

（1）确定剖切平面的位置

为了更好地反映出形体的内部形状和结构，所取的剖切平面应是投影面平行面，以便使断面的投影反映实形。剖切平面应尽量通过形体的孔、槽等结构的轴线或对称面，使得它们的结构由不可见投影变为可见。剖切平面应按以下步骤进行。

见变为可见，并表达得完整、清楚，如图5-18所示。

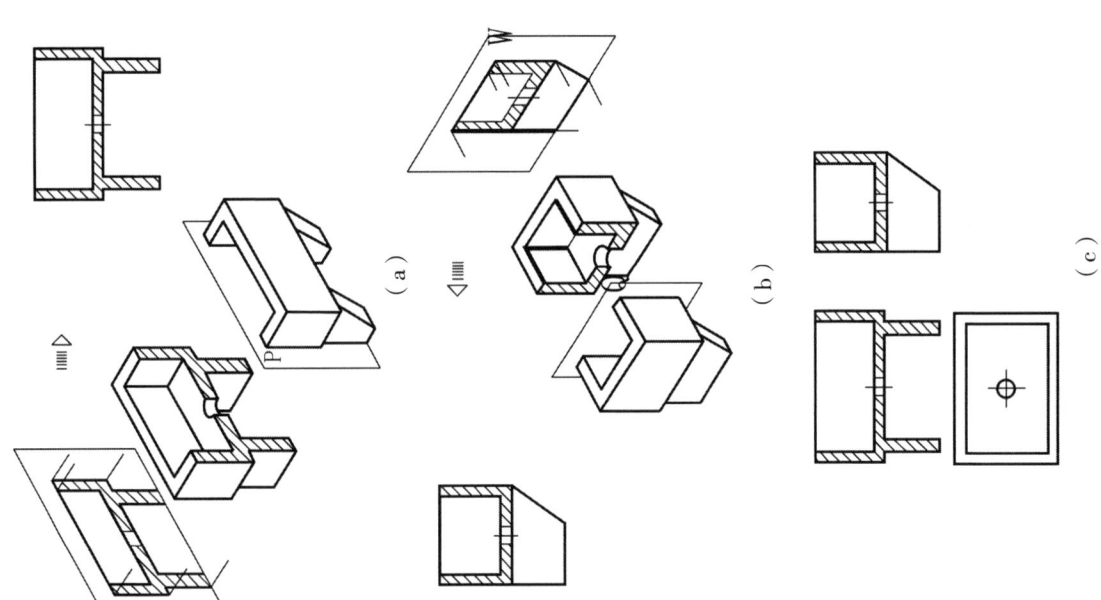

图5-18 水槽剖面图的形式

(a) 水槽正立剖面图的形式 (b) 水槽侧剖面剖面图的形式 (c) 水槽剖面图

选正平面P通过水槽底面的孔轴线将其剖开，移走剖切平面前的半个水槽，将剖切剩下的后半个水槽向与剖切平面平行的正投影面V投影，就得到整个水槽的剖面图，如图5-18（a）所示。

选侧平面Q通过水槽底部孔轴线将其剖开，移走剖切平面Q左侧的半个水槽，然后将剖开后剩下的后半个水槽向与剖切屏面Q平行的W面投影，就得到水槽的另一个剖面图。如图5-18（b）所示。

如图5-17所示的水槽，用上述的两个剖面图和一个平面图清楚地表达了水槽的内、外部结构，如图5-18（c）所示。

提示注意：剖切平面的选择应尽量是通过形体的孔、槽等结构的轴线或对称面，对称中心的投影面平行。

（2）画剖面剖切符号

剖切平面的位置确定以后，应在投影图上的相应位置按国标GB/T50001—2010规定画上剖切符号，并进行编号。

如图5-18（c）所示，因剖切平面位置是如图5-18所示水槽的对称平面，故可省略标注。但对如图5-19所示的水槽，由于水槽底部的两孔中线对于水槽而言并不处于对称位置，故平行于正平面和侧平面的剖切面位置需要由剖切符号来表示，如图5-19（c）所示，剖切符号1-1、2-2。

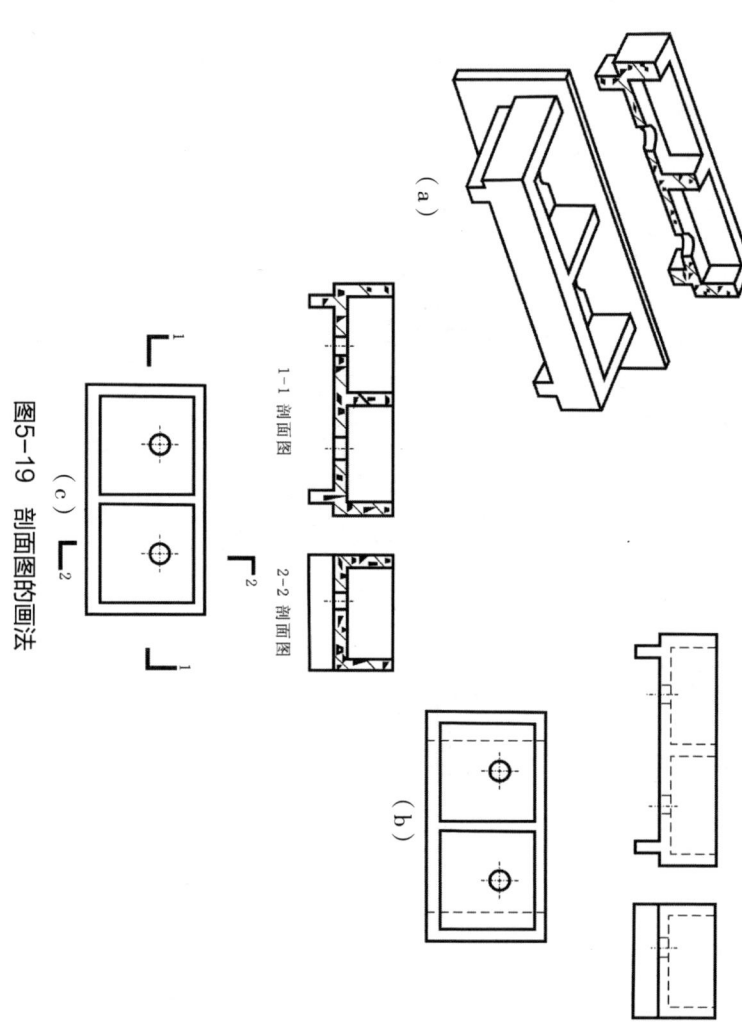

图5-19 剖面图的画法

（3）画剖面图

形体的剖面图是一个假想的作图程序，剖开形体是为了更清楚地表达其内部形状，实际形体仍是完整的，所以画剖面图就是画被剖开的形体剩余部分的投影，但其他视图仍然是完整的视图。

如图5-19所示，按剖面图的剖切位置，假想移去形体在剖切平面和观察者之间的部分，完整的5-19（a）所示，将剩余部分的形体向正投影面V面投影，就可画出包括断面图和剖开后剩余部分形体的轮廓线。

对照图5-19（c）中的1-1剖面图和图5-19（b）中的V面投影图，可以看出同一投影面上的投影图和剖面图既有共同点又有不同点，其共同点是外形的轮廓线相同；不同点是对应的虚线在相应的剖面图中变成实线。这也是依据投影视图画剖面图的方法。

提示注意：按在同一投影视图上，将虚线变成实线画剖面图的方法，必须要先想出形体的完整结构和剖切后剩余部分的结构，并且要在作图过程中不断将所绘制的剖面图与形体进行对照，才能画出正确的剖面图，如图5-19（c）所示。

（4）材料图例的规定画法

为方便制图和视图，国家标准GB/T50001—2010对剖面图中材料图例的画法作了如下规定：

① 形体被剖切后得到的断面轮廓线用粗实线绘制，并按国家制图标准GB/T50001—2010的规

定，在断面内画出相应的建筑材料图例，如图5-20所示。

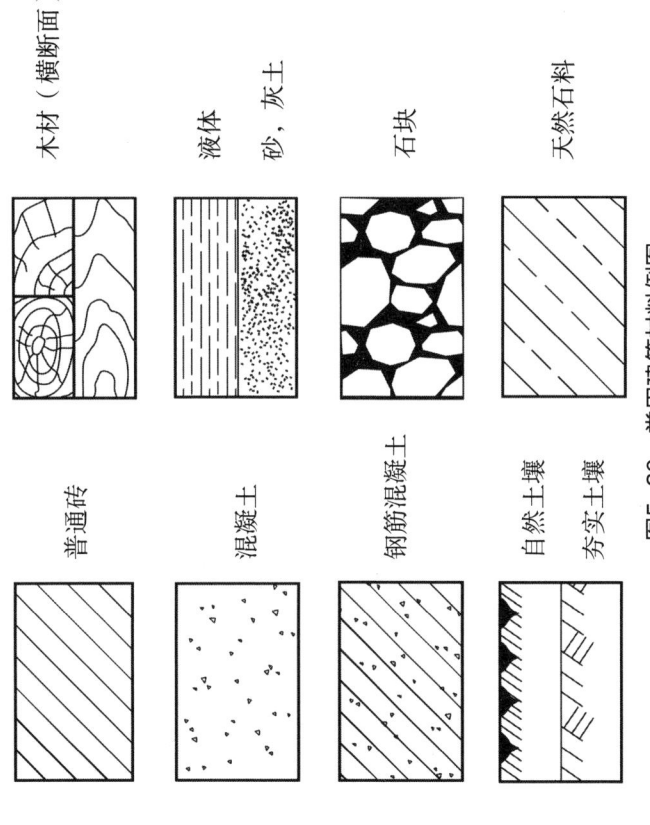

图5-20 常用建筑材料例图

② 当不需要表明建筑材料的种类时，均采用间隔均匀、方向一致的45°细实线（相当于砖的材料图例）表示图例。

③ 在同一形体的各个图形中，断面上的图例线应间隙相等，方向相同。

④ 由不同材料组成的同一建筑物，剖开后相应的断面上应画出不同的材料图例，并用粗实线将在同一平面的两种材料隔开，如图5-21所示。

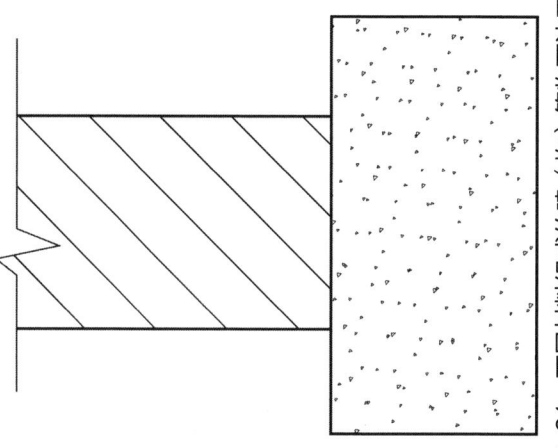

图5-21 不同材料组成的建（构）筑物画法示例

⑤ 当不同品种的同类材料使用同一图例时，如某些特定部位的石膏板必须注明是防水石膏板时，应在图上附加必要的说明。

⑥当两个相同的图例相接时，图例线宜错开或使倾斜方向相反，如图5-22所示。

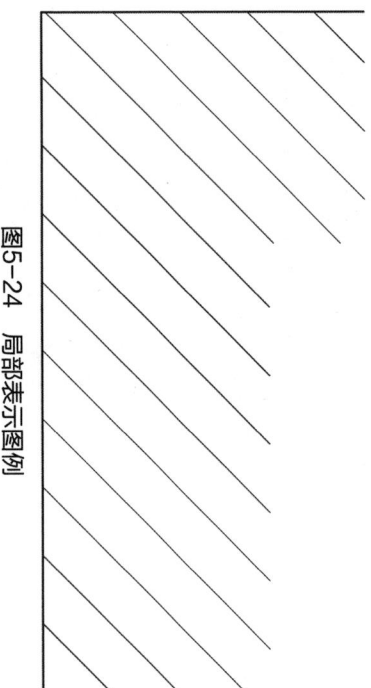

图5-22 相同图例相接的画法

⑦当剖切后的形体断面很小时，材料图例应涂黑表示，并在两个相邻断面的涂黑图例内留出空隙，其宽度不得小于0.7mm，如图5-23所示。

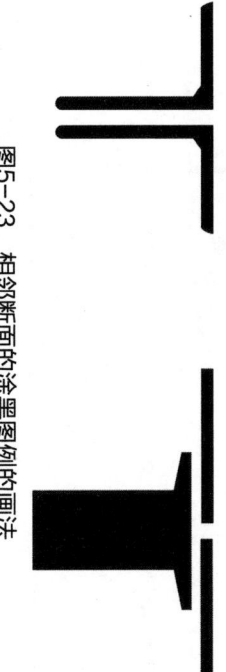

图5-23 相邻断面的涂黑图例的画法

⑧当需画出的建筑材料图例面积大时，可在断面轮廓内，沿轮廓线作局部表示，如图5-24所示。

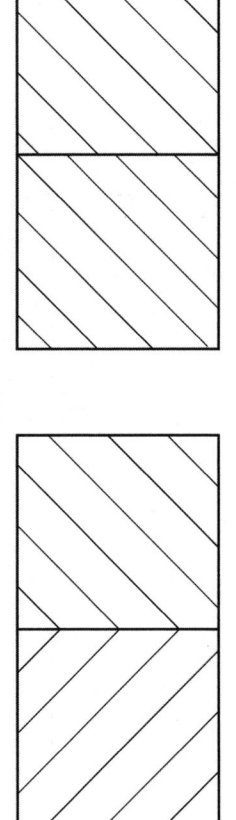

图5-24 局部表示图例

⑨当一张图纸内的图样只用一种图例时，或图形较小无法画出建筑材料图例时，可不用图例，但应有文字说明。

⑩当选用的建筑材料在国家标准GB/T50001—2010图例中未包括时，可自行编制，但不得与国家标准GB/T50001—2010中的图例重复，并在图纸的适当位置画出，同时加以说明。

（5）标注剖面图名

当有多个剖切平面时，剖面图应标注图名，即在剖面图的下方或一侧标注与剖切位置对应的剖切符号编号作为图名，并在图名号下绘一粗横线，其长度等于剖切符号编号与文字的长度，如图5-19（c）所示，1-1剖面图和2-2剖面图。

（6）注意的几个问题

①剖切是假想的，形体并没有真的被剖开和移去了一部分，因此，除了剖面图外，其他视图

仍应按原未剖切时完整地画出。

② 剖面图中一般不画虚线，为使剖面图清晰易读，对已经表达清楚了的构件的不可见轮廓可省略不画，但如添加少量的虚线可以减小视图而不影响剖面图的清晰时，也可以画出虚线，在未做剖面图的投影图中的虚线也可以按此种方法处理。

③ 在绘制剖面图时，被剖切到的断面部分，其轮廓线用粗实线绘制，剖切面没有切到，但沿投影方向可以看到的剩余部分，用中实线绘制。

4. 剖面图的种类

（1）根据形体的结构特点，剖开形体的剖切面种类有：

① 单一剖切平面

通常为平面或柱面，可平行于基本投影面，也可以不平行于基本投影面，同一个剖切面剖切形体得到的剖面图有：全剖面图、半剖面图和局部剖面图。

② 几个相互平行的剖切平面

用两个或两个以上的相互平行的剖切平面剖切形体，用这种剖切平面剖切体得到的剖面图称为阶梯剖面图。这种剖切平面类型主要用于物体内部结构层次较多，用一个剖切平面不能将物体的内部形状表达清楚时，如图5-25所示的结构。

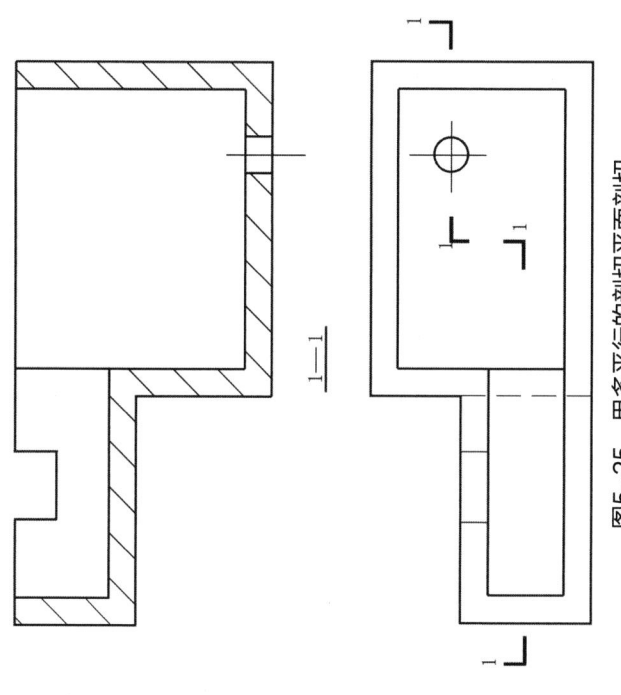

图5-25 用多平行的剖切平面剖切

采用这种方法时注意，绘制剖面图时，剖切平面的转折处在剖视图上不应画线，在标注剖切符号时剖切位置线转折处要使用相同的数字编号，但若剖切位置线转折处与图中的其他图线不易混淆时，此处也可以不注写编号数字。

③ 两个相交的剖切平面

两个相交的剖切平面是两个相交且交线垂直于投影面的剖切平面，用这种剖切面剖切对形体进行剖切得到的视图称为展开或旋转剖面图。如图5-26所示。

（2）剖面图的种类

根据不同的剖切方式，剖面图有全剖面图、半剖面图、局部剖面图、阶梯剖面图和展开（旋转）剖面图。

① 全剖面图。假想用一个剖切平面将形体全部剖开后得到的剖面图称为全剖面图，如图5-27所示。

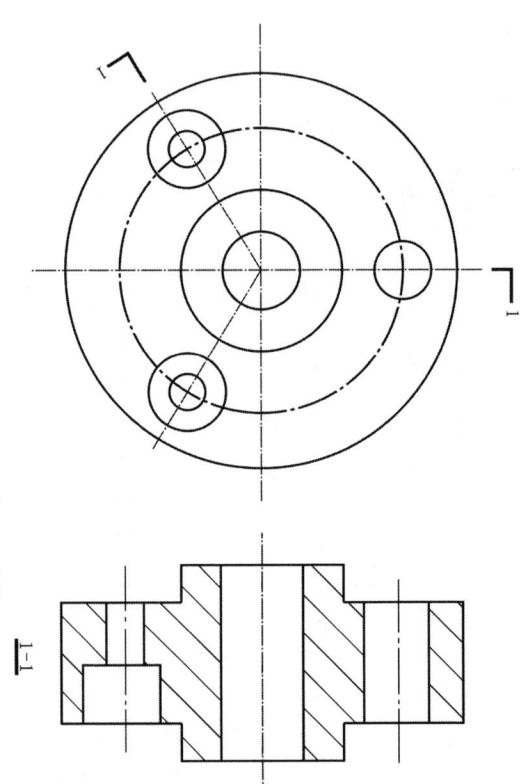

图5-26 用两个相交的剖切平面剖切

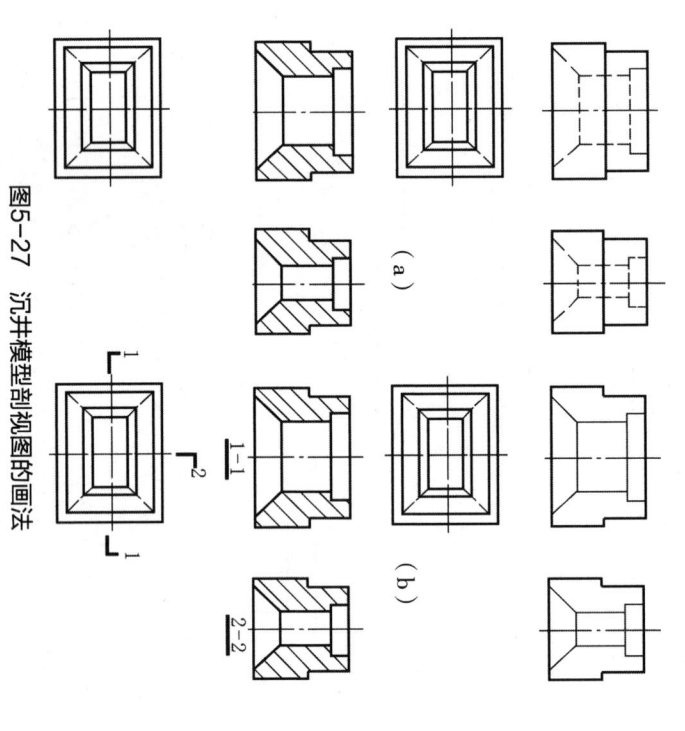

图5-27 沉井模型剖视图的画法

② 半剖面图。当形体具有对称面时，在垂直于对称平面的投影面以对称线为分界，一半画视图的视图称为半视图，另一半画视图的视图称为半剖视图。

全剖面图一般用于不对称或者虽然对称但外形简单、内部比较复杂的形体。

第五章 图样的规定画法

如图5-28所示的形体，若用投影图表示，其内部结构不清楚如图5-28（a）所示；如用全剖面图表示，则上部和前方的长方形孔表达不清楚，如图5-28（b）所示；将投影图和全剖面图各取一半合成半剖面图，则形体的内部结构和外部形状都能完整清晰的表达，如图5-28（c）所示。

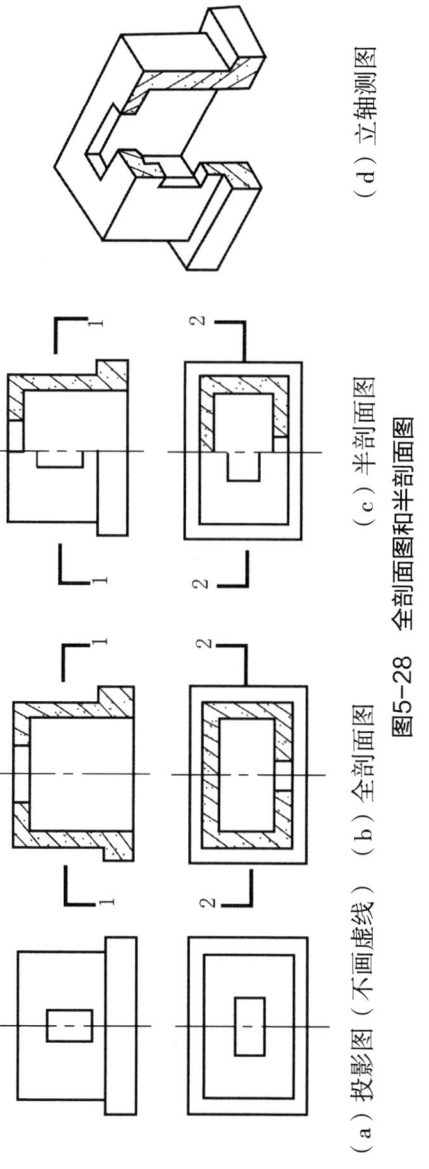

(a) 投影图（不画虚线） (b) 全剖面图 (c) 半剖面图 (d) 立轴测图

图5-28 全剖面图和半剖面图

半剖视图适用于表达内、外结构形状对称的形体，在绘制半剖面图时应注意以下几点：

a. 半剖面图中视图与剖面图应以对称线为分界线，或用对称符号作为分界线，但不能画出实线。

b. 由于剖切前视图是对称的，剖切后在半个剖面图中已清楚地表达了内部结构形状，所以在另外半个视图中虚线一般不再出现。

c. 当对称线是竖直直线时，将半个剖面图画在对称线的右边，当对称线为水平直线时，将半个剖面图画在对称线的下方。

d. 半剖面图的标注与全剖面图的标注相同。

③阶梯剖面图。用两个或两个以上相互平行的剖切平面剖开形体所得的剖面图称为阶梯剖面图。阶梯剖面图主要用于同一个剖切平面不能将形体上需要表达的内部结构都剖切到的形体。

如图5-29所示，该形体在不同位置有两个方向不同的孔，孔的轴线不在同一个平面内，故而难以用一个剖切平面同时通过两个孔的轴线，为此采用两互相平行的正平面分别过两孔轴线，将形体完全剖开，得到内部结构清晰的阶梯剖面图。

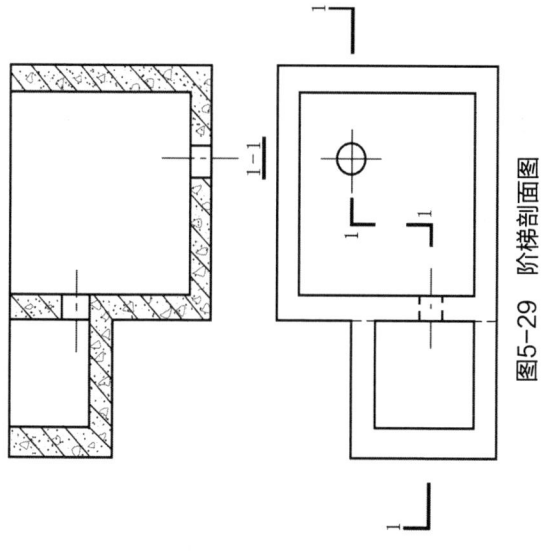

图5-29 阶梯剖面图

阶梯剖面图的标注要求在剖切平面的起止和转折均应进行标注。

绘制阶梯剖面时应注意以下几点：

a. 为反映形体上各内部结构的实形，阶梯剖面图中的n个剖切平面必须是投影面的平行面。

b. 由于剖切平面是假想的，所以在阶梯剖面图上，剖切平面的转折处不能有分界线。

c. 在剖切面的开始、转折和终止处，均应进行标注，画出剖切符号，并标注相同编号；当剖切位置明显，又不致引起误解时，转折处允许省略标注符号。

④ 局部剖面图。用一个剖切平面将形体的局部剖开后所得的剖面图称为局部剖面图，局部剖面图常用于外部形状较复杂仅需表达某局部区域的内部形状，如图5-30所示。

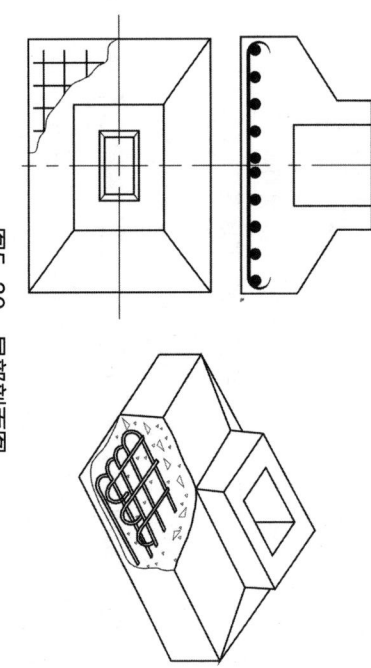

图5-30 局部剖面图

局部剖面图只是形体整个投影图中的一部分，其剖切范围用波浪线表示，是外形视图和剖面图的分界线。

注意：波浪线不能与轮廓线重合，也不应超出视图的轮廓线，波浪线在视图孔洞处要断开，如图5-31所示。

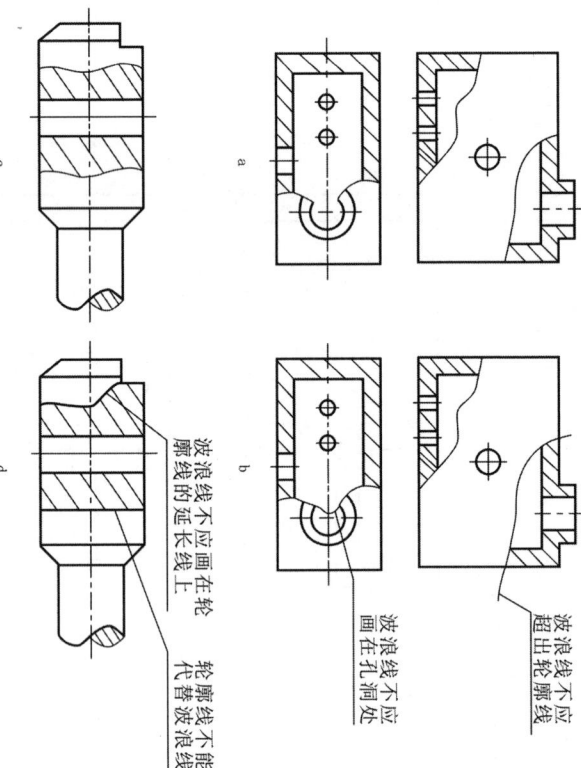

图5-31 局部剖面图中波浪线的正、误画法
a 正确　b 错误　c 正确　d 错误

第五章 图样的规定画法

局部剖面图一般不再进行标注,它适合于用来表达形体的局部内部结构。

⑤ 展开(旋转)剖面图。用两个相交的剖切平面(剖切面的交线垂直于基本投影面)剖开物体,把两个平面剖切得到的图形,旋转到与投影面平行的位置进行投影,由此得到的剖面图称为旋转剖面图,如图5-32所示。

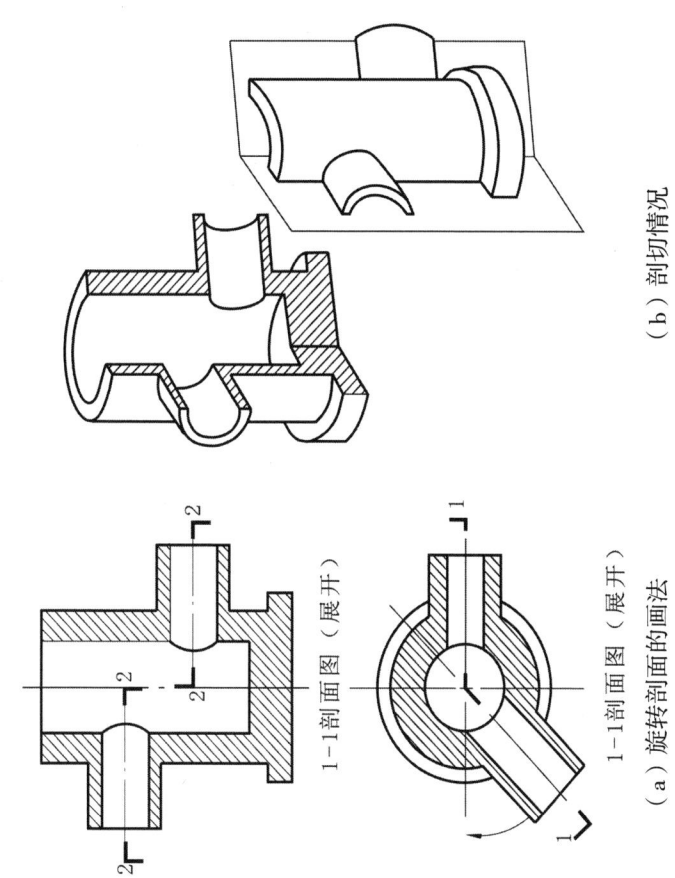

(a) 旋转剖面的画法

(b) 剖切情况

图5-32 检查井的旋转剖面图

旋转剖面图通常用于建筑形体只用一个剖切平面剖切,其内部结构形状不能完全表达清楚,而形体在整体上又具有公共回转轴线的场合。

如图5-32所示的检查井,其两个水管的轴线不在一个平面内,为了清楚表达检查井的内部结构,采用经过两轴线的正平面和铅垂面作为剖切平面,将检查井剖开,再将铅垂剖切面剖切到的图形绕检查井轴线旋转到正平面位置,并与正平剖切面剖切到的图形一同投影到V面上得到1—1旋转剖面。

国标GB/T 50001—2010规定,旋转剖面应在其图名后加注"展开"字样。

绘制旋转剖面图时不可画出相交剖切面所剖到的两个断面转折的分界线,标注时需要明确表示时,应在两剖切位置线相交处加注与剖切符号相同的编号。

⑥ 分层剖切剖面图。对于具有不同构造层次的工程建筑物,用分层剖切的方法画出各构造层次的剖面图,这种图称为分层剖切剖面图。

如图5-33所示,用多条波浪线为界,分别把地板的多层结构表达清楚,分层剖切剖面图不需要标注剖切符号,但波浪线不要与任何图线重合。

三、断面图

对于有些形体，不需要用剖面图表达，仅仅需要清楚表达其断面的形状，以方便对形体的识读和组织施工，对于此类形体，国标GB/T 50001—2010规定了建筑形体的断面图表达方法。

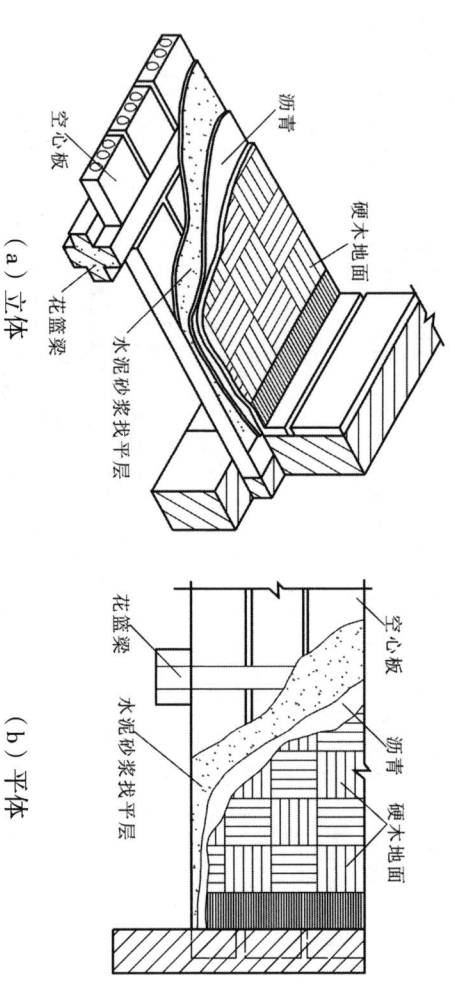

图5-33 楼层地面分层局部剖面图
(a) 立体　(b) 平体

1. 断面图的形成

（1）断面图的形成

假想用一个剖切平面在形体的适当位置切开，移走观察者与剖切平面之间的部分，仅将剖切平面与形体接触部分的形状投影到投影面上，所得的图形称为断面图，如图5-34所示。

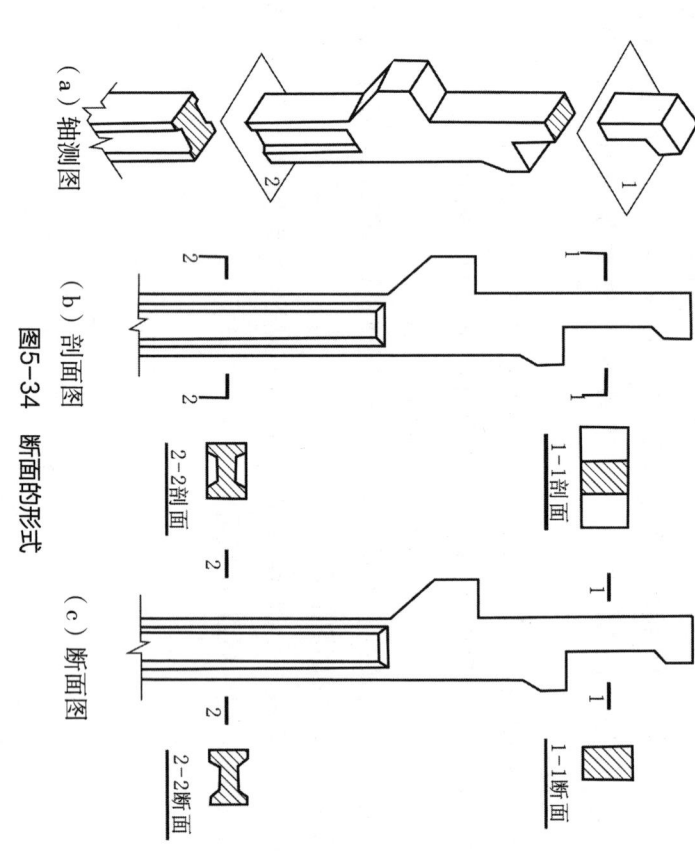

图5-34 断面的形式
(a) 轴测图　(b) 剖面图　(c) 断面图

第五章 图样的规定画法

断面图常用于表达建筑工程中梁、板、柱的某一部分的断面实形,也用于表达建筑形体的内部构造。

断面图与基本视图和剖面图互相配合,使形体的图样表达更加完整、清晰和简洁,如图5-34所示的钢筋混凝土柱。

从断面图的形成可以看出断面图和剖面图有不少共同之处——都是用剖切平面假想剖开形体后画出,两者轮廓线内都要按标准绘制材料图例;两者都要按剖切的编号注写图名。

（2）断面图和剖面图的区别

① 表达的内容不同 断面图是用来表达形体上某处断面形状的,只画剖切平面切到部分的图例,断面图是平面图形在投影面上的投影;剖面图是将被剖切的断面连同断面后面的剩余形体一起画出,是体的投影。实际上剖面图中包含着断面图,断面图比剖面图简洁,如图5-35所示。

② 允许使用的剖切平面不同 剖面图可采用多个平行剖切平面,绘制成阶梯剖面图,断面图只允许用单一剖切平面,断面图只反映单一剖切平面的断面特征。

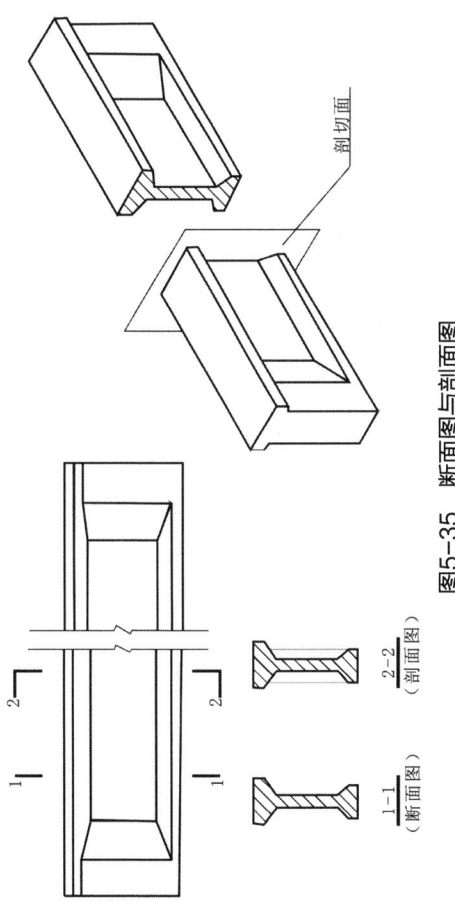

图5-35 断面图与剖面图

2. 断面图的标注

国标GB/T 50001—2010规定断面图的标注是由剖切符号和剖切符号的编号组成。

（1）剖切符号 断面图的剖切符号,仅用位置线表示,剖切位置线为两段粗实线,长度宜为6~10mm。

（2）剖切符号的编号 断面图的剖切符号需要进行编号,注写在剖切位置线的同一侧,数字所在的一侧就是投影方向,如图5-35所示。

3. 断面图的种类

根据断面图在视图中的位置不同,断面图有移出断面、重合断面和中断断面。

（1）移出断面

布置在投影图之外的断面图,称为移出断面,如图5-36所示。

移出断面的轮廓线用粗实线绘制，断面上绘制材料图例，材料不明时可用45°斜线表示。

当移出断面图是对称图形，其位置紧靠原图，中间无其他视图隔开时，用剖切线的延长线作为断面图的对称线画出断面图，可省略剖切符号和编号，如图5-37所示。

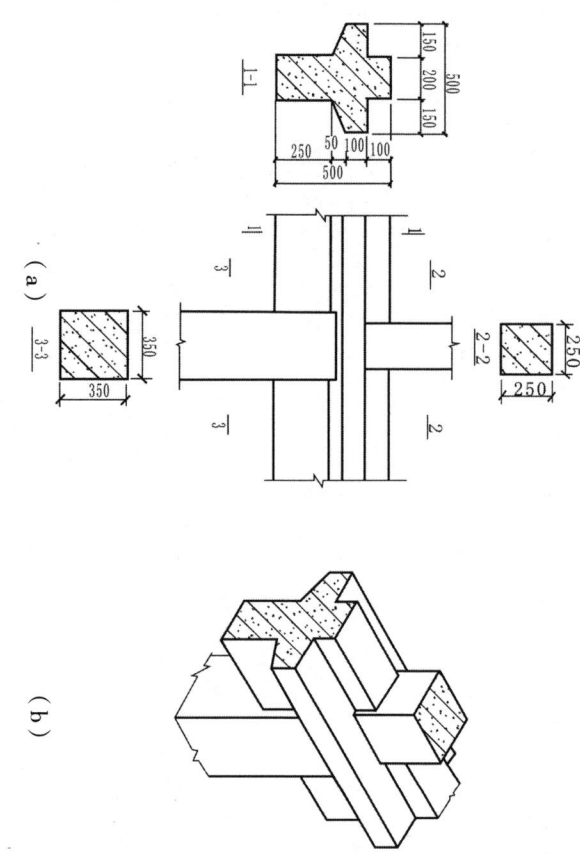

图5-36 移出断面

(a) 梁、柱节点的里面和断面图 (b) 梁、柱节点轴测图

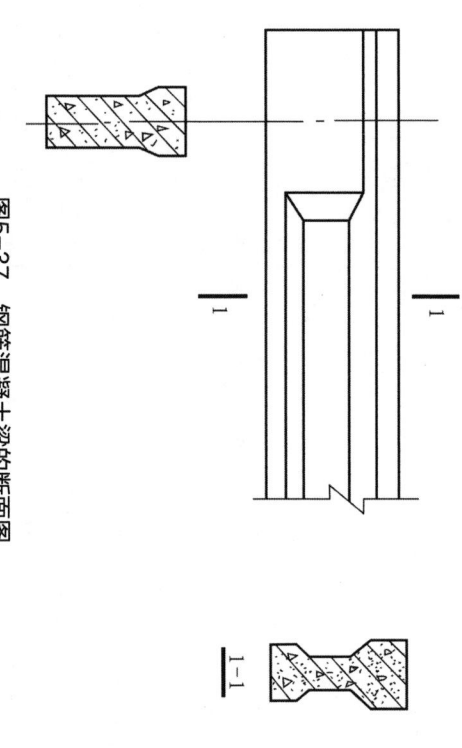

图5-37 钢筋混凝土梁的断面图

在一个形体上需作多个断面图时，可依次排列在视图旁边，如图5-34所示，必要时断面图也可以改变比例放大画出。

一般在移出断面图的下方正中，应注明与剖切符号相同编号的断面图名称，可不必写"断面图"字样。

（2）重合断面图

绘制在视图轮廓线内的断面图称为重合断面图，如图5-38所示。

重合断面是将断面旋转90°后画在剖切处与视图重合，重合断面不标注，但重合断面的轮廓线应与形体的轮廓线有所区别。

当视图的轮廓线为粗实线时，重合断面的轮廓线用细实线画出，如图5-38所示，断面轮廓内画上材料图例。

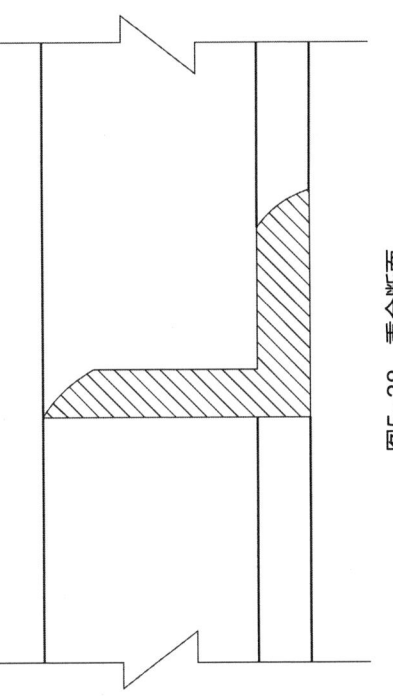

图5-38 重合断面

当视图的轮廓线为细实线时，重合断面的轮廓线用粗实线画出，如图5-39所示，并在断面轮廓内画上材料图例。

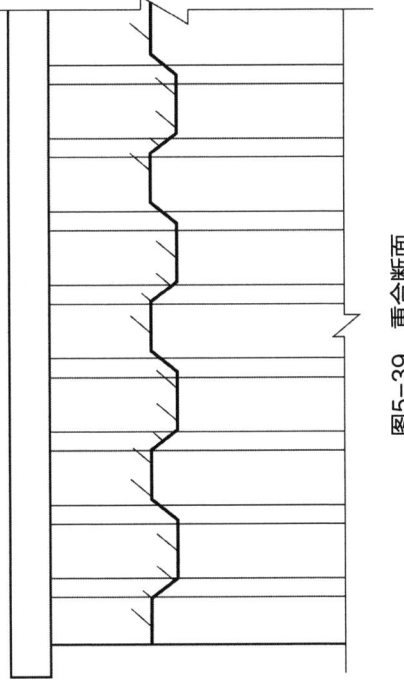

图5-39 重合断面

当断面尺寸较小，不便画材料图例时，可将断面涂黑，如图5-40所示为在钢筋混凝土结构上浇筑在一起的梁与板的重合断面。

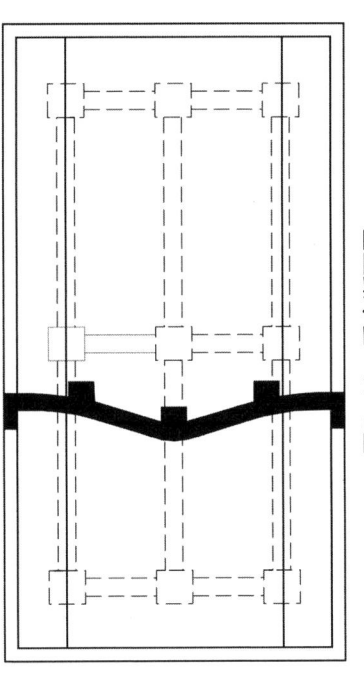

图5-40 重合断面图

注意：当视图中的重合断面的轮廓线与视图的轮廓线重合时，视图的轮廓线仍完整画出，不应断开，如图5-38所示。

当断面图的轮廓线不是封闭的图线时，断面图的轮廓线与视图的轮廓线相同，此时，应沿轮廓线画出部分45°细实线，如图5-39所示。

（3）中断断面

绘制在视图轮廓线中断处的断面图称为中断断面图。中断断面图适合于表达等截面的长向物件，如图5-41所示。

中断断面图的轮廓线用粗实线绘制，投影图的中断处用波浪线或折断线绘制，如图5-41所示，不需要标注。

中断断面图的轮廓线及材料图例与移出断面的画法相同，因此中断断面图可以视为移出断面，只是位置不同而已。

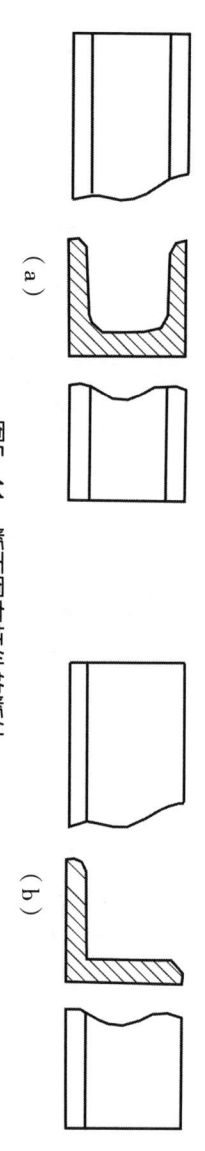

图5-41 断面图在杆件的断处

四、视图的简化画法

为提高绘图效率，《房屋建筑制图统一标准》（GB/T 50001—2010）对一些特殊形态的形体视图规定了一些简单的处理方法，这些简单的处理方法称为简化画法。采用简化画法不但提高绘图效率，同时还可以节省图纸图幅。

1. 对称图形的简化画法

对称形体的视图分一条对称线和二条对称线两种情况。

（1）有一条对称线的视图

当视图有一条对称线时，可只画出该视图的一半，同时画出对称线，并加上对称符号，如图5-42所示。

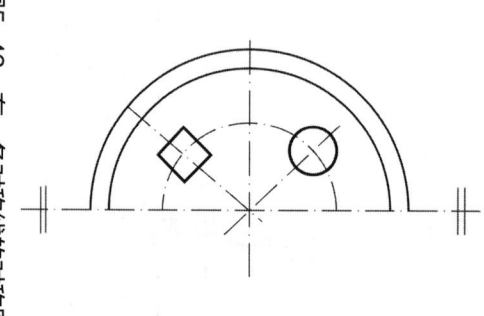

图5-42 有一条对称线的对称图形

注意：中心对称线要用细单点划线表示，对称符号用两条垂直于对称轴线、且平行等长的细实线绘制，长度为6mm，间距2~3mm，画在对称轴线的两端，且平行线在对称轴线两侧，长度相等，对称轴线两端的平行线到投影图的距离也相等。

（2）有两条对称线的视图

当视图有两条对称线时，可只画出该视图的四分之一，并画出对称符号，如图5-43所示。

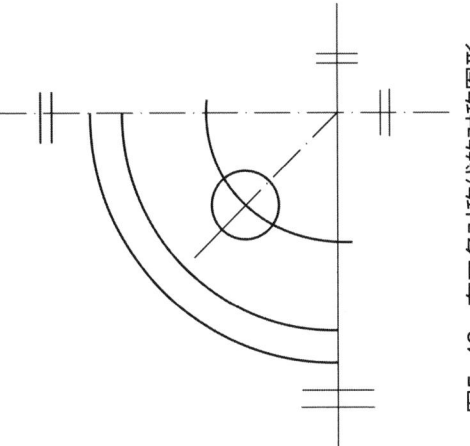

图5-43 有二条对称线的对称图形

对于对称视图，也允许图形画出稍超出其对称线，即略大于对称图形的一半，然后加上波浪线或折断线，而不必画对称符号，如图5-44所示。

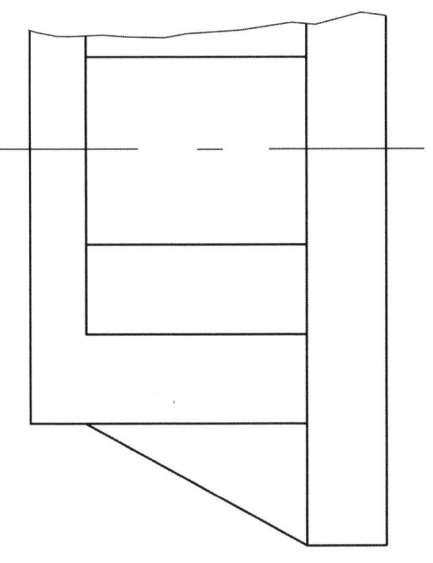

图5-44 不画对称符号

对称形体投影需要画剖面线或断面图时，可以以对称符号为界，一半画视图，一半画剖面图或断面图，如图5-45所示。

2. 相同要素的省略画法

对于形体上有多个形状相同且连续排列的结构要素时，为简化图面，提高效率，规定可只对两端或适当位置画少数几个要素的完整形状，其余的用中心线或中心线交点表示，但要注明要素总量，如图5-46（a）、图5-46（b）、图5-46（c）所示。

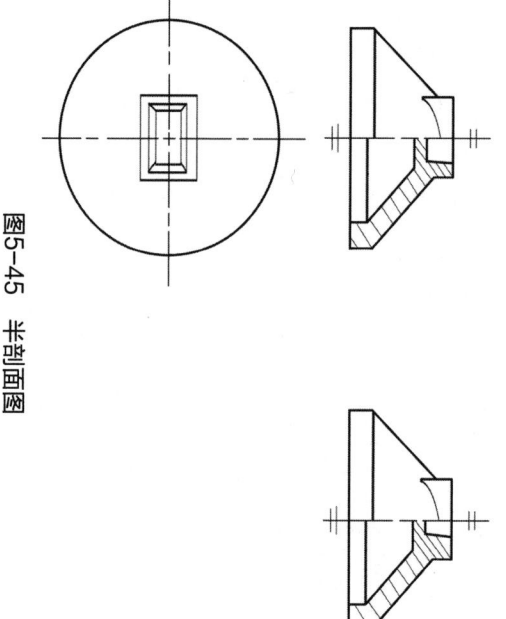

图5-45 半剖面图

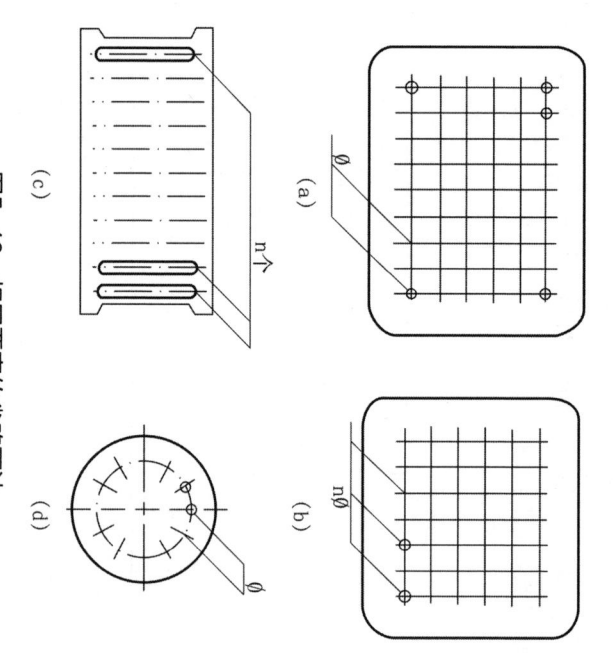

图5-46 相同要素的省略画法

对于形体上有多个形状相同，但不连续排列的结构要素时，可在适当位置画出少数几个要素的完整形状，其余的以中心线交点处加注小黑点表示，同时注明要素总量，如图5-46（d）所示。

3. 折断省略画法

对于形体较长的构件，当沿长度方向的形状相同或按一定规律变化时，可断开构件，采用折断的方式，将折断部分省略，断开处以折断线两端应超出轮廓线2～3mm，如图5-47所示。

尺寸标注应按原构件长度标注。

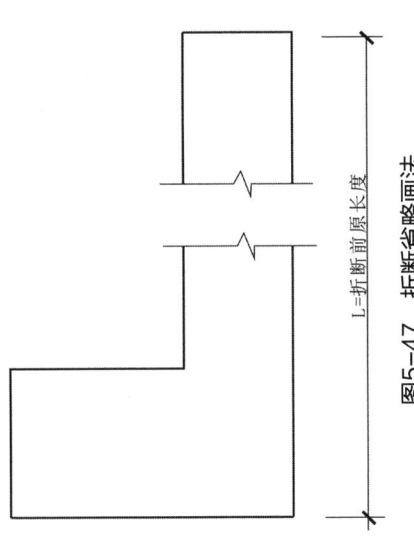

图5-47 折断省略画法

4. 同一件的分段画法

对于一件较长的构件，如绘制位置不够，可分成几个部分绘制，再以连接符号表示相连，连接符号应以折断线表示连接部位，并以折断线两端靠图样一侧的大写拉丁字母表示连接编号，两被连接的图样必须用相同字母编号的相同部分，如图5-48所示。

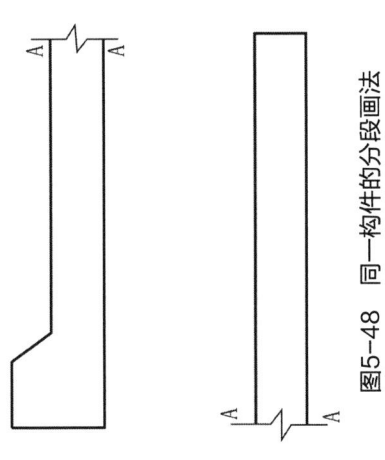

图5-48 同一构件的分段画法

5. 两构件局部不同的画法

一个构件如与另一构件仅局部不同，则该构件可只画不同部分，但应在两个构件的相同部分与不同部分的分界处，分别绘制连接符号，两连接符号应对准在同一个位置上，如图5-49所示。

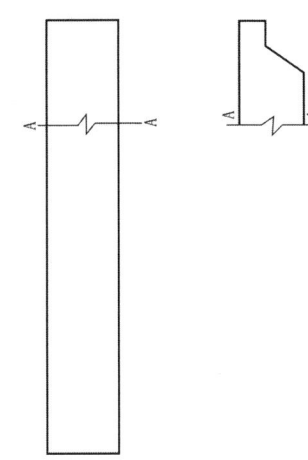

图5-49 构件局部不相同时的简化画法

第六章 建筑工程施工图

一、建筑工程图基本知识

建筑物按其使用功能，通常分为工业建筑、农业建筑、民用建筑。

建筑物按建筑规模和数量可分为大量性建筑和大型性建筑。

民用建筑根据建筑物的使用功能又分为居住建筑和公共建筑。

居住建筑是指供人们生活起居用的建筑物，如住宅、宿舍、公寓、旅馆等；公共建筑是指人们进行各项社会活动的建筑物，如商场、学校、医院、办公楼、汽车站、影剧院等。

大量性建筑指建造数量较多、相似性大的建筑，如住宅、宿舍、商店、医院、学校等；大型性建筑指建造数量较少，但单幢建筑体量大的建筑，如大型体育馆、影剧院、航空站、火车站等。

各种不同的建筑物，尽管它们的使用要求、空间组合、外形处理、结构形式、构造方式及规模大小等方面有各自的特点，但其基本构造都相似。

如图6-1所示的一栋房屋，是由基础、墙或柱、楼板、地面、楼梯、屋顶、门窗等部分，以及其配件和设施，如通风道、垃圾道、阳台、雨篷、雨水管、勒脚、散水、明沟等组成。

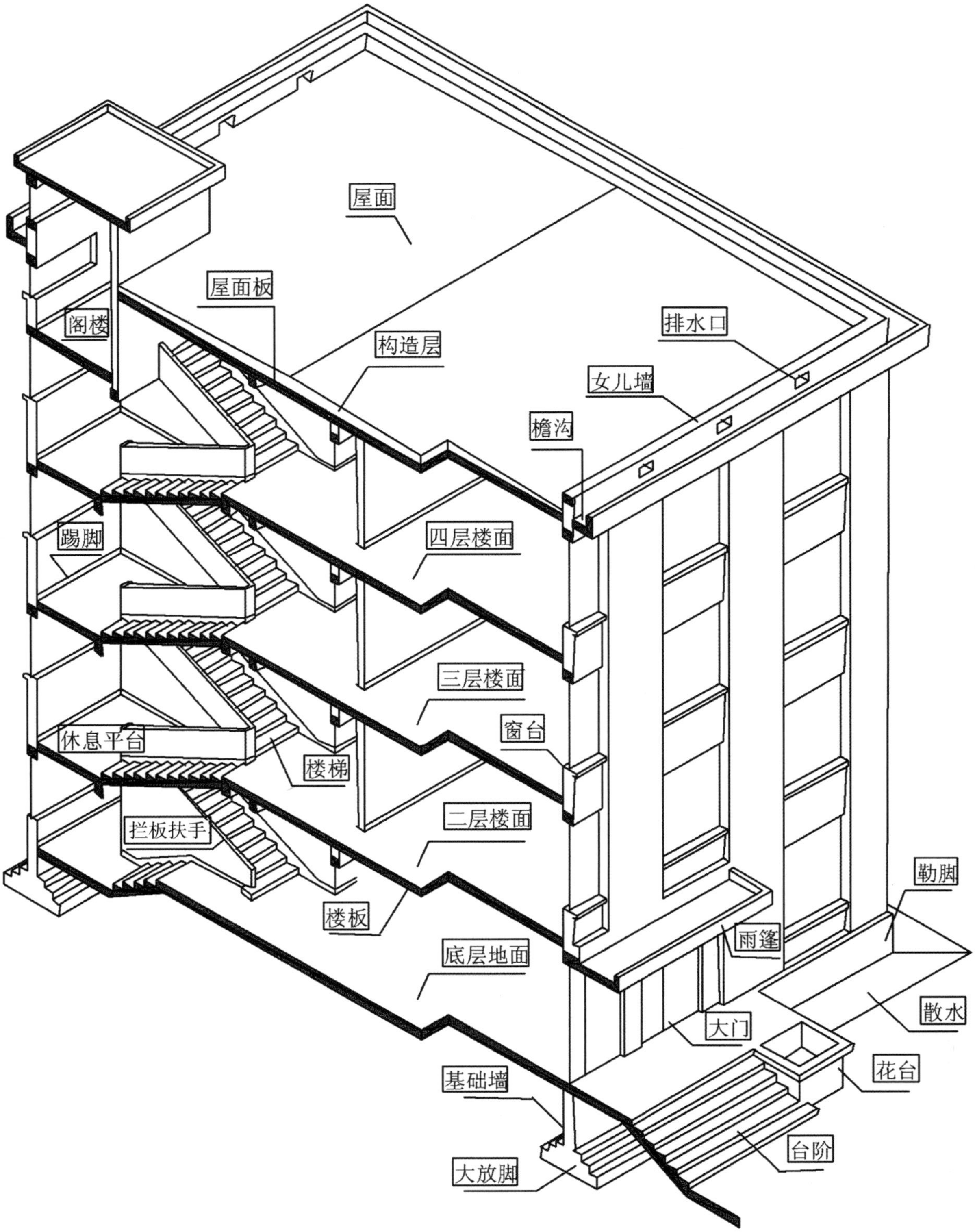

第六章 建筑工程施工图

图6-1 房屋的组成

1. 建筑工程施工图内容

房屋建筑施工图是工程技术的"语言"，它能够准确地表达建筑物的外形轮廓、尺寸大小、结构构造、装修做法等。故要求施工人员必须熟悉施工图的全部内容。

一套完整的房屋建筑施工图，按专业作用不同可分为：首页图、建筑施工图（简称建施）、结构施工图（简称结施）、设备施工图（给水排水施工图、暖通施工图、电气施工图）（简称设施）和装饰施工图（简称装施）等。

(1) 首页图

首页图包括图纸目录、设计总说明、建筑材料做法表、标准图号、门窗标准等内容。

① 图纸目录包括每张图纸的名称、内容、图号等。

② 设计总说明包括工程概况（建筑名称、建设地点、建设单位、建筑占地面积、建筑层数）、设计依据（政府有关批文、建筑面积、造价以及有关地质、水文、气象资料）；设计标准（建筑标准结构、抗震设防烈度、防火等级、采暖通风要求、照明标准）；

③ 施工要求（验收规范要求、施工技术及材料的要求、采用新技术、新材料或有特殊要求的做法说明，图纸中不详之处的补充说明）。

④ 结构构造布置图、构件详图等。

(2) 建筑施工图

建筑施工图主要表达房屋建筑群体的总体布局，房屋的外部造型，内部布置、构造做法和所用材料等内容。

(3) 结构施工图

结构施工图主要表达房屋承重构件的布置，类型、规格及其所用材料、配筋形式和施工要求的内容，包括结构布置图、构件详图、节点详图等。

(4) 设备施工图

设备施工图主要表达全屋内设备设施的平面布置、电气照明等设备的布置、安装要求和线路铺设做法等内容，包括给水排水、采暖通风、电气设备的平面布置图、系统图、安装详图等。

(5) 装饰施工图

装饰施工图主要表达全屋内设备的平面布置及地面、墙面、顶棚的造型、细部构造、装饰材料与装修内容，包括装饰平面图、装饰立面图、装饰剖面图、装饰详图等。

由此可见，一套完整的房屋施工图，其内容和数量很多。为了能准确地表达工程对象的形状、设计时的图样的数量和内容应完整、详尽、充分，一般在能够清楚表达工程对象的前提下，一套图计时图样的数量和内容应尽少越好。

2. 建筑工程施工图规定画法

建筑工程施工图应按正投影原理及视图、剖面和断面等国家标准规定的图样画法绘制。为了保证制图质量，提高效率，表达统一和便于识读，我国制定了国家标准GB/T 50001—2010《房屋建筑制图统一标准》和GB/T 50104—2010《建筑制图标准》，在绘制施工图时，应严格遵守标准中的有关规定。

(1) 定位轴线

① 定位轴线

第六章 建筑工程施工图

定位轴线是用来确定建筑物主要结构及构件位置的尺寸基准线。

凡承重构件如墙、柱、梁、屋架等位置都要画上定位轴线并进行编号，施工时以此作为定位的基准。国标GB/T 50001—2010规定，定位轴线用单点长画线表示，端部画细实线圆，直径8～10mm。定位轴线圆的圆心应在定位轴线的延长线上或延长线的折线上，圆内注明编号。

② 定位轴线的标注规定

在建筑平面图上定位轴线的编号，宜标注在图样的下方或左侧。横向编号应用阿拉伯数字，从左至右顺序编写；竖向编号应用大写拉丁字母，从下至上顺序编写，如图6-2所示。大写拉丁字母中的I、O、Z三个字母不得用做轴线编号，以免与数字1、0、2混淆。

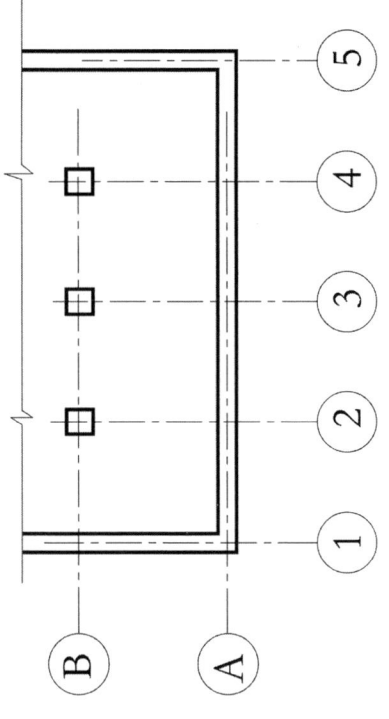

图6-2 定位轴线的编号顺序

组合较复杂的平面图中定位轴线也可采用分区编号，如图6-3所示，编号的注写形式应为"分区号——该分区编号"。分区号采用阿拉伯数字或大写拉丁字母表示。

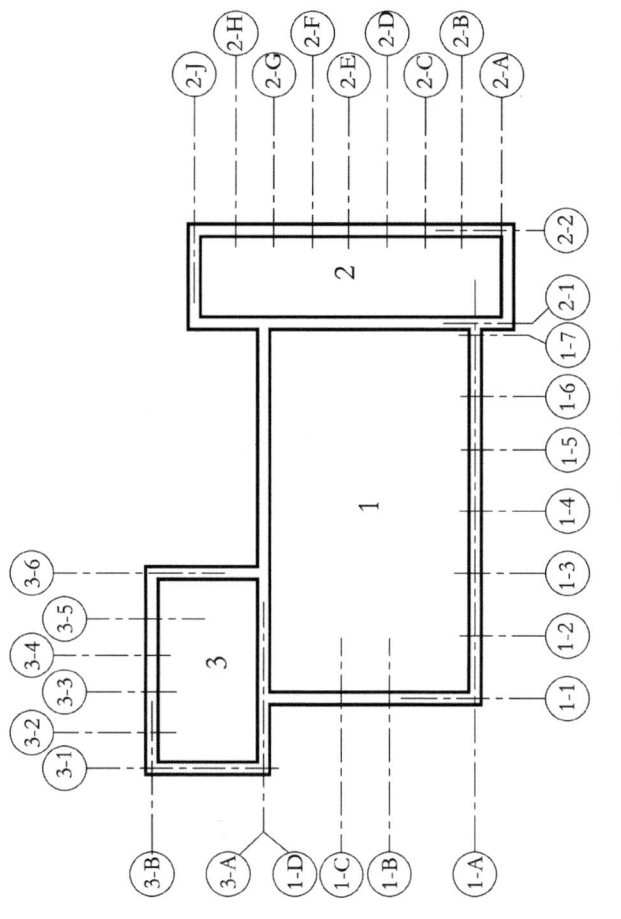

图6-3 定位轴线的分区编号

③ 附加定位轴线的标注规定

在两个定位轴线之间，如需附加定位轴线时，其编号可用分数表示，并应符合下列规定：

a. 两根轴线间的附加轴线,应以分母表示前一轴线的编号,分子表示附加轴线的编号,宜用阿拉伯数字顺序编写,如:

①/② 表示2号轴线之后附加的第一根轴线;
③/③ 表示C号轴线之后附加的第3根轴线。

b. 1号轴线或A号轴线之前附加轴线的分母应以01或0A表示,如:
①/01 表示1号轴线之前附加的第一根轴线;
③/0A 表示0A号轴线之前附加的第三根轴线。

④ 特殊情况下的定位轴线的标注规定
a. 一个详图使用几根轴线时,应同时注明各有关轴线的编号,如图6-4所示。

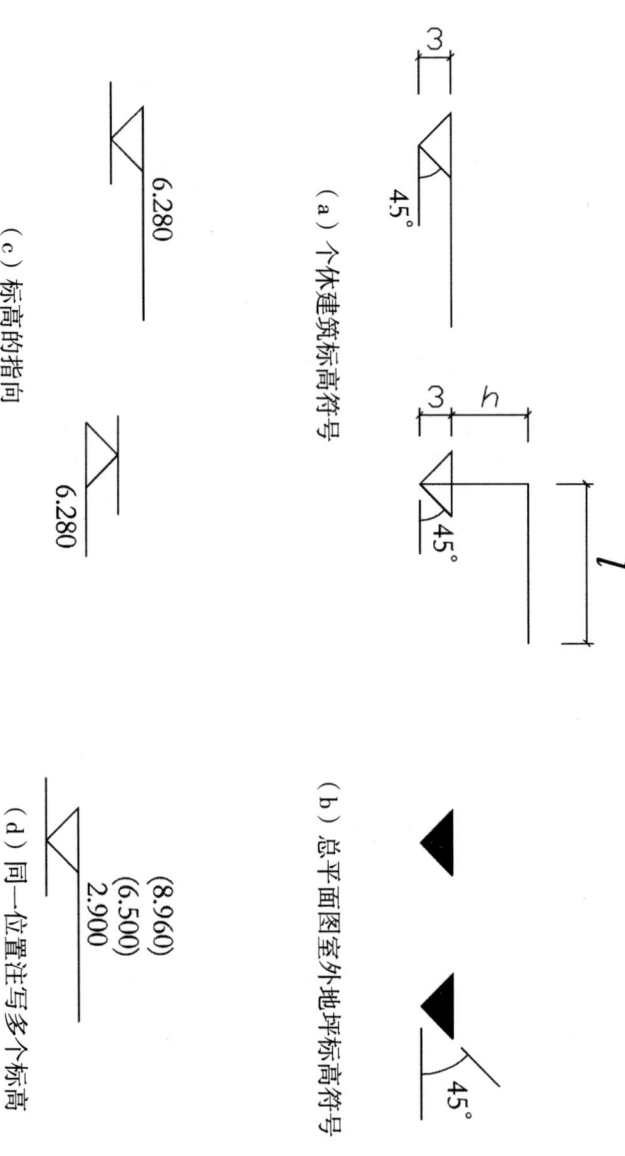

图6-4 详图的轴线编号

b. 通用详图中的定位轴线,应只画圆,不注写轴线编号。

(2) 标高注法
① 标高符号。标高是标注建筑物各部分高度的另一种尺寸形式,标高符号应以直角等腰三角形表示,其具体画法和标高数字的注写规定如图6-5所示。

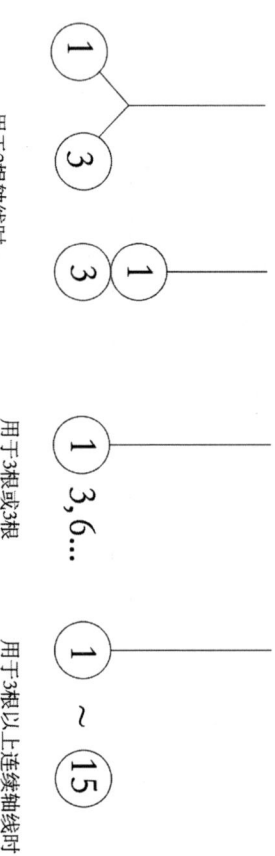

图6-5 标高符号及其注写规定

第六章 建筑工程施工图

② 标高的标注。国标GB/T 50001—2010规定，标高标注应遵循以下规定：

a. 个体建筑物图样上的标高符号，用细实线，按图6-5（a）左图所示的形式绘制；如标注位置不够，可按图6-5（a）右图所示的形式绘制。图中 l 取标高数字的长度，h 视需要而定。

b. 总平面图上的室外地坪标高符号，宜涂黑表示，具体画法如图6-5（b）所示。

c. 标高数字应以米（m）为单位，注写到小数点后第三位；在总平面图中，可注写到小数点后第二位。零点标高应注写成±0.000；正数标高不注写"+"，负数标高应注"-"，例如3.000，-0.600。

d. 标高符号的尖端应指至被注高度的位置。尖端一般应向下，也可向上，如图6-5（c）所示。标高数字应注写在标高符号的左侧或右侧。

e. 在图样的同一位置需表示几个不同标高时，标高数字可按图6-5（d）的形式注写。

f. 标高有绝对标高和相对标高之分。在我国绝对标高是以青岛附近黄海平均海平面为零点，以此为基准的标高。相对标高一般是以新建建筑物底层室内主要地面为基准的标高。在施工总说明中，应说明相对标高和绝对标高之间的联系。

(3) 索引符号与详图符号

① 索引符号及其标注。图样中的某一局部或构件，如需另见详图，应以索引符号索引。如图6-6所示，国标GB/T 50001—2010规定，索引符号应用细实线绘制，是由直径为10mm的圆和水平直径组成。

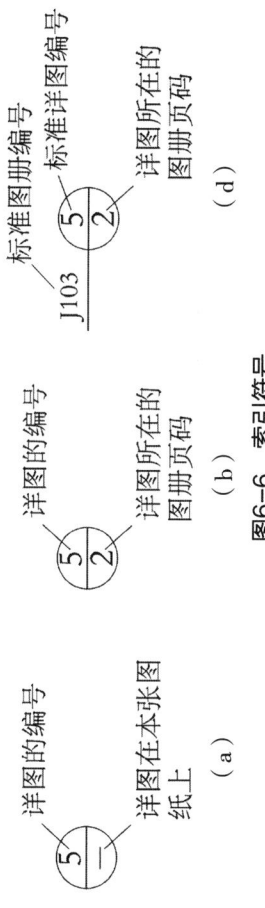

图6-6 索引符号

国标GB/T 50001—2010规定索引符号应按下列规定编写：

a. 当索引出的详图与被索引的图样同在一张图纸内，应在索引符号的上半圆中用阿拉伯数字注明该详图的编号，并在下半圆中间画一段水平细实线，如图6-6（a）所示。

b. 当索引出的详图与被索引的图样不在同一张图纸内，应在索引符号的上半圆中用阿拉伯数字注明该详图的编号，在索引符号的下半圆中用阿拉伯数字注明该详图所在图纸的编号，如图6-6（b）所示。

c. 当索引出的详图采用标准图，应在索引符号水平直径的延长线上加注该标准图册的编号，如图6-6（c）所示，表示第5号详图是在标准图册J103的第2页。

d. 索引符号如用于索引剖面详图，应在被剖切的部位绘制剖切位置线，并以引出线引出索引符号，引出线所在的一侧应为投射方向，如图6-7所示。

② 详图符号及其标注。详图所在的位置和编号，应以详图符号表示。详图符号是直径为14mm的粗实线圆。国标GB/T 50001—2010规定详图符号的编号：

a. 当详图与被索引的图样同在一张图纸内，应在详图符号内用阿拉伯数字注明详图的编号，如图6-8（a）所示。

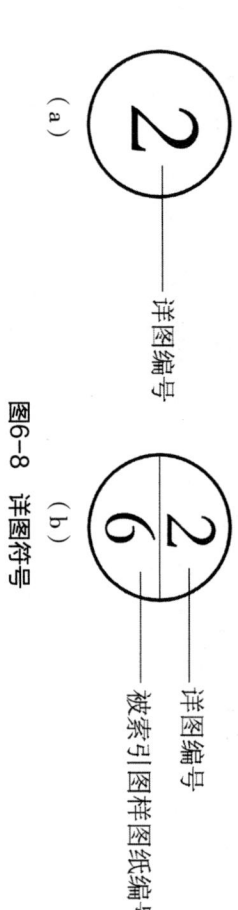

图6-7 用于索引剖面详图的索引符号

b. 当详图与被索引的图样不在同一张图纸内，应用细实线在详图符号内画一水平直径，在上半圆中注明详图编号，在下半圆中注明被索引的图纸的编号，如图6-8（b）所示。

（4）多层构造引出线

当多层构造或多层管道共用引出线时，国标规定，共用引出线应通过被引出的各层。文字说明注写在水平线的端部，说明的顺序应由上至下，并应与被说明的层次相互一致；如层次为横向顺序，则由上至下的说明顺序应与由左至右的层次顺序相互一致，如图6-9所示。

图6-8 详图符号

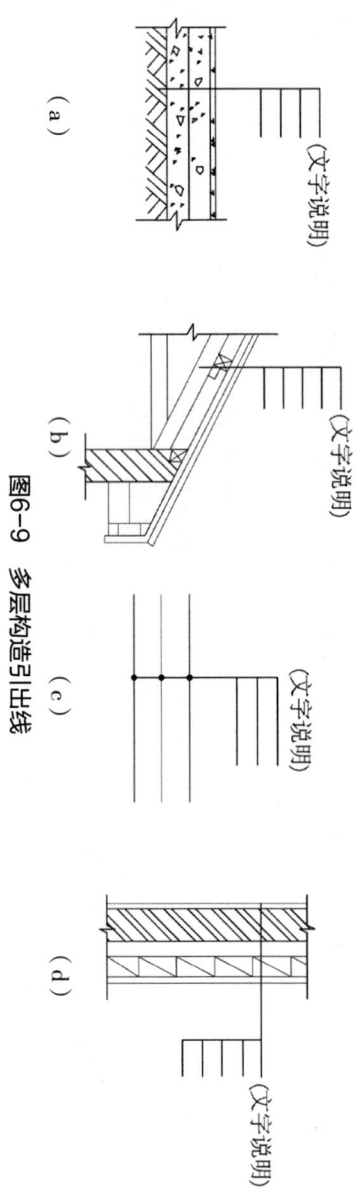

图6-9 多层构造引出线

第六章 建筑工程施工图

（5）指北针及风向频率玫瑰图

在建筑总平面图上，通常应绘制当地的风向频率玫瑰图，没有风向频率玫瑰图的城市和地区，则在建筑总平面图上只画指北针。

如图6-10所示为指北针符号，国标GB/T 50001—2010规定表示指北针符号的圆的直径为24mm，用细实线绘制；指针尾部的宽度为3mm，指针头部应注"北"或"N"字。需用较大直径绘制指北针时，指针尾部宽度宜为直径的1/8。

风向频率玫瑰图是根据当地的气象统计资料将一年中不同风向的吹风频率用同一比例画在十六个方位线上连接而成，图中距中心点最远的顶点表示该方向吹风频率最高，称为常年主导风向，如图6-10所示。

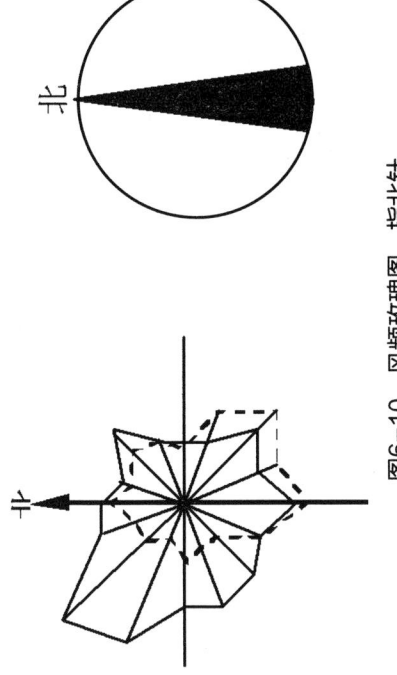

图6-10 风频玫瑰图 指北针

（6）图例

建筑物和构筑物是按比例缩小画在图纸上的，对于有些建筑细部、构件形状以及建筑材料等，往往不能如实画出，也难以用文字注释来表达清楚，所以都按统一规定的图例和代号来表示，以得到简单明了的效果。因此国家建筑制图标准中规定了各种图例。表6-1和表6-2列出了一些常用的总平面图和建筑图的图例。

表6-1 常用的总平面图图例

序号	名称	图例	备注
1	新建建筑物	▭ 5 ▲	1. 需要时，可用▲表示出入口，可在图形内右上角用点数或数字表示层数 2. 建筑物外形（一般以±0.00高度处的外墙定位轴线或外墙面线为准）用粗实线表示，需要时，地面以上建筑用粗实线表示，地面以下建筑用细虚线表示
2	原有建筑物	▭	用细实线表示

续表

序号	名称	图例	备注
3	计划扩建的建筑物或预留地		用中粗虚线表示
4	拆除的建筑物		用细实线表示
5	围墙及大门		实体性质的围墙
6	围墙及大门		通透性质的围墙
7	室内地坪标高	154.20	
8	室外整平标高	143.00 / 143.00	室外标高也可采用等高线表示
9	原有的道路		
10	计划的道路		
11	公路桥		
12	铁路桥		
13	护坡		1. 边坡较长时，可在一端或两端局部表示 2. 下边线实线表示为挡力
14	烟囱		实线为烟囱下部直径，虚线为基础
15	散状材料露天堆场		
16	其他材料露天堆场或露天作业场		需要时可注明材料名称

表6-2 常用建筑图图例

序号	名称	图例	备注
1	单扇门		1. 门的名称代号用M表示 2. 图例中剖面图左为外，右为内，平面图下为外、上为内 3. 立面图上开启方向线交角的一侧为安装合页的一侧，实线为外开，虚线为内开 4. 平面图上门线应90°开启，开启弧线可绘出 5. 立面图上的开启线在一般设计图中可不表示，在详图及室内设计图上应表示 6. 立面形式应按实际情况绘制
2	双扇门		
3	双扇双面弹簧	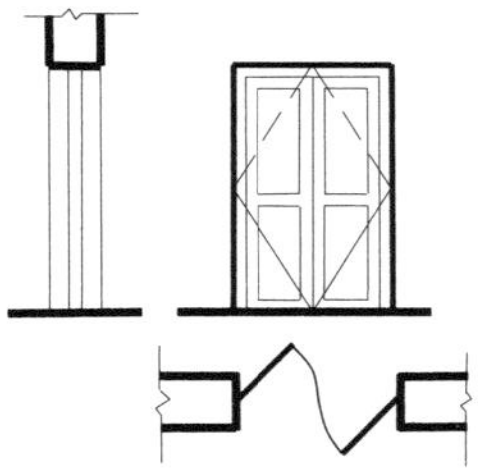	
4	空门洞	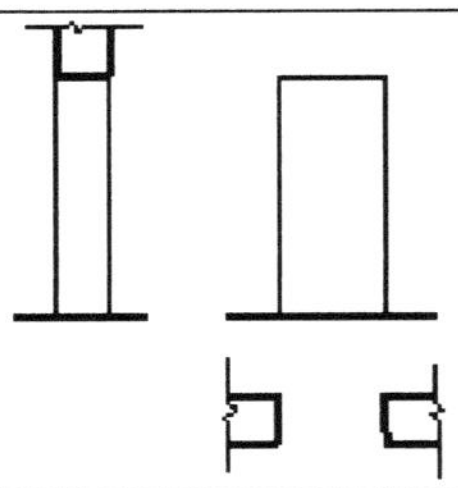	
5	竖向卷帘门	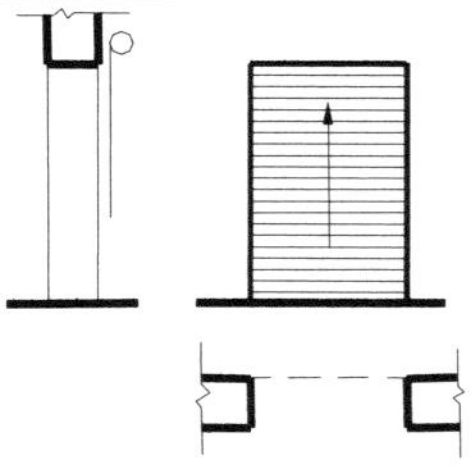	
6	单层固定窗	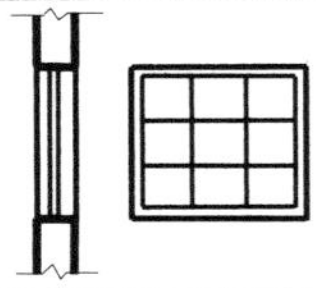	1. 窗的名称代号用C表示 2. 立面图中的斜线表示窗的开启方向，实线为外开，虚线为内开，开启方向线交角的一侧为安装合页的一侧，一般设计图中可不表示 3. 图例中，剖面图所示左为外，右为内，平面图所示下为外，上为内 4. 平面图和剖面图上的虚线仅说明开关方式，在设计图中不需表示 5. 窗的立面形式应按实际绘制 6. 小比例绘图时平、剖面窗线可用单粗实线表示
7	单层中悬窗	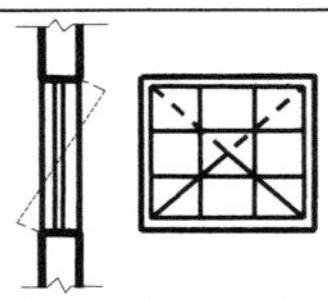	
8	单层外开平开窗	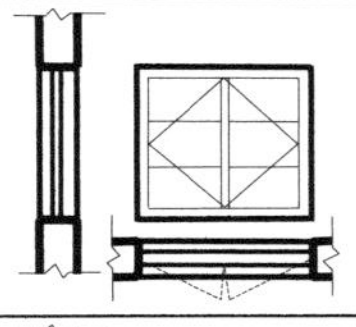	
9	左右推拉窗	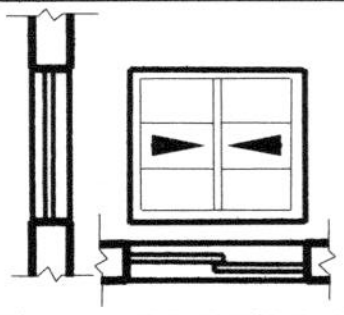	

续表

序号	名称	图例	备注
10	墙上预留洞或槽	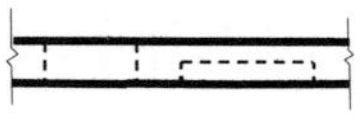	1. 以洞中心或洞边定位 2. 可以涂色区别墙体和留洞位置
11	检查孔	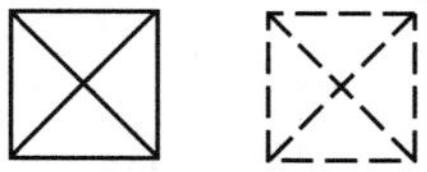	左图为可见检查孔 右图为不可见检查孔
12	烟道	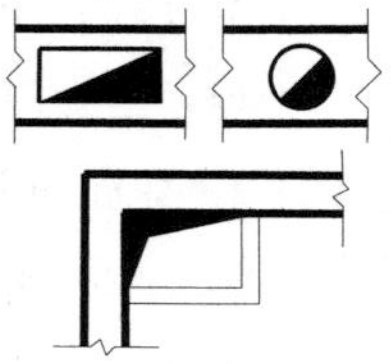	1. 阴影部分可以涂色代替 2. 烟道与墙体为同一材料，其相接处墙身线应断开
13	通风道	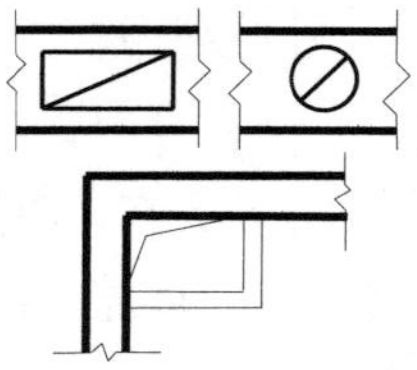	
14	底层楼梯	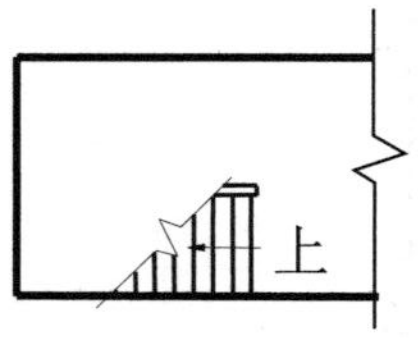	
15	中间层楼梯	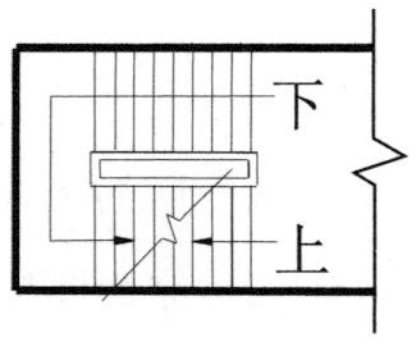	楼梯及栏杆扶手的形式和梯段踏步数应按实际情况绘制
16	顶层楼梯	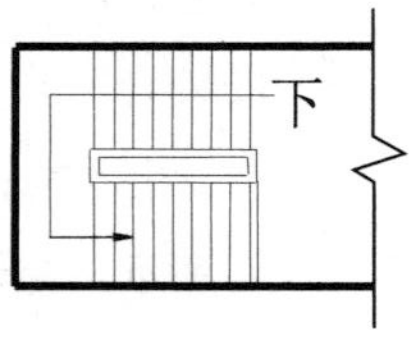	

二、建筑工程施工图

建筑工程施工图主要表达房屋建筑群体的总体布局，房屋的外部造型、内部布置、构造做法和所用材料等，是指导施工的主要技术文件之一，本章主要介绍首页图及建筑施工图中的总平面图、建筑平面图、建筑立面图、建筑剖面图和建筑详图的图示特点、内容及其识读。

1. 首页图和建筑总平面图

（1）首页图

首页图一般设置在总平面图之前，其内容一般包括：图样目录、设计总说明、楼地面、内外墙和散水台阶等处的构造做法和装修做法，用表格或文字说明。

① 图样目录。列表说明该工程有哪几个专业的图样，各类图样分别有几张，每张图样的图号、图名、图幅大小。若有些构件采用标准图，应列出所属标准图集的名称、标准图的图名和图号或图名、页次。

编制图样目录的目的是为查找图样提供方便，见表6-3。

建设单位：某市鑫鑫发商贸有限责任公司
工程名称：某市鸿福苑小区别墅
工程编号：2012-01-03

表6-3   建筑施工图目录

图别图号	图名	图幅	备注
建施-01	建筑设计说明、门窗表	A₃	
建施-02	工程做法表	A₂	
建施-03	一层平面图	A₂	
建施-04	夹层平面图	A₂	
建施-05	二层平面图建施	A₂	
建施-06	阁楼平面图建施	A₂	
建施-07	屋顶平面图	A₂	
建施-08	南立面图	A₂	
建施-09	北立面图	A₂	
建施-10	东立面图 西立面图	A₂	
建施-11	1—1剖面图建施	A₂	
建施-12	2—2剖面图建施	A₂	
建施-13	墙身大样	A₂	
建施-14	节点放大图	A₂	
建施-15	楼梯一详图	A₂	
建施-16	楼梯二详图	A₂	

② 设计总说明。主要说明工程的概貌和总的要求，其内容包括：工程设计依据，包括有关的

建筑设计说明

(一) 工程概况

本工程为某材料别墅，建筑面积254.4m，建筑位置详见总平面图，工程为三级耐火，三级建筑，耐久年限为50年，防水等级为III级，10年，门均选用木门框，窗均选用塑钢窗。

(二) 设计依据

本工程设计依据《民用建筑设计通则》(JGJ37—2010)《住宅建筑设计规范》(GB50096—2010)《建筑设计防火规范》(GBJ16—2010)。

(三) 建筑做法

1. 屋面

坡屋屋面现浇板，20厚1：2.5水泥砂浆找平，挂瓦条25×25、30×8顺水条，用长50mm铁钉固定，青色油毡瓦，挂瓦条，顺水条做防腐处理。

2. 楼面

水泥砂浆楼面：20厚1：2.5水泥砂浆找平，现浇钢筋混凝土现浇板，用于卧室，阳台面层；厨房、卫生间：20厚水泥砂浆面层，1：2.5水泥砂浆找平并找坡（从门口处向地漏找坡）现浇钢筋混凝土现浇板，卫生间部分：1：3水泥砂浆打底打毛，其余部分：18厚1：6混合砂浆底，2厚纸筋灰面，卫生间四周做混凝土翻边，高150，宽同墙宽，遇门不翻，凡预留孔四周做120×120混凝土翻边。

3. 顶棚做法：2厚水泥纸筋灰底，18厚纸筋混合砂浆底。

4. 地面做法：20厚1：2.5水泥砂浆找面，80厚C20素混凝土，80厚碎石垫层，素土夯实。

5. 内墙

12厚1：3水泥砂浆打底，6厚1：2.5水泥砂浆面；淡橙黄色外墙涂料面二度（颜色需做色板，设计人员认定）；12厚1：3水泥砂浆打底；6厚1：2.5水泥砂浆面。

6. 外墙

油漆均用一底二度醇酸调和漆，铁栏杆为银粉漆，木扶手为咖啡色，所有铁件均先刷防锈漆一道。

7. 室外工程

8. 油漆均用一底二度醇酸调和漆，铁栏杆为银粉漆，木扶手为咖啡色，所有铁件均先刷防锈漆一道。

9. 雨水管用白色φ110UPVC管材及雨水斗，屋面雨水口加篦子。

10. 勒脚：青石板贴面，1：3水泥砂浆底。

11. 踢脚：1：3水泥砂浆底，1：2水泥砂浆面。

地质、水文、气象资料等；设计标准，建筑标准，结构荷载等级，抗震要求，采暖通风要求，照明标准等；施工要求，如施工技术及材料的技术经济指标，如建筑面积，总造价，单位造价等。建筑用料说明，如砖、混凝土等的强度等级等。小型工程的总说明可以放在建筑施工图中，如某小型别墅设计总说明：

③ 门窗表。为了便于订货和加工，应有门窗表，表6-4为某工程门窗表。

④ 屋顶、楼地面、内外墙面、散水、顶棚、女儿墙、压顶及栏杆扶手等的构造做法和装修做法。见建筑设计说明。

表6-4 某工程门窗表

类别	设计编号	洞口尺寸/mm 宽	洞口尺寸/mm 高	数量	备注
门	M1	800	2100	2	
	M2	900	2100	6	
	M3	1000	2100	1	
	M4	1500	2100	1	
	M5	2100	2400	2	
	M6	2400	2400	1	
	M7	700	2100	1	
	JLM8	2700	2100	1	卷帘门
窗	C1	600	900	1	
	C2	600	1500	1	
	C3	1000	900	2	见本图
	C4	1000	1500	4	见本图
	C5	1500	1000	9	
	C6	1200	1500	2	见本图
	C7	1200	1500	1	
	C8	2100	1500	1	
	C9	2100	1500	2	
	C10	2400	1500	1	

（2）建筑总平面图

① 建筑总平面图。建筑总平面图是拟建房屋所在地在一定范围内的水平投影图，主要反映拟建房屋、原有建筑物等的平面形状、位置和朝向，室外场地、道路、绿化等的布置，地形、地貌、标高以及与原有环境的关系和边界情况等。

建筑总平面图也是拟建房屋定位、施工放线、土方施工以绘制水、电、暖等管线总平面图和施工总平面图的依据。

② 总平面图的内容。如图6-11所示，总平面图所示的内容有：

a. 图名、比例。由于总平面图所包括的区域面积较大，所以常采用1：500、1：1000、1：2000、1：5000等比例绘制，房屋只用外围轮廓线的水平投影表示，见表6-2中的新建筑物图例，如图6-11所示的总平面图比例为1：500。

b. 新建建筑物的周围环境。应用图例来表明新建区、扩建区或改建区或各建筑物和构筑物的位置、道路、广场、室外场地和绿化等的布置情况以及各建筑物的总体布置，表明各建筑物和构筑物的位置。一般应画在所采用的主要图例及其名称。此外，对于标准中缺乏规定而需自定的图例，必须在总平面图中绘制清楚。

c. 新建建筑物的位置。根据原有房屋或道路定位，并以米（m）为单位标出定位尺寸，确定新建、改建或扩建工程的具体位置。

d. 新建建筑物的主要参数。注明新建房屋底层室内地面的绝对标高和层数（常用黑小圆点点数表示）。

当新建成片的建筑物或较大的公共建筑物或厂房时，用坐标表示每一建筑物及道路转折点的位置；地形起伏较大的地区，用表示地形变化的等高线表示。

e. 新建建筑物的地理和气候环境。画上带有指北针的风向频率玫瑰图（即风玫瑰图）或指北针，表示该地区的常年风向频率和建筑物的朝向。

f. 新建建筑物的规划红线。在城市建设的规划地形图上划分建筑用地和道路用地的界线，一般都以红色线条表示。它是建造沿街房屋和地下管线时，决定位置的标准线，不能超越。

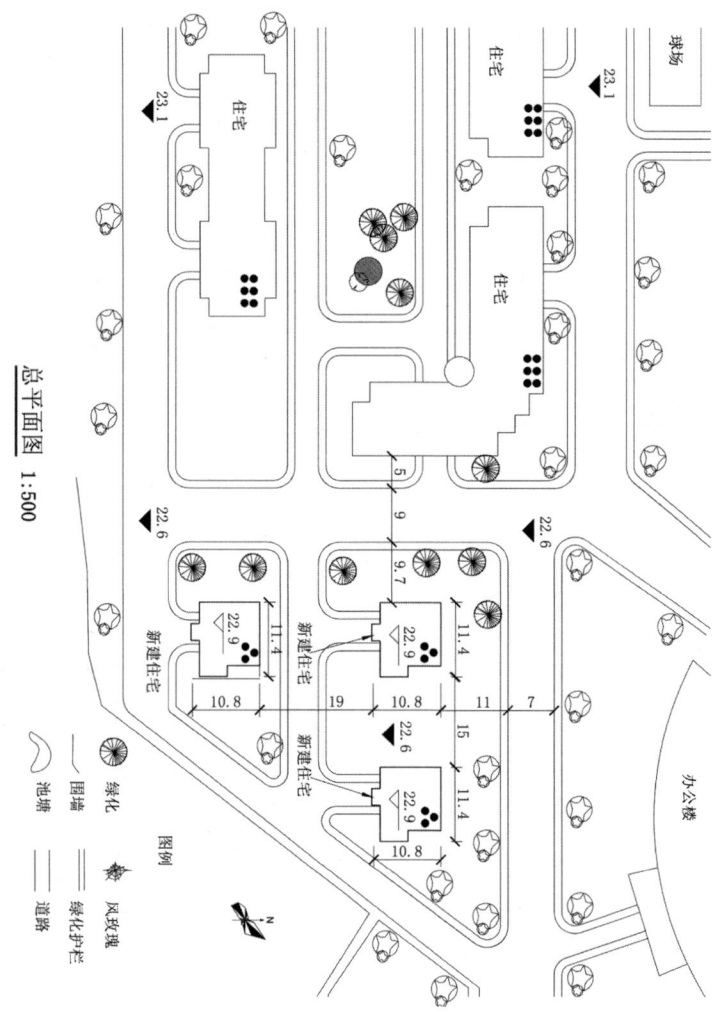

图6-11 某生活区建筑总平面图

总平面图 1:500

图例
风玫瑰
绿化护栏
道路
绿化
围墙
池塘

2. 建筑平面图

(1) 建筑平面图的有关规定

① 建筑平面图。建筑平面图是房屋的水平剖面图，也就是假想用一个水平剖切平面，沿门窗

第六章 建筑工程施工图

洞口的位置剖开整幢房屋，将剖切平面以下部分向水平投影面作正投影所得到的图样。

建筑平面图是建筑施工图中最基本的图样之一，主要表示房屋的平面形状，大小和房间布置，墙、柱、门、窗的位置、厚度及类型等情况。

② 建筑平面图的数量。对于多层建筑，原则上应画出每一层的平面图，并在图的下方标注图名，图名通常按层次来命名，例如：底层平面图、二层平面图等。底层平面图必须单独画出，屋顶平面图也需单独画出。

习惯上，如果有两层或更多层的平面布置完全相同，则可用一个平面图表示，图名为X层~X层平面图，也可称为标准层平面图；如果房屋的平面布置左右对称，则可将两层平面图合并为一个图，左边画一层的一半，右边画另一层的一半，中间用对称线分界，在对称线的两端画上对称符号，并在图的下方分别注明名称。

如有需要，还要画出局部平面图将平面图中的某个局部放大画出。

③ 建筑平面图绘制规定。

a. 比例。选用国标规定的优先选用比例，常用比例有1:50、1:100、1:200，必要时也可用1:150、1:300。

b. 图线。剖切的主要建筑构造（如墙）的轮廓线用粗实线，其他图线可均用细实线。

c. 定位轴线与编号。承重的柱或墙体均应画出他们的轴线，称定位轴线。轴线一般从柱或墙宽的中心引出。定位轴线采用单点长画线表示。

d. 门窗图例及编号。建筑平面图上的门、窗均以图例表示，并在图例旁注上相应的代号及编号。门的代号为"M"；窗的代号为"C"。同一类型的门或窗，编号应相同，如M-1、M-2、C-1、C-2等。最后将所有的门、窗列成"门窗表"，门窗表内容有门窗规格、材料、代号、统计数量等。门窗常用图例见附图。

e. 尺寸的标注与标高。建筑平面图中一般应在图形的四周沿横向、竖向分别标注互相平行的三道尺寸。

第一道尺寸：门窗定位尺寸及门窗洞口尺寸，与建筑物外形距离较近的一道尺寸，以定位轴为基准标注出墙垛的分段尺寸；

第二道尺寸：轴线尺寸，标注轴线之间的距离，包括开间或进深尺寸；

第三道尺寸：外形尺寸，即总长和宽度。

除三道尺寸外还有台阶、花池、散水等尺寸，房间的净长和净宽，地面标高，内墙上门窗洞口的大小及其定位尺寸等。

f. 文字与索引。图样中无法用图形详细表达时，可在该处用文字说明或画详图来表示。

(2) 平面图的图示内容

① 图名、比例；

② 朝向、剖面图的剖切位置线和剖视方向及其编号，仅限于底层平面图；

③ 定位轴线及其编号；

④ 房间的组合和分隔，墙、柱的断面形状及尺寸；

⑤ 门窗布置及其型号；

⑥ 楼梯及其他构件的位置，形状和尺寸等；

⑦室内、外尺寸、形状、标高和某些坡度等；
⑧详图索引符号；
⑨各房间名称，必要时注明各房间的有效使用面积。

(3) 建筑平面图实例

某生活小区内小型别墅的一套建筑平面图如下列各图所示。

① 一层（底层）平面图

图6-12所示为该小型别墅的一层（底层）平面图，该平面图表达了以下的内容

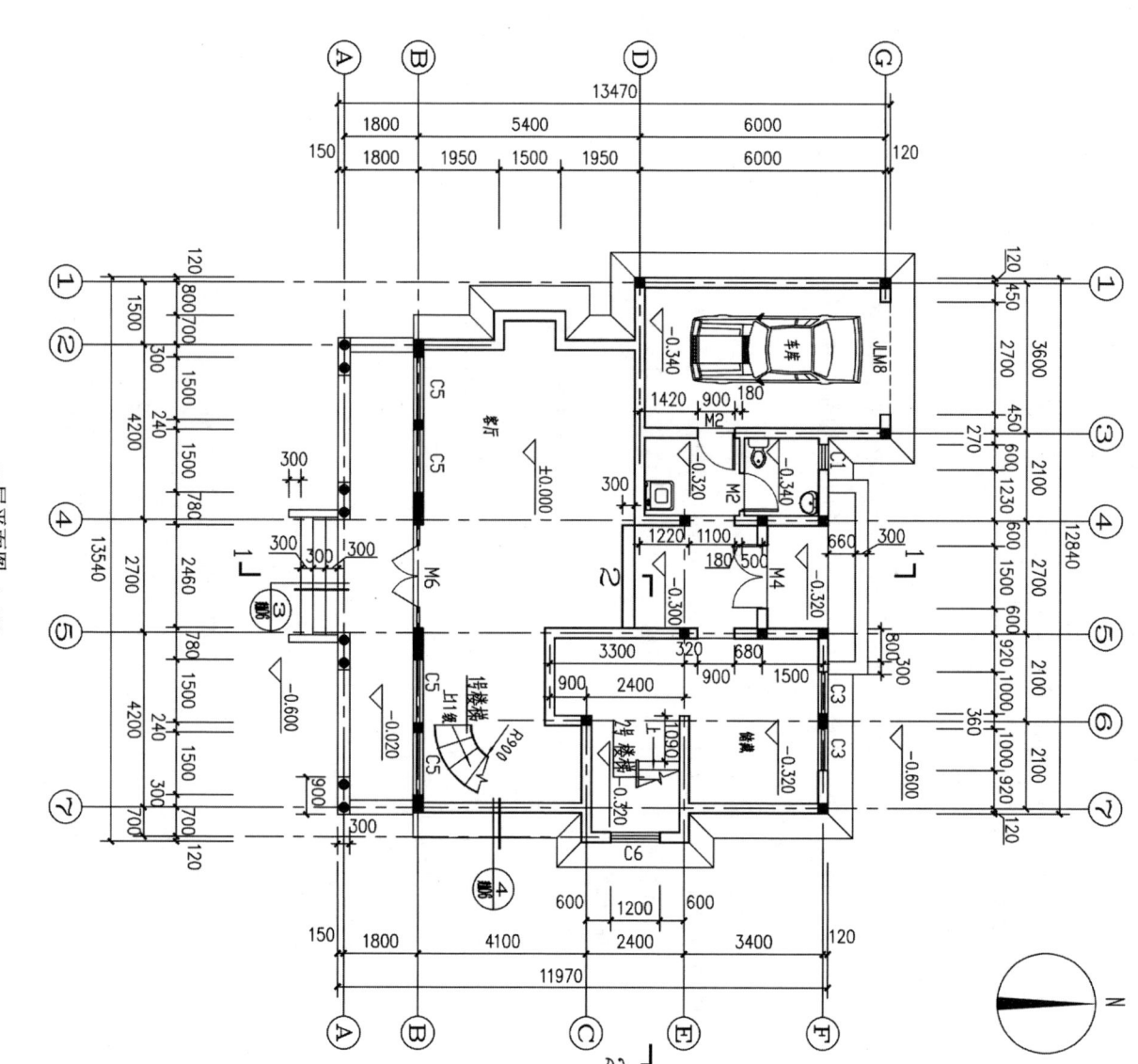

一层平面图 1:100

图6-12 一层平面图

第六章 建筑工程施工图

a. 图名、比例、朝向。图6-12所示为某小型别墅的一层（底层）平面图，该图是沿一层窗台以上、一层通向上层的2号楼梯平台合之上的窗台以上水平剖切后，在水平投影面上投影所得的剖面图，反映了本幢小型别墅一层的平面结构布置。本幢小型别墅的一层平面图的比例采用1:100。

本层平面图上的指北针指向表示本幢小型别墅坐北向南。

b. 定位轴线。本幢小型别墅的定位轴线从左到右有7根定位轴线，从下向上有6根定位轴线。

c. 墙、柱断面及房间布置。本幢小型别墅的一层分布有车库、客厅储藏间、卫生间、两个楼梯间，两处出入口等空间。

d. 门窗编号及门窗表。本幢小型别墅的门窗分布在该房屋的各个平面图上，门用M表示，窗用C表示，如表6-4所示，全幢楼房共有8种15扇门，10种26扇窗。门、窗除卷帘门外，全部使用木门、窗，除有图纸要求的C3、C4、C6以外的其他门窗的结构均采用标准图集05YJ4-1和05YJ4-2，一层中有4种5扇门，4种8扇窗。

e. 建筑配件及固定设施。本幢小型别墅给出了室外散水以及两入口的轮廓形状，本幢小型别墅在一层有两个楼梯间。

f. 室内外尺寸及标高。本幢小型别墅一层的标高和室外地坪的标高全在一层平面图中给出。

g. 有关符号。本幢小型别墅一层平面图给出了了解该房屋至立面结构，2号楼梯处立面结构的剖面图的切位置，外墙身4详图和南门入口处3详图的剖位置。

② 夹层平面图

如图6-13所示为该小型别墅的夹层平面图，该平面图表达了以下的内容。

a. 图名、比例、朝向。图6-13所示为某小型别墅的夹层平面图，该图是沿夹层窗台以上、夹层通向上层的1号楼梯平台合之上的窗台以上水平剖切后，在水平投影面上投影所得的剖面图，反映了本幢小型别墅夹层的平面结构布置。本幢小型别墅的夹层平面图的比例采用1:100。

在本层平面图上不再需要指北针，剖切位置符号等，相关内容已在一层平面图有过表示。

b. 定位轴线。本幢小型别墅的夹层的定位轴线从左到右有7根定位轴线，从下向上有7根定位轴线。

c. 墙、柱断面及房间布置。本幢小型别墅夹层分布有各卧、储藏间、卫生间、一个楼梯间，两处出入口等空间。

d. 门窗编号及门窗表。本幢小型别墅的门窗分布在该房屋的各个平面图上，夹层中有1种2扇门，6种11扇窗。

e. 建筑配件及固定设施。本幢小型别墅给出了一层与二层各空间的空间形状，在夹层有1号和2号楼梯。

f. 室内外尺寸及标高。本幢小型别墅夹层的客卧、储藏间、卫生间、1号楼梯、2号楼梯的标高在夹层平面图中给出。

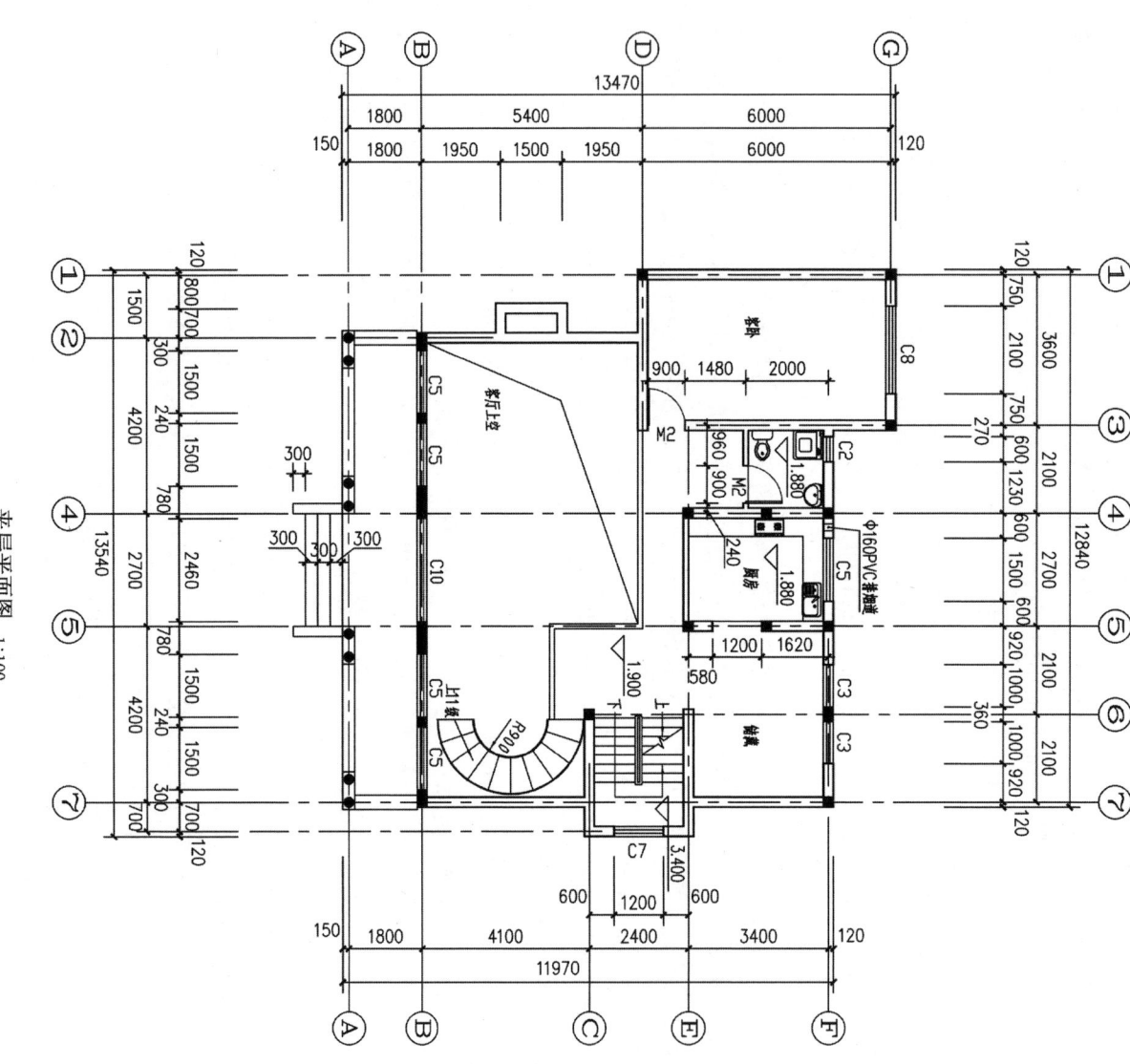

图6-13 夹层平面图 1:100

(4) 二层平面图

本幢小型别墅的二层平面图表达的内容

① 图名、比例。图6-14所示为某小型别墅的二层平面图，该图是沿二层窗台以上、二层通向上层的2号楼梯平台之上的窗台以上水平剖切后，在水平投影面上投影所得的剖面图，反映了本幢小型别墅的二层的平面结构布置。

本幢小型别墅的二层平面图的比例采用1:100。

② 定位轴线。本幢小型别墅的定位轴线从左到右有7根定位轴线，从下向上有6根定位轴线。

在本层平面图上不再需要指北针、剖切位置符号等。

③ 墙、柱断面及房间布置。本幢小型别墅的二层分布有主卧、次卧、书房、起居室、卫生间、

衣帽间等空间。

④门窗编号及门窗表。本幢小型别墅二楼的门窗有5种8扇门，3种5扇窗。门、窗除卷帘门外，全部使用木门、窗，除有图纸要求C4以外的其他门窗的结构均采用标准图集05YJ4-1和05YJ4-2。

⑤建筑配件及固定设施。本幢小型别墅给出2号楼梯间，二层两个阳台，楼梯间和二层以下房屋的外廓形状。

⑥室内外尺寸及标高。本幢小型别墅二层的主卧、次卧、书房、起居室、卫生间、楼梯间的标高全在一层平面图中给出。

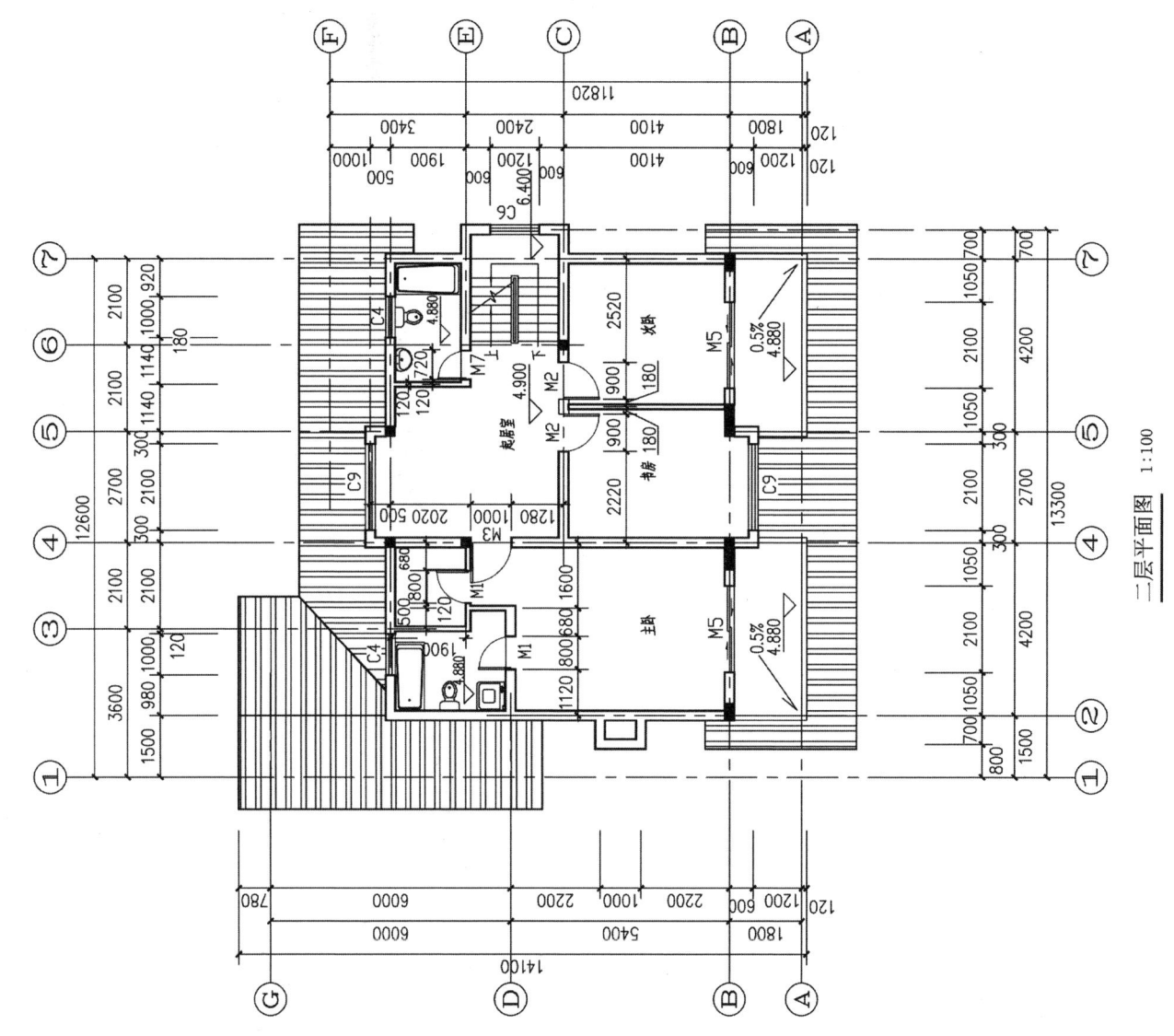

图6-14 二层平面图

(5) 阁楼平面图

如图6-15所示，是本幢小型别墅的阁楼平面图，比例采用1∶100。阁楼平面图给出了阁楼的形状、尺寸，楼面标高和阁楼1m以下的房屋外形轮廓。

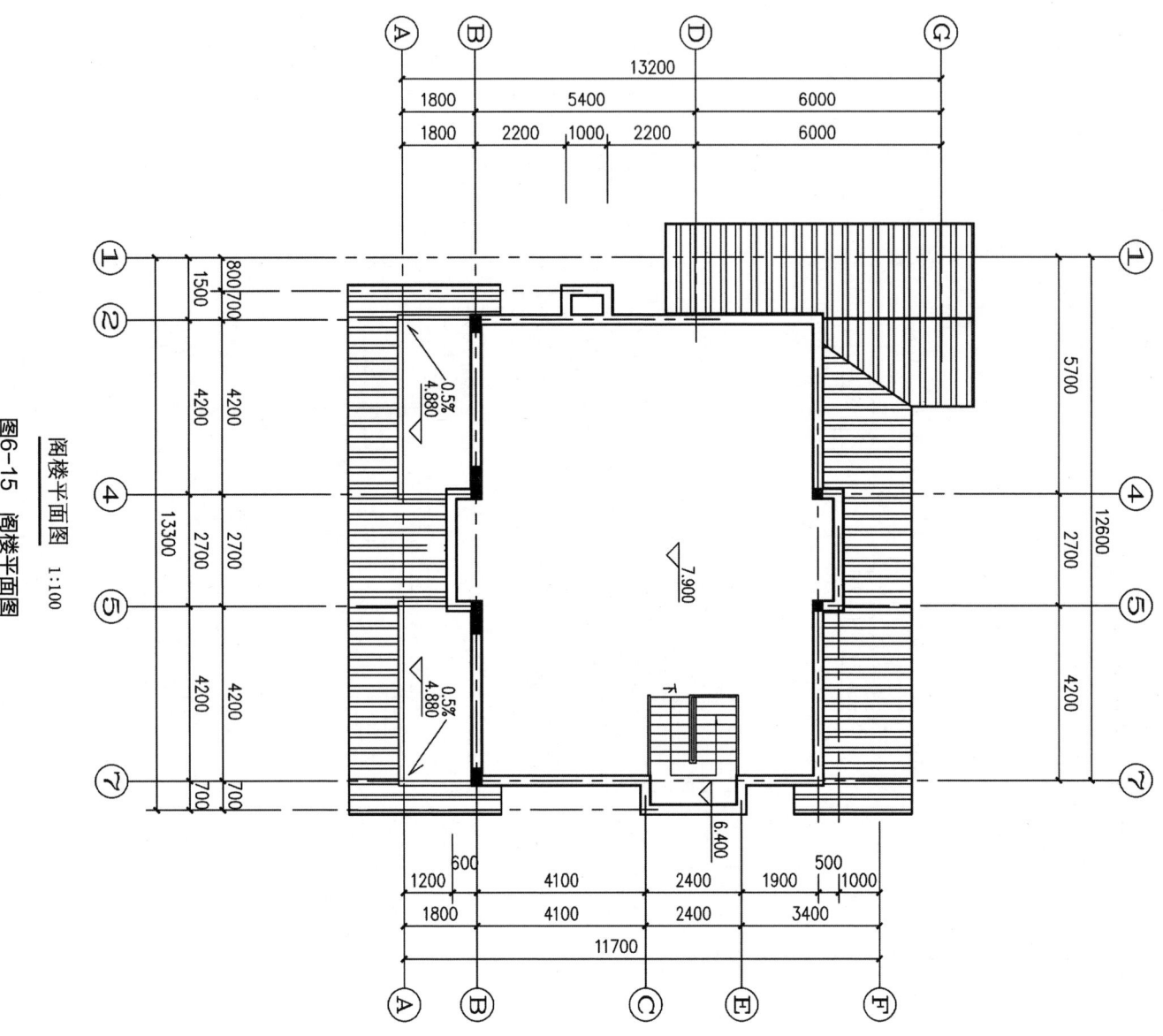

图6-15 阁楼平面图 1∶100

(6) 屋顶平面图

如图6-16所示，是本幢小型别墅的屋顶平面图，比例采用1∶100。屋顶平面图与楼层平面图不同，屋顶平面图不能采用剖面图，因为屋顶平面图要表示房屋的屋顶外形的形状和尺寸。

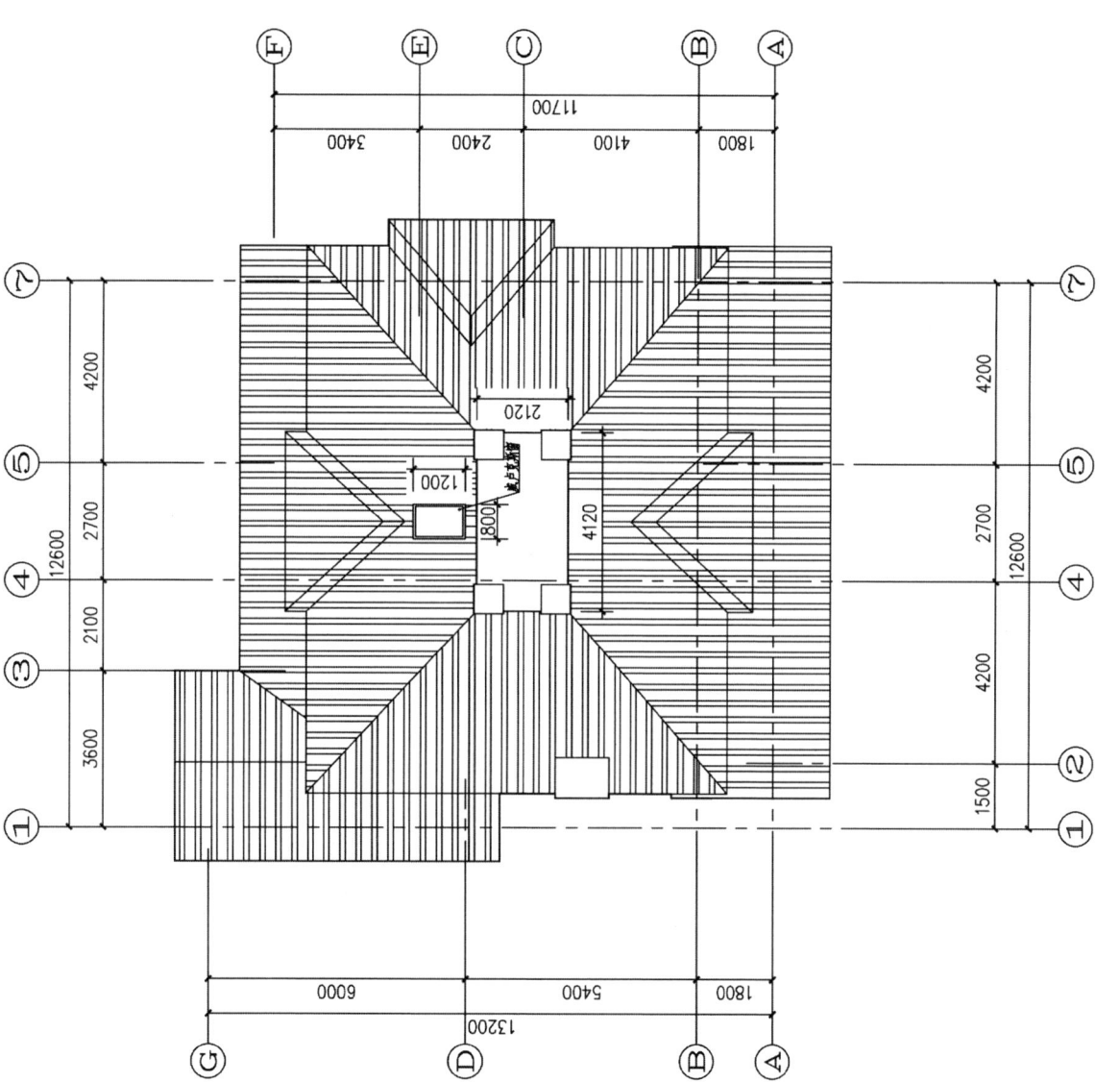

图6-16 屋顶平面图

3. 建筑立面图

(1) 建筑立面图的有关规定

① 建筑立面图。建筑立面图是在与房屋的立面平行的投影面上所作的正投影,规定只画可见面,主要用于表示房屋的外貌、外墙面装修及立面上构配件的标高和必要的尺寸。

② 建筑立面图的数量。由于建筑立面图只画可见轮廓,当建筑物的四个立面的外形各不相同时,需要画出四个立面图。

③ 建筑立面图的命名。建筑立面图的图名宜根据建筑物两端的定位轴线命名,也可根据房屋的朝向来命名,如南立面图、北立面图、东立面图、西立面图;还可以根据主要入口来命名,通常

把主要入口或反映房屋主要外貌特征的立面图称为正立面图，而其他三个面分别为背立面图和左、右侧立面图。

④ 建筑立面图。

(1) 建筑立面图绘制规定。

a. 比例。选用国标GB/T50001—2010规定的优先选用比例，常用比例有1∶100，1∶200，1∶500。

b. 图线。建筑立面图要求有整体效果，富有立体感，图线要大小一致，排列整齐，数字清晰。外墙轮廓线用粗实线；主要轮廓线用中粗线；细部图形轮廓线用细实线；房屋下方的室外地面用1.4b的粗实线。

c. 标高。建筑立面图的标高是相对标高。在建筑立面图上应标注室外地面，入口处地面，勒脚，窗台，门洞顶，檐口等处的标高。标高符号应大小一致，排列整齐，数字清晰。除此之外，建筑构配件上标注的标高，门、窗洞的顶面和底面的标高都不包括抹灰层的装修完成后的标高，又称建筑标高，如阳台栏板顶面等；其上的上顶面和底面的标高是包括抹灰层在内的结构完成后的标高，又称结构标高，如阳台底面等；其上的下底面标高是不包括抹灰层在内的结构底面标高，又称结构标高，如阳台底面等。

d. 建筑材料与作法。图形上除用材料图例表示外，还可以用文字进行较详细的说明或采用引通用图的作法。

(2) 建筑立面图的内容。

① 图名，比例；

② 立面图两端的定位轴线及其编号；

③ 门、窗的形状、位置；

④ 屋顶外形；

⑤ 各外墙面、台阶、花台、雨篷、窗、阳台、雨水管、水斗、外墙装饰及各种脚等的位置，形状，用料和做法（包括颜色）等；

⑥ 标高及必须标注的尺寸；

⑦ 详图索引符号。

(3) 建筑立面图实例。

某生活小区内小型别墅的一套建筑立面图例如下所示。

① 小型别墅的南立面。图6-17所示为该小型别墅的南立面图，该立面图表达了以下的内容：

a. 图名，比例。图6-17所示为其小型别墅的南立面图。本幢小型别墅的一层平面图的比例采用1∶100。

b. 立面图两端的定位轴线。本幢小型别墅的南立面图定位轴线从A到7。

c. 墙，柱断面及房间布置。本幢小型别墅的一层分布有车库，客厅储藏间，卫生间，两个楼梯间，两处出入口空间。

d. 门窗，建筑配件，固定设施及屋顶外形。本幢小型别墅南立图反映了小型别墅的南面的房屋正面大门入口，阳面阳台，屋外走廊和窗子的形状及形式，同时也反映了相应方向的屋面造型和各部分的标高尺寸。

e. 详图符号。本幢小型别墅南立面图给出了该房屋阳台栏杆的详图索引。

南立面图 1:100

图6−17 南立面

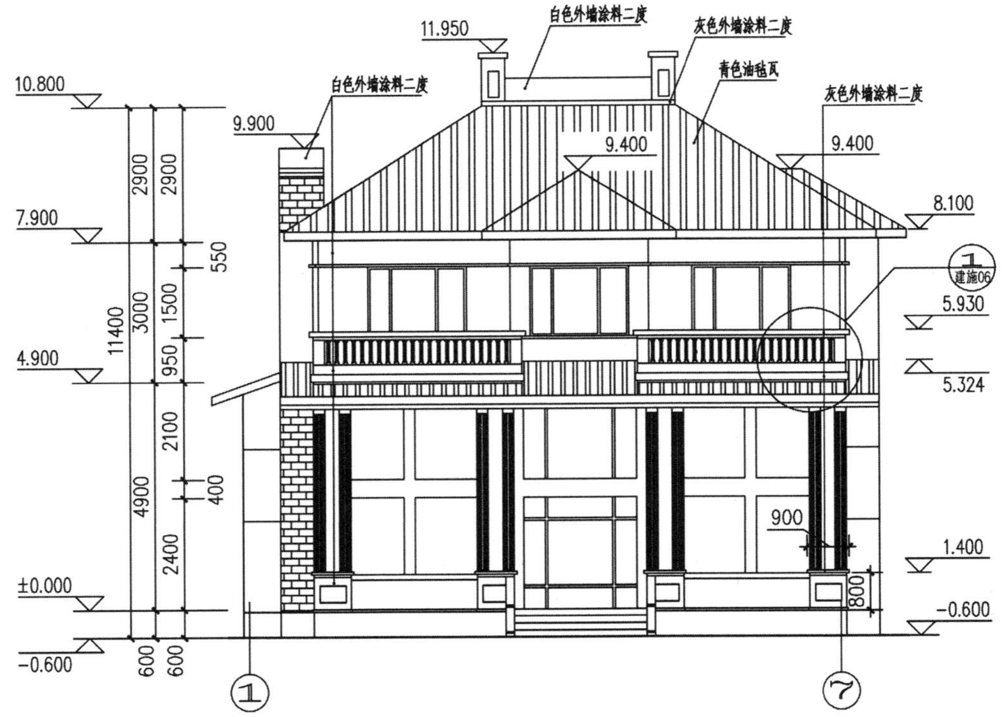

② 其他立面图。如图6−18所示为北立面图，如图6−19所示为东立面图，如图6−20所示为西立面图，分别为该住宅楼的背立面图和左、右侧立面图。通过背立面图可以看出住宅楼的储藏间和入口，门前为台阶。其他内容与南立面图大致相同。

北立面图 1:100

图6−18 北立面

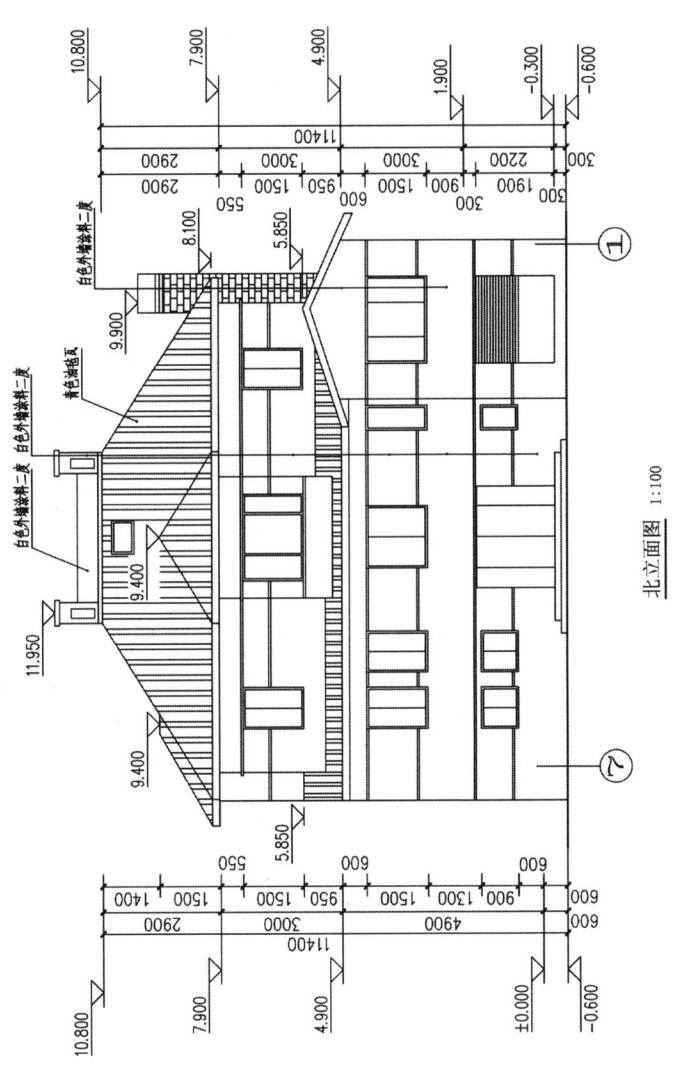

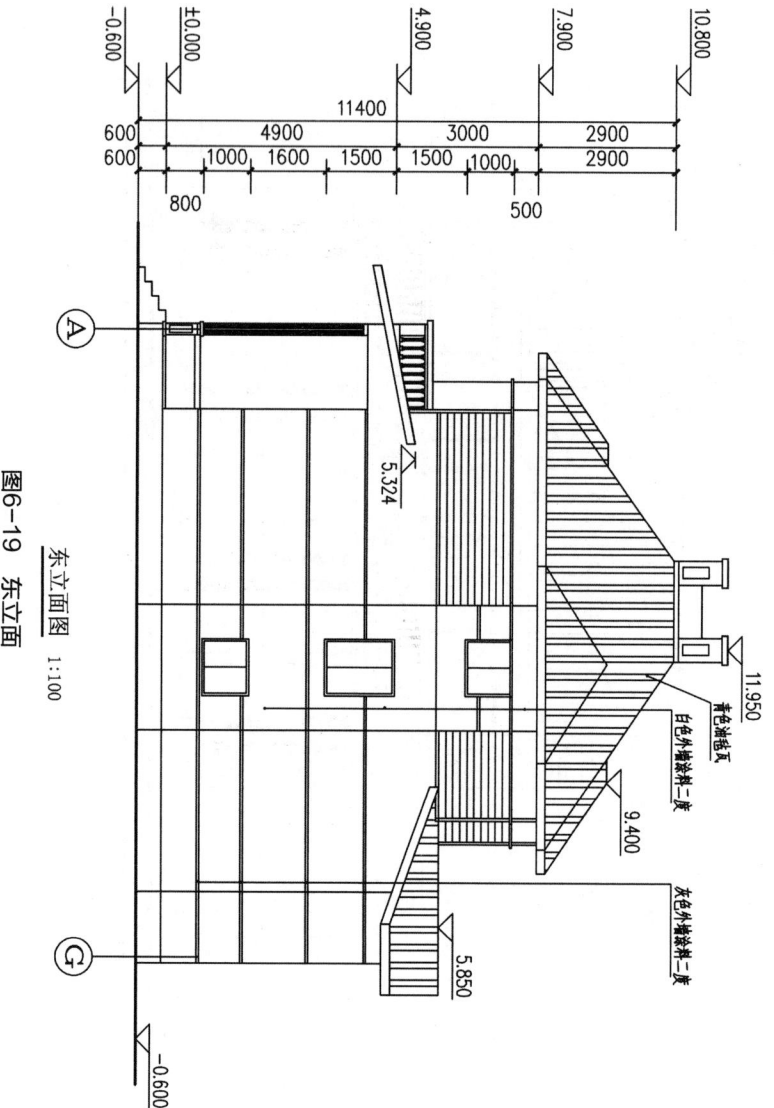

图6-19 东立面图 1:100

图6-20 西立面图 1:100

4. 建筑剖面图

(1) 建筑剖面图的有关规定

① 建筑剖面图。建筑剖面图是房屋的垂直剖面图，即假想用一个或多个平行于房屋立面的垂直剖切面剖开房屋，移去剖切平面与观察者之间的部分，将留下的部分向投影面作正投影所得的图样。

建筑剖面图主要表达楼层内部空间的高度关系，用于表示建筑物内部垂直方向的高度、楼层分层、垂直空间的利用以及简要的结构形式和构造方式等情况，是建筑施工图中最基本的图样之一。

由于剖面图表示的是建筑物内部空间在垂直方向的结构布置，所以只有与平面图、立面图结合加以详图，才能清楚地识读建筑物内部构配件。故剖面图是建筑施工中不可缺少的重要图样之一。

② 建筑剖面图的数量。要想使剖面图达到较好的图示效果，必须合理选择剖切位置和剖切后的投射方向。

剖切位置应根据图样的用途和设计深度，在平面图上能反映全貌、构造特征以及有代表性的部位剖切。在设计过程中，一般选在楼梯间并通过门窗洞口的位置剖切。

剖切数量视建筑物的复杂程度和实际情况而定，建筑剖面图也可用较大的比例（如≥1：50），绘出较详细的构造关系图样。这样的图样称为"构造剖面图"。

剖面图习惯上不画基础，在基础的上部用折断线断开。

③ 建筑剖面图的绘制规定。

a. 剖面符号标注。建筑底层平面图中，需要剖切的位置上应标注出剖切符号及编号；绘出的剖面图下方写上相应的剖面图编号名称及比例。

对于建筑规模不大、构造不复杂，建筑剖面图的命名，一般选在楼梯间并通过门窗洞口的实际情况而定，并用阿拉伯数字（如1-1、2-2）或拉丁字母（如A-A、B-B）命名。如图6-12底层平面图中剖切线1-1和2-2所示。

b. 标高。凡是剖面图上不同的基面，一些主要构件还必须标注其结构标高。都应标注相对标高。主要标注高度（如各层楼面、顶棚、层面、楼梯休息平台、地下室地面、窗洞顶（或门）以及剖切到窗台、窗洞顶（或门）的定位轴线及其间距尺寸。

c. 尺寸标注。主要标注高度尺寸，分内部尺寸与外部尺寸。

外部高度尺寸一般注三道：

第一道尺寸：接近图形的一道尺寸，以层高为基准标注窗台、窗洞顶（或门）以及剖切到门窗洞口的高度；

第二道尺寸：标注两楼层间的高度尺寸（即层高）；

第三道尺寸：标注总高度尺寸。

(2) 剖面图的图示内容

① 图名、比例。

② 外墙（或柱）的定位轴线及其间距尺寸。

③ 剖切到的室内外地面（包括台阶、明沟及散水等）、楼面层（包括过梁、圈梁、防潮层、女儿墙及压顶）、剖切到防水层及顶棚）；剖切到的各种承重梁和连系梁、楼梯段及楼梯平台、雨篷、阳台以及剖切到的孔道、水箱、热通风层，防水层及顶棚等）；窗（包括过梁、圈梁、防潮层、女儿墙及压

等的位置、形状及其图例。

④ 未剖切到的可见部分。一般不画出地面以下的基础。如看到的墙面及其凹凸轮廓、梁、柱、阳台、雨篷、门、窗、踢脚、勒脚、台阶（包括平台踏步）、水斗和雨水管，以及看到的楼梯段（包括栏杆、扶手）和各种装饰等的位置和形状。

⑤ 竖直方向的尺寸和标高。

⑥ 详图索引符号。

⑦ 某些建筑材料注释。

（3）建筑剖面实例

如图6-21所示是该小型别墅的1—1剖面图，是按照底层平面图中1—1剖切位置绘制的，此剖切位置通过房屋的厨房、餐厅、起居室及阳台，具有较好的代表性。

1—1剖面图的比例为1：100，室外地坪线画加粗实线，规定基础上部的墙体用折断线断开而不必画出基础。

1—1剖面图中标出了需要给出详图的位置，编号及索引标注。

1—1剖面图中清楚标出了建筑物各构件的顶面与地面的标高数值。

1—1剖面图中剖切到的楼面、屋面、楼梯平台等用两条粗实线表示，剖切到的钢筋混凝土梁、楼梯均涂黑表示。

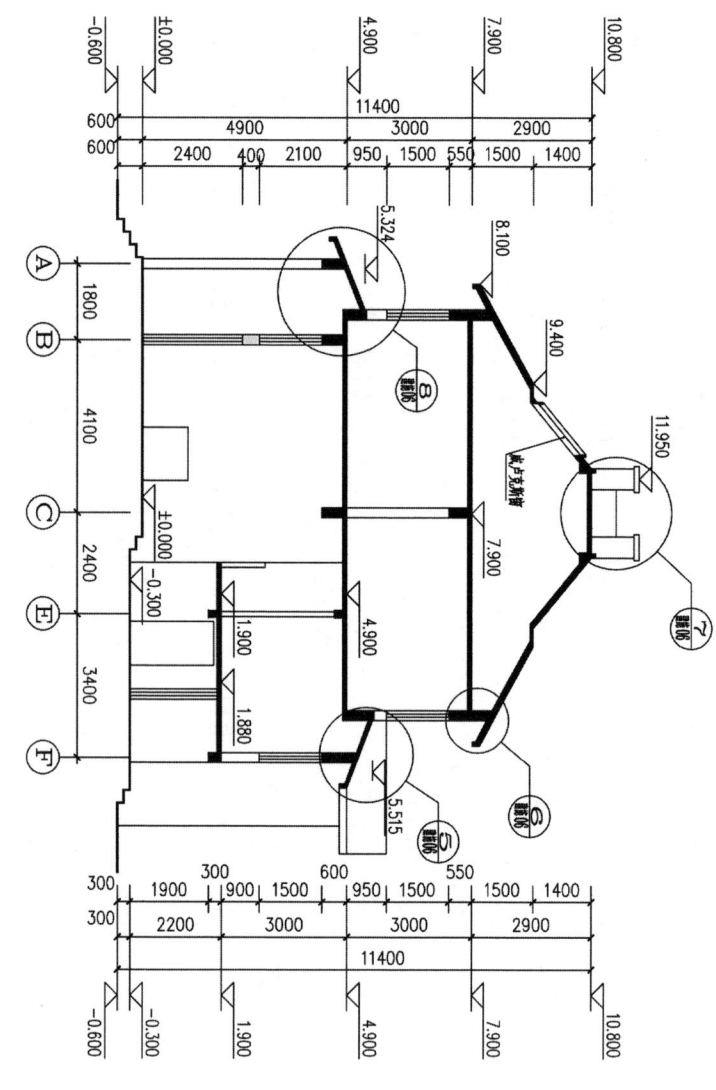

图6-21 1—1剖面图
1—1剖面图 1:100

如图6-22所示是该小型别墅的2—2剖面图，2—2剖切位置通过楼梯、客厅、雨篷、门窗及阳台，和1—1剖面图一起基本能反映住宅楼在竖直方向的概貌和结构形式。

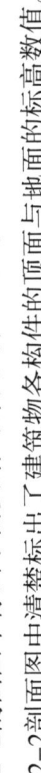

2-2剖面图中标出了需要给出详图的位置、详图编号及索引标注。

2-2剖面图中清楚标出了建筑物各构件的顶面与地面的标高数值。

2-2剖面图 1:100

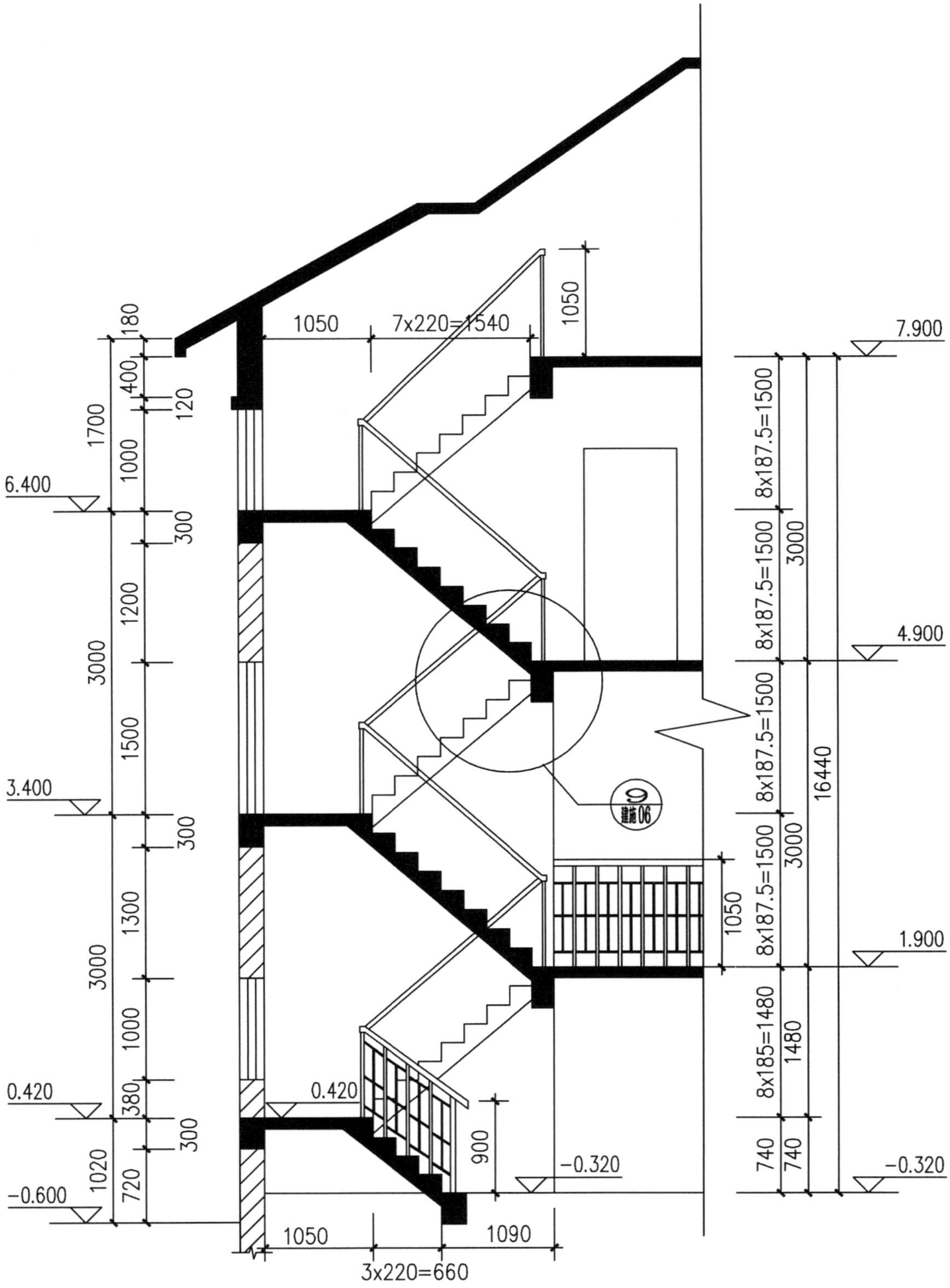

图6-22　2-2剖面图

5. 建筑详图

(1) 建筑详图的有关规定

① 建筑详图。建筑平面图、建筑立面图和建筑剖面图三图配合虽然表达了房屋的全貌，但由于所用的比例较小，房屋上的一些细部构造不能清楚地表达出来，因此在建筑施工图中，除了上述三种基本图样外，还应当把房屋的一些细部构造，采用较大的比例（1:30、1:20、1:10、1:5、1:2、1:1）将其形状、大小、材料和做法详细地表达出来，以满足施工的要求，这种图样称为建筑详图，又称为大样图或节点图。

② 建筑详图的数量。一幢房屋的施工图是施工的重要依据，详图的数量和图示内容要根据建筑复杂程度而定。建筑详图一般需要绘制以下几种详图：外墙剖面详图、门窗详图、楼梯详图、台阶详图、厕浴详图以及装修详图等。

③ 建筑详图的绘制规定。

a. 详图需用较大比例画出；

b. 建筑详图通常采用详图符号为其图名，与被索引的图样上的索引符号相对应，并在详图符号的右侧注写绘图比例；

c. 对于套用标准图或通用详图的建筑细部构配件，只要注明所套用图集的名称、编号或页数，则可以不再画出详图；

d. 详图中的某一部位如果还需另外画详图，具体结构尺寸查阅相关图册；

e. 多层房屋中，如果各层墙体的构造情况一样，可只画底层、顶层或加个中间层来表示，画图时，往往在窗洞中间断开，有时也可不画整个墙身的详图，而把各个节点的详图分别单独绘制，各节点详图按顺序排在同一张图样上，以便读图，如图6-23所示。

(2) 建筑详图的主要内容

① 详图名称、比例；

② 详图符号及其编号，另需画详图的索引符号；

③ 建筑构配件的形状以及与其他构配件的详细图例等；

④ 详细注明各部位所用的用料、做法、颜色以及施工要求等；

⑤ 有关的详细尺寸和材料图例等；

⑥ 需要注明的标高等。

(3) 建筑详图实例

① 外墙剖面详图。外墙剖面详图实际上是建筑剖面图外墙部分的局部放大图，主要用于表达外墙与地面、楼面、屋面的构造连接情况以及檐口、女儿墙、窗台、勒脚、散水明沟等的尺寸、材料、做法等构造情况，它是砌墙、室内外装修、门窗立口、编制施工预算以及材料估算的重要依据。

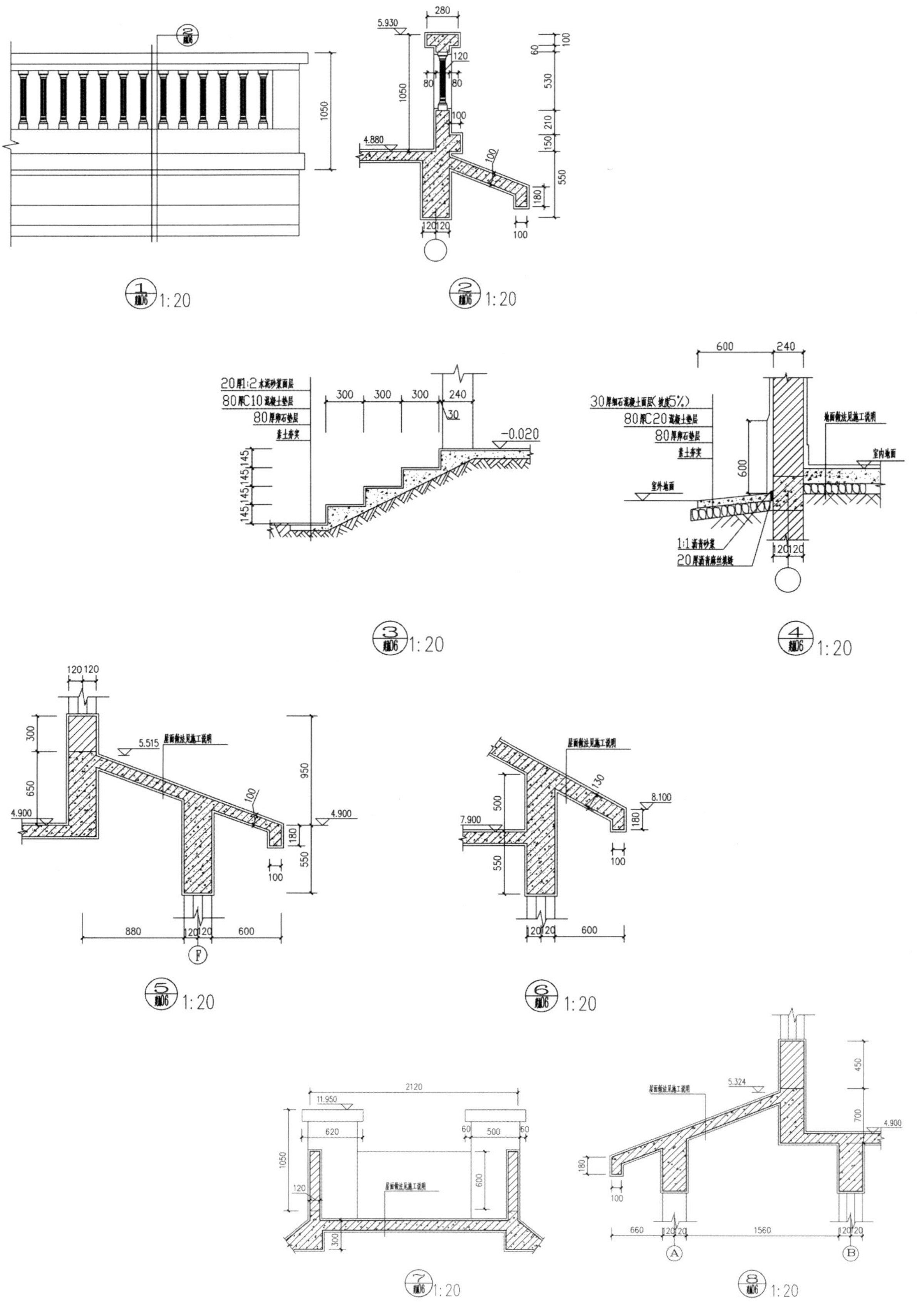

图6-23 墙身、栏杆节点详图

② 门、窗详图。窗和门是房屋围护结构中的两个重要配件，门窗按所用材料分为小门窗、钢门窗、铝合金门窗、塑钢门窗等。

房屋中常用的门窗，都制定了标准图，设计时应根据实际需要优先选用标准图，只需说明所套用的标准图集及门窗的编号而不必另画详图。当房屋中使用自行设计的非标准门窗时，应画出相应的门窗详图。

门窗详图一般用立面图、节点详图、断面图及五金和文字说明等来表示。门窗详图，如图6-24所示。

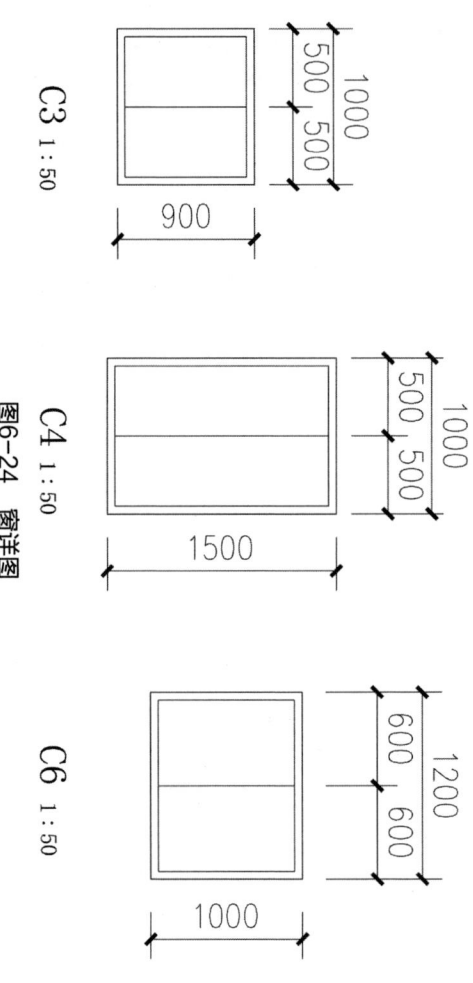

图6-24 窗详图

③ 楼梯详图。楼梯是多层房屋上下交通的主要设施，应行走方便，人流疏散畅通，还应有足够的坚固耐久性。

目前多采用预制或现浇钢筋混凝土楼梯。

楼梯主要由梯段、平台和栏杆扶手组成。

楼梯详图主要表示楼梯的类型，结构形式，各部位的尺寸及装修做法等。

楼梯详图一般包括楼梯平面图（或局部），剖面图（局部）和节点详图。

一般楼梯的建筑详图和结构详图是分别绘制的，但是比较简单的楼梯，有时可将建筑详图和结构详图合并绘制，列入建筑施工图或者结构施工图中。如图6-25所示是现浇钢筋混凝土板式楼梯的详图。

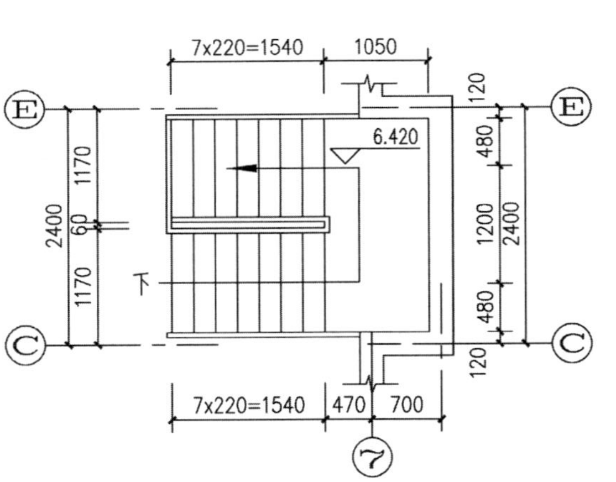

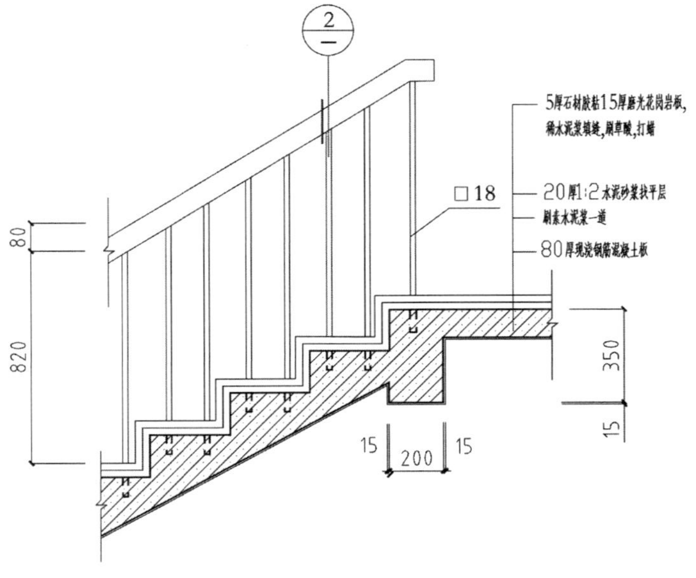

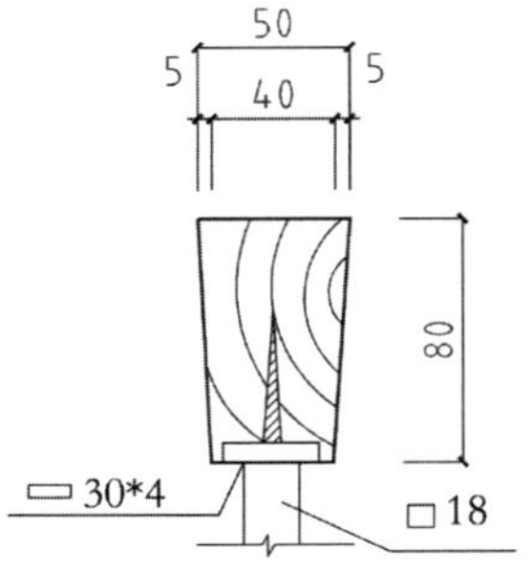

图6-25 楼梯详图

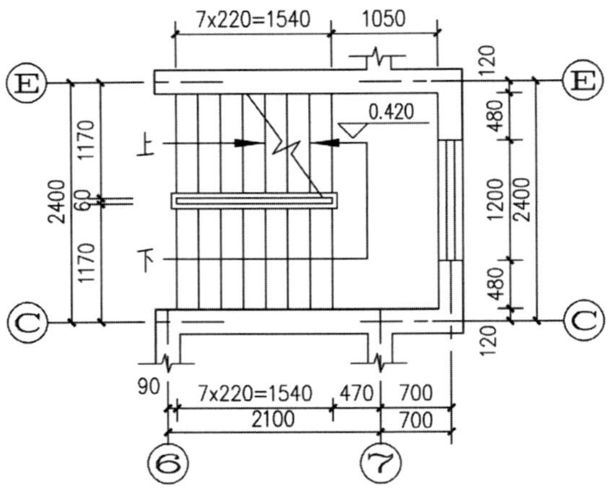

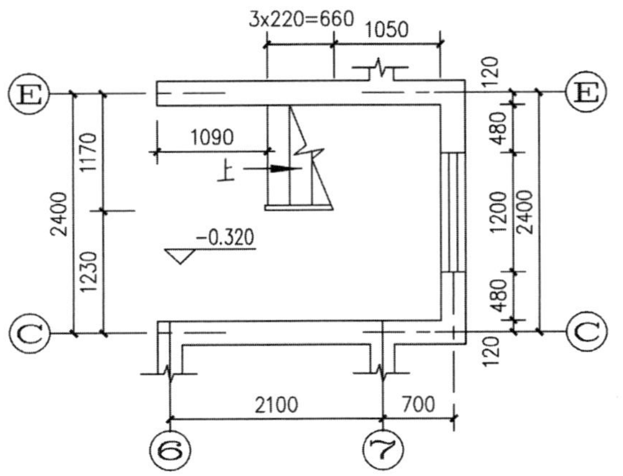

第七章 园林工程施工图

施工图是设计者设计意图的体现，也是施工、监理、经济核算的重要依据；园林工程施工图设计是众多层次中，最后一道设计程序；园林工程施工图设计结束，标志着主体设计阶段的完成；园林工程施工图设计是从设计阶段向施工阶段过渡的中间环节，也是联系设计与施工的纽带；园林工程施工图设计的目的是用图纸与文字说明未前提；园林工程施工图设计是工程顺利实施的基本清楚的表述施工的方法与工程。

所以，园林工程施工图在整个项目实施过程中占有举足轻重的作用。园林工程施工图绘制不仅是按规范要求进行的施工工艺表达，更是一种创造思想的反映。

一、园林工程施工图概述

1. 园林工程施工图组成

园林工程涉及到的专业比较多，所以园林工程施工图的内容也比较复杂。包括：园林绿化、建筑、结构、给排水、电气等。

园林工程项目施工图由封面、目录、说明、总平面图、施工放线图、竖向设计施工图、植物配置图等组成，包括：

① 文字部分：封面、目录、总说明、材料表等。

② 施工放线：施工总平面图、各分区施工放线图、局部放线详图等。

③ 土方工程：竖向设计施工图、土方调配图。

④ 建筑工程：建筑设计说明、建筑构造做法一览表、建筑平面图、立面图、剖面图、建筑工详图等。

⑤ 结构工程：结构设计说明、基础图、基础详图、梁柱详图、结构构件详图等。

⑥ 园林施工图：植物种植设计说明，植物材料表，种植施工图，局部施工放线图，剖面图等。

如果采用乔、灌、草多层组合，分层种植设计较为复杂，应该绘制分层种植施工图。

⑦电气工程：电气设计说明，主要设备材料表，电气施工平面图，施工详图，系统图，控制线路图等。大型工程应按强电、弱电、火灾报警及其智能系统分别设置目录。

⑧给水排水工程：给水排水设计说明，给水排水系统总平面图，详图，给水、消防、排水、雨水系统图，喷灌系统图。

园林工程施工图是指导园林工程现场施工的技术性图纸，类型比较多，但是绘制要求基本一致。施工图平面尺寸以毫米（mm）为单位，高程以米（m）为单位，数字要求精确到小数点后两位，具体的线形要求与相关图纸的绘制一致。

2. 园林工程施工图的要求

一般园林工程施工图主要包括：总要求，图样目录，设计总说明，施工总平面图，种植施工图，竖向施工图，园路广场施工图，假山施工图，水景工程施工图等。

（1）园林施工图总要求

①园林施工图的设计文件要求完整，内容、深度要符合要求，文字、图纸要准确清晰，图框、图例、字体、标注式样等要求统一，整个文件要经过初步设计文件及设计合同书中的有关内容进行编制。内容和制图标准可供施工单位施工。

②园林施工图设计应根据已通过的初步设计文件及设计合同书中的有关内容进行编制。内容、材料表及材料附图以及预算等。

③园林施工图设计文件一般以专业为编排单位，图纸，材料表达表达设计者意图，能清晰表达设计意图以及预算等，签字后，方可出图及整理归档。

④图线，顺序，编号（标题栏）同一类型要有相同的图别，按照顺序进行编号。如：园林施工放线图——环施，园林植物配置图——绿施，给水排水施工图——水施，等等。编排顺序：依据内容，总体、分布、详图，或者按照分区来排序。

⑤尺寸标注方法和索引要符合GB/T 50001—2010规范。

（2）园林施工图样目录

对于大、中型项目，应按照以下专业进行图纸编号：园林、建筑、结构、给排水、电气、材料附图等；对于小型项目，可以按照以下图纸编号进行图纸编号：园林、建筑及结构、给排水、电气等。

每一专业图纸应该对图号加以统一标示，以方便查找。如：建筑结构施工图可以缩写为"建施（JS）"，给排水施工可以缩写为"水施（SS）"，种植施工图可以缩写为"绿施（LS）"等。

表7-1 图纸目录示例

专业	园林			
序号	图号	图名	图纸型号	备注
		封面		
	L0-1-01	总图纸目录（一）	A_2	
	L0-1-02	总图纸目录（二）	A_2	
	L0-2	设计总说明	A_2	

续表

专业	序号	图号	图名	图纸型号	备注
园林			总图部分		
	1	L1-0	总平面及分区图	A0	
	2	L1-1	总说明及施工总平面图	A2	
			种植部分		
	3	L2-0-01	设计说明	A2	
	4	L2-0-02	苗木单一	A2	
	5	L2-0-03	苗木单二	A2	
	6	L2-0-04	种植总平面图	A0	
	7	L2-0-05	种植管线综合平面图	A0	

表7-1是某园林工程施工图集的目录，该工程施工图按照图纸内容进行编排，在施工总平面图之后要给出索引图（施工分区图），然后按照索引图中的分区进行图纸较大，在每一套施工图集的前面都应针对这一工程以及施工过程给出总体说明，具体内容包括以下几编排。

(3) 园林工程施工图总说明

个方面。

① 设计依据及设计要求：应注明采用的标准图集及依据的法律规范。

② 设计范围。

③ 标高及标注单位：应说明图纸文件中采用的标注坐标，采用的是相对坐标还是绝对坐标，如为相对坐标，需说明采用的依据以及与绝对坐标的关系。

④ 材料选择及要求：对各部分材料的材质要求及建议，一般说明的材料包括：饰面材料，木材，钢材，防水疏水材料，种植土及铺装材料等。

⑤ 施工要求：强调需注意施工种植配合及对气候有要求的施工部分。

⑥ 经济技术指标：施工区域总的占地面积，绿地，水体，道路，铺地等的面积及占地百分比，绿化率及工程总造价等。

除了总说明之外，在各个专业图纸之前还应该配备专门的说明，有时施工图纸中还应该配有适当的文字说明：

1. 一般说明

（1）本工程以建设单位提供的现有用地主干道标高为本工程设计±0.000。

（2）本工程图纸所有标注尺寸除总平面及标高以米（m）为单位外，其余均以毫米（mm）为单位。

（3）本工程给排水，电气，动力等设备管道穿过钢筋混凝土或砌体，均需预埋或预留孔，不得

第七章 园林工程施工图

临时开凿，并密切配合各工种施工。

（4）本工程施工图纸所示尺寸与实际不符时，以实际尺寸为准或者与设计人员现场核实。

（5）图中未详尽之处，须严格按照国家现行的《工程施工及验收规范》及工程所在地方法规执行。

（6）本套施工图分类编号如下：总平面图为"ZS"，绿化图为"LS"，给排水施工图为"SS"，配电图为"DS"，建筑结构施工图为"JS"。

2. 基础部分

（1）本工程现浇混凝土基础没有特别说明的均用C20钢筋混凝土。

（2）垫层：100厚C10素混凝土垫层。基层密实度不应小于93%（重击实标准），回弹模量不应小于80MPa。

（3）土基密实度不应小于90%（重击实标准），回弹模量不应小于20MPa。

3. 普通砌体

M7.5水泥砂浆，MU7.5砖砌筑，如无特别注明全部采用C20混凝土。

4. 混凝土

本工程图示构筑物，如无特别注明全部采用C20混凝土。

5. 面层

（1）垂直挂贴

普通挂贴：1:2.5水泥砂浆打底20厚浆找平，纯水泥砂浆贴面材。石材挂贴：1:2.5水泥砂浆30厚分层灌浆，石材背面面用双股16号铜丝和石材绑扎后与膨胀螺栓固定。

（2）水平铺贴

干铺：1:3干性水泥砂浆20厚，原浆找平，2厚纯水泥粉（洒适量清水）干铺面材。湿铺：1:2.5水泥砂浆20厚，原浆找平，适量纯水泥粉，2厚纯水泥面材。以上内容完成后，除特别注明外，均1:2水泥砂浆填缝，纯水泥砂浆刮平。

6. 防水

图中没有特别说明，统一采用1:2防水砂浆。

7. 木构件

本工程户外木构件全部采用经防腐、脱脂、防蛀处理后的平顺板、枋材。上人木制平台选用硬制木。原色木构件须涂涂渗性透明保护漆二道。除特别注明外，铁件作面喷涂耐磨性透明保护漆二道。

8. 铁件

所有铁件预埋、焊接及安装时须除锈，清除焊渣毛刺，磨平焊口，刷防锈漆（红丹）打底，露明部分一道，不露明部分二道。除特别注明外，混凝土结构沿长度每30m变形缝一道。

9. 变形缝

建筑面层石材料按每6.0m设变形缝一道，混凝土结构沿场地及道路系统的排水坡度，绿地与道路交接处均比道路低3cm，其他按等高线与标高设计进行施工。

10. 其他作法说明

（1）按各分项图纸的要求做好场地及道路系统的排水坡度，绿地与道路交接处均比道路低3cm，其他按等高线与标高设计进行施工。

（2）块面材的贴缝处理除图纸有特别注明外，石板材均用原色水泥勾缝处理。

二、园林工程施工图

园林工程是建筑涉及专业多的项目,因此园林工程施工图在绘制时,所要表达的形体、结构、地形等内容,要执行所涉及专业的相应国标制图标准。

1. 园林施工总平面图

园林施工总平面图表现整个基地内所有组成部分的平面布局,平面轮廓等,它是其他园林施工图绘制的依据和基础。通常总平面图中还要绘制施工放线网格,作为园林施工放线的依据。

(1) 园林施工总平面图包括的内容

① 指北针(或风玫瑰图),绘图比例(比例尺),文字说明,景点,建筑物或者构筑物的名称标注,图例表;

② 道路,铺装的位置,尺度,主要点的坐标,定位;

③ 小品主要控制点坐标及小品的定形、定位尺寸;

④ 地形,水体的主要控制点坐标,标高及控制尺寸;

⑤ 园林植物种植区域轮廓;

⑥ 对无法用标注尺寸准确定位的自由曲线园路,广场,水体等,应给出该部分局部放线详图,用放线网格表示,并标注控制点坐标。

(2) 园林施工总平面图绘制要求

① 布局与比例。园林施工总平面图一般采用上北下南方向绘制,根据场地形状或布局,可向左或向右偏转,但不宜超过45°。园林施工总平面图图纸应按上北下南方向绘制,详图宜以1:500,1:1000,1:2000的比例绘制。

② 图例。《总图制图标准》中列出了建筑物,构筑物,道路,铁路以及植物等的图例,具体内容参见相应的制图标准。如果由于某些原因必须另行设定图例时,应该在总图上绘制专门的图例表进行说明。

③ 图线。在绘制总图时应该根据具体内容采用不同的图线,具体内容参照第一章图线的使用进行说明。

④ 计量单位。施工总平面图中的坐标,标高,距离宜以"米(m)"为单位,如不以毫米(mm)为单位,应另加说明,建筑物,构筑物,铁路,道路方位角(或方向角)和铁路,道路转向角的度数,宜注写到"秒(s)",特殊情况,应另加说明。道路纵坡度,场地平整坡度,排水沟底纵坡度宜以百分计,并应取至小数点后一位,不足时以"0"补齐。

⑤ 坐标网格。对于复杂的工程,为了保证施工放线的准确度,在园林施工图中往往利用坐标定位。坐标分为测量坐标和绝对坐标,测量坐标为绝对坐标,测量坐标网应画成交叉十字线,坐标代号宜用"X,Y"表示。施工坐标为相对坐标,相对零点通常选用已有建筑物的交叉点或某定点,为区别于绝对坐标,施工坐标用大写英文字母A,B表示。施工坐标网应以细实线绘制,一般画成100m×100m或者50m×50m的方格网,当然也可以根据需要调整,如图7-1中采用的就是30m×30m的网格,对于面积较小的场地可以采用5m×5m或者10m×10m的施工坐标网。此外,园林设计中往往存在很多不规则曲线,所以绘制园林施工总平面图的时候还可以结合具体情况对网格间距进行局部调整。

⑥ 坐标标注。坐标宜直接标注在图上，如图面无足够位置，也可列表标注。如坐标数字的位数太多时，可将前面相同的位数省略，其省略位数应在附注中加以说明。

建筑物，构筑物，铁路，道路等应标注下列部位的坐标：建筑物、构筑物的定位轴线（或外墙线）或交点；圆形建筑物、构筑物的中心；挡土墙墙顶外边缘线或转折点。表示建筑物、构筑物位置的坐标，宜注其三个角上的坐标，如果建筑物、构筑物与坐标轴线平行，可注对角坐标。

平面图上有测量和施工两种坐标系统时，应在附注中注明两种坐标系统的换算公式，或标明相对坐标原点的绝对坐标值，如图7-1下方的注释。

（3）园林施工总平面图绘制方法

① 园林施工总平面图绘制步骤：

a. 绘制设计平面图；

b. 根据需要确定坐标原点及坐标网格的精度，绘制测量和施工坐标网；

c. 标注尺寸、标高；

d. 绘制图框、比例尺、指北针，填写标题、标题栏、会签栏，编写说明及图例表。

对于面积较大的施工区域，除了绘制园林施工总平面图之外，还要绘制园林施工放线图和局部放线详图，它们同园林施工总平面图的作用相同，都是为了提高园林施工放线精确度，绘制的内容、要求和方法也比较相似，只不过在某些方面略有差异。

② 施工总平面图绘制注意要点：

a. 为了方便图纸阅读，避免混乱，园林分区施工放线图和局部放线详图一般不用绘制植物，仅将道路、园林小品等绘制出来。

b. 园林分区施工放线图和局部放线详图的绘图比例根据需要选定，一般不应该小于1:500。

c. 园林分区施工放线图和局部放线详图通常以"毫米（mm）"作为距离标注单位。

d. 绘图网格一般采用5m×5m或者10m×10m的施工坐标网；尺寸标注、坐标标注，一般标注施工坐标（相对坐标），但应该给出与测量坐标（绝对坐标）的换算关系；坐标标注要求更加细致、精确，通常坐标标注精确到小数点后两位，标高标注精确到小数点后三位。图7-1是某小区园林施工总平面图。

2. 竖向施工图

竖向设计指的是指在一块场地中进行垂直于水平方向的布置和处理，也就是地形高程设计，对于园林工程项目地形设计包括：地形"塑造"，山水布局，园路、广场等铺装的标高和坡度，以及地表排水组织。

竖向设计不仅影响到最终的景观效果，还影响到地表排水的难易程度，工程总造价等多个方面。

（1）竖向设计的表示方法

竖向设计的表示方法主要有设计标高法、设计等高线法和局部剖面法三种。一般来说，平坦场地或对室外场地要求较高的情况常用设计等高线法表示，坡地场地常用设计标高法和局部剖面法表示：

① 设计标高法也称高程箭头法。设计标高是根据地形图上所指的地面高程，确定道路控制

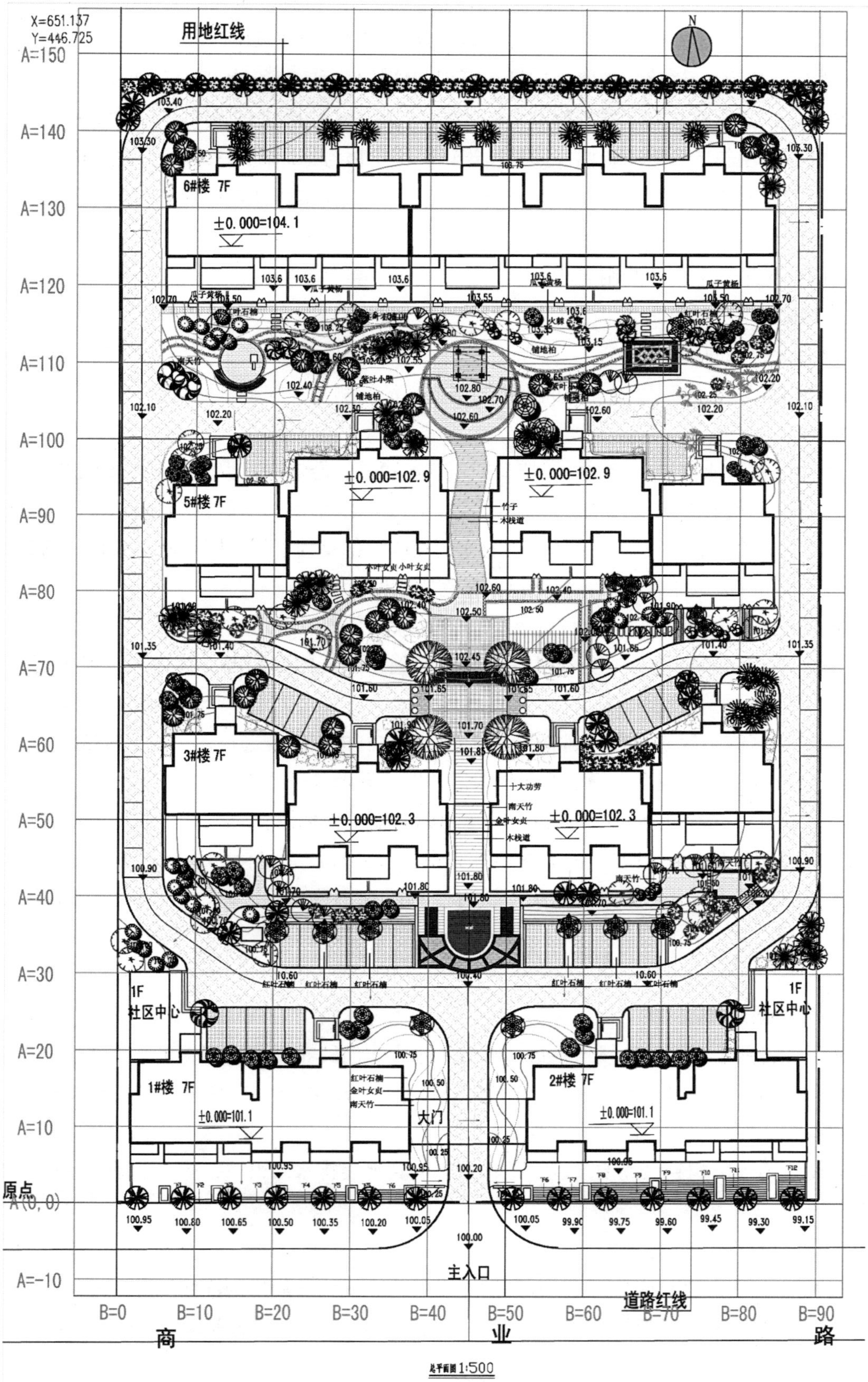

图 7-1 某小区园林施工总平面图

点（起止点、交叉点）与变坡点的设计标高和建筑室内外地坪的设计标高，以及场地内地形控制点的标高，将其注在图上。设计道路的坡度及坡向，反映为以地面排水符号（即箭头）表示不同地段，不同坡面地表水的排除方向。

② 设计等高线法。设计等高线法是用等高线表示设计地面。道路、广场、停车场和绿地等的地形设计情况。设计等高线表达地面设计标高清楚明了，能较完整表达任何一块设计用地的高程情况。

③ 局部剖面法。该方法可以反映重点地段的地形情况，如地形的高度、材料的结构、坡度、相对尺寸等。用此方法表达场地总体布局时台阶分布，场地设计标高及支挡构筑物设置情况最为直接。对于复杂的地形，必须采用此方法表达设计内容，如图7-2为某河道绿化竖向设计断面。

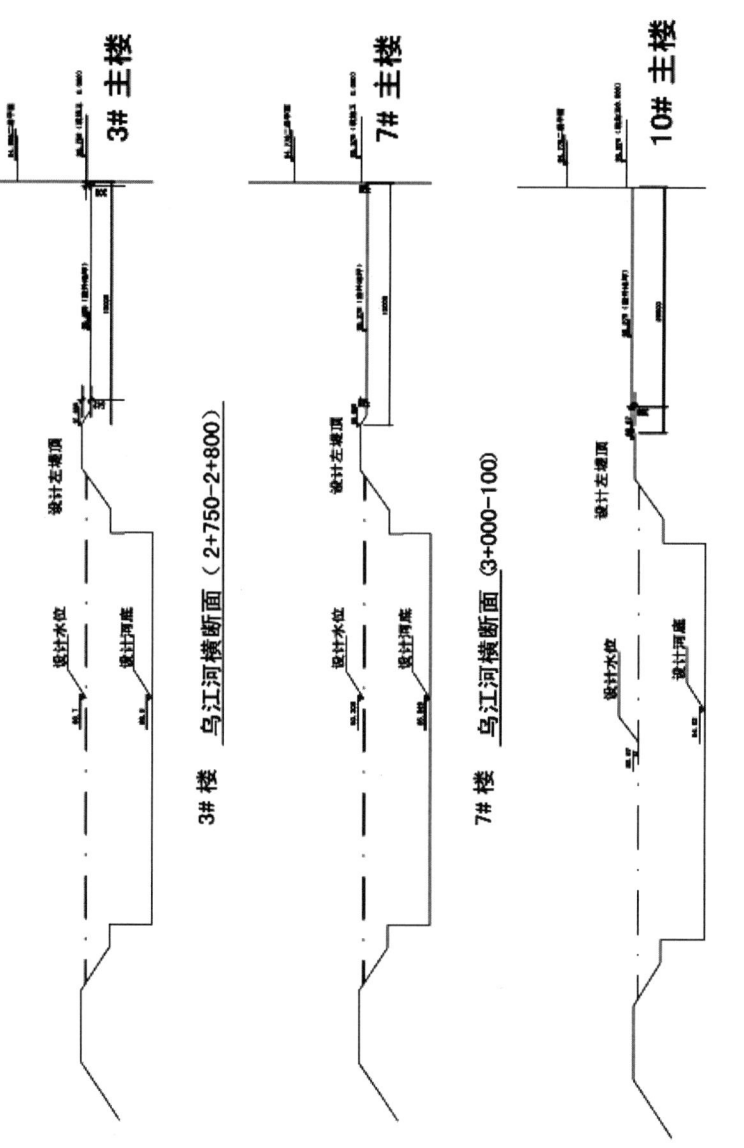

图7-2 某河道绿化竖向设计断面

（2）竖向施工图绘制内容

① 指北针、图例、比例、图名。文字说明。文字说明中应该包括标注单位、绘图比例、高程系统的名称、补充图例等。

② 现状与原地形标高、地形等高线、设计等高线、设计等高线的等高距一般取0.25~0.5m，当地形较为复杂时，需要绘制地形等高线放样网格。

③ 最高点或者某些特殊点的坐标及标高。如：道路的起点、变坡点、转折点和终点等的设计标高（道路在路面中、阴沟在沟顶和沟底）；纵坡度、纵坡距、纵坡向、平曲线要素、竖曲线半径、关键点坐标；建筑物、构筑物室内外设计标高；挡土墙、护坡或土坡等构筑物的坡顶和坡脚的设计标高；水体驳岸、岸顶、岸底标高，池底标高，水面最低、最高及常水位。

④ 地形的汇水线和分水线，或用坡前箭头标明设计地面坡向，指明地表排水的方向、排水的

⑤ 绘制重点地区、坡度变化复杂的地形断面图，并标注标高，比例尺等。

(3) 竖向设计施工平面图绘制要求

简单时，竖向设计施工平面图可与施工放线图合并。

① 计量单位。通常标高的标注单位为m，如果有特殊要求的话应该在设计说明中注明。

② 线型。竖向设计放线图中比较重要的就是地形等高线，汇水线和分水线用细实线绘制，原有地形等高线用细虚线绘制。

③ 坐标网格及其标注。坐标网格采用细实线绘制，网格间距以及图形的复杂程度，一般采用与施工放线图相同的坐标网格体系。对于局部的不规则决定施工放线图，或者在竖向设计图纸中局部缩小网格间距，提高放线精度，竖向设计图的标注方法同施工放线图。

④ 地表排水方向和水坡度。利用箭头表示排水方向，并在箭头上标注排水坡度，如图7-3所示，对于道路或者铺装等区域除了要标注排水坡度的上方，坡长标注在坡度线的下方，如图7-3所示，示坡长37.00m，坡度为0.5%。其他方面的绘制要求与施工总平面图相同。图7-4为某小区总平面竖向施工图。

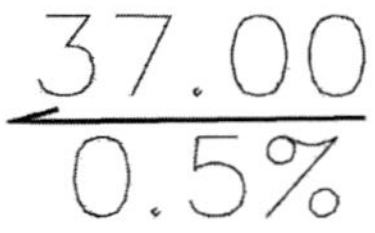

$$\frac{37.00}{0.5\%}$$

图7-3 坡度符号

3. 给排水施工图

给排水工程包括给水工程和排水工程两个方面，给水工程指取水、净水、输水和配水等工程；排水工程主要是指污水处理。给排水工程是由各种管线及其配件和水处理、储存设备组成的，给排水施工图就是表现整个给排水管线，设备，设施的组合安装形式，作为给排水工程施工图的依据。

(1) 给排水施工图的组成

给排水施工图由于管线较少，所以一般绘制的管线综合平面图，目的是为了合理安排各类管线，协调各类管线在水平方向和竖直方向上相互之间的关系。图纸中应该包括以下内容：

a. 图名，指北针，比例，文字说明以及图例表。《给排水制图标准》（GB/T 50106—2010）中给出了给排水施工中各个构件的常用图例，本书仅选其中一部分。

b. 在图中通过尺寸标注确定管线的平面位置，供水点或者排水口的位置，对于面积较大的区域要结合给排水施工放线图表示出阀门井，检查井等，并注明坐标和井口设计标高。

c. 为了保证管道的通畅，在管线上还要设置相应的阀门井，检查井等，所以给排水施工图上还要用符号表示出阀门井，检查井等，并标注坐标关系情况和相对位置关系，还要绘制轴测布局图。

② 管线系统图（管线轴测图）。为了说明管道空间联系情况和相对位置关系，还要绘制轴测布局图。

③ 管道纵剖面图。

④ 管道配件及安装详图包括管道上的阀门井，检查井等的构造详图，如果参照标准图集，应

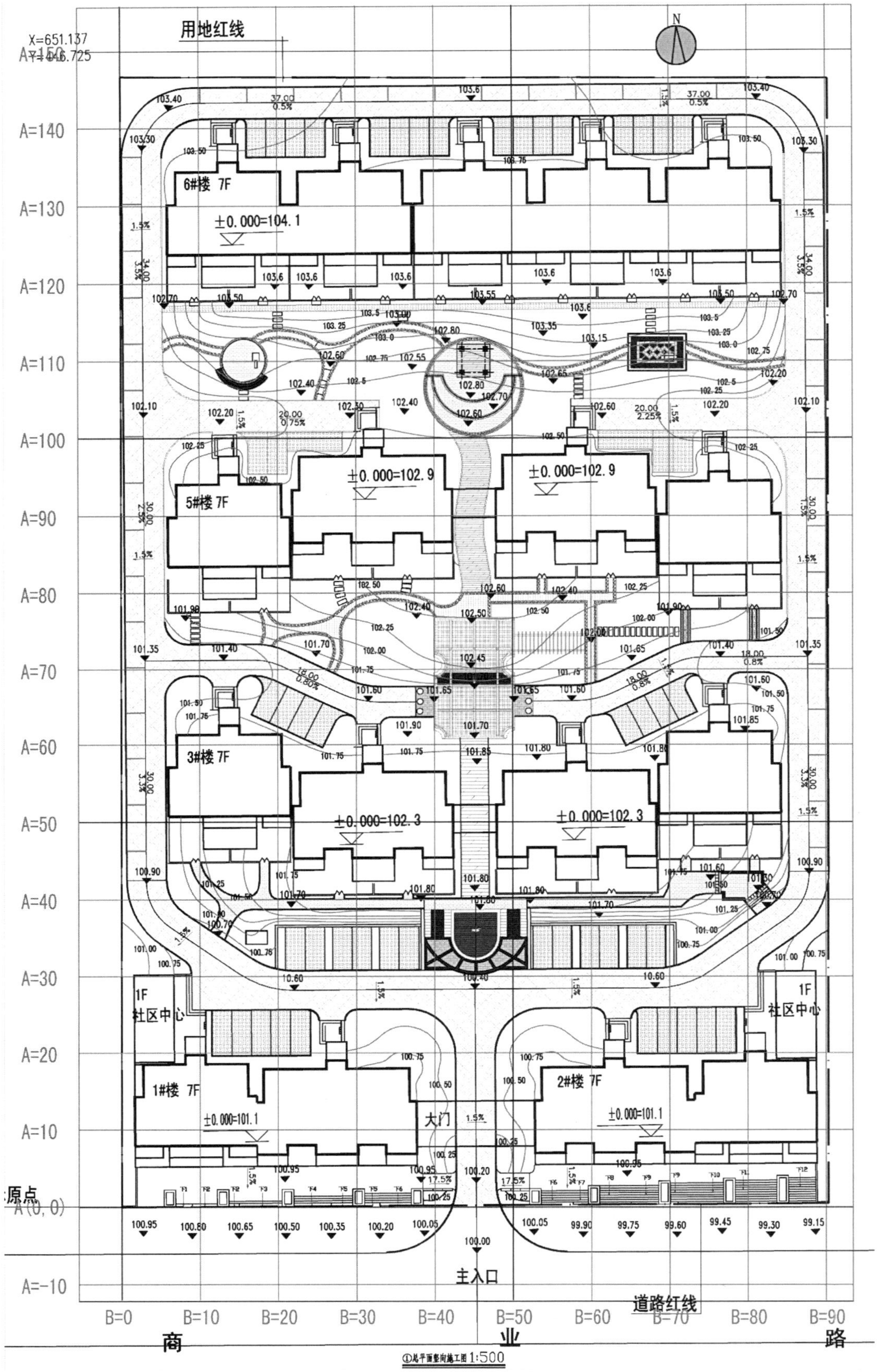

图7-4 某小区总平面竖向施工图

该在文字说明中标明参照的标准图集的编号以及页码。

(2) 给排水施工图绘制要求

① 管线总平面图

a. 比例。给排水管线总平面图的比例可与施工放线图相同,可以采用1:500,1:1000,1:2000,以表达清楚管线布局为基准。

b. 图例。在给排水管线总平面图中,为了便于区分,常采用不同的线型绘制管线,也可以根据各单位的企业标准或者具体情况进行调整,比如可利用不同的标号区分不同的管线,不管哪种形式在图纸中都要给出图例表,对图中的符号进行说明。此外要注意同一套图纸每一管径应用的线型或者标号应该相同。

c. 管径、尺寸和标高的标注。用箭头标示管道的敷设坡度及水流方向,在管线上标注管径、坡度值和距离。

管径的标注。各管段的直径可直接标注在该管段旁边或引出线上,管径尺寸应以mm为单位。一般对于输送低压流体的镀锌焊接钢管,不镀锌焊接钢管,铸铁管,聚丙烯管,管径以公称直径DN表示(如DN15、DN50等);耐酸陶瓷管,混凝土管,钢筋混凝土管,陶土管等管径以内径d表示,(如d230等)。焊接钢管(直缝或螺旋电焊钢管),无缝钢管,管径以外径x壁厚表示(如D108×4等)。

坡度的标注。给水系统的管线如果不设置坡度可不标注坡度,排水系统管线一般都是重力流,所以在排水管线的旁边都要标注坡度,用箭头表示排水方向,'i',表示坡度,坡度值用百分数表示,如,i=0.1%。

标高的标注。给排水管线总平面图采用绝对标高,对于小规模的园林工程项目,给排水管线总平面图可以采用相对标高,都是以"m"为单位,绝对标高要保留小数点后三位,相对坐标标高,保留小数点后二位。主要标注检查井或者阀门井的标高,此外还要标注室外地面的标高,保留小数点后二位。

② 管线系统图(管线轴测图)。管线系统图能反映各管线系统在空间定向和各种附件在管道上的位置,如图7-5所示。

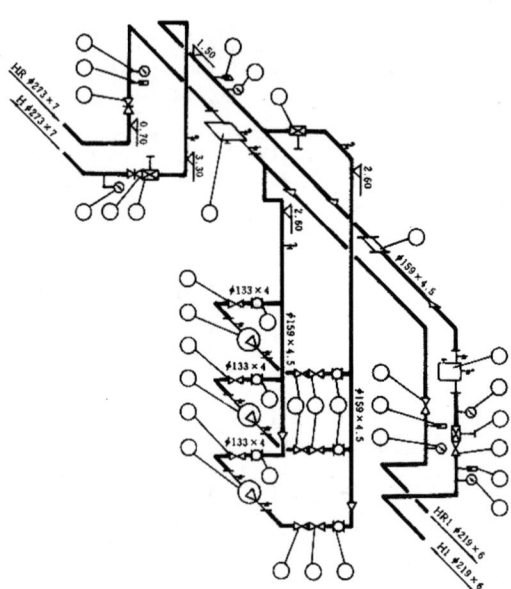

图7-5 管线轴测示例

a. 比例。一般采用与管线平面图相同的比例，当管道系统复杂或简单时，也可采用1：50、1：200，必要时也可不按比例绘制。总之，视具体情况而定，以能表达清楚管线情况为基准。

b. 轴向变形系数。为了完整、全面地反映管道系统，选用正面斜等测轴测图来绘制管线系统图。目前我国一般采用正面斜等测轴测图，即OX轴处于水平位置，OZ轴垂直，OY轴一般与水平线组成45°角，轴向变形系数：p=q=r=1，并且管线系统图的轴向与管线平面图的轴向一致。

c. 图例。管线系统图一般应按系统分别绘制，这样可避免过多的管道重叠相交，但当管道系统简单时，有时可画在一起。管线的图例与管线平面图中图例保持一致，管线及附属构件的图例参见附录B。当空间交叉的管线在图中相交时，应判定其可见性，可见管线画成连续、不可见管线画成连续的图例来绘制管线被构筑物等遮挡时，可用虚线画出，此虚线粗度与可见管线相同，但分段比例表示处断开。废水管被构筑物等遮挡时，可用虚线画出，此虚线粗度与可见管线相同，以示区别。

d. 管径、坡度、标高的标注。系统中所有管段的直径、坡度和标高均应标注在管线系统图上。关于管径、坡度的标注方法参见总平面图标注。在管线系统图中采用相对标高，园林排水施工中一般以室外地坪作为基准标高，标高以管中心为准，一般要求标注出横管、阀门、水箱等各部位的标高。在污、废水系统图中，标高以横管的管底为准，一般标注立管的管顶、检查口和排水管的起点标高。此外，还要标注室内地面、室外地面的标高。

③ 管网布局剖面图。通过图例表示出给排水管线某一节点处的剖切断面形式，并标注出各个层面上的标高，这里采用的仍然是相对标高。

④ 管道配件及安装图。在给排水标准图集中给出了一些常用配件的安装图，通常如果没有特殊要求的话可以直接参照标准图集中的相关内容，不需要绘制出图纸，仅在设计说明或者图纸中注明标准图集参照的名称、编码和所参照图纸的页码，仅供参考。图7-6是雨水井的平、立、剖面图，仅供参考。

4. 园林植物种植施工图

园林植物种植施工图是园林植物种植设计的内容和意图，并且对于园林施工组织、施工管理以及后期的养护都准确表达出园林植物种植施工的内容和意图，它应能起到很大的作用。工程施工监理和验收的依据，工程预算、工程施工结算、

（1）园林植物种植施工图绘制内容

① 图名、比例、指北针、苗木表以及文字说明。

a. 苗木表。在图中适当位置，列表说明所设计的植物编号、树种名称、拉丁文名称、单位、数量、规格、出圃年龄等，如表7-2所示。

b. 施工说明。针对植物选苗、栽植和养护过程中需要注意的问题进行说明。

② 园林植物种植位置，并通过不同图例区分植物种类以及原有植被和设计植被。

③ 利用引线标注每一组植物的种类、组合方式、规格、数量（或者面积）。

④ 园林植物种植点的定位尺寸，规则式栽植标注出株间距、行间距以及端点植物与参照物之间的距离；自然式栽植在借助坐标网格定位。

⑤ 某些有着特殊要求的植物景观还用给出这一景观的施工放样图和剖面图。如图7-10、图7-11、图7-12所示。

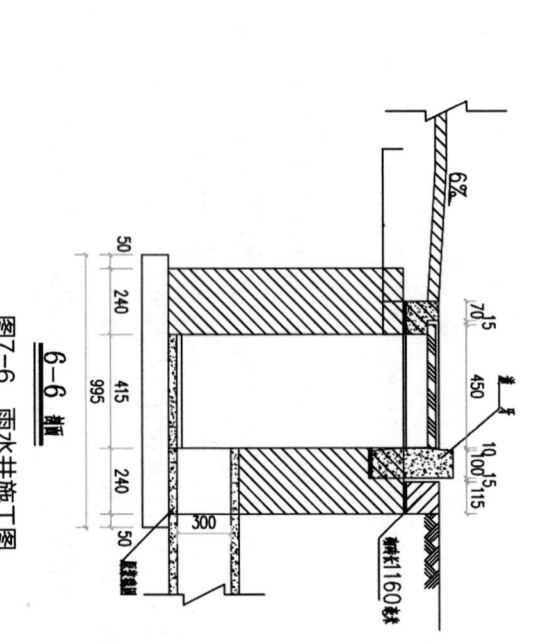

图7-6 雨水井施工图

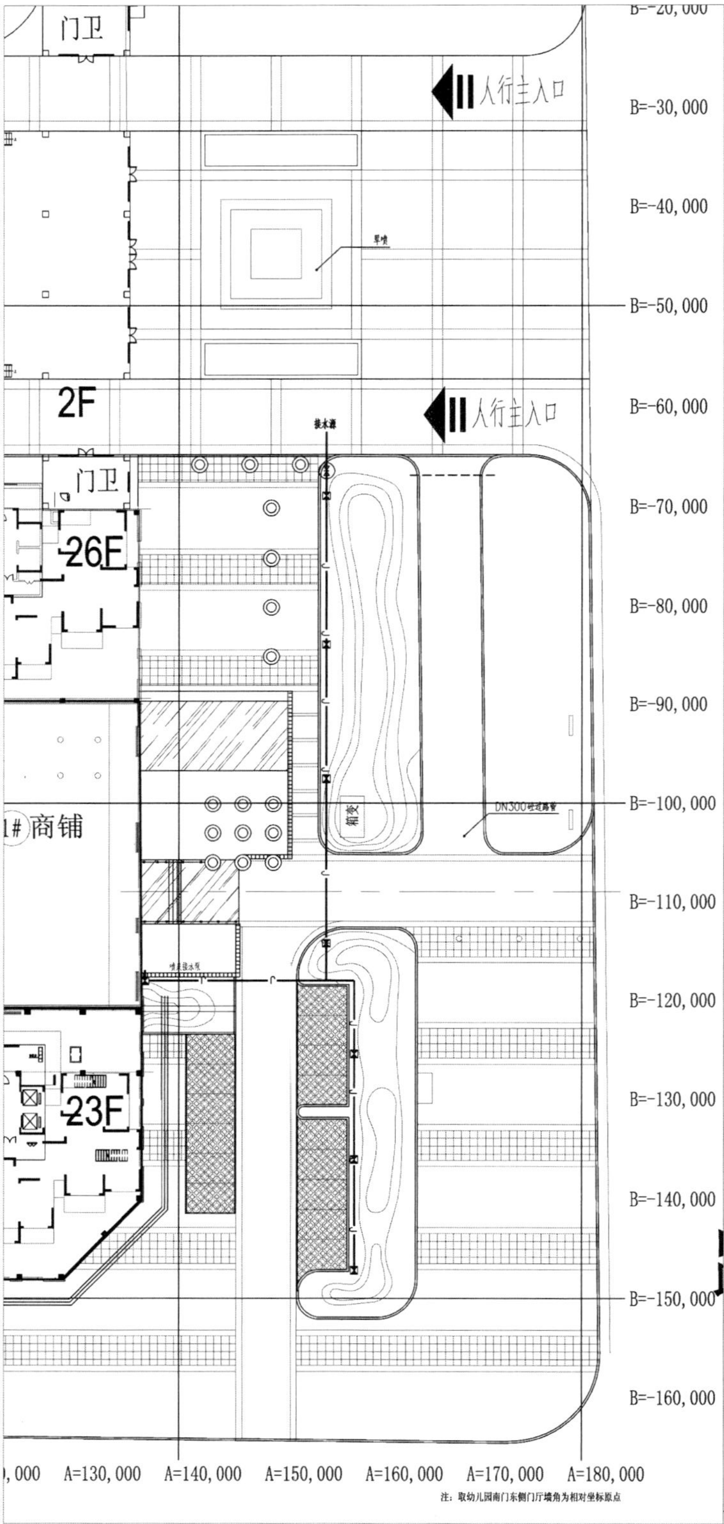

第七章 园林工程施工图

景观供水施工说明：

1. 本图为顷城亿嘉新城景观给水设计。参照《匠人规划设计股份有限公司》提供的顷城亿嘉新城总体规划。
2. 图中标高为绝对地坪标高，除管径单位以毫米计外，其余均以米计。
3. 取水阀安装在阀门套桶内，阀门套桶顶部标高由现场实际地坪标高定，取水阀具体位置根据现场可做适当调整，见示意图。
4. 给水管采用PE—u给水管，管道连接为热熔。
5. 室外给水管埋地敷设，管中心设深度为0.6～0.8m，管道基础采用天然基础。
6. 给水管道施工应符合《给水排水管道施工及验收规范》，并分段进行水压试验，试验压力为0.9Mpa。
7. 室外水表井安装图，见给水排水标准图集05S502。
8. 阀门井安装图，见给水排水标准图集05S502。
9. 施工中管线若遇植物或构筑物及其它管线发生冲突时，可于现场适时调整。

给水图例：

——	景观用水给水管
⊗	阀门及阀门井
⊕	快速式取水阀

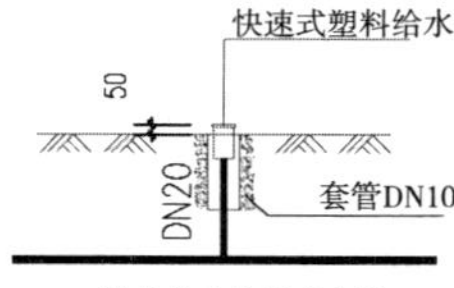

快速式给水栓节点大样

绿化给水栓节点大样

图7-7 某小区景观给水施工图

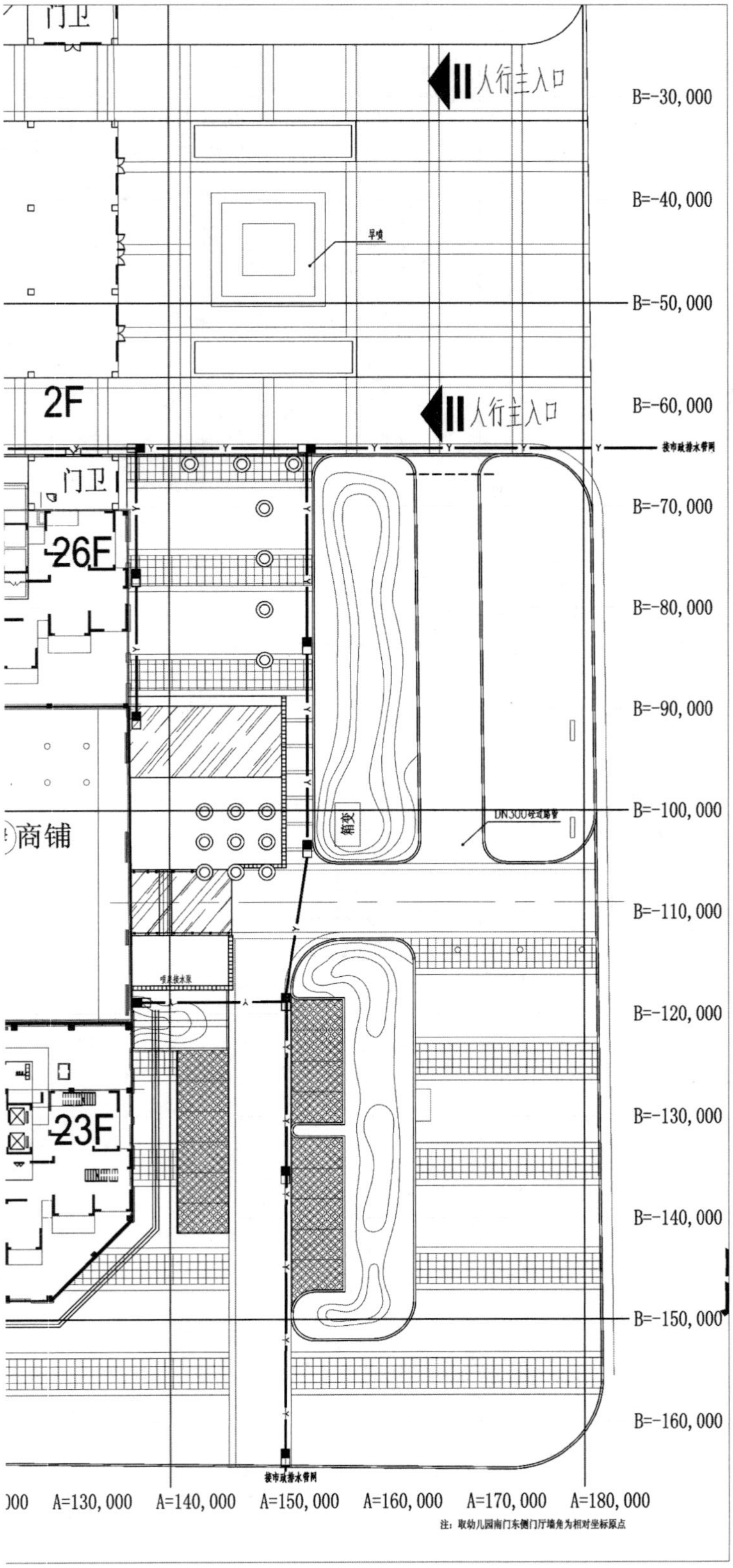

图7-8 某小区排水施工图

第七章 园林工程施工图

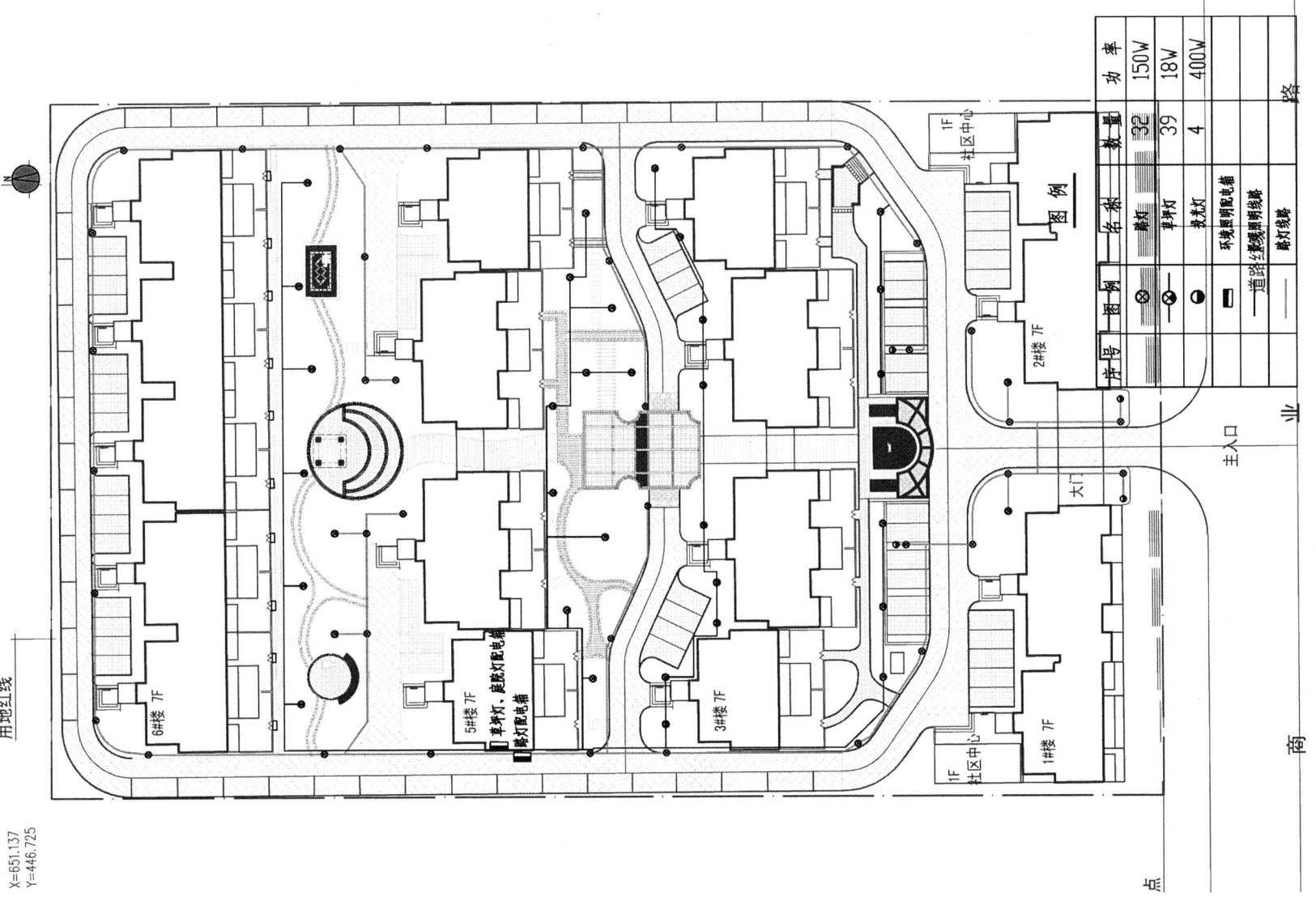

图7-9 某小区照明施工图

表7-2 苗木统计表实例

编号	树种		单位	数量	规格		出圃年龄	备注
					干径/cm	高度/m		
1	垂柳	Salix babylonica	株	4	5		3	
2	白皮松	Pinus bungeana	株	8	8		8	
3	油松	Pinus tabulaeformis	株	14	8		8	
4	五角枫	Acer mono	株	9	4		4	
5	黄栌	Cotinus coggygria	株	9	4		4	
6	悬铃木	Platanus orienfalis	株	4	4		4	
7	红皮云杉	P.koriensis	株	4	8		8	
8	冷杉	Abies holophylla	株	4	10		10	
9	紫杉	Taxus cuspidate	株	8	6		6	
10	爬地柏	S.procumbens	株	100		1	2	每丛10株
11	卫矛	Euonymus alatus	株	5		1	4	
12	银杏	Ginkgo biloba	株	11	5		5	
13	紫丁香	Syringa obtata	株	100		1	3	每丛10株
14	暴马丁香	Syringa reticulata var. mandshurica	株	60		1	3	每丛10株
15	黄刺玫	Rosa xanthina	株	56		1	3	每丛8株
16	连翘	Forsythia suspense	株	35		1	3	每丛10株
17	黄杨	Buxus sinica	株	11	3	1	3	
18	水腊	L.obtusifolium	株	7		1	3	
19	珍珠花	Spiraea thunbergii	株	84		1	3	每丛7株
20	五叶地锦	Parthemocissus quinquefolia	株	122		3	3	每丛12株
21	花卉		株	60				
22	结缕草	Zoysia japonica	m²	200			1	

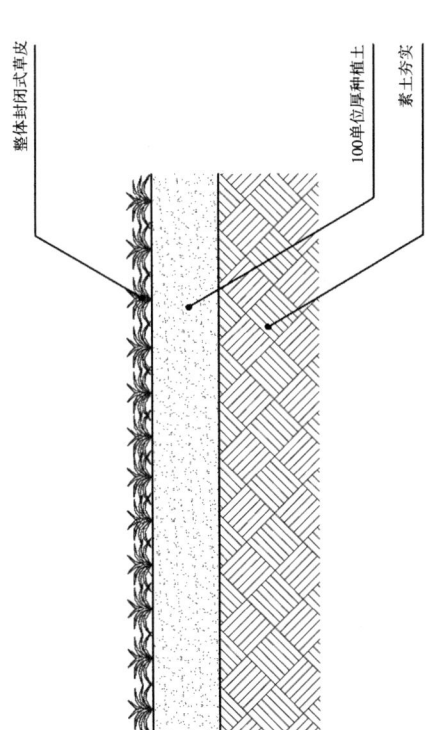

图7-10 植物种植剖面

图7-11 嵌草砖种植剖面

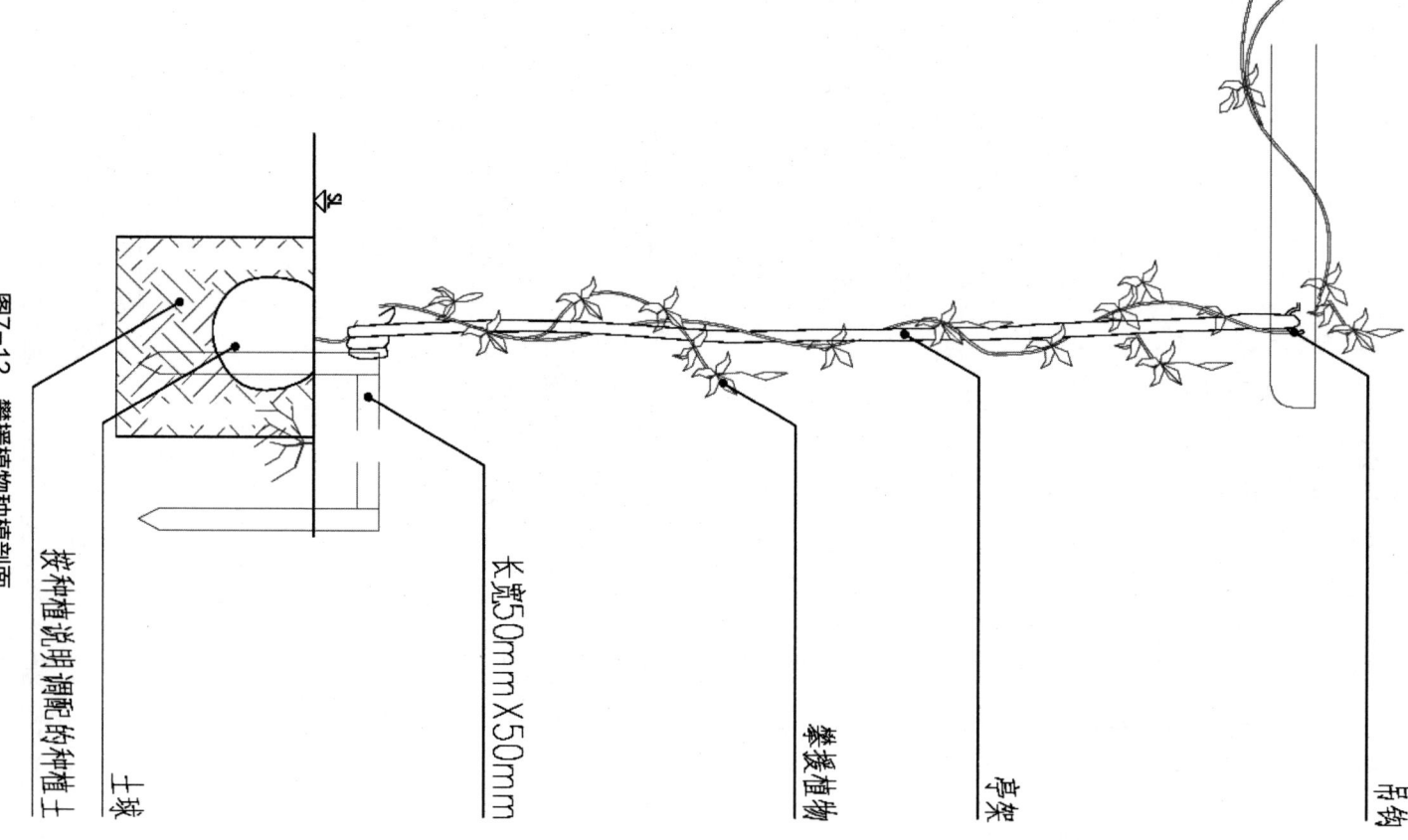

图7-12 攀援植物种植剖面

(2) 园林植物种植施工图绘制要求

① 现状植物的表示。如果基地中有需要保留的植被，应该使用测量仪器测出设计范围内保留植被种植点的坐标数据，叠加在现状地形图上，绘出准确的植物现状图，利用此图指导方案的实施。在施工图中，用乔木图例内加竖细线的方法区分原有树木与设计树木，再在说明中讲明其区别（如果国家制图规范有这点规定，就不必再加文字说明了）。

② 图例及尺寸标注。园林植物及其种植形式不同，其图例的表达方式也不同。园林植物种植可分为点状种植，片状种植和草皮种植三种类型，从简化制图步骤和方便标注角度出发，可用不同的方法进行标注。

a. 规则式种植图，对单株或丛植的植物宜以圆点表示植物的种植位置，对成片种植的植物，可用细实线绘制出种植范围，草坪用小圆点表示，小圆点应绘制得有疏有密，建筑物、山石、水体等边缘处应密，然后逐渐稀疏。对同一树种在可能的情况下尽量以粗实线连接起来，并用索引符号逐码种编号，索引符号用细实线绘制，圆圈的上半部注写植物编号，下半部注写数量，尽量排列整齐使图面清晰。

b. 自然式栽植。自然式的种植图，宜将各种植物按平面图中的图例，绘制在所设计的种植位置上，并以圆点表示出树干的位置。树冠大小按成龄后冠幅绘制。标注在树冠图例内（采用阿拉伯数字），如图7-13所示。

c. 片植、丛植。施工图应绘出清晰的种植范围边界线，标明植物名称、规格、密度等。对于边缘线呈规则的几何形状的片状种植，可用尺寸标注方法标注，为施工放线提供依据，而对边缘线呈不规则曲线的片状种植，应绘坐标网格，并结合文字标注。

d. 草皮种植。草皮是用打点的方法表示，标注应标明草种名及种植面积等。设计范围的面积有大有小，技术要求有繁有简，如果一概都只画一张平面图很难表达清楚设计思想与技术要求，制图时应区别对待。对于景观要求细致的种植局部，施工图应有表达植物高低关系、植物造型形式的立面图、剖面图。参考图或通过文字说明与标注。

此外，对于种植层次较为复杂的区域应该绘制分层种植图，即分别绘制上层乔木的种植施工图和中下层灌木地被等的种植施工图，其绘制方法与要求同上。

5. 园林建筑小品施工图

（1）园林建筑图的产生

园林建筑的设计过程序一般分为初步设计和施工图设计两个阶段，较复杂的工程项目还要进行技术设计。初步设计主要提出方案，说明建筑的平面布置、立面造型、结构选型等内容，绘制出建筑初步设计图，送有关部门审批。技术设计主要是确定建筑的各项具体尺寸和构造做法，进行结构计算，确定承重构件的截面尺寸和构配筋情况。施工图设计主要是根据已批准的初步设计图，绘制出符合施工要求的图纸。

（2）园林建筑小品施工图的绘制

园林建筑小品的设计规范和施工图制图准备执行国家《房屋建筑制图统一标准》GB/T 50001—2010。

园林建筑小品施工图绘图步骤如下：

第一步　确定绘制图样的数量。根据建筑的外形、平面布置、构造和结构的复杂程度决定绘制那几种图样。在保证图样能顺利完成施工的前提下，图样的数量应尽量少。

第二步　在保证图样能清晰地表达其内容的情况下，根据各类图样的不同要求，选用合适的比例，平立剖面图尽量采用同一比例。

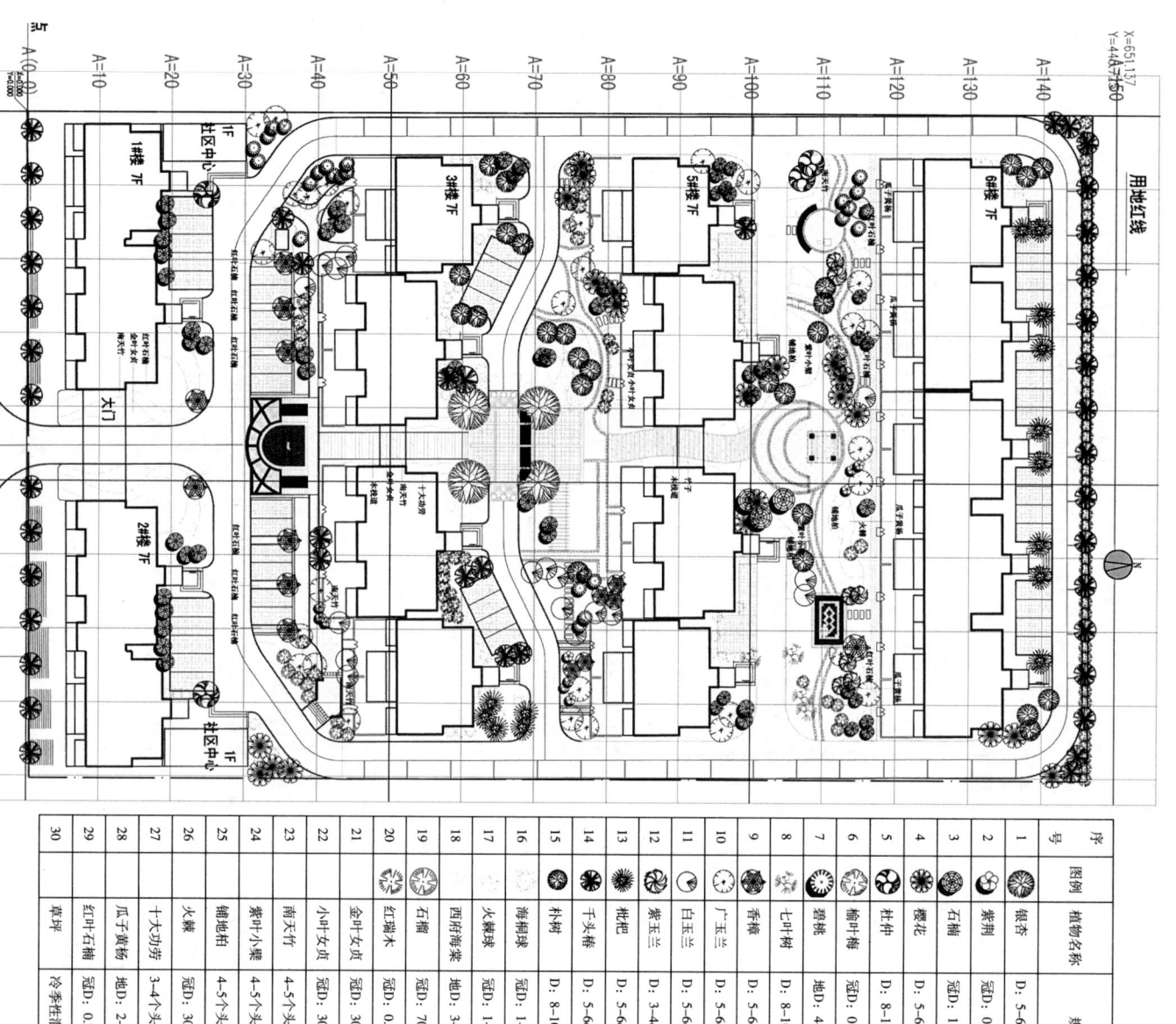

图7-13 某小区总平面种植施工图

序号	图例	植物名称	规格	数量
1		银杏	D: 5-6cm	4
2		紫荆	冠D: 0.8-1m	11
3		石楠	冠D: 1-1.5m	4
4		樱花	D: 5-6cm	55
5		杜仲	D: 8-10cm	20
6		榆叶梅	冠D: 0.8-1m	26
7		碧桃	D: 4-5cm	4
8		七叶树	D: 8-10cm	23
9		香樟	D: 5-6cm	4
10		广玉兰	D: 5-6cm	14
11		白玉兰	D: 3-4cm	27
12		紫玉兰	D: 5-6cm	17
13		枇杷	D: 5-6cm	5
14		千头椿	D: 5-6cm	43
15		朴树	D: 8-10cm	30
16		海桐球	冠D: 1-1.3m	45
17		火棘球	冠D: 1-1.5m	26
18		西府海棠	地D: 3-5cm	16
19		石榴	冠D: 70-100cm	4
20		红叶李	冠D: 0.8-1m	52
21		金叶女贞	冠D: 30cm	2500
22		小叶女贞	冠D: 30cm	1800
23		南天竹	冠D: 30cm	2200
24		紫叶小檗	4-5个头	2100
25		火棘	冠D: 30cm	1700
26		铺地柏	4-5个头	500
27		十大功劳	3-4个头	500
28		瓜子黄杨	地D: 2-3cm	3500
29		红叶石楠	冠D: 0.3-0.5m	4700
30		草坪	冷季性混播	4500平米

第七章 园林工程施工图

第三步 进行合理的图面布置。尽量保持各图样的投影关系,或将同类型的、内容关系密切的图样集中绘制。

第四步 通常先画建筑施工图,一般按总平面图→平面图→立面图→剖面图→建筑详图的顺序进行绘制。再画结构施工图,一般先画基础图,结构平面图,然后分别画出各构件的结构图。

如图7-14所示,视图的平、立、剖面图和两个节点详图,表达坐椅的外形和各部分的装配关系。

如图7-15所示的园桥平面、立面。

第五步 编写施工总说明。施工总说明包括的内容有:放样和设计标高、基础防潮层、楼面、楼地面、屋面、楼梯和墙身的材料和做法,装修的要求,材料和做法等。

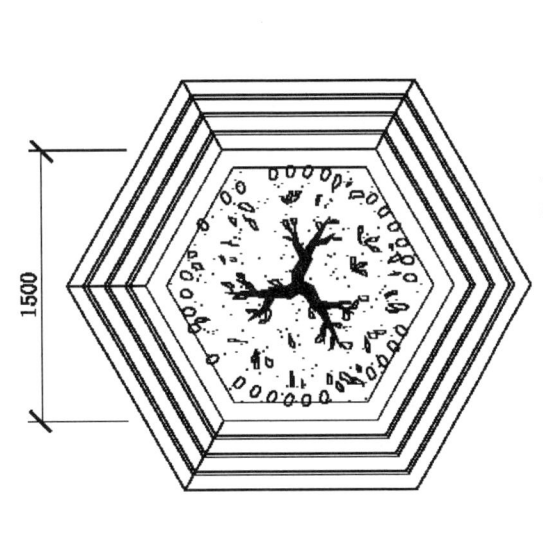

围凳树池平面图 1:50

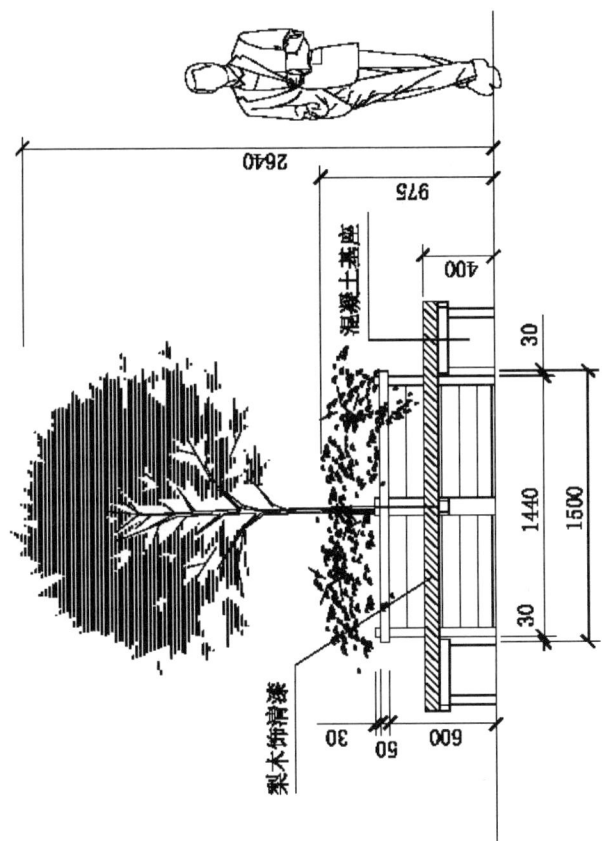

围凳树池立面图 1:50

图7-14 树池坐凳施工图

6. 园路工程施工图

(1) 内容与作用

园路施工图是指导园林道路施工的技术性图样，它能够清楚地反映园林路网和广场、园路铺装的材料、施工方法和要求等。园路施工图包括平面图、断面图和详图和说明等。如图7-16为园路施工图。

(2) 绘图要求

① 平面图。

a. 图的比例尺为1：20～1：50。

b. 标注路面宽度与细部尺寸，以及园路和周围设施的相对位置尺寸，曲线园路应标出转弯半径或以2m×2m～10m×10m的网格定位。

c. 标注路面及高程，路面纵向坡度，路面中心标高，各转折点标高及路面横向坡度，广场中心、四周标高及排水方向等。

d. 道路及广场的表面铺装材料及其形状、大小、图案、花纹、色彩，铺排方式和相互位置关系等。

② 断面图标注路面和广场纵、横断面的尺寸，表达铺装路面结构及表层、基础做法等。

比例尺为1：20～1：50。

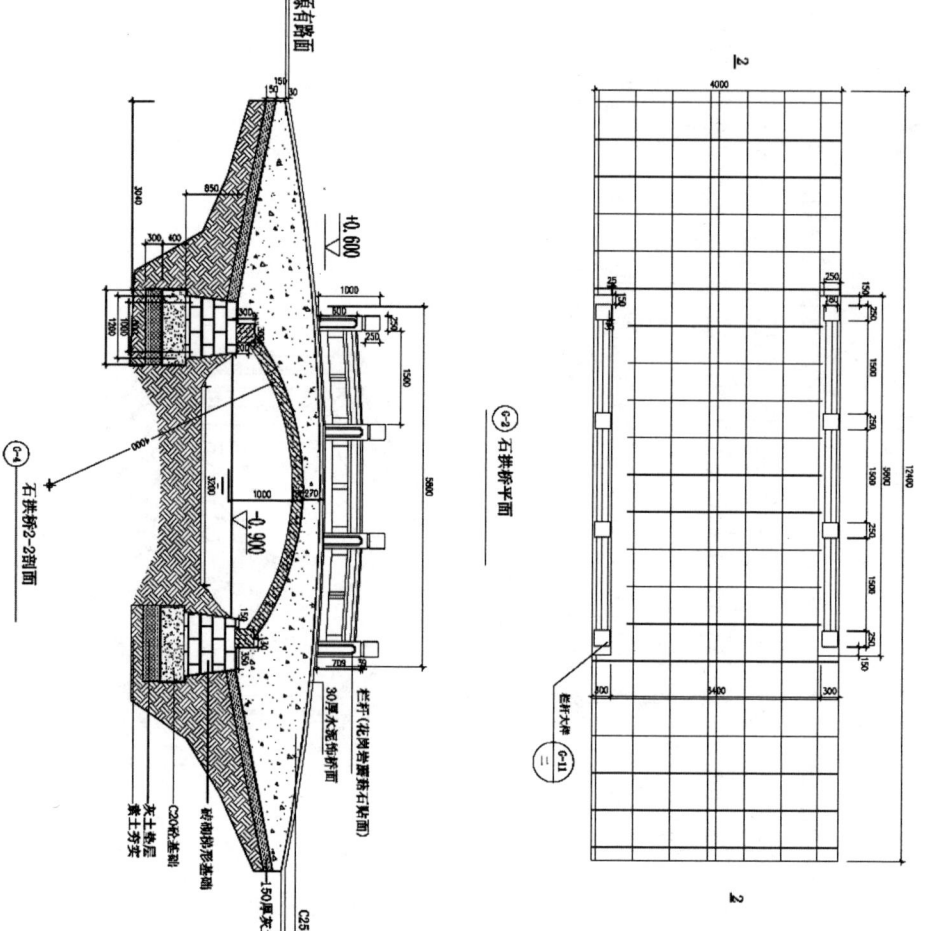

图7-15 小拱桥平面、立面

③ 详图必要时对路面的重点结合部及路面花纹可用详图进行表达。

④ 做法说明主要是对施工方法和要求的说明，如路牙与路面结合部及路路牙与绿地结合部的做法，对路面强度、表面粗糙度的要求及铺装缝线允许尺寸（以mm为单位）的要求等。

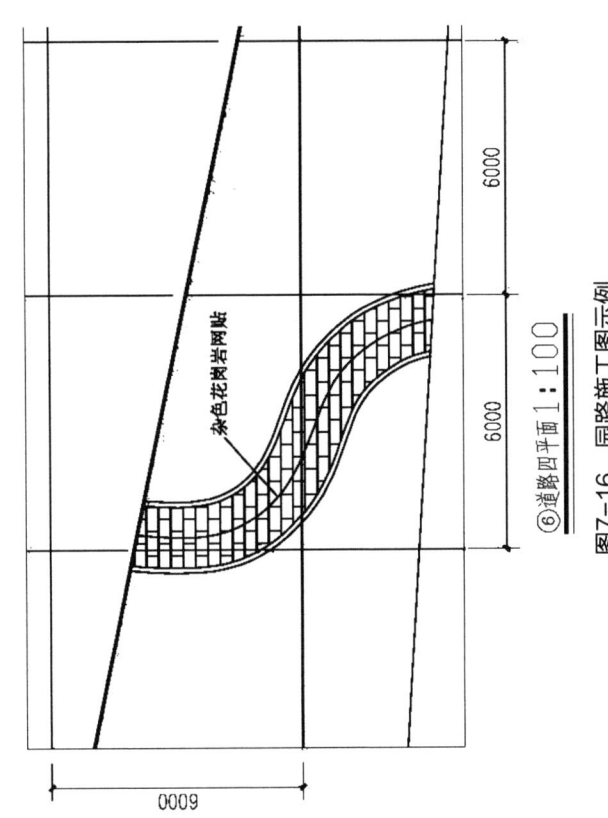

图7-16 园路施工图示例

7. 假山工程施工图

（1）假山工程施工图的内容

假山是以土、石为料的人工山水景物。包括假山和置石。假山工程施工图内容包括：

平面图表示假山的平面布置，各部的平面形状。

立面图表现山体的立面造型及主要部位高度。

剖（断）面图表示假山某处内部构造及结构构式、断面形状、材料、做法和施工要求。

基础平面图表示基础的平面位置及形状。

（2）假山施工图的图示方法

假山施工图中，由于山石素材形态奇特，因此，不可能也没有必要将各部尺寸一一标注，一般采用坐标方格网法控制，如图7-17。

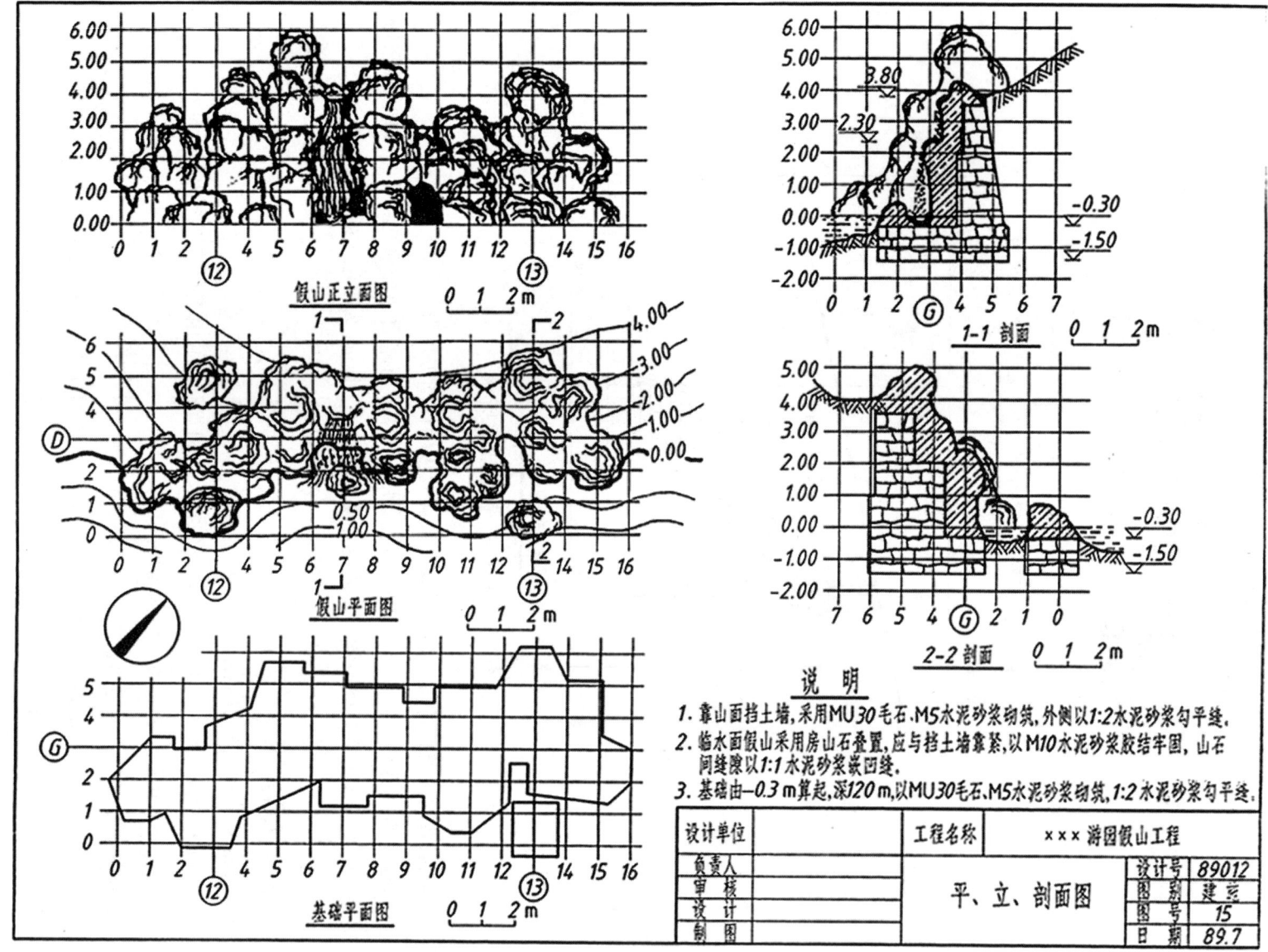

图7-17　假山工程施工图

参考书目

[1] 吴机际. 园林工程制图. 广州：华南理工大学出版社，2001
[2] 金煜. 园林制图. 北京：化学工业出版社，2005
[3] 黄晖，王云云. 园林制图. 重庆：重庆大学出版社，2009
[4] 刘新艳. 园林工程建设图纸的绘制与识别. 北京：化学工业出版社，2004
[5] 刘成达，周淑梅. 园林制图. 北京：航空工业出版社，2013
[6] 蒋红英，盛尚雄. 土木工程制图. 北京：中国建筑工业出版社，2006
[7] 王强，张小平. 建筑工程制图与识图. 北京：机械工业出版社，2003
[8] 《建筑制图标准》（GB/T50104—2010）
[9] 《房屋建筑制图统一标准》（GB/T50001—2010）
[10] 《建筑结构制图标准》（GB/T50105—2010）
[11] 《给排水制图标准》（GB/T50106—2010）
[12] 李坚. 房屋建筑制图标准手册. 北京：知识产权出版社，2005
[13] 谷康. 园林制图与识图（第2版）. 上海：东南大学出版社，2010
[14] 孙世青，王侠. 建筑装饰制图与阴影透视（第2版）. 北京：科学出版社，2008
[15] 钱可强. 建筑制图. 北京：化工工业出版社，2008
[16] 杨月英，李海宁. 建筑制图. 北京：机械工业出版社，2008
[17] 王强. 建筑制图. 北京：机械工业出版社，2008